Wertschätzung

Wie Flow entsteht und die Zahlen stimmen

Impulse und Praktiken zur Gestaltung
gelingender Zusammenarbeit

von

Stephan Josef Dick

Gertraud Wegst

Iris Dick

Verlag Franz Vahlen München

Gertraud Wegst, Iris Dick und Stephan Josef Dick sind Mitglieder des Leitungsteams von DIE WERTSCHÄTZER, einem Zusammenschluss von erfahrenen Coaches und Trainern, die sich als Impulsgeber, Wegbereiter und Begleiter für eine Welt der Empathie und Wertschätzung verstehen. Sie erzeugen, vertiefen und lehren ein neues Verständnis praktisch gelebter Wertschätzung in Wirtschaft, Gesellschaft und Politik.

ISBN 978 3 8006 5436 9

Satz: Fotosatz Buck
Zweikirchener Str. 7, 84036 Kumhausen
Druck und Bindung: Nomos Verlagsgesellschaft mbH & Co. KG
In den Lissen 12, 76547 Sinzheim
Umschlaggestaltung: Ralph Zimmermann – Bureau Parapluie
Bildnachweis: ©Trinity – depositphotos.com
Gedruckt auf säurefreiem, alterungsbeständigem Papier
(hergestellt aus chlorfrei gebleichtem Zellstoff)

„Die Würde des Menschen ist unantastbar."
Artikel 1 des Grundgesetzes der Bundesrepublik Deutschland

Vorwort

Was, wenn Ihre Arbeit sich zum Lieblingsort für Sie entwickelt, an dem statt Druck, Problemen und Grabenkämpfen Entspannung, Flow und Erfüllung herrschen?

Was, wenn Sie Ihre Ziele mit weniger Stress und mehr Genuss erreichen können?

Was, wenn Konflikte und Spannungen durch wertschätzende Praktiken einfach und schnell gelöst werden und zum gegenseitigen Miteinander und Vertrauen beitragen?

Wie ist Ihr Arbeitsklima, wenn Fehler, Schwächen und Missverständnisse nicht vermieden oder gar vertuscht werden müssen, sondern selbstverständlich dazu genutzt werden, Stärken und Potenziale zu fördern?

Was, wenn auch der Abenteurer in Ihnen zu neuen Ufern aufbrechen kann und dabei etwas entdeckt, wofür es sich für ihn wirklich lohnt, täglich zur Arbeit zu gehen?

Wir behaupten nicht weniger, als dass all die gefragten Qualitäten verfügbar sind – für Sie persönlich und in Ihren Arbeitsteams.

Obwohl die in diesem Buch vermittelten wertschätzenden Praktiken und Impulse auf recht einfache Weise einen Sog in Flow und Erfolg hinein bewirken, ist deren Umsetzung jedoch ein unternehmerischer Schritt, der einem Wendepunkt gleichkommt: kompromisslose Wertschätzung fordert Sie nämlich, mit Ihrer Kraft und Lebendigkeit in Verbindung zu treten, lockt sowohl Sie und Ihre Einzigartigkeit, als auch das beste Potenzial Ihres Teams heraus und transformiert verfahrene und angstbesetzte Situationen. Sie provoziert oft überraschende, immer jedoch stimmige Ergebnisse und entfesselt mit Vorliebe eine erstaunliche Arbeitsfreude.

Ein Aha-Erlebnis der besonderen Art bietet das Wertschätzer Ampelmodell: Sie gewinnen damit eine sichere Einschätzung der betrieblichen Situation und Ihrer eigenen einflussreichen Rolle darin.

Mithilfe geeigneter Perspektivwechsel und Tools können Sie auf dieser Grundlage strategisch gezielt eingreifen.

Gelebte Wertschätzung kann und wird Ihr Leben verändern. Wagen Sie es, sich und Ihrem inneren Wissen zu vertrauen, wie erfüllendes menschliches Zusammenwirken gelingen kann!

Wir wünschen Ihnen viel Entdeckerfreude!

Stephan Josef Dick, Gertraud Wegst und Iris Dick

P.S. Eine wertvolle Hilfestellung für die konkrete Anwendung der wesentlichen Praktiken bekommen Sie auch durch drei Endlosfaltkarten: Das Wertschätzer Ampelmodell, die Wertschätzer Perspektiven und die Wertschätzer Methode, die Sie unter: www.wertschaetzen.com/faltkarten bestellen können.

Danksagung

Wer das Privileg hat, solch ein Buch schreiben zu dürfen, steht vor der großen Herausforderung, all die Menschen, die daran beteiligt waren, anzuerkennen. Schnell wird klar, dass die Ereignisse und Geschichten und die dabei beteiligten Personen, die zur Entstehung dieses Werkes beigetragen haben, ein weiteres Buch füllen würden. Es ist weit mehr, als die Leistung Einzelner. Ein Gefüge von großartigen Menschen und deren individuellen Handlungen ist Ursache für diese Arbeit. Daher möchten wir als erstes Sie als Leserinnen und Leser anerkennen. Ohne Ihre Offenheit und Bereitschaft, sich von dem, was wir zu sagen haben, berühren zu lassen, würde dieses Werk nicht existieren.

Aus unseren Vorbildern wollen wir zwei bekannte Persönlichkeiten herausstellen, die mit ihrem Lebenswerk einen fundamentalen Beitrag für dieses Buch geleistet haben:

- David L. Cooperrider hat uns mit seinem Ansatz „Appreciative Inquiry" die Augen für den konsequenten Blick auf das schon vorhandene Gute geöffnet und eine Methode an die Hand gegeben, Veränderungsprozesse anzustoßen und zu begleiten.
- Frédéric Laloux erforschte in 50 Unternehmen die Erfolgsfaktoren für eine sinnstiftende Form der Zusammenarbeit. Die Art und Weise, wie er zwölf davon in seinem Buch „Reinventing Organizations" beschrieb, ermutigte uns ungemein, unsere eigene Arbeit konsequent weiter zu entwickeln. Erst dadurch wurde die Entstehung des Wertschätzer Ampelmodells möglich.

In diesem Zusammenhang möchten wir auch den Beitrag und die Unterstützung von all den Menschen in der weltweiten Community, die aus der Arbeit von Cooperrider und von Laloux entstanden ist und deren Teil wir sein dürfen, würdigen. In vielen Konferenzen, Arbeitsgruppen und Diskussionen entstanden wertvolle und bereichernde Impulse und Inputs für dieses Buch.

Auch möchten wir allen danken, die mit uns Gespräche über das Ampelmodell führten und damit wesentlich zur Praxistauglichkeit unserer Ideen beitrugen.

Ein großes Dankeschön geht insbesondere an unsere fünf Kollegen Marco Bienlein, Christine Sönning, Marianne Rögner, Dorothee Bornath und Dr. Reto Diezi. Mit ihnen arbeiten wir in unserer Beratungsorganisation seit 2010 sehr intensiv zusammen. Gemeinsam vertieften wir unsere Erfahrungen mit Appreciative Inquiry, den konsentorientierten Ansätzen und dem Wertschätzer Ampelmodell. Auch die Wertschätzer Methode ist auf der Basis unserer kollegialen Arbeit entstanden. Im Rahmen der Fertigstellung dieses Buches möchten wir Dorothee Bornath anerkennen für ihre Vorarbeit der letzten Jahre zu den methodischen Texten in Kapitel 5 sowie unseren Standbehind, Dr. Reto Diezi, für sein unermüdliches, liebevolles und geduldiges da Sein innerhalb der letzten Monate.

Zwei Personen wollen wir danken, ohne deren Impulse dieses Buch nicht entstanden wäre:

- Zum einen Hermann-Josef Kracht. Er hat unseren Impuls zur Implementierung eines Wertschätzungsbeauftragten in Unternehmen[1] aufgegriffen. Durch die gemeinsame Erarbeitung von Ausbildungskriterien wurde klar, dass wir ein Buch benötigen, das praktisch umsetzbaren Ansprüchen für die Qualität von Wertschätzung in Unternehmen gerecht wird.
- Als wir im Januar 2016 unsere Buchidee Dennis Brunotte, Lektor für den Vahlen Verlag, vorstellten, lautete eine seiner ersten Fragen: „Was soll der transformative Beitrag Ihres Buches sein?" Erst die Beschäftigung mit dieser Frage ermutigte uns, die transformative Kraft von Wertschätzung neu zu durchdringen und in Form eines Ampelmodells greifbar zu machen.

Ein großes Dankeschön möchten wir unseren Kunden und Geschäftspartnern aussprechen, die uns in unserer Kompetenz als Wertschätzungsexperten genutzt und somit unser Know-how vertieft und weiterentwickelt haben.

Unsere besondere Wertschätzung gebührt unseren Familienangehörigen, insbesondere Rolf K. Wegst und Raphael Dick, die uns in allen Alltagsangelegenheiten umfangreich unterstützt und dauerhaft ermutigt haben. Danke auch den vielen Probelesern für die tolle Ermutigung und das wertvolle Feedback sowie unseren Korrektorinnen Christina Marscheider, Christine Sönning, Ute Tiegs und Michaela Jordi, die mit ganzem Herzen dabei waren und entscheidend zum letzten Schliff beigetragen haben.

---

[1] Siehe www.wertschaetzungsbeauftragte.de.

Inhaltsverzeichnis

Kapitel 1
Ein Blick auf dieses Buch

Wir befinden uns im Kontext eines mittelständischen Unternehmens im deutschsprachigen Raum. Die Führungskraft eines kleinen Teams sitzt am Samstagmorgen am Frühstückstisch und denkt über die gestrige Abschlussbesprechung der Woche nach. Seine Mitarbeiter hatten ihm einen neuen Spitznamen gegeben: „Wertschwätzer" hatten sie ihn genannt!

Die Geschichte hatte vor einigen Wochen begonnen. Durch eine Mitarbeiterbefragung wollte die Unternehmensführung erkunden, wie es mit der Zufriedenheit der Mitarbeiter stehe und was sie noch verbessern könne. Er war begeistert dabei gewesen und hatte seine Leute eindringlich darum gebeten, die anonyme Umfrage offen und ehrlich auszufüllen.

Das Ergebnis konfrontierte: Es war zwar das meiste wie erwartet ganz in Ordnung – schließlich hatte man sich seit Jahren um Weiterqualifizierung, gerechte Löhne, gute Ausstattung der Arbeitsplätze und flexible Arbeitszeiten bemüht. Doch trotz allen Engagements fiel eine Sache aus dem Rahmen, bei der sich die Beteiligten offensichtlich einig waren: Es fehlte an Wertschätzung und Anerkennung.

Als er dann letzte Woche im Radio von einer Untersuchung des Gallup Institutes hörte, die aussagte, dass Unternehmen, in denen Führungskräfte mehr loben und anerkennen, auch bessere Ergebnisse liefern, war seine Entscheidung schnell getroffen: „Ich werde jeden Tag mindestens drei Leute anerkennen."

Gestern Mittag war er noch stolz darauf gewesen, dass er seinen Vorsatz eine ganze Woche lang durchgehalten hatte. Doch die Rückmeldung seiner Leute hatte ihm dann den Teppich unter den Füßen weggezogen. Sein kleines Team war besorgt und irritiert gewesen. „Stimmt etwas nicht?", hatten sie gefragt.

„Ihr wisst, dass ich Offenheit und Ehrlichkeit schätze. Was ist los?", hatte er vielleicht etwas zu laut verlangt.

„Wertschwätzer!", rutschte es spontan aus einem der Gegenüber heraus. Als dieser das erschrockene Gesicht seines Chefs sah, bemühte er sich um eine Erklärung: „Wir sind es nicht gewohnt, von Ihnen ein Dankeschön oder Lob zu bekommen. Wir haben uns gefragt, ob Sie das ehrlich meinen oder ob da irgendetwas dahinter steckt. In der gestrigen Kaffeepause ist dann das Wort „Wertschwätzer" gefallen, weil wir vermuten, dass Sie sich wegen der Mitarbeiterbefragung mehr Mühe geben wollen. Aber ehrlich gesagt, Chef, da müssen Sie noch etwas üben!"

Damit hatten Sie ihn dann stehen lassen …

Wertschätzung ist heute „in"!

Ohne Wertschätzung scheint es nicht mehr zu gehen, insbesondere, seitdem Wertschätzung als Produktivitätsfaktor für Unternehmen entdeckt wurde. Organisationen, in denen die Mitarbeiter und insbesondere Führungskräfte öfter einmal Danke sagen und ihre Mitmenschen ehrlich loben und anerkennen, genießen eine erhöhte Mitarbeiterbindung und bringen tatsächlich[1] bessere Ergebnisse hervor.

Da schon jedes Kind weiß, wie Loben, Anerkennen oder Danke Sagen funktioniert, scheint das Erzeugen von mehr Wertschätzung keine große Sache zu sein.

Wenn es denn so einfach wäre! Auch ein Kuchen wird kein Kuchen, wenn wir nur Zucker, Eier, Hefe, Milch und Mehl zusammenrühren. Zwei wichtige „Zutaten“ fehlen dabei nämlich: Wärme und Zeit.

Es wäre entsprechend viel zu kurz gegriffen, Wertschätzung im Unternehmen darauf zu reduzieren, dass Führungspersonen lediglich ausreichend Lob- und Anerkennungsbonbons verteilen.

Fehlende Wertschätzung hat mehrere Ursachen, allen voran ein mangelndes Bewusstsein für die Prinzipien und die Auswirkungen einer authentisch wertschätzenden Haltung.

Auf der Suche nach wirtschaftlichem Erfolg und dem Optimieren von Leistungsfaktoren übergehen wir oft, häufig sogar Tag für Tag, Bedürfnisse und sinnvolle Anliegen unseres menschlichen Seins, die im Grunde leicht mit einem effektiven Arbeiten vereinbar wären. Damit verzichten wir jedoch unwissentlich auf wertvolle Ressourcen praktizierter Wertschätzung wie Flow, Arbeitsfreude, Leichtigkeit, nachhaltige Wirksamkeit und Wertschöpfung, auf Sinnempfinden und gute synergetische Verbindungen.

Es grenzt an Verschwendung von Lebenszeit, diese Qualitäten beim Arbeiten nicht voll zu nutzen – schließlich verbringen wir einen Großteil unserer Lebenszeit damit!

Wenn Führungskräfte nicht die nötige Zeit dafür verwenden, die häufig vernachlässigten Wertschätzungszutaten zu (re)aktivieren, sie einzumischen und mit Energieaufwand einen Verwandlungsprozess zu initiieren, fällt die gute Absicht von mehr Wertschätzung wie ein Kuchenteig schnell zusammen und das Ergebnis wird klebrig und pampig. Stellen Sie sich zur Veranschaulichung einen kritikfreudigen Chef vor, der plötzlich damit beginnt, sich bei seinen Mitarbeitern zu bedanken. Wie würde dies üblicherweise ankommen? Seine Mitarbeiter würden denken:

- Was will er denn jetzt von mir?
- Stimmt etwas nicht mit mir?
- Das geht schon wieder vorbei, bestimmt war er gerade auf einem Seminar.
- Ist etwas im Busch und er macht auf Schönwetter?

Thomas Gordon, ein Pionier der humanistischen Psychologie, schrieb in seinem Weltbestseller „Die Familienkonferenz“[2] unter dem Stichwort „Die typischen

---

[1] Siehe den Engagement-Index von Gallup Deutschland. Hier wurden die volkswirtschaftlichen Kosten allein aufgrund von innerer Kündigung für 2015 auf zwischen 75,6 und 99,2 Mrd. Euro beziffert (www.gallup.de/183104/engagement-index-deutschland.aspx, abgerufen am 25.02.2017).

[2] Erste deutsche Ausgabe: „Die Familienkonferenz“, Hoffmann u Campe Verlag GmbH (Dezember 1988).

Zwölf"[3], dass die meistverbreitetsten Arten, Menschen zu führen wie Anordnen, Belehren, Überzeugen oder Loben, Andere misstrauisch werden und mit innerer Abwehr reagieren lässt. Daran hat sich bis heute nichts geändert.

Wertschätzung ist keine Technik, die man wie eine Formel anwenden kann. Sie ist auch kein Trick, Mitarbeiter zum besseren Arbeiten zu motivieren. Wertschätzung beginnt bei einer Haltung, einer Art zu sein, die Würdigung, Einfühlungsvermögen, Vertrauen, Mitmenschlichkeit und Achtsamkeit zum Ausdruck bringt und dazu noch nicht einmal unbedingt Worte benötigt.

„Wer du bist ist lauter als was du sagst."
Unbekannter Autor

Bei Wertschätzung geht es also in erster Linie um unser Sein, aus dem heraus wir dann handeln, nicht umgekehrt.

Diese Reihenfolge finden Sie auch im Aufbau dieses Buches wieder: Basierend auf dem Wertschätzer Ampelmodell, das verschiedene Stufen unseres Bewusstseins und die daraus resultierenden Handlungsoptionen im Arbeitsleben unterscheidet, gewinnen Sie auf einfache Weise eine neue Perspektive über Ihre ganz persönliche Art zu sein. Gleichzeitig wird ersichtlich, in welchen unterschiedlichen „Bewusstseins-" oder auch unbewussten Seins-Zuständen ein System, ein Unternehmen, oder eine Organisation lebt. Dieses Verständnis gibt Ihnen eine sichere Basis für nächste angemessene Handlungsschritte und konkrete Praktiken.

Im darauf folgendem Kapitel finden Sie sieben zentral wichtige Bereiche oder Handlungsfelder. Hier stehen Ihnen jeweils „Durchbrüche" in Aussicht. Die Bezeichnung „Durchbruch" beschreibt einen Wechsel in ein neues Paradigma, hinein in ein neues Erleben Ihres Arbeitsalltags, in dem andere Gesetzmäßigkeiten wirken und sich frische unternehmerische Möglichkeiten eröffnen.

Ob es der Durchbruch der Mobilität war zu einer Zeit, als Autofahren noch mit Pferdestärken (PS) verglichen wurde, die vielfältigen Möglichkeiten des Internets, die unsere Art der Verbundenheit auf diesem Planeten auf eine völlig neue Ebene gebracht haben oder auch nur die für uns heute so selbstverständlichen Dinge wie etwa fließendes Wasser oder Strom aus der Steckdose …

… eine neue Idee, deren Zeit gekommen ist, bringt so umfassende Veränderungen, dass sie unsere bisherigen Vorstellungen weit übertreffen.

Wundern Sie sich daher bitte nicht, wenn die in Aussicht gestellten Durchbrüche Ihnen vielleicht zunächst seltsam oder sogar weltfremd erscheinen. Diese nicht für möglich zu halten oder die Vorreiter gar für verrückt zu erklären, ist völlig normal und Teil eines jeden umfassenden Veränderungsprozesses. Wenn ein Durchbruch schließlich geschehen ist, erscheint er uns jedoch logisch,

[3] Siehe Toolbar „Die typischen Zwölf" nach Thomas Gordon (Kommunikationssperren), https://de.wikipedia.org/wiki/Kommunikationssperre_(Psychologie), abgerufen am 25.02.2017.

verständlich und leicht nachvollziehbar. Vor oder während eines Durchbruchs haben wir dagegen mit einigen Widrigkeiten oder Widerständen zu rechnen[4].

Ein Beispiel aus der Schweiz macht deutlich, wie schwer es uns fällt, Altes loszulassen und uns für vielleicht längst überfälliges Neues zu öffnen: Bis in die 1970er Jahre waren die Schweizer Weltmarktführer in der Uhrenherstellung. Mehr als jede zweite Uhr stammte damals aus diesem kleinen Land. Ein Schweizer Hersteller war es auch, der die erste digitale Uhr mit Quarztaktung entwickelte. Was waren die Reaktionen auf diese Innovation? Richtig, Widerstände:

- „Eine Uhr ohne mechanisches Uhrwerk ist doch keine richtige Uhr."
- „Elektronisch, ganz ohne unser traditionelles Know-how? Damit wollen wir nichts zu tun haben."
- „Moderner Quatsch, den wir nicht brauchen."

Während die Schweizer Hersteller also weiterhin an ihrer handwerklichen Tradition festhielten, übernahmen japanische Unternehmen diese Idee und überschwemmten wenige Jahre später den Weltmarkt mit billigen Quarzuhren – zum Leidwesen der Schweizer Uhrmacher.

Wir Autoren sind der Meinung, dass wir heute in der Art und Weise, wie wir Menschen miteinander umgehen, vor einem gesellschaftlichen Durchbruch stehen. Dieser Umgestaltungsprozess wird weit größere Auswirkungen haben als der Wechsel von der mechanischen Uhr zum Quarzwerk oder der Einzug des Computers in unsere Unternehmenswelt. Wir sind uns sicher, dass nach den großen Meilensteinen in den letzten 100 Jahren, wie etwa der Gleichstellung von Mann und Frau, dem Siegeszug der Demokratie oder dem Bewusstsein für frühkindliche Prägungen, nun ein Paradigmenwechsel in der Art, wie wir Menschen zusammen arbeiten und leben, bevorsteht.

Wir glauben, dass die in naher Zukunft gelebten Antworten unsere bisherigen Vorstellungen von Miteinander und Zusammenarbeit bei weitem übertreffen werden. Die daraus resultierenden positiven Auswirkungen auf uns Menschen, unsere Organisationen, unsere Kultur, auf die Natur und deren Ökosysteme sind heute noch unvorstellbar.

In Gesprächen über die absehbare Endlichkeit der jetzt vorherrschenden Führungspraktiken und den Wunsch nach Vereinbarkeit von persönlicher Wertewelt und Arbeitsrealität ist aktuell jedoch noch ein großer Spannungsbogen spürbar. Dieser zeigt sich auch in einer Studie[5] des Bundesministeriums für Arbeit und Soziales. Führungskräfte haben demnach sowohl einen klaren Blick

---

[4] In einem Klassiker der Systemischen Arbeit namens „Zärtliches Tempo" beschreibt Harriet Lerner schon 1991, dass sich Systeme gegen Veränderung sträuben. Man solle darauf vorbereitet sein, denn mit erhöhtem Aufwand versuchten sie, das alte Gleichgewicht wiederherzustellen. Wenn das nicht gelänge, würden sich die Systeme jedoch nach einiger Zeit auf das Neue einstellen.

[5] BWAS Studie „Wertewelten Arbeiten 4.0". https://www.arbeitenviernull.de/fileadmin/Downloads/BMAS_Halbzeitkonferenzl.pdf, siehe auch die Initiative „Neue Qualität der Arbeit" (www.inqa.de), abgerufen am 25.02.2017.

auf ihre Werte[6] und Wünsche, als auch auf die Erfordernisse der Wirtschafts- und Arbeitswelt von morgen. Wie genau der Weg dorthin geht, mit welchen Widrigkeiten zu rechnen ist und welches Handwerkszeug, welche Prozesse und Strukturen bei der Erreichung dieser Zukunft wirksam unterstützen können, darüber gibt es noch jede Menge offener Fragen.

Konkrete Antworten und Hinweise, wie Sie einen konstruktiven Paradigmawechsel einleiten und durchführen können, finden Sie im 3. Kapitel. Jeder hier erzielbare Durchbruch wird dabei an mindestens einem Unternehmensbeispiel illustriert. Dabei handelt es sich nicht um Vorzeigeunternehmen, sondern um ganz normale Firmen wie ein Einrichtungshaus, ein Büro für Datenverarbeitung, eine Versicherung oder ein Werk zur Bearbeitung von Aluminiumdraht.

In Kapitel 4 begegnen Sie dabei der auf dem Ampelmodell fundierenden „Wertschätzer Methode", einem schnell wirksamen „Destillat" aus der Erfahrung Hunderter wertschätzender Coachings und Trainings in Unternehmen. Mit dessen Hilfe können Sie unmittelbar befähigende Schritte in einem angespannten Thema gehen.

Einen abschließenden Überblick über die von uns am häufigsten genutzten empfehlenswerten Kernmethoden wie Coaching, Appreciative Inquiry, konsentorientierte Ansätze, Wertschätzende Kommunikation, Open Space und World Café finden Sie in Kapitel 5.

Eine „Toolbar" in Kapitel 6, in der Sie alle erwähnten Werkzeuge wohlgeordnet wiederentdecken, ermöglicht Ihnen schließlich, nach Wunsch und Bedarf Ihren eigenen „Toolmix" zusammenzustellen. Die von uns angeführten Fußnoten verweisen häufig auf vertiefende, lesenswerte Inhalte im Internet. Damit Sie sich nicht die Mühe machen müssen, die vorhandenen Links abzutippen, finden Sie unter www.wertschaetzen.com die entsprechenden Webadressen, sortiert nach den Kapiteln.

Dieses Buch ist ein Buch für die Praxis. Es will Sie immer wieder anregen, in den für Sie aktuellen Themenbereichen zu stöbern. Außer den wesentlichen Grundlagen bietet es Ihnen viele unterschiedliche Beispiele, Anregungen und praxiserprobte Tipps. Die angebotenen Übungen, Methoden, Experimente, Prozesse und Modelle laden ein, sofort mit der Umsetzung zu beginnen. So können Sie nach und nach Ihre Arbeitswelt damit zunehmend aus dem häufig vorhandenen Stress in den Bereich von Wertschätzung rücken.

Unsere Gesellschaft befindet sich bereits mitten in diesem Veränderungsprozess! Was wird erst möglich sein, wenn das hier vermittelte Wissen, das Bewusstsein und die praktischen Anwendungen so selbstverständlich Einzug in unser (Arbeits-)Leben genommen haben wie Tablets oder Smartphones?

Wir werden es erleben!

---

[6] Das Barret Values Centre LLC. (US) bietet jedem ein freies Assessment (auch in Deutsch) der eigenen Werte an, ein interessantes Tool. Die persönliche Auswertung wird per E-Mail verschickt. https://www.valuescentre.com/our-products/products-individuals/personal-values-assessment-pva abgerufen am 25.02.2017.

Kapitel 2
Das Wertschätzer Ampelmodell – Alltags-Bewusstseinszustände verständlich, greifbar und handhabbar gemacht

Übersicht

„Offensichtlich bin ich noch nicht wirklich eine gute Führungskraft, sonst hätten sie mich nicht Wertschwätzer genannt", sagte er zu seiner Frau, die gerade am Frühstückstisch erschienen war.

„Sieh das doch nicht so eng", meinte sie, „ich halte mit meinen Bekannten auch so manches Schwätzchen. Das ist doch nicht nur negativ."

„Vielleicht hast du ja recht", überlegte er, „aber wenn ich ehrlich bin, dann müssen meine Mitarbeiter schon einiges von mir einstecken. Gerade durch mein Vorhaben, täglich drei Leute zu loben, ist mir aufgefallen, wie unzufrieden ich sonst meistens herumlaufe, und dass ich als Erstes immer die Mängel und Fehler sehe und die Leute sofort darauf hinweise. Ich scheine ein ständiges Alarmlicht von „Hier stimmt doch was nicht!" auszustrahlen – kein Wunder, dass sie mich jetzt Wertschwätzer getauft haben. Meine Leute haben wohl recht: Ich sollte mir mal meine Art, zu denken und zu bewerten, genauer anschauen."

Dieses zweite Kapitel lüftet das Geheimnis, wie es kommt, dass sich eigentlich jeder mehr Wertschätzung im Privat- oder Arbeitsleben wünscht, es aber an der Umsetzung hapert. Vielleicht wurden auch Sie bei Ihren ernsthaften Versuchen, Ihre Mitarbeiter, Kollegen oder Chefs öfter mal anzuerkennen, belächelt oder haben abwehrende Reaktionen erlebt wie „Das war doch selbstverständlich!" oder „Nicht der Rede wert". Wenn es mit der Wertschätzung so einfach wäre, dann würde die Welt heute anders aussehen, weil es so viele Menschen gibt, die im Grunde nichts anderes wollen als ein aufbauendes Arbeitsklima, bei dem jeder gesehen wird und sein bestes Potenzial entfalten kann.

Um eine gute Antwort zu finden, haben wir Autoren uns intensiv mit unserem Gehirn befasst, um manch unverständliches Verhalten im (Berufs)Alltag zu ergründen. Gehirnwissenschaftliche Erkenntnisse haben wir mit bestehenden Businessmodellen abgeglichen und dabei herausgefunden, warum Wertschätzung nicht einfach verordnet werden kann, warum sie in bestimmten Phasen gar nicht funktioniert und was es braucht, um einen Raum von Wertschätzung zu schaffen. Auf Basis neurobiologischer Erkenntnisse ist so ein einfaches, höchst alltagswirksames Diagnosetool entstanden, das Wertschätzer Ampelmodell.

Mit dessen Hilfe können Sie blitzschnell erkennen, in welchem der drei Betriebsmodi von Rot, Gelb oder Grün Sie sich gerade befinden. In jedem sind unterschiedliche Regionen unseres Gehirns vorherrschend aktiv. Diese verursachen durch ihre jeweils spezifische neuronale Aktivität und Hormonausschüttung unterschiedliche Seinsarten, bzw. psychische und körperliche Befindlichkeiten. Das heißt auch, dass jeweils gravierend andere Lebensqualitäten und Handlungsfähigkeiten ausgelöst werden. Jeder dieser Zustände braucht einen anderen Zugang und andere Vorgehensweisen, um sie wandeln bzw. nutzen zu können.

Als wirksame Grundlage für eine Veränderung lassen sich die verschiedenen Reaktionen unseres Gehirns nach dem Wertschätzer Ampelmodell nicht nur mit menschlichen Verhaltensmustern, sondern auch mit den integralen Ansätzen der Organisationsentwicklung nach Frédéric Laloux und deren Vorreiter wie Ken Wilber, Don Beck, Chris Cowan, Clare Graves[1] verbinden.

---

1 https://de.wikipedia.org/wiki/Clare_W._Graves, abgerufen am 25.02.2017. Graves entwickelte durch die Fragen seiner Erstsemesterstudenten im Psychologiestudium eine

Indem wir die drei Ampelfarben menschlichen Bewusstseins auf Gruppen und Organisationen übertragen, ergeben sich Einsichten darüber, an welchem Punkt ein Unternehmen steht und welcher nächste Entwicklungsschritt möglich ist. Mit diesem Überblick bekommen Sie in Ihrer jeweiligen Situation einen neuen Zugang, um Ihre persönlichen Handlungsoptionen im Arbeits- oder Privatleben klarer zu erkennen und gezielt mit entsprechenden wertschätzenden Maßnahmen zu intervenieren.

Sie dürfen gespannt sein, wir versprechen viele neue Einsichten und Aha-Erlebnisse!

Wichtig: Wie jedes Modell so ist auch das Wertschätzer Ampelmodell ein vereinfachtes Betrachtungsschema. Es ist nicht nach allgemeingültigen wissenschaftlichen Standards erforscht, sondern aus unserem Fundus an methodischem Wissen und den daraus resultierenden Erlebnissen und Erfahrungen entwickelt. In vielen Gesprächen haben wir die beglückende Erfahrung gemacht, dass wir dabei eine Sprache gefunden haben, die jeder sofort mit dem eigenen Erfahrungsschatz vergleichen und so selbst die Gültigkeit des hier vorgestellten praxisnahen Modells überprüfen kann. Es geht dabei nicht um die einzig gültige Wahrheit. Es geht um eine leicht nachvollziehbare und klare Darstellung, die uns hilft, komplexe Vorgänge im sozialen Miteinander zu verstehen und einzuordnen. Auf dieser Grundlage können wir gezielte Handlungsschritte für eine gewünschte Richtung ergreifen.

Ein Hilferuf

Nachdem sich unser Wertschwätzer, angestoßen durch die Abfuhr seines Teams, intensiv mit seinem Denken und seinen ständigen inneren Bewertungen auseinandergesetzt hatte, kam er plötzlich sehr in Bedrängnis. Um sich über seinen Gedankenwirrwarr klarer zu werden, verfasste er einen Beschwerdebrief, von dem wir hier eine Kopie veröffentlichen. Er wird ihn schnellstmöglich an den Hersteller senden – er muss nur noch die Zustelladresse herausfinden …

Mein Hirn – ein Beschwerdebrief an den Hersteller[2]

„Wenn ich ehrlich bin, dann muss ich zugeben: Ich kenne mich einfach nicht mehr aus mit dem Teil da oben, dem Gehirn, meine ich. Ich muss mal eine Beschwerde beim Hersteller einreichen! Da hat man mir so ein gigantisches Teil mitgegeben und erst nach mehr als 50 Jahren unterschiedlichster Lebens- und Nutzungsphasen komme ich dahinter: Mir fehlt offensichtlich eine Gebrauchsanleitung!

Existenztheorie mit zyklischen Ebenen. Cowan und Beck waren die Begründer von Spiral Dynamics, die auf den Forschungen von Graves aufbauten. Ken Wilber, beeinflusst durch diese Vorreiter, begründete die Integrale Theorie und Laloux übertrug diese Grundlagen auf unterschiedliche Entwicklungsstufen von Organisationsformen – zu Letzterem siehe auch https://www.youtube.com/watch?v=CzD2gpd_txc, abgerufen am 25.02.2017.

2 Nachempfunden und weiterentwickelt aus einem Newsletter von Ralf Senftleben aus dem Jahr 2015. Da der Newsletter nicht online verfügbar ist, hier ein Link zur Selbstdarstellung von Ralf Senftleben: http://www.zeitzuleben.de/author/ralf-senftleben/, abgerufen am 25.02.2017.

Es sagt mir häufig: „Dies oder jenes musst du unbedingt haben", obwohl die wenigsten seiner Empfehlungen mich glücklicher, lebensfroher oder lebendiger gemacht haben. Und man stelle sich vor: Vor dem, was mich wirklich weitergebracht hat, da hat es mich sogar gewarnt!

Als ich das entdeckt hatte, bin ich fuchsig geworden und dachte: „Das mit dem Hirn, das musst du dir doch mal näher anschauen." Und siehe da, ich bin fündig geworden:

- Es präsentiert mir Sorgen um meine Mitarbeiter, meine Partnerschaft, die Familie, das Geld, und ich habe festgestellt, die allermeisten dieser Prognosen treten gar nicht ein.
- Wenn ich jemanden treffe, dann sagt es mir nach wenigen Augenblicken, ob mir dieser Typ sympathisch ist oder nicht und ob ich mehr Aufmerksamkeit für die Person haben darf oder nicht. Und weil ich in letzter Zeit nicht immer sofort tue, was mein Kopf meint, habe ich bemerkt, dass das wirklich völliger Quatsch ist und sogar die scheinbar schlimmsten Typen meist ganz okay sind und vielleicht ja sogar echte Freunde werden könnten.
- Zu Situationen und Vorgängen bietet mir mein Gehirn – und stell dir das mal vor – sogar ungefragt Meinungen. Und das auch dann mit großer Selbstsicherheit, wenn ich wirklich wenig Ahnung davon habe. Und dann erwische ich mich auch noch dabei, darüber zu reden, als wüsste ich's – wie peinlich ist das denn!
- Ja, und seine Meinung über mich – die ist ein echter Hammer! Es sagt mir ständig, was ich alles nicht geschafft habe, was wieder alles falsch gelaufen ist und warum ich immer noch nicht gut genug bin. Da läuft ein ständiges „hättest du, wärst du doch ..." in meinem Kopf. Und ich gestehe, ich habe mal die anderen um mich herum gefragt, die sehen das wirklich komplett anders. Und ich habe mich jetzt entschieden, denen mehr zu glauben als meinem Kopf.
- Und dann gibt es immer mal wieder Situationen, in denen mich mein Gehirn „Rot sehen" lässt und ich sofort draufhauen oder abhauen soll. Offensichtlich ist das ein Teil meines Hirns aus der Steinzeit, der mir suggeriert, dass es hier richtig gefährlich ist – und ich sag's dir, in den ganzen 50 Jahren hat mich noch keiner (außer mein Bruder) verprügelt oder mein Leben ernsthaft bedroht.

Und das Schlimmste, dieses Hirn da in meinem Kopf, es ist sogar echt fies und gemein. Es nutzt doch tatsächlich meine schwächsten Situationen aus.

Wenn ich mal wirklich nicht weiter weiß und von einem Ereignis so richtig kalt erwischt wurde, dann wird es obendrauf noch richtig kreativ. Es erinnert mich an andere Erlebnisse, schnappt Worte, kleine Handlungen oder Gedankenfetzen auf, kombiniert diese und erfindet ein echtes Horrorszenario, wie schlimm es „in Wahrheit" ist. Das Ganze macht es so realistisch, dass ich doch tatsächlich glaube, „erst jetzt" die wirklich „wahren" Zusammenhänge zu erkennen und mit meinem Blickwinkel unfehlbar richtig zu liegen.

Als Krönung dieser großartigen Hirnleistung fordert es mich dann noch dazu auf, mich entweder abzuschotten und mich stundenlang, ja manchmal sogar viele Tage im Selbstmitleid zu baden und mit keinem mehr ein Wort zu reden oder die Sache jetzt auf der Stelle zu beenden und alles kaputt zu hauen.

Und tatsächlich, egal welcher der beiden scheinbar einzigen Möglichkeiten ich folge, dieses Unglück nimmt dann gar kein Ende und ist insbesondere für mein Umfeld mehr als eine Zumutung. Und da ich ja jetzt misstrauisch geworden bin, habe ich mich in letzter Zeit getraut, meine Horrorgeschichten mit den Beteiligten abzugleichen und kann daher mit Bestimmtheit sagen: Das Allermeiste, was mir mein Hirn da zusammenbraut, ist schlichtweg erfunden, erstunken und erlogen – und wie oft bin ich da drauf reingefallen!

Was soll ich also mit solch einem mächtigen Werkzeug wie meinem Gehirn machen, wenn ich keine Gebrauchsanleitung dafür habe?

Und ich habe viele gefragt und keiner konnte mir eine geben!

„Dann schreib ich halt selber eine", habe ich mir gedacht. Sie mag noch unausgereift sein, aber besser eine unfertige und unvollständige Gebrauchsanleitung als gar keine!"

2.1 Stopp: Rote Ampel!

Lieben Sie Actionfilme? Unser Wertschwätzer steht auf Thriller, besonders in 3D. Wenn er – identifiziert mit dem edlen Filmhelden – nach atemberaubenden Verfolgungsjagden und harten Kämpfen mehrfach dem Tod knapp von der Schippe gesprungen ist, fühlt er sich äußerst angeturnt und könnte Bäume ausreißen. Abends vor dem Ins-Bett-Gehen muss er allerdings alleine fernsehen, denn seine Frau sagt, sie könne dann nicht einschlafen, weil ihr sonst noch so lange die Nerven flattern würden.

Wenn unser Wertschwätzer nach der Rettung der Welt dann tatendurstig ins Bett geht, kriegt er dort meist einen Dämpfer von seinem holden Eheweib – sie murmelt dann öfters solch unfreundliche Dinge wie „gib' endlich Ruhe" oder „schlaf' erst mal deinen Adrenalinrausch aus!"

Im Arbeitsalltag hat der Wertschwätzer oft einen sehr ähnlichen Thrill, manchmal sieht er dort nur noch rot – doch macht dieser Nervenkitzel leider viel weniger Spaß als im Film.

Was es damit auf sich hat, wollte er wissen, und vor allem, wie er aus solchen heftigen Zuständen schnell wieder herauskommen kann ...

2.1.1 Unser Roter Bewusstseinszustand

Wenn es um das Überleben, eine Jagd, eine brenzlige Verkehrssituation oder eine Sportmedaille geht, ist es eine wunderbare, vielleicht lebensentscheidende Tatsache, dass das sogenannte Reptiliengehirn die Regie übernimmt. Der Körper wird dabei mit Stresshormonen überflutet. Der Mensch ist auf einen Schlag hellwach, denn eine solch herausfordernde Situation bewirkt sofort eine Erhöhung von Blutdruck und Puls. Energie (Blutzucker) wird bereitgestellt, um für Kampf oder Flucht eine gesteigerte Muskeltätigkeit zu ermöglichen. Nicht überlebensnotwendige Funktionen wie die Darmtätigkeit werden gehemmt. In diesem Zustand wird das Reptiliengehirn schlagartig aktiv, entscheidet blitzschnell und hat dabei genau drei Alternativen:

- Angriff – sich der Gefahr stellen,
- Flucht – vor der Gefahr weglaufen oder
- Totstellen – warten, bis die Gefahr vorbei ist.

Doch diese Mechanismen laufen nicht nur bei tatsächlicher Gefahr ab. Dieselbe biologisch bedingte Reaktion wird auch ausgelöst durch psychologischen Druck oder Stress im (Berufs-)Alltag. Dies ist insbesondere dann der Fall, wenn ein uns wichtiges Anliegen in Bedrängnis gerät oder wenn eine Erfahrung in uns angetriggert wird, die für uns beispielsweise als Kind bedrohlich war.

Man könnte sagen, wir sind im Alltag immer dann in diesem Modus, wenn jemand unsere „Knöpfe drückt" und wir unüberlegt und heftig reagieren. Das passiert uns, z. B. in Teamsitzungen oder in gemeinsamer Projektarbeit, wenn jemand uns oder etwas in Frage stellt, was wir uns hart erkämpft hatten oder was uns außerordentlich wichtig ist.

Hinterher bedauern wir unser spontanes, unreflektiertes Handeln. Wir hatten mal wieder „Rot" gesehen.

Der Grund für die Ampelfarbe Rot

Das Überleben der Gattung Mensch hing im Lauf der Geschichte vor allem von der Fähigkeit ab, auf Bedrohung schnell reagieren zu können. Bei Gefahr schaltet unser Gehirn blitzschnell um, vom Großhirn (dem Ort des logischen, komplexen Denkens) auf das „Angstzentrum“, die sogenannte Amygdala (Mandelkern, Sitz oberhalb des Stammhirns). Dieses aktiviert sofort die zur Gefahrenabwehr notwendigen Körperreaktionen. Stresshormone wie Adrenalin und Cortisol werden ausgeschüttet. Der Teil unseres Nervensystems, der für Aktion und Reaktion zuständig ist – der Sympathikus – läuft zu Höchstleistungen auf. Die Aufmerksamkeit wird komplett auf die potentielle Gefahr ausgerichtet. Das ist sehr sinnvoll und stellt sicher, dass ein Mensch, ohne darüber nachdenken zu müssen, blitzschnell reagieren und sich in Gefahrensituationen in Sicherheit bringen kann. Differenzierte Überlegungen und Handlungen haben dabei keinen Platz.

Auf „soziale Bedrohung“ wie auftretende oder schwelende Konflikte, Streit, schlechte Nachrichten, Überforderung, Mobbing, drohenden Jobverlust etc. reagiert unser Gehirn auf exakt dieselbe Weise wie auf faktische existenzielle Bedrohung.

Bei jeglicher Empfindung von Bedrohung, auf welche Weise auch immer diese sich darstellt, werden auch die kreativsten Menschen einfallslos und können nicht mehr angemessen auf komplexe Zusammenhänge reagieren. Diese Reduzierung der Handlungsfähigkeit und deren negative Auswirkungen auf Gesundheit, Produktivität und Wertschöpfung sind erheblich.

Wie bei einer roten Ampel der Verkehr stoppt, so kommt hier vernünftiges Denken, soziales Handeln und Arbeitsfähigkeit zu einem Stopp.

2.1.2 Ampelfarbe Rot als Modell menschlichen Zusammenlebens

In unserer Art menschlichen Zusammenlebens gibt es zwei Organisationsmodelle, die wir aufgrund ihrer Erscheinungsform und Kultur der hier beschriebenen Ampelfarbe Rot zuordnen. Wir betrachten diese hier näher, denn sie geben uns ein neues Verständnis für uns selbst und andere, deren „rote Knöpfe“ gerade gedrückt werden. Außerdem zeigen wir Ihnen, welche wertschätzenden Handlungsoptionen hier möglich sind.

Wir bezeichnen diese zwei Organisationsmodelle als das „Ich-Macht-System“ und das „Wir-Macht-System“, im Laufe des Buches auch Ich-Rot und Wir-Rot genannt.

Ich-Macht-Systeme kennen viele von uns aus ihrer Kindheit. Vielleicht waren Sie in einer Gruppe von Kindern oder Jugendlichen, in der das Recht des Stärkeren galt, oder Sie kommen aus einer Familie, in der Vater oder Mutter noch mittels körperlicher oder psychischer Gewalt regierten. Das besondere Merkmal ist die Willkür des Machthabers, der Handlungen nach seiner persönlichen Befindlichkeit ausführt und damit für die Beteiligten schwer einzuschätzen ist.

Hier gilt das Recht des Stärkeren und dessen aktuelle Laune. Die Gruppe ordnet sich ohne Möglichkeit der Einflussnahme unter. Der Ich-Machthaber dominiert und bestimmt so lange, bis ein anderes Ich stärker ist und den vorherigen Führer ablöst. Seine Art zu herrschen hängt von seiner aktuellen Stimmung und seinem Gutdünken ab. Es gibt keine klaren Regeln, sondern nur Wahrscheinlichkeiten, nach denen man sich richten kann.

Aufgrund ihrer zerstörerischen Eigendynamik sind solche Systeme nicht stabil und können leicht auseinanderbrechen. Sie umfassen in der Regel nicht mehr als ein paar Hundert Menschen.

Manche Unternehmen werden auch heute von Menschen geleitet, deren Führungsverhalten zumindest zeitweise auf Ich-Macht basiert, nämlich genau dann, wenn die roten Knöpfe der Geschäftsführung gedrückt wurden. Die Folgen sind Einschüchterung und Schmerz oder ein Klima von Entwürdigung und Angst. Gerade wenn es eine Führungskraft ist, die „austickt", bleiben Angst und Vorsicht im System noch lange erhalten, selbst wenn diese sich selbst wieder beruhigt hat und sich an ihren Ausbruch kaum noch erinnert.

2.1.3 Vom Ich zum Wir

In der Geschichte der Menschheit gab es einen bahnbrechenden Wachstumsschritt, der es möglich machte, aus kleinen Ich-Macht-Systemen zu größeren Einheiten wie beispielsweise Fürstentümern, Ländern ja sogar zu länderübergreifenden Reichen zusammen zu wachsen, z. B. das Römische Reich, das mit seiner Pax Romana ein damals unvorstellbar riesiges Gebiet beherrschte. Im Wir-Macht-System dominiert die Regel, das Gesetz, das mit Macht (Strafe bei Nichteinhaltung der Regel) seine Gültigkeit einfordert. Dadurch können große Menschengruppen, wie etwa Konzerne, Länder, ja ganze Staaten als Gruppe oder Menschengemeinschaft miteinander leben und große, manchmal Jahrhundertprojekte (wie den Kölner Dom mit einer Bauzeit von 1248 bis 1880) umsetzen.

Der Durchbruch von der Ich-Macht zur Wir-Macht ist das Aufstellen, Akzeptieren und Einhalten von Regeln. Man hat gelernt, sich auf sie zu berufen, vor allem wenn der Disput allzu heiß, der Stress allzu groß wird. Dies war auch historisch gesehen der große Durchbruch im Machtgefüge, als die Herrschenden und Regierenden anfingen, sich an Regeln und Vorgaben zu halten, statt allein nach Dominanz, Willkür und Hormonzustand zu handeln.[3]

Solche Systeme begrenzen die Machtimpulsivität des Einzelnen und sind uns heute noch sehr bekannt. Ihre Kennzeichen sind neben den Regeln die unantastbaren Hierarchien. Oben bestimmt, Unten muss folgen. Wir finden diese beispielsweise in konservativen, meist patriarchalisch geführten Unternehmen,

[3] Wie wesentlich dieser Durchbruch ist, kann man leider in Bürgerkriegsländern wie Somalia, Syrien, Afghanistan oder Libyen sehen, in denen das Staatssystem (Wir-Macht-System) zusammengebrochen und wieder die Willkür der Warlords eingezogen ist. Dies gilt auch für alle Systeme und Gemeinschaften, in denen bei Streit keine Regeln mehr gelten.

beim Militär, in vielen religiösen Gruppierungen, im Schulsystem, in Universitäten, ja unser gesamtes Rechtssystem ist ein solches Wir-Macht-System.

Hier bestimmt der Chef über die Mitarbeiter auch dann, wenn diese bessere Ideen haben. Der begabteste Student bekommt keinen Titel, weil er in einem bestimmten Bereich zum zweiten Mal durch die Prüfung gefallen ist. Oder der Richter urteilt nach dem gültigen Recht, auch wenn er die Strafe für den Betroffenen nicht wirklich hilfreich findet.

Da feststehende und von „Untergebenen" nicht beeinflussbare Regeln (Gesetze) der Maßstab aller Dinge sind, bietet dieses Anpassungssystem für diejenigen, die es in Frage stellen oder nicht vollständig erfüllen wollen, jede Menge Anlass für:

- schlechtes Gewissen,
- Widerstand,
- innere Kündigung,
- Heimlichtuerei, Vertuschung,
- Missbrauch und Lügen,
- Rivalität und Konkurrenz,
- Ausgrenzung und Mobbing,
- Rache, gegenseitige Behinderung,
- Radfahrer-Mentalität (nach oben buckeln, nach unten treten).

Falls Sie in solch einem Unternehmen oder Team arbeiten und sich für Wertschätzung engagieren wollen, können Sie das natürlich in gewissem Grad in Ihrem direkten Umfeld bzw. in einer Nische des Systems ungehindert tun und dort die in diesem Buch weiter aufgeführten Ansätze erproben. Wollen Sie jedoch umfassendere Wirkungen hervorbringen, dann haben Sie nur eine Chance, wenn Sie den Regelgeber, den Vorstand, die Geschäftsleitung für die Implementierung von wertschätzenden Praktiken (Wertschätzung als Regel) gewinnen.

Sie werden damit mit Sicherheit viel Gutes erreichen, auch wenn das System selbst durch seine Machtstrukturen einer wirklichen Ausbreitung von Wertschätzung letztendlich im Wege steht. Am Beispiel der katholischen Kirche, einem 2.000 Jahre alten Wir-Macht-System, können Sie das einfach nachvollziehen. Durch den Impuls der Nächstenliebe haben viele Menschen innerhalb der Kirche im Laufe der Geschichte viel Gutes hervorgebracht[4]. Die immer noch vorherrschenden Wir-Macht-Strukturen begünstigen jedoch durch oben beschriebene Begleiterscheinungen bis zum heutigen Tage eine Vielzahl unschöner Begebenheiten, wie beispielsweise die Inquisition oder den sexuellen Missbrauch von Kindern.

Dennoch ist es uns wichtig, diese Organisations- und Gesellschaftsformen nicht zu verurteilen. Sie dienen als wesentliche Pfeiler von Gesellschaft und Staat und entsprechen damit dem aktuellen gesellschaftlichen Bewusstsein, das sich diesem System anvertraut.

---

[4] Hier zwei herausragende Beispiele: Mutter Theresa (14.11.2016 https://de.wikipedia.org/wiki/Mutter_Teresa) und Schwester Elvira (14.11.2016 www.cenacolo.at).

Der Übergang vom Ich-Macht-System zum Wir-Macht-System zeigt uns einen wertvollen Entwicklungsschritt, der uns gerade in unseren persönlichen „Rotphasen" einen wichtigen Beitrag leistet.

Unser Wertschwätzer soll wieder einmal seine Frau zum Zug bringen. „Wenn sie doch endlich fertig wäre – so werden wir nie rechtzeitig zum Bahnhof kommen", denkt er und sitzt schon ungeduldig wartend im Auto. Endlich ist sie da. „Schatz, ich hab' doch glatt meinen Lippenstift liegen lassen, bin gleich wieder da."

„Frauen", denkt er und wird jetzt richtig unruhig. „Hoffentlich klappt das noch, sonst ist mein schönes freies Wochenende hin."

Sie: „Kannst du nicht schneller fahren, es wird knapp." Er verliert langsam die Ruhe: „Ich bin doch nicht schuld daran", erwidert er erbost.

Da passiert es! Diese unnütze Ampel schaltet gerade jetzt auf Rot.

Trotz heftiger Emotionen bremst unser Wertschwätzer und zählt die Sekunden, die sie wahrscheinlich zu spät am Bahnhof sein werden.

Eines ist jedoch erstaunlich: Wenn eine Regel, wie die einer roten Ampel, stark verankert ist, dann stellen wir diese auch bei heftigen Emotionen und trotz freier und übersichtlicher Kreuzung nicht in Frage. Entwicklungspsychologisch gesehen ist dies eine starke Leistung. Die Regel geht vor Emotion und Impuls.

Gute Regeln sind wesentlich, insbesondere bei Rot! Damit unser Überlebensmodus nicht die Alleinherrschaft übernimmt, unterstützen uns (zwei oder drei) wenige Basisregeln. Diese müssen wir so gut verankern, wie die bekannte Verkehrsregel: Rote Ampel – Stopp!

2.1.4 Eine gut verankerte Regel hilft!

Eine gut verankerte Regel übertrifft die automatischen Handlungsmuster von Angriff, Rückzug oder Schockstarre.

Benjamin Zander, ehemaliger Dirigent des Bostoner Philharmonie Orchesters, empfiehlt Regel Nr. 6 und erzählt dazu eine Geschichte[5], die wir hier sinngemäß wiedergeben:

„Regel Nr. 6"

Es findet eine wichtige Sitzung statt – der Leiter moderiert mit seiner ganzen Aufmerksamkeit durch die brisanten Themen – da kommt ein Mann zur Tür herein. Er ist sehr aufgeregt und ruft zum Sitzungsleiter: „Sie müssen unbedingt kommen, es ist etwas wirklich Schlimmes passiert – ich brauche Ihre Hilfe." Die Antwort lautet: „Jim – erinnere dich, Regel Nr. 6." Jim besinnt sich und wird ruhig und sagt: „Ah – ja, danke", dreht sich um und geht aus dem Raum.

Kurze Zeit später taucht eine hübsche junge Frau auf. Sie ist ganz verwirrt und sucht offensichtlich Orientierung. Wieder spricht der Moderator: „Betty, erinnere

[5] http://archive.teachfind.com/ttv/www.teachers.tv/videos/benjamin-zander.html, abgerufen am 17.12.2016.

dich, Regel Nr. 6." Die Dame wird sichtlich ruhig, entspannt sich, entschuldigt sich und verlässt den Sitzungssaal.

Gegen Ende der Sitzung passiert genau das Gleiche nochmals. Eine offensichtlich gestresste Person betritt den Raum – „Regel Nr. 6", die Person entspannt sich und zieht sich zurück.

Die Sitzungsteilnehmer sind erstaunt und fragen: „Wie machen Sie das? Und was genau bedeutet Regel Nr. 6?"

Der Leiter der Sitzung erläutert:

„Regel Nr. 6 heißt: Nimm dich selbst nicht so verdammt wichtig!"

„Und wenn diese Regel so bemerkenswert wirkt, wie lauten die Regeln 1–5?"

„Die gibt es nicht!"

Wenn etwas oder jemand unsere Knöpfe drückt, ist es empfehlenswert, in Erwägung zu ziehen, dass unsere aktuellen Gefühle, Gedanken und Handlungsimpulse – so richtig und dringend sie uns bei Rot auch erscheinen – wenig zielführend sind. Es ist hilfreich zu erkennen, dass sie in dem Moment im wahrsten Sinne des Wortes „nicht so verdammt wichtig" genommen werden sollten. Wir alle kennen es, dass wir später unsere voreiligen Reaktionen bereuen oder gerne ungeschehen machen würden.

Stattdessen empfehlen wir, sich bei Ampelfarbe Rot folgende „Regeln" durch regelmäßige Anwendung anzutrainieren:

2.1.5 Sofortmaßnahmen im akuten Fall von Roter Ampel

Wie Sie Ihr Gehirn vom Reptilienmodus „umschalten" und sich wieder in einen denkenden Menschen verwandeln können:

Toolbar: Regelvorschlag Nr. 1

Die biologischen Automatismen erkennen und sich davon unterscheiden

Sinnbildlich bedeutet das:

Bremsen, Anhalten, Unterbrechen, Pause machen!

Umschauen und die Illusion entlarven: Keine akute Lebensgefahr!

Oder nach Benjamin Zander, **Regel Nr. 6**:

„Nimm deine Sichtweise und die damit zusammenhängenden Gefühle, Emotionen und Handlungsimpulse nicht so verdammt wichtig!"

Erkennen Sie den Unterschied? Sie sind nicht Ihre Gefühle und Gedanken, Sie haben welche. Ihre subjektive Realität wird nur durch biologische Vorgänge erzeugt, mehr nicht!

Toolbar: Regelvorschlag Nr. 2

Zeit nehmen, atmen, lachen

Tun Sie etwas, was Sie entspannt und Ihnen Zeit gibt, Ihr bewusstes Denken wieder zu Wort kommen zu lassen.

Folgende drei Handlungsempfehlungen helfen schnell und effektiv:

1. Innehalten

Sie können z. B. einfach innerlich bis zehn zählen, bevor Sie reagieren und dabei etwas Beruhigendes denken wie etwa: „Alles gut!" Das gibt physiologische „Entwarnung" und entspannt.

Wenn die Amygdala „feuert", setzt das Denken aus, wir reagieren nur reflexartig. Das dient keiner Situation, in der es nicht ums Überleben geht. Also macht es Sinn, dass Zeit verstreicht, bevor Sie reagieren. Dies gibt dem rationalen Denken Raum, sich wieder einzuschalten und unser Angstzentrum zu „entwarnen".

Übung:

Entspannen Sie das Angstzentrum durch das Wort „Pause". Unterbrechen Sie alles und gönnen sich ein Innehalten. Sollte dies wegen Ihres Umfelds nicht möglich sein, nutzt notfalls ein Gang auf die Toilette.

Kurze Gedanken wie „alles gut!", „nichts ist gefährlich!" geben ein Signal zur Entwarnung.

Machen Sie es sich zur Regel – egal was gerade ist – zu unterbrechen, sich zurückzuziehen und zu warten, bevor Sie im Konfliktfall reagieren. Oder führen Sie mindestens drei der im nächsten Punkt beschriebenen tiefen, langsamen Bauchatmungen durch.

Bewusst Atmen

In einer Stress- bzw. Konfliktsituation wird durch das Ausschütten von Adrenalin die Atmung flach und findet vor allem in der Brust statt, der Bauch ist angespannt – wir sind in einem kurzatmigen Zustand. Die Betonung liegt auf dem Einatmen, oft ist die Atmung forciert. Wenn Sie dies bemerken, ist bewusstes in den Bauch Atmen immer hilfreich. Es entspannt und Sie werden wieder konstruktiv handlungsfähig.

Übung:

Atmen Sie zunächst einmal aus, und zwar solange Sie können. Danach atmen Sie automatisch tief ein. Dabei achten Sie darauf, dass der Atem sanft in den Bauch strömt, ohne ihn zu forcieren. Lassen Sie den Atem wieder langsam und lange gehen. Hier liegt die Betonung auf der Ausatmung. Ein und aus, wie die Wellen bei Ebbe am Strand.

Sie können diese sanfte, tiefe Bauchatmung (wenn Sie allein sind) auch noch dadurch unterstützen, dass Sie das Ausatmen mit einem Laut unterstützen, der sich wie ein HHHaaaaaaaaaaa anhört.

Wenn es Ihnen möglich ist, ziehen Sie die Mundwinkel dazu noch hoch. Lächeln und Adrenalinausschüttung schließen sich gegenseitig aus. Das mag sich am Anfang noch etwas angestrengt anfühlen, wird aber mit der Zeit immer einfacher. All dies unterstützt den Prozess, dem Adrenalin direkt entgegen zu wirken.

2. Lachen*[6]

ist nicht nur die beste Medizin. Bewusstes Betätigen der Lachmuskeln, auch ohne im Moment wirklich fröhlich zu sein, ist das effektivste Mittel, das die

[6] Vera Birkenbihl: „Freudehormone fressen Stresshormone auf!" Siehe auch: https://youtube.com/watch?v=zjMqTW5n6w8, abgerufen am 26.02.2017.

Gehirnwissenschaft kennt, um das Angstzentrum und die damit verbundenen Ausschüttung von Stresshormonen sofort abzuschalten.

Es mag vielleicht nicht hilfreich sein, in der Gegenwart von Menschen, mit denen ein Konflikt schwelt, sich vor Lachen auszuschütten. Doch wenn Sie sich selbst den Luxus gönnen, alleine oder noch viel effektiver mit jemandem zusammen, dem Sie vertrauen, über das Ganze zu lachen, dann entspannt sich das Angstzentrum. Die dort verstandene Botschaft ist: „Wenn du lachen kannst, dann kann es nicht lebensbedrohlich sein." Die Adrenalinausschüttung wird gestoppt. Tatsächlich ist schon ein vorgetäuschtes Lachen nahezu gleich effektiv wie ein auf natürliche Weise entstandenes. Diesen Effekt erreichen Sie auch, wenn Sie einfach ein Lächeln „aufsetzen".

Übung:

Suchen Sie Menschen auf in deren Gesellschaft viel gelacht wird und überwinden Sie sich, einfach dabei zu sein und sich vom Lachen der anderen anstecken zu lassen.

Falls Sie dazu akut keine Gelegenheit haben, können Sie folgende Alternative anwenden:

Stellen Sie sich vor den Spiegel oder eine Person Ihres Vertrauens und ziehen Sie mit möglichst geschlossenen Lippen die Mundwinkel soweit es irgend geht in Richtung der Ohren. Meist dauert es nicht lange und Sie und Ihr Gegenüber – live oder im Spiegel – kann nicht anders als loszuplatzen. Genießen Sie die Entspannung durch das befreiende Lachen. Jetzt können Sie sich in Ruhe wieder Ihrer Arbeit oder dem nächsten Schritt in diesem Prozess widmen. Wenn Sie alleine sind, können Sie auch einen Stift quer zwischen die Zähne klemmen. So müssen Sie automatisch die Mundwinkel hochziehen und Ihrem Gehirn wird „lächeln" suggeriert. Das mag vielleicht befremdlich klingen, funktioniert aber. Experimentieren Sie einfach mal selbst.

Toolbar: Regelvorschlag Nr. 3

Um Hilfe bitten

Bitten Sie eine Person Ihres Vertrauens um Hilfe. Zeigen Sie sich in Ihrer Situation und erkennen Sie an, dass Sie gerade „abgeschossen oder angetriggert" sind. Stellen Sie sicher, dass Ihr Zuhörer Sie zuallererst bei der Entspannung unterstützt, um wieder „auf den Teppich" zu kommen. Teilen Sie als erstes mit, dass Sie etwas nur kurz aussprechen wollen, um es loslassen zu können.

Diese Form von Unterstützung kann besonders gut übers Telefon stattfinden, da die gewünschte Vertrauensperson sofort kontaktiert werden kann und zeitnah zur Verfügung steht. Zusätzlich ist es für den Zuhörer durch den geschützten Raum ganz einfach, gelassen zu bleiben und somit leichter zur Beruhigung der Situation beizutragen.

Was tun bei hohem Dauerstress?

Generell empfiehlt es sich bei hoher Stressneigung, eine der hier vorgeschlagenen Übungen regelmäßig durchzuführen – gut wäre drei bis viermal am Tag.

Wenn Sie experimentierfreudig sind, schreiben Sie sich einfach eine Erinnerung zu einer dieser Techniken und heften diese an Ihre „Kriegsschauplätze": Am

Frühstückstisch, in Ihren Besprechungsraum oder wo auch immer Ihre Roten Reaktionsmuster häufig aktiviert werden.

Machen Sie es sich zur Regel, im Konfliktfall mindestens zehn Sekunden zu warten und sich in dieser Zeit für einen dieser Impulse zu entscheiden, anstatt einfach weiter zu machen oder unüberlegt zu reagieren.

Auch ein körperliches Ausagieren, ohne dass dabei jemand zu Schaden kommt, reduziert akut, aber auch insgesamt unseren Adrenalinspiegel und damit unsere Stress- und Infektanfälligkeit. Einige Firmen haben tatsächlich einen Sandsack im Keller zum Dampf Ablassen. Ein Spaziergang in der Mittagspause, regelmäßig Sport treiben, all das hilft ebenfalls. Tun wir nichts von alledem, wirkt dieser erhöhte Stresslevel wie ein Gift, das langfristig gesundheitsschädigende Folgen haben wird.

Alternativ zu den hier beschriebenen Möglichkeiten können Sie natürlich auch anderes tun. Ob dreimal um den Block laufen oder ein Notizheft zur Hand nehmen, in das Sie einfach Ihre Gedanken ungefiltert notieren und damit „Dampf ablassen" – Finden Sie etwas, das zu Ihnen passt. Und das Wichtigste, trainieren Sie sich das als Regel an und verankern Sie diese damit in Ihren Gewohnheiten, genauso wie Sie trotz heftiger Emotionen vor einer roten Ampel stehen bleiben.

2.1.6 Übersicht über das Leben im Roten Ampellicht

Ampelfarbe	**ROT**
Motivation	**Überleben, Sicherheit, Stabilität**
Physiologie: **Gehirn- und Hormontätigkeit**	**Das Stammhirn übernimmt das Kommando** Es steuert unbewusst Reflexe, Atmung, Herzschlag und Stoffwechsel. Nach Aktivierung des Angstzentrums und der dort ausgelösten Überflutung mit Stresshormonen wie Adrenalin und Cortisol übernimmt das Stammhirn das Kommando. Blutdruck und Blutzucker steigen, sämtliche Energie wird für muskuläre Aktivität bereitgehalten. Die Atmung wird flach und schnell, die Darmfunktionen werden reduziert. Der Neocortex und damit das vernünftige Denken sind weitestgehend abgeschaltet.
Charakteristika	**Es geht um das physische, psychische oder soziale Überleben**

Ampelfarbe	ROT
Handlungs-optionen	Handlungen laufen als automatische Reaktionen ab. Nur drei Möglichkeiten bestehen: 1. Angriff 2. Flucht 3. Totstellen Sinneswahrnehmungen sind äußerst selektiv: Ein „Tunnelblick" herrscht. Soziale, vorausschauende oder kreative Handlungen sind unmöglich. Arbeitsfähigkeit ist auf klare Anweisungen, antrainiertes und stark verinnerlichtes, vor allem muskuläres Handeln beschränkt.
Wertschätzung in Roten Organisationen	Echte Wertschätzung steht als Handlungsoption nicht zur Verfügung. Ich Macht-System oder Wir-Macht-System Im Ich-Macht-System bekommt der Starke und Mächtige Loyalität und im gewissen Sinne Anerkennung dafür, dass er seinen „Schutzmantel" um seine treuen Gefährten oder seine Familie hält. Loyalität wird belohnt. Wir-Macht-Regelsysteme nutzen gerne Orden, Urkunden, Noten oder Zertifikate, Abschlüsse und Titel. Wer alles genau so richtig macht, wie es gewünscht wird, wird durch einen „Schein" belohnt.
Gefühlszustand	Nur drei Möglichkeiten: 1. wütend, aggressiv, kriegerisch 2. angstvoll bis panisch 3. ohnmächtig, bzw. erstarrt
Typisches Verhalten	Reflexartiges, unreflektiertes Angriffs-, Flucht- oder Vermeidungsverhalten Bewusste, absichtliche Verhaltensänderungen sind nur durch gut verankerte Regeln möglich.
Sozialverhalten und Arbeitshaltung	Egoismus des Einzelnen, Blindheit gegenüber anderen bzw. anderen Gruppen Konfrontation, streitsüchtig, unbeherrscht Abwehr, sich entziehen, zurückziehen Isolation, Kälte Ein Gegenüber bzw. andere Gruppen tauchen als (mögliche) Gegner und Störfaktoren oder als Leidenspartner und Mitstreiter auf.
Aufgabe/Herausforderung/ Anforderung	**Sicherheit herstellen und handlungsfähig werden** 1. Physisches Überleben sichern 2. Soziales und psychisches Überleben sichern 3. Mit klaren Regeln Denk- und Handlungsfähigkeit wiedergewinnen

Ampelfarbe	ROT
Gesellschaftliche Einordnung und Unternehmensprozesse	Ich-Macht-System: impulsiv, tribal, egozentrisch. Machtausübung durch Gewalt und ständig änderbare Vorgaben von oben. Wir-Macht-System: regelkonform, ethnozentrisch 1. Regeln und Gesetze bleiben über lange Zeit gültig 2. Stabile formale Hierarchien 3. Langzeitperspektive, stabile Prozesse Durchbruch vom Ich-Macht zum Wir-Macht-System: Sicherheit und Planbarkeit wird durch das Einhalten von stabilen Gesetzen und Regeln erfahrbar.

2.2 Gelbes Blinklicht – Achtung Störung!

Heute hat die liebe Ehefrau ihrem Wertschwätzer doch tatsächlich vorgeworfen, er könne ein richtig ätzender Workaholic sein – nur weil er wieder Überstunden gemacht hatte und beim Abendessen auf dem Handy noch kurz ‚was Wichtiges' gecheckt hat.

Sie fragte ihn, ob ihm etwas fehle, dass er so dermaßen seinen Selbstwert von seinem Arbeitserfolg abhängig mache? Und warum ihn sein Arbeitskollege so sehr aus der Fassung bringen könne mit einer kleinen, noch dazu unberechtigten Kritik?

Es könne ihm außerdem doch egal sein, was hinter seinem Rücken geklatscht werde, die Tratschtanten und -onkel seien sowieso nur neidisch.

Wem er denn durch Buckeln und Treten und Mehrarbeit beweisen müsse, dass er jemand sei und was tauge – sie habe jedenfalls einen Mann geheiratet, der die Hosen an hat – und keinen Waschlappen!

Dem Wertschwätzer blieb erst mal die Spucke weg. Diese sprachlose Stille nutzte seine Frau für eine weitere Botschaft. Sie lachte ihn an und meinte: „Guck mal, das hab ich gefunden: Schon Wilhelm Busch kannte dich – und Werner Stangl[7] hat es in deine Welt übertragen:

Wirklich, er war unentbehrlich!
Überall, wo was geschah,
zu dem Wohle der Gemeinde,
er war tätig, er war da.
Tennisstunde, Golf und Polo,
Hauptbilanz, Quartalsbericht,
Vorstandssitzung, Konferenzen,
ohne ihn da ging es nicht.
Ohne ihn war nichts zu machen,
keine Stunde hatt' er frei.
Gestern, als sie ihn begruben,
war er richtig auch dabei."

„Na also, da bin ich ja auf dem richtigen Weg!", meinte der Wertschwätzer zwinkernd, „und bevor ich ins Gras beiße, will ich noch ‚was vom Leben haben!'", sprach er und schnappte sich sein Weib, um schnell einen ordentlich nassen Kuss auf dem überraschten Gesicht zu platzieren …

[7] Dieses Gesicht von Wilhelm Busch wurde von Werner Stangl in der 2. Strophe auf die heutige Zeit umgeschrieben: http://arbeitsblaetter.stangl-taller-at/STRESS/default.shtml, abgerufen am25.02.2017.

2.2.1 Unsere Gelbe Bewusstseinsstufe

Über dem Stammhirn ist das limbische System positioniert, das, verbunden mit dem Stammhirn und vielen anderen Gehirnteilen, maßgeblich an unserer emotionalen und intellektuellen Steuerung beteiligt ist. Hat dieses die Regie übernommen, sind wir immer in „Habachtstellung" und darauf ausgerichtet, mögliche Schwierigkeiten zu erkennen und die entsprechenden Schwächen und Fehler zu beheben.

Der Grund für die Ampelfarbe Gelb

Taucht ein Gefühl von Verunsicherung ohne akute Bedrohung auf, wird die Amygdala ebenfalls in Alarmbereitschaft gesetzt, der Sympathikus aktiviert und Adrenalin vorsorglich ausgeschüttet. Die Herzfrequenz wird unregelmäßig und im EKG „zackig". Jetzt führt das Gehirn einen ständigen Scan der Umwelt, der Arbeitsaufgaben, der Mitmenschen durch, um abzuchecken, was möglicherweise gefährlich, verkehrt oder nicht in Ordnung sein könnte. Es gleicht all dies in Sekundenbruchteilen mit seinem gesamten gespeicherten Erfahrungsschatz ab, um Störungen möglichst frühzeitig zu erkennen und ihnen zu begegnen. Wie bei einem gelb blinkenden Ampel- oder Baustellenlicht hat die Präsenz von „Achtung! Hier stimmt etwas (noch) nicht!" oder „Vorsicht – Probleme!" bei uns Menschen immer einen physischen, psychischen oder sozialen Ausdruck, den wir bei uns selbst oder anderen als eine Form der Anspannung wahrnehmen können.

Um diese Störfelder zu kompensieren, wird gleichzeitig das sogenannte Verbindungshormon Oxytocin ausgeschüttet. Es unterstützt uns, gerade in Zeiten von möglicher Gefahr die Bindungen und die Unterstützung bei uns vertrauten Menschen bzw. in der Gruppe zu suchen und zu geben. Neben den psychischen und sozialen Wirkungen mildert Oxytocin auch die Folgen von Adrenalin auf das Herz, indem es entzündungshemmend und regenerierend auf die Herzzellen wirkt.

2.2.2 Der Verstand wird zum Chef befördert

Während das logische Denken im Roten Bewusstsein nicht zum Einsatz kommt, ist der Gelbe Ampelmodus genau davon geprägt. Hier denkt der Mensch permanent, zieht sinnvolle Schlüsse, sucht Lösungen für die anstehenden Aufgaben und bewältigt die alltägliche Arbeit in angespanntem Zustand.

Dem limbischen System gelingt es, logisches Denken und Emotionen zusammen zu bringen und damit die für unseren Verstand so wichtige sinnvolle Ordnung herzustellen. Dies ermöglicht uns, auch bei komplexen Vorgängen, schnell Entscheidungen zu treffen und etwas Konkretes tun zu können. Es befähigt uns, in der Gestaltung des eigenen Lebens oder der gestellten Aufgabe wieder ein Stück voran zu kommen. Sie liefert uns ständig Informationen über alle Bereiche, in denen wir aufpassen müssen, welche Gefahr wir vermeiden sollen, was noch nicht ganz so funktioniert und wo wir noch besser werden müssen. Es fungiert als Gefahrenmelder und Störungsdetektor.

Der innere Dauer-Fehlermelder mit eingebautem Stressauslöser

Sie können sich das wie bei einer Baustelle im Straßenverkehr vorstellen, wenn die gelben Lichter blinken. Das limbische System findet im Alltag immer eine Stelle, an der gerade Gelbes Blinklicht ist, egal ob es eine zwischenmenschliche, körperliche oder psychische Unstimmigkeit diagnostiziert – es meldet eine Störung oder Störungsgefahr.

Da es gerade bei uns engagierten Menschen so viele Problemfelder und Unstimmigkeiten gibt, über die wir zwangsläufig stolpern, befindet sich unser menschliches System in einer Art Dauerstress, der meist schon so normal für uns geworden ist, dass wir ihn häufig gar nicht mehr als Stress-Zustand wahrnehmen.

Wenn bei Ihnen viele Pannen zu beheben oder Probleme zu bewältigen sind und vor allem, wenn Sie keinen Raum dafür haben, den Blick auf langfristige Entwicklungen zu lenken, dann befinden Sie sich genau in diesem Gelben Ampelmodus, in dem unser limbisches System dominiert.

Im Gelben Modus ist die vorherrschende Realität „Keine Zeit". Wir sind so sehr mit dringenden, häufig unwichtigen Dingen beschäftigt, dass das Wichtige erst dann Aufmerksamkeit bekommt, wenn es dringlich geworden ist.

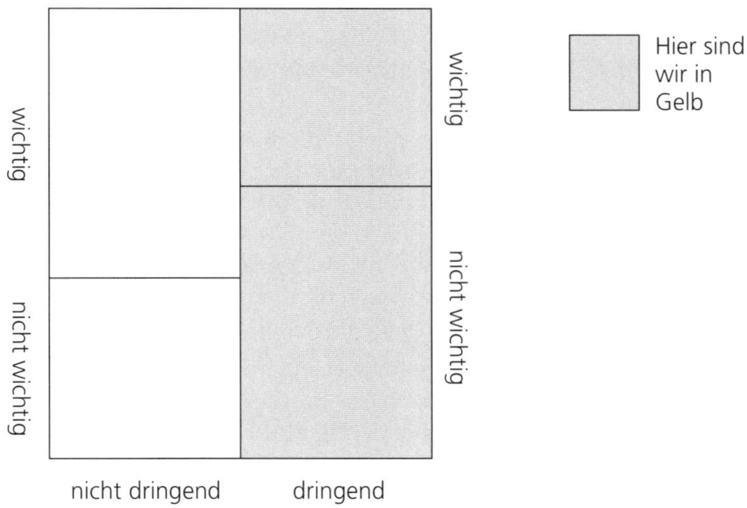

Parallelen in der Entwicklung menschlicher Organisationsformen

Historisch gesehen kann man zwischen der Roten und der Gelben Bewusstseinsstufe in der Entwicklungsgeschichte von Organisationen einen deutlichen Fortschritt feststellen: In den von uns beschriebenen Roten Wir-Macht-Systemen zählten nur der Stand und der Titel eines Menschen. Aus ihnen leitete sich ab, ob er bestimmen und dominieren durfte. In den sich daraus entwickelnden Gesellschafts- und Unternehmensformen, die hier als Gelb bezeichnet werden, wird diese Regelung durchbrochen. Die besondere Leistung dieser Bewusstseinsstufe ist: Starre Regeln und Strukturen werden zugunsten einer nützlichen Verbesserung, die der Sache oder allen dient, hinterfragt.

Folgendes Beispiel zeigt den wesentlichen Unterschied. Hier wird Gleichbehandlung (Berücksichtigung des Einzelnen) vor Gleichberechtigung (jeder unterliegt dem gleichen Recht) gestellt.

Gleichberechtigung oder Gleichbehandlung

Drei Menschen unterschiedlicher Größe stehen vor einem Zaun und wollen das dahinterliegende Geschehen beobachten. Der Große kann einfach darüber schauen, der Mittlere hat die Höhe knapp verfehlt und beim Kleinen fehlt ein richtig großes Stück.

Gleichberechtigung, eine für alle gleiche Regel, gibt jedem einen Hocker zum darauf stehen.

Gleichbehandlung gibt dem kleinen zwei Hocker, dem mittleren einen und dem großen keinen.

Vom „Recht des Stärkeren" zur Berücksichtigung von Stärken

Voraussetzung für diesen Entwicklungsschritt, der Tüchtigen und Begabten den Weg nach „oben" öffnet, ist, dass wir Menschen unsere Emotionen in den Griff bekommen. Wir durchdenken die damit zusammenhängenden Sachverhalte logisch und ziehen daraus Schlüsse, statt rücksichtslos oder stur regelkonform zu handeln.

Im Gegensatz zur Herangehensweise bei Rotlicht, innerhalb derer wir als Großer und Starker darauf bestehen würden, auch unseren Hocker zu bekommen, analysieren wir in Gelb das Für und Wider und machen uns über die möglichen Auswirkungen unseres Handelns Gedanken. Wir versuchen, alle verfügbaren Informationen zu sammeln, ziehen Schlussfolgerungen und suchen die beste Lösung zunächst für uns selbst, dann auch für das ganze System. Diese Lösung machen wir dann zum Maßstab unserer Entscheidungen.

Bei Gelber Handlungsweise überzeugen wir andere mit Argumenten oder (wissenschaftlichen) Erkenntnissen, setzen uns für die (selbst gefundene) Wahrheit ein und kämpfen für das, was wir als richtig und wichtig erkannt haben.

„Gelb" ist eine komplexere Welt mit mehr und differenzierteren Unterscheidungen von Falsch und Richtig, von Besser und Schlechter, von Oben und Unten. Hier werden Ziele gesteckt, (ISO)Normen etabliert, (Business)Pläne geschmiedet, Meilensteine eingefügt und damit die Welt, Vorgänge und Entwicklungen kontrollierbar, handhabbar und gestaltbar gemacht.

Dies alles dient nur einer Sache, nämlich es noch besser zu machen.

Um dafür gute Grundlagen zu haben sind Forschungsergebnisse, Studien und komplexe Problemlösungsstrategien sehr wichtig. Professionalität, methodische Ansätze und wissenschaftliche Herangehensweisen sind die vorherrschenden und bevorzugten Lösungswege. Leitlinien/Richtschnur für unternehmerisches Handeln sind kontinuierliche Verbesserungsprozesse, die sogenannten KVP's.

2.2.3 Es besser machen – vom Ich zum Wir

Geht es in der Roten Bewusstseinsstufe um Macht, Selbstbehauptung und Überleben, als Individuum und als Gruppe, so geht es in dieser Gelben Stufe um das „Bessermachen", um das Optimieren, Weiterkommen, das Erreichen großer Ziele. Die Errungenschaft gegenüber Rot ist, dass es jetzt möglich ist, mit viel Einsatz in durchlässigeren Hierarchien nach oben zu kommen und gesteckte Ziele zu erreichen. Gute Leistungen werden höher bewertet als vorhandene Regelwerke. Wer also mehr leistet, kann, statt auf den Ablauf von genügend Dienstjahren zu warten, mit Pfiffigkeit und Leistung – oder auch mit Ellenbogen – weiterkommen.

Den mit dem eigenen Bessermachen beschäftigten Menschen finden wir sehr häufig in unseren modernen Leistungsgesellschaften und Unternehmen. Wir nennen ihn den Ich-Macher.

Seine Philosophie lautet in etwa: „Arbeite hart, sei smart, werde immer besser, dann schaffst du es vom Tellerwäscher zum Millionär!"

Vom Ich-Macher in Ich-Gelb …

Hier haben dementsprechend „Rechthaber" oder „Besserwisser" Hochkonjunktur. Denn der Ich-Macher dominiert nicht mit persönlicher Macht, sondern mit der Macht des besten Arguments oder der besseren Überzeugungsstrategie, bzw. mit der kraftvoll vorgetragenen „moralischen Überlegenheit" seiner Verbesserungsabsichten.

… zum Wir-Macher oder Wir-Gelb

Die Wir-Macher haben erkannt, dass sie als Ich-Macher meist auf Kosten anderer weitergekommen waren. Sie finden das nicht mehr vertretbar, sogar unmoralisch, und wollen das jetzt ändern. Weiterhin haben sie gemerkt, dass es sich als Einzelkämpfer, in einem selbst geschaffenen Umfeld von lauter potenziellen Gegnern, Missgünstigen oder Konkurrenten, schlecht mit voller Kraft und Freude arbeiten lässt.

Der Wir-Macher glaubt an Win-win-Möglichkeiten und gute Zusammenarbeit und setzt sich richtig für seine Leute ein. Während die Führungskraft als Ich-Macher vorwiegend danach schaut, wie sie den nächsten Aufstiegsschritt – notfalls auch auf Kosten des eigenen Teams – erreichen kann, versteht sich ein Wir-Macher als dienende Führungskraft, die sich fragt: „Wer muss ich sein, damit meine Leute besser werden und sich mehr einbringen?"

Die Natur hat dieses Wir, den Wunsch nach Kontakt oder die Fähigkeit, um Hilfe zu bitten, in uns angelegt. Gemeinsam, im gegenseitigen Unterstützen, können Dinge geschehen, die wir allein nicht hätten bewirken können. Männer – gerade wenn sie exponierte Positionen innehaben – verhalten sich jedoch häufig so, als wären Gefühle und Empathie zu vernachlässigende Fähigkeiten, die sie, besonders im Arbeitskontext, nicht brauchen. Doch die neuere Forschung[8]

[8] Niobe Way, Professorin für Angewandte Psychologie an der New York University, beschreibt, dass ihre Studien zusammen mit Dutzenden anderen herausgefunden

hat herausgefunden, dass Männer wie Frauen von Geburt an bis zum Alter von ca. 13 Jahren über die gleichen Fähigkeiten zum Kontakt verfügen. Und genau diese Fähigkeiten werden gebraucht, um das volle Erfolgs-Potenzial entfalten zu können und mit allen Team-Situationen umgehen zu können.

Unterstützung von der Ich-Gelben zur Wir-Gelben Ampel[9]

Um diese in jedem Menschen angelegten Fähigkeiten zu einem guten Miteinander zu unterstützen und Ihr gegebenenfalls noch vorherrschendes Einzelkämpferdasein aufzugeben, könnten die folgenden Vorschläge für Sie hilfreich sein.

Toolbar: Regelmäßige Oxytocin-Atmung

Um den auf Dauer erhöhten Adrenalinspiegel zu senken und einem permanent erhöhten Stresslevel entgegenzuwirken, hilft am besten eine Oxytocin-Atmung, wie wir sie in Kapitel 2.1.5 beschrieben haben. Im Gelben Ampelmodus sind sowohl Adrenalin als auch Oxytocin aktiv.

Verwenden Sie, um den Oxytocin-Anteil zu erhöhen, bitte einen der folgenden Entscheidungsvorschläge, am besten alle drei.

Entscheidungsvorschlag Nr. 1
Verbinden Sie sich mit anderen, anstatt die Sache allein durchzuziehen.

Oxytocin macht uns sozialkompetent. Nutzen Sie gerade in Stresszeiten das Oxytocin, das Sie im Gelben Ampelmodus unterstützt, um mit vertrauenswürdigen Personen in Verbindung zu gehen. Sich gegenseitig zu unterstützen, um Hilfe zu bitten, stärkt die Gemeinschaft auch bei Herausforderungen.

Entscheidungsvorschlag Nr. 2
Sehen Sie Stress als hilfreich an, nicht als Ihren Feind.

Ihr Körper stellt Ihnen alles zur Verfügung, damit Sie mit Stress umgehen können: Adrenalin für die sofortige Einsatzfähigkeit und Oxytocin zur Festigung und Unterstützung in der Gruppe aber auch zur Gesunderhaltung des Herzens.

Dies zu wählen mag nicht ganz einfach sein, doch in Untersuchungen[10] konnte gezeigt werden, dass die Art und Weise, wie wir mit unserem Stress im Widerstand sind, weit mehr darüber bestimmt, ob unser Körper durch Stress krank wird, als der tatsächliche Stresslevel selbst.

---

haben, dass Jungen nicht weniger empathisch und emotional auf die Welt kommen als Mädchen. Erst die Reaktion der Bezugspersonen und der Peers prägten diese anders aus, da Jungen nicht als Mädchen oder als schwul angesehen werden wollen – mit mittlerweile dramatischen Folgen für deren Gesundheit, Wohlbefinden, auch Performance bis hin zu höheren Suizidraten z. B. an Hochschulen (Quelle: www.niobeway.com), abgerufen am 25.02.2017.

9 Siehe auch die Toolbar im Abschnitt 6.2.2 mit Vorschlägen, wie Sie den Übergang vom Ich-Gelb zum Wir-Gelb unterstützen können.

10 Kelly McGonigal: TED Vortrag, How to Make Stress Your Friend. Negatives Denken über Stress, nicht der Stress selbst, belegt Rang 15 auf der Todesstatistik der USA

Entscheidungsvorschlag Nr. 3
Entwickeln Sie die Bereitschaft zum Scheitern.

Wie bitte? Ja, hören Sie auf, immer besser sein zu müssen als die anderen, immer im Konkurrenzkampf mit hoch gesteckten Zielen, die um jeden Preis[11] erreicht werden müssen, selbst wenn es absehbar ist, dass Sie dabei Ihre eigene Belastungsgrenze überschreiten.

Schauen Sie auf die Dinge, Menschen, die Arbeit, das Leben ... genau so wie sie sind und wie sie nicht sind[12] und erlauben Sie sich und anderen zu scheitern. Wenn Sie dieser Empfehlung folgen, könnte es sein, dass Sie folgende Erfahrung machen: Durch die Fähigkeit des Loslassens wird die Erfolgsbilanz schlussendlich nicht kleiner, wie befürchtet, sondern größer.

Benötigt das Wir-Gelb noch die gleichen starren Regelwerke wie in den vorherigen Stufen?

Das Wir-Gelb kommt nicht ohne Regeln und Gesetze aus dem Wir-Rot aus. Verhaltensnormen, Hierarchien mit Weisungsbefugnissen, Arbeitsregeln, Qualitätsstandards usw. sind auch Teil dieser Gelben Welt. Der wesentliche Unterschied ist: Sie können durch Anstrengung, Dranbleiben und überzeugende Leistungen verändert und angepasst werden.

Doch dies ist meist anstrengend und führt zu Dissonanzen. Und immer, wenn wir mit einem Konflikt konfrontiert sind, greifen wir in unserer Reaktion und Verunsicherung erst einmal automatisch auf die vorherigen Systeme zurück, die sich ja durch langjährige Erfahrungen bewährt haben. Dies ist ein folgenschwerer Automatismus!

Unsere typisch menschliche Art, uns bei jedem ungelösten Problem unkonstruktiverweise zurück von Gelb nach Rot zu bewegen, mag das folgende Beispiel verdeutlichen.

Das Machtwort

Eine Führungskraft im Bewusstseinszustand eines Wir-Machers lädt ihr Team zu einer Teamsitzung ein. Sie schildert ihr Problem und fragt nach Lösungsvorschlägen. Sie hofft, im Team eine gemeinsame Lösung zu finden, der alle zustimmen.

Das Gegenteil passiert jedoch. Das Team diskutiert und spaltet sich in zwei Gruppierungen.

(https://www.ted.com/talks/kelly_mcgonigal_how_to_make_stress_your_friend?language=de#t-18246, mit deutschem Untertitel) abgerufen am 25.02.2017.

[11] 75 % der Betrugsfälle, die von der US Behörde Securities and Exchange Commission untersucht wurden, waren das Resultat von unrealistischen, optimistischen ursprünglichen Gewinnerwartungen, die aber nicht zurückgenommen wurden. Aus dem Buch von Kelly McGonigal, The Willpower Instinct, sowie dem Vortrag bei Google am 26.01.2012 (https://www.youtube.com/watch?v=V5BXuZL1HAg), abgerufen am 25.02.2017.

[12] Der ehemalige Bundeskanzler Adenauer soll einmal einen verzweifelten Assistenten gefragt haben: „Wollen Sie den Rat von einem alten Mann hören?" „Aber natürlich, Herr Bundeskanzler!" Worauf dieser gesagt haben soll: „Nehmen Sie die Menschen, wie sie sind, es gibt keine anderen."

An diesem Punkt fällt die Führungskraft zurück zum Gelben Ich-Macher. Sie hat sich durch die Diskussion eine Meinung gebildet und einen möglichen Kompromiss gefunden, von dem sie glaubt, dass beide Seiten damit leben können. Sie versucht jetzt, beide Seiten zu überzeugen. Dies gelingt aber nur bedingt, und immer noch können einige diesem Lösungsvorschlag nicht zustimmen.

In dieser kniffligen Situation schlägt das Wir-Rot zu: Die Führungskraft nutzt jetzt ihre Macht und bestimmt. Sie setzt eine Regel, an die sich jetzt bitte alle halten sollen.

„Das ist alltäglich", sagen Sie, „was ist jetzt daran so besonders?"

Sie haben Recht, nichts ist daran besonders. Nur, mit jedem Rückschritt in eine vorherige Stufe hat die Führungskraft zwar am Ende eine gangbare Lösung für ihr Problem gefunden, die Kosten dafür sind jedoch sehr hoch. Engagement, Mitdenken, Kooperation, Kreativität, Freude an der Arbeit gehen verloren – bei ihr selbst, aber auch beim Team. Stattdessen erntet sie Widerstand, Abgrenzung, innere Kündigung, Ohnmacht …

Durch Gemeinsamkeit Regeln anpassen und hohe Kosten von Egoismus vermeiden

Ein Wir-Macher hat erkannt, dass jede vorherige Stufe Produktivität kostet. Diese Panne sucht er zu überwinden. Dabei setzt er auf Mittel und Möglichkeiten, um gemeinsame Lösungen, sowie Strukturen und Unterstützungen zu finden, damit das Vorgehen von möglichst allen getragen wird[13], denn eine entspannte Atmosphäre, in der jeder sich wohlfühlt und gehört wird, verspricht bessere Leistungen. Daher sollen bestenfalls alle mitgenommen werden. Sollte es Widerstände geben, so werden diese möglichst eingearbeitet.

In diesem Wir-Gelb bezeichnen sich die Beteiligten häufig als Familie, bei der jeder dazugehört und die Schwächeren als Teil eines funktionierenden Systems mitgetragen werden. Führungskräfte nehmen hier eine dienende, manchmal auch väterliche oder mütterliche Rolle ein.

Die Charakteristik von Wir-Machern

Auf dieser Bewusstseinsstufe ist die Reflexionsfähigkeit so hoch, dass sich die Beteiligten von der Identifikation mit ihren eigenen Gedanken, Gefühlen und Vorstellungen ein gutes Stück weit distanzieren können. Hier können Menschen, Emotionen und Bedürfnisse als subjektive Wahrheit identifizieren, anstatt ihre eigene Perspektive als allein gültig durchsetzen zu müssen. So können sie auch andere mit deren deutlich unterschiedlichen Sichtweisen und Eigenarten verstehen und respektieren.

Dadurch werden bei Meinungsverschiedenheiten, statt bloßer Konfrontation oder Überzeugungsfeldzügen, konstruktive Beratungen sowie passende Absprachen mit Kompromissen möglich.

---

[13] Die 6 Stufen des Konsens haben in Wir-Gelb einen hohen Stellenwert, https://de.wikipedia.org/wiki/Konsens, abgerufen am 16.12.2016.

Eine wesentliche Errungenschaft dieser Bewusstseinsstufe ist, dass wir den Menschen hier mit seinem individuellen Potenzial wahrnehmen. Wir wertschätzen seine Sicht der Dinge als Ergänzung oder Bereicherung, statt ihn lediglich in seiner Funktionsweise für das Unternehmen zu schätzen.

Gegenseitige Anerkennung bekommt hier einen neuen Stellenwert. Die Beteiligten bemühen sich mit hohem Engagement, mehr Wertschätzung in die Unternehmen und Organisationen zu bringen.

Äußerungen wie „Bravo, das haben Sie gut gemacht" werden im Wir-Gelb kritisch hinterfragt. Die Beteiligten erkennen: nicht die Worte sind entscheidend, sondern die Art, wie diese Worte gesprochen werden. Denn der Empfänger einer Anerkennung hört sehr genau, ob hinter diesem Lob unausgesprochene Gedanken stehen wie: „Endlich, das hätte doch auch früher sein können", oder ob diese Anerkennung authentisch und ohne Hintergedanken gegeben wurde.

Es entwickelt sich ein Gespür für das Echte. Die Einsicht reift, dass ein Gegenüber schnell merkt, ob wir echte Wertschätzung aussprechen oder damit taktieren und auf eine versteckte Art manipulieren wollen.

Ebenfalls wächst hier die Wachsamkeit gegenüber Belohnungen für Erfolge, z. B. Prämien für Verbesserungsvorschläge oder Leistungsprämien und Gewinnbeteiligungen, die an ausgesuchte Personen oder Gruppen verteilt werden.

Man erkennt im Wir-Gelb immer mehr, dass diese Arten von Wertschätzung auch misstrauische Fragen hervorbringen wie:

- Warum bekommt diese Person/Abteilung eine Prämie?
- War das Messverfahren korrekt?
- Wie gerecht sind diese Boni denn?
- Hat jemand manipuliert?
- Was wollen „die da Oben" damit bewirken?

Zusätzlich beginnen die Beteiligten, sich für Wertschätzung zu engagieren. Der Blick auf die eigene Authentizität wächst und Führungskräfte und Mitarbeiter üben sich in größerer gegenseitiger Aufmerksamkeit.

Wir alle haben schon die wohltuenden Wirkungen eines wertschätzenden Blicks und ermutigender, anerkennender Aussagen erlebt. Wir kennen die Wohltat liebevollen Verständnisses oder das Zutrauen eines anderen zu unseren Fähigkeiten.

Um die vielen, individuell unterschiedlich erlebten Realitäten in uns und in anderen zu begreifen und uns darüber verständigen zu können, unterstützen uns zahlreiche methodische Ansätze[14] darin, wertvolle Qualitäten wie Vertrauen, gegenseitige Akzeptanz, Verständigung und Miteinander hervorzubringen. Diese in unserem Alltag umzusetzen, ist ein sehr wichtiger Schritt für menschliches Wachstum und Entwicklung. Allen gemeinsam ist das „Aktive Zuhören",

[14] Mediation, Zwiegespräche, Gewaltfreie Kommunikation, The Work, Das Vier Ohrenmodell, Das innere Team, NLP, Systemische Aufstellungen und vieles mehr (siehe auch Toolbar und Kernmethoden).

das vom Vater der klientenzentrierten Arbeit Carl Rogers[15] als erstes erwähnt wurde und mittlerweile als Grundlage aller modernen Gesprächsführungsansätze gilt.

Methode: Aktives Zuhören

Kernpunkt dieses Ansatzes ist es, unseren eingebauten Wahrnehmungsfilter für das, was andere sagen, auszuhebeln. Dies tun wir, indem wir aktiv das, was wir verstanden haben, mit eigenen Worten zurückgeben, so dass der Sprecher ein Feedback darüber bekommt, ob bzw. wie seine Botschaft angekommen ist. Ausführlichere Darstellungen dieses methodischen Ansatzes finden Sie in unserer Toolbar unter „Eisbergmodell"[16] sowie bei den Kernmethoden (siehe Kapitel 5.4).

2.2.4 Die Falle von Gelb

Organisationen wollen berechtigterweise besser werden und ihre Leistung und Produktivität kontinuierlich weiterentwickeln. Die Falle in Gelb liegt in der hier typischen Betrachtungsweise: „Eine Kette ist nur so stark wie ihr schwächstes Glied." In Gelb sind wir praktizierende Fehlerfinder mit der Absicht, die auftauchenden Schwachpunkte möglichst effektiv und schnell zu lösen. Neben der zu bewältigenden Alltagsarbeit steht das konstruktive Angehen von Problemen und Herausforderungen im Mittelpunkt, was den Blick auf Stärken, Ressourcen und Blickwinkel jenseits des „Tellerrands" fast komplett verdeckt.

Diese durch die menschliche Natur sehr ausgeprägte Ausrichtung auf „hier stimmt etwas noch nicht" und das daraus resultierende ständige Besserwissen und Besser-werden-wollen führt zwangsläufig und automatisch zu neuen Schwierigkeiten:

- Unerwünschte Nebenwirkungen dieses Fehlersuchblicks sind, dass Menschen bloßgestellt werden oder sich blamiert fühlen. Da das Ansprechen von Fehlern bei den Verursachern subjektiv immer wieder als ungerechtfertigt erlebt wird, kommen Tendenzen dazu, sich zu verteidigen, andere zu beschuldigen oder Fehler und Schwächen zu vertuschen. In der weiteren Folge neigen die Beteiligten dazu, Ursachen für Probleme bei den anderen zu finden und das Übernehmen der eigenen Verantwortung zu vermeiden.
- Die Reaktion, doch auch an anderer Stelle nach dem Schuldigen oder zumindest Mitverantwortlichen zu suchen, deckt automatisch neue Schwächen auf, deren Relevanz zu prüfen ist. „Wer hat jetzt recht?", wird zu einer zentralen

[15] Carl Rogers, US-amerikanischer Psychotherapeut der mit seinem klientenzentrierten Ansatz sowohl die generelle Gesprächsführung als auch die alltägliche Arbeit mit Klienten beeinflusste (https://de.wikipedia.org/wiki/Carl_Rogers, abgerufen am 25.02.2017). Im Jahr 2008 wurde die Wichtigkeit des Zuhörens durch das Marktforschungsinstitut Allensbach in einer Umfrage bei 1.800 Deutschen bestätigt. 80 % der Befragten hatten angegeben, was ihrer Meinung nach zu einem guten Gespräch gehören würde: Zuhören.

[16] Ausgehend vom Eisberg, bei dem nur ein geringer Teil über der Oberfläche sichtbar ist https://de.wikipedia.org/wiki/Eisbergmodell, abgerufen am 25.02.2017.

Frage, obwohl die Antwort darauf nichts mit einer guten Lösung zu tun hat. Die Gefahr dabei besteht darin, sich mit der Bearbeitung zu verzetteln, anstatt die Aufmerksamkeit darauf zu lenken, wo Wachstum, Entwicklung und insbesondere die nachhaltigen Erfolge liegen. Wenn Sie eine Führungskraft sind, ist Ihnen schon einmal aufgefallen, wie viel Energie Sie in Ihre „problematischen Fälle" stecken und wie wenig Aufmerksamkeit diejenigen bekommen, die tagtäglich einen guten Job leisten?

- Persönliche Befindlichkeiten, Befangenheit, Misstrauen und Missgunst oder auch nur „genervt sein" und „sich ausgebremst fühlen" sind die ständigen Begleiterscheinungen. So stehen Tür und Tor für weiteres Konfliktpotenzial offen.

Es benötigt große Kraftanstrengungen und hohe soziale Kompetenz, mit einer Gruppe von Menschen auf einbeziehende Weise konstruktiv weiter zu kommen. Insbesondere Verantwortungsträger sehen sich in der Pflicht, all diese Themen in den Griff zu bekommen und übertreten häufig ihre eigenen Belastungsgrenzen. Sie sind mit einem hohen Maß an zeitlichem Einsatz unterwegs. Gesprächsrunden, Diskussionen, Meinungs- und Entscheidungsfindungen nehmen scheinbar kein Ende.

Die Suche nach Übereinstimmung ist häufig langwierig

Wege zu finden, bei denen wirklich alle einer Sache zustimmen können, braucht hohe Toleranz und Kompromissbereitschaft. Diese wichtigen menschlichen Fähigkeiten haben jedoch auch Schattenseiten: Weil man aus Zeitgründen nicht auf jede „Tagesform" und Verstimmung eingehen kann, kommt es zwangsläufig vor, dass wichtige Anliegen überhört oder nicht berücksichtigt werden. Frustration und Resignation sind die natürlichen Folgeerscheinungen.

Manipulation und Machtausübung schleichen sich ein

Durch all diese Begleiterscheinungen sind die Türen dafür offen, dass solche Systeme von einzelnen Menschen mit Ich-Gelber Prägung dominiert werden. Weil Entscheidungen häufig langwierig und zermürbend sind, ist die Gefahr groß, dass sich am Ende doch derjenige durchsetzt, der aus der vorherigen Stufe das Überzeugen gelernt hat oder taktisch agiert, indem er z. B. mit seinem langen Atem und seiner Durchhaltefähigkeit gewinnt. Wenn die Führung es nicht mehr aushält, werden in den meisten Fällen wieder starre Regeln eingeführt, an die sich alle zu halten haben oder, wenn es ganz schlimm kommt, fällt der Chef komplett in Rot zurück und spricht ein Machtwort.

Neue Ideen, Kreativität und individuelles Engagement sind dann nicht nur stark behindert, sie werden durch mangelnde direkte Umsetzbarkeit ihrer anfänglichen Inspiration, Dynamik und Kraft beraubt, im letzten Fall sogar abrupt gestoppt.

2.2.5 Typische Charakteristik und Auswirkungen von Angst und Stress bei Gelber Ampel

Die Menge an Themenfeldern, Personen, unstimmigen Strukturen, fehlerhaften Abläufen … ist übergroß. Wir-Gelbe erkennen an jeder Ecke, was noch verbessert, erledigt oder umgestaltet werden müsste. Selbst die Kompetenz, sich nur auf das Wesentlichste zu fokussieren und alles andere einfach da sein zu lassen, bringt die Beteiligten an ihre körperlichen und psychischen Belastungsgrenzen, da es unendlich viel Dringendes und Wichtiges zu tun gibt. Und dann muss ja auch noch die normale Alltagsarbeit erledigt werden.

Die Furcht, es nicht zu schaffen, nicht durchsetzungsfähig, sicher, gut, gesund, anerkannt oder erfolgreich genug zu sein, beherrscht – wenn sie einmal geweckt ist – schleichend unser Denken und Fühlen. Sie schafft genauso Stress wie die allgegenwärtige menschliche und scheinbar „normale" Angst vor Sanktionen, Liebesverlust, Ausgrenzung und Armut.

Die Charakteristik dieses Lebens- und Arbeitsklimas zeigt sich dann wie folgt:

- Wir sind von der Fülle der noch zu erledigenden Aufgaben und Themen überfordert.
- Wir sind unzufrieden mit unserer eigenen beruflichen und persönlichen Wirksamkeit und Leistungsfähigkeit.
- Das trotz bester Absichten schwierige Arbeitsklima behindert unser Wohlbefinden und das Gelingen der beruflichen Projekte.
- Wir verbringen mehr Zeit zur Abstimmung in Meetings als bei der zu erledigenden Arbeit.
- Wir bemerken latente bis starke Angespanntheit, Besorgnis oder Stress.

Ein solcher Gelber Zustand wirkt körperlich leistungsmindernd und krankheitsfördernd, psychisch schwächend und lähmend, besonders für das Selbstvertrauen und die Arbeits- und Lebensfreude.

Sozial wirkt Stress einerseits ansteckend, andererseits isolierend, weil die potenziellen Arbeits-Partner, durch die Stress-Brille betrachtet, unweigerlich als mögliche Gegner erscheinen.

An dieser Stelle wird spätestens klar: Fast alle bekannten Systeme arbeiten bei „Gelblicht" in ständiger Alarmbereitschaft!

Die schlechte Nachricht hier ist, dass es kaum Organisationssysteme, Teams, Gruppen und Unternehmen gibt, in denen kein Stress und kein Fokus auf Fehler und Mängel herrscht. Das hat selbstverständlich damit zu tun, dass wir einzelnen Individuen selbst sozusagen im Gelblicht groß geworden sind und dieses Klima zwangsläufig verbreiten, weil wir es für selbstverständlich halten oder meistens gar nicht anders kennen.

Der moderne Mensch ist „praktizierendes Gelblicht"!

Die gute Nachricht ist, dass uns sowohl aus der Geschichte der bereits erfolgten Organisationsentwicklung als auch aus den biologischen und psychosozialen Gegebenheiten unseres Menschseins eine weitere Bewusstseinsstufe und Erfahrungsebene zur Verfügung steht, die wir im Folgenden als Grünes Ampellicht beschreiben.

Zwischenbilanz

Unsere Kompetenz zu denken und zu analysieren gibt uns das Gefühl, Dinge oder Situationen in der Hand zu haben und die auftauchenden Herausforderungen entweder selbst meistern zu können oder zumindest als Gruppe große Ziele zu erreichen.

Die Fähigkeiten einer ganzen Gemeinschaft, eines Teams oder Unternehmens zu nutzen, verspricht jedoch bessere Ergebnisse als die Tatkraft eines Einzelnen. Unsere vielfältigen Versuche, die auf unserem Wege auftauchenden Probleme und Fehler zu managen, erzeugen neue Spannungen und Konflikte. Manchmal scheint es so, als ob wir ein Problem gelöst haben, dadurch aber gleich zwei neue auf den Bildschirm bekommen. Diese müssen wir dann, weil das Problem so groß geworden ist, notfalls auch mit bewährten Lösungsmustern von Machtausübung bewältigen. Ein solcher Teufelskreis bringt uns trotz bester Absichten an unsere Belastungsgrenzen und konfrontiert uns häufig mit unseren Ängsten.

2.2.6 Die wenig beachtete Parallelwelt unserer Gedanken

Der Wertschwätzer ist aus dem Häuschen – auf der Suche nach der Gebrauchsanleitung für sein Gehirn hat er jetzt bahnbrechende Erkenntnisse gehabt:

„Denken ist eine gute Sache", dachte sich der Wertschwätzer, „durchdenken und verstehen hilft mir doch sehr, mit all den Problemen fertig zu werden."

Dabei war ihm jedoch etwas aufgefallen: „Wenn ich dann meine wichtigen Angelegenheiten durchdacht habe und eigentlich ganz zufrieden bin und gerne meine Ruhe haben möchte, dann laufen meine Gedanken einfach weiter. Ich habe schon so viel probiert, ich bekomme diesen Denkapparat einfach nicht in den Griff! Und was es dann alles in mir ungefragt denkt! Gut, dass das niemand hören kann! Und schlimm, dass ich das selbst immer hören muss! Das scheint mir doch eine Art unaufhörliche Selbstmanipulation zu sein!"

Als unser Wertschwätzer das entdeckte, konnte er nicht mehr anders, er musste dieser Sache doch gründlicher auf die Spur kommen und hat sich das in einem Selbststudium ganz genau angeschaut. Mit seinen Forschungsergebnissen ist er dann zu seinen Kollegen und Freunden gegangen und hat diese gebeten, doch auch mal zu forschen. Hier das Ergebnis, das der Wertschwätzer stolz seiner Frau präsentierte:

„Ich habe rausgefunden, dass uns unsere Gedanken ungefragt zu allem und jedem ihren Senf dazu geben! Besonders laut sind sie dann, wenn uns nicht so ganz wohl ist in unserer Haut fühlen oder wir irgendwo mit einem Problem nicht recht weiterkommen."

„Von was für einem Quatsch sprichst du da?", fragte sie.

Unser Wertschwätzer lachte: „Genau diese Stimme, die dich das jetzt fragen lässt und die jetzt gleich meine weiteren Ausführungen kommentiert wird – genau von dieser Stimme rede ich!"

Er konnte kaum noch an sich halten, so aufgeregt war unser Wertschwätzer: „Egal wo ich bin und mit wem oder was ich es gerade zu tun habe, diese innere Stimme plappert unaufhaltsam. Und das schlimmste an dieser Stimme ist, sie tut auch noch so, als ob sie ich wäre, obwohl ich beileibe nicht solch einen Quatsch glauben würde. Und trotzdem bin ich ständig drauf reingefallen."

„Ein inneres ‚Ich', das so tut, als ob es ‚Du' ist?", fragte seine Frau mit ungläubigem Gesicht. „Ja", folgerte unser Wertschwätzer, „und im Kreise meiner kleinen Forschungsgruppe haben wir folgende Häufungen ausmachen können:

Mein innerer Besserwisser

- analysiert und kombiniert – er stellt superschnell logische Zusammenhänge fest und kann besonders gut mit Analogien und Zahlen spielen (Der Analytiker),
- weiß sofort, ob jemand gut oder schlecht drauf ist, was ihm genau fehlt und was er jetzt braucht. Bei allem, was mit Menschsein zu tun hat, da kennt er sich aus, da ist er allen anderen haushoch überlegen (Der Überlegene),
- bewertet jede Aussage, einfach alles, was er aufschnappen kann und weiß genau, ob sie falsch oder richtig ist. Er kritisiert einfach alles und jeden (Der Kritiker).

Mein innerer Zweifler

- macht sich ständig Sorgen, insbesondere um den unerledigten Kram, das Geld, die Partnerschaft, die Kinder oder um mein Ansehen in der Arbeit (Der Besorgte),
- sagt mir häufig, wie schlecht dies oder jenes wieder war. Ich komme mit allem, was ich tue, in seiner Beurteilung ziemlich schlecht weg (Der Minderwertige),
- hat unaufhörlich ein besonderes Auge darauf, was andere nicht bedacht oder übersehen haben und warnt vor den schrecklichen Auswirkungen (Der Bedenkenträger).

Mein innerer Einzelkämpfer

- versichert mir, dass mich das doch alles gar nichts angeht – als ob er mich genau an dem hindern möchte, was für mich wirklich wichtig ist (Der Desinteressierte),
- weiß ganz genau: „ja, für die Anderen ist das wirklich wertvoll – aber doch nicht für mich!" (Der Abgeklärte),
- überzeugt mich wieder einmal: „Ich mach's auf meine Art! Das hat sich schon immer bewährt – mich versteht sowieso keiner" (Der Alleingänger).

Das ungläubige Gesicht wich einem echten Interesse. Sie sagte:

„Lieber Mann, das ist ja interessant – ist dir aufgefallen, dass sich deine drei Unterscheidungen an die drei automatischen Reaktionsmuster aus der Ampelfarbe Rot anlehnen?"

Unser Wertschwätzer wurde stutzig:

„Du meinst: Der Besserwisser hat eher die Kampfenergie, der Zweifler will lieber weg und der Einzelkämpfer ist starr und nicht ansprechbar für die anderen?"

„Oh ja, offensichtlich basieren diese Stimmen auf sehr alten Mustern. Sie sind plakativ und sehr einfach gestrickt – komisch, dass mir das noch nicht aufgefallen war", folgert seine Frau.

„Und noch interessanter ist", so fuhr sie fort, „dass ich noch nicht auf die Idee gekommen bin, diese automatischen und plakativen Gedankenstränge, die sich natürlicherweise als mein Ich ausgeben – denn schließlich sind es ja meine Gedanken –, als etwas zu betrachten, das gar nicht ich bin, sondern etwas, das nur so tut, als ob."

„Endlich verstehe ich den Unterschied, einen Gedanken oder ein Gefühl zu haben, anstatt dieses Gefühl zu sein. Ich bin ja gar nicht meine Gedanken und Gefühle, ich habe ja nur welche." Und indem sie das aussprach, wurde sie von einem entspannten und freudigen Lachen erfasst.

Unser Gehirn erzeugt Parallelwelten – vermutlich ist das keine wirklich neue Information für Sie. Wir entdecken das auf unserem Weg vom Ich-Gelb zum Wir-Gelb. Hier bekommen wir Einsichten und ein Bewusstsein für unsere innere Gedankenwelt, die durch subjektive Wahrnehmung der äußeren Realität eine zweite innere Welt erschafft. Wir lernen uns von der Ich-Gelben Schmalspur-Identität zu unterscheiden, weil wir im Austausch mit anderen erleben, wie falsch, tendenziös, unkonstruktiv oder unfreundlich unsere innere Stimme die meiste Zeit interpretiert. Das einzig Dumme ist, so sehr wir uns das auch wünschen, wir bringen dieses subtil wirkende Plappermaul[17] deswegen noch lange nicht zum Schweigen und werden es auch nicht los. Es interpretiert unermüdlich die über unsere Sinne übertragenen Wahrnehmungen und legt diese nachvollziehbar aus. Dabei vergessen wir immer wieder unsere Fähigkeit, uns von diesen Stimmen zu unterscheiden. Meist unbewusst gleiten wir zurück in die Identifikation mit diesem scheinbar so realen Ich in uns.

Der erste und wichtigste Schritt ist jedoch getan, indem wir die verschiedensten Arten unseres nicht förderlichen Denkens unterscheiden lernen. Das ist eine große Errungenschaft für unsere persönliche Bewusstseinsentwicklung.

Mit dieser Unterscheidungsfähigkeit hat das unkontrollierte Denken schon etwas von seiner destruktiven Macht verloren.

Das zweite Gute daran ist, dass uns dieser ständige innere Gedankenkrieg auf die Suche nach dem inneren Frieden gehen lässt. Die Vorstellung, dass wir unser Denken kontrollieren und auch einmal abstellen können, wird verführerisch … Grün, wir kommen!

2.2.7 Wo ist der Weg aus Gelb?

Dieses ständige Bewerten und Beurteilen, sowie der Fokus auf Fehler und Schwächen wird nie einen Durchbruch in eine wesentlich höhere Arbeits- und Lebensqualität erzeugen! Warum?

Es ist klargeworden, dass das Leben innerhalb von Gelb ein sich selbst erhaltender Kosmos ist, in dem Folgerichtigkeit herrscht, selbsterfüllende Prophezeiungen existieren und immer lohnende Ziele vor Augen schweben, die einen dazu animieren, weiterhin mit seiner Lebens- und Arbeitskraft dieses System zu „bedienen".

Neue, andersartige Erfahrungen, die unser logisches Denken erst einmal konfrontieren, werden von unserem Gehirn sehr eilig gleich wieder in die vorhandenen „Schubladen" und Denk-, Fühl- und Handlungssysteme eingebaut. So haben nur sehr intensive Erfahrungen „einer anderen Art", wie z. B. eine Krankheit, ein Unfall, eine Trennung, aber auch eine neue Partnerschaft oder ganz besondere, positive Ereignisse eine Chance durchzudringen und transformativ zu wirken, weil der Verstand in solchen Fällen kurzzeitig seine Chefrolle loslässt.

Es wird also klar, dass es mit gängigen Herangehensweisen und Methoden – so große Einblicke sie uns auch in die verschiedenen Realitäten und Wirklichkeiten von uns selbst und anderen Menschen schenken – keinen Weg aus dieser gelben Bewusstseinsstufe von „Hier stimmt etwas noch nicht" gibt. Es durch „selbst machen" oder „noch besser machen wollen" irgendwann zu schaffen,

---

[17] Werner Tiki Küstenmacher, Limbi – Der Weg zum Glück führt durchs Gehirn, Knaur 2016 und Stefan Frädrich, Günter, der innere Schweinehund, Gabal 2011

bleibt unmöglich, so sehr Ihre Gedanken und Wünsche Ihnen auch etwas anderes glaubhaft machen wollen. Der Stress, das Unglück und das Neben-sich-Stehen dieser Stufe entstehen ja gerade durch die Gelbe Philosophie, es selbst oder gemeinsam besser machen zu müssen und können.

Es ist eine Illusion zu glauben, durch andauernde Persönlichkeitsentwicklung, Teamentwicklung, Bewusstseins- oder Beziehungsarbeit, so wertvoll diese auch sind, es schaffen zu können. Ein wirklich exzellentes Miteinander zu erreichen, echte gegenseitige Wertschätzung, bei der jeder gesehen wird und eine wirklich kraftvolle Wirksamkeit, bei der jeder gerne seine Potenziale einbringt, gelingt nicht in Gelb.

Der Grund: Das ständige Streben in Gelb, es noch besser machen zu müssen, wird bei noch so guten Ergebnissen immer noch Schwächen finden oder die Erfolge als Ausnahme, Glück oder Zufall, auf jeden Fall als noch nicht gut genug bezeichnen. Die Gelbe Realität ist eine permanente Deklaration, noch nicht am Ziel zu sein und ein ständiges „Der nächste Fehler ist ja schon wieder passiert."

Mit dieser Haltung kann es einfach nicht gelingen, jemals anzukommen!

Das Gelbe System wird sich also nicht selbst abschaffen!

Jeder kann nachvollziehen, dass man von einer Methode, die man schon viele Jahrzehnte angewandt hat, in Zukunft keine drastisch anderen Ergebnisse erhalten wird, wenn man an der Vorgehensweise oder dem Setting nichts Wesentliches ändert!

> „Probleme kann man niemals mit denselben Denkweisen lösen, durch die sie entstanden sind."
>
> Albert Einstein[18]

> Der Weg von wertschätzenden Unternehmen und Teams vom Gelblicht zum Grünlicht führt also nicht dort entlang, dass man von der sechsspurigen Autobahn des Verbessern-Wollens abbiegt und versucht, auf einem steinigen Gebirgspfad aufwärts in Richtung Wertschätzung zu kraxeln. Solche steinigen Pfade sind immer noch verdächtig Gelb!
>
> Der Weg von Gelb zu Grün ist gar kein Weg! Es ist nicht etwas, das Sie als Folge Ihrer noch so guten Taten erreichen können. Es ist vielmehr ein transformativer Sprung, ein sich Wiederfinden, ein Auftauchen in Grün.

Grün entlässt uns aus der nicht enden wollenden Geschichte, es (selbst) schaffen zu müssen. Denn während wir in Gelb versuchen, durch unser Besserwissen und -Machen unserem Ziel näherzukommen, ist Grün eine Art zu Sein. Impulse und Handlungen kommen dort aus einer komplett anderen Realität und Grundlage. Lassen Sie sich vom kommenden Kapitel überraschen.

[18] http://zitate.net/albert-einstein-zitate, abgerufen am 25.02.2017.

2.2.8 Übersicht über das Leben im gelben Ampellicht

Ampelfarbe	**GELB**
Motivation	**Verbessern, Optimieren, Kontrollieren, Dranbleiben**
Physiologie: **Gehirn- und Hormontätigkeit**	**Das limbische System ist besonders aktiv.** Verbunden mit dem Stammhirn und anderen Gehirnteilen ist das limbische System maßgeblich an unserer emotionalen und intellektuellen Steuerung beteiligt und ist jetzt vorherrschend aktiv. Es bewirkt die Ausschüttung eines Hormoncocktails aus Stress- und Verbindungshormonen – vor allem die Adrenalin- und Oxytocinlevel sind hoch. Der Neocortex (= die Großhirnrinde) ist nur reduziert funktionsfähig. Die kreative und weitblickende Denkfähigkeit ist damit deutlich eingeschränkt. Kopf, Herz und Bauch (Unser Gehirn verbunden mit Herzgehirn und enterischem System (Bauchgehirn)) sind nicht in Kohärenz (Übereinstimmung, Balance)
Charakteristika	Ständig in Habacht-Stellung leben. Psychischer, sozialer oder physischer Stress ist präsent. Handlungen geschehen um Negatives zu verbessern.
Handlungs-optionen	Arbeitsfähigkeit ist gegeben, jedoch sind Denken, Fühlen und Handeln nur in bereits bekannten Bahnen möglich. Subjektiv logische Analogien bestimmen das Handeln. Der „gesunde Menschenverstand" ist einsatzfähig, jedoch durch (Vor)Urteile, Prägungen und Vorstellungen getrübt. Ständig ablaufende unaufhaltsame Gedankenketten herrschen vor. Gefühle und Emotionen können einfach „über einen kommen". Wechselnde „Tagesform", also Schwankungen der Leistungsfähigkeit, sind normal. Sinneswahrnehmungen sind selektiv. Es gibt potenziell Konflikte zwischen ‚Kopf, Herz und Bauch', oder auch zwischen Vernunft und Intuition. Entspannung und Erholung müssen bewusst und absichtlich gesucht/hergestellt werden (Work-Life-Balance).

Ampelfarbe	GELB
Wertschätzung in Gelben Organisationen	Wertschätzung wird vermisst und bevorzugt von den anderen verlangt. (Selbst-)Wertschätzung zu geben benötigt eine bewusste Entscheidung, Aufmerksamkeit und Bemühung. Der Ich-Macher (Ich Gelb) hat die Chance sich hochzuarbeiten, und an anderen vorbei zu ziehen. Zusätzlich wird seine Leistung mit Incentives und Boni honoriert. Im Wir-Macher-System (Wir Gelb) wird neben Gruppen-Boni und gemeinsamen Incentives auch Wert auf persönliche Wertschätzung gelegt und wertschätzende Rituale werden im Berufsalltag integriert.
Gefühlszustand	Angespannt, gestresst, empfindlich, ärgerlich, leicht alarmiert bzw. ängstlich, verstimmt, durcheinander, bedenklich, verwirrt, angestrengt, unsicher, nicht „in seiner Mitte", unwohl. Aber auch durchaus sich gut fühlen, anerkannt fühlen, stolz, dankbar, freudig erregt, zufrieden – weil ein Ziel erreicht ...
Typisches Verhalten	• Betroffener ist ständig mit (scheinbar) Wichtigem beschäftigt, kümmert sich v.a. um das Beheben von Fehlern und Missständen und deren Folgen, oder passt auf, dass nichts schiefgeht. • Sucht Bestärkung, Hilfe oder Entspannung. • Bekommt schnell Minderwertigkeitsgefühle. • Häufig Denken und Empfinden von sogenannten „Teufelskreisen". Verhaltensänderungen geschehen aus Angst, Druck oder Notwendigkeit (notgedrungen), oder aus Einsicht und sozialem Bewusstsein, weil „es anders nicht funktioniert". Sie sind nur mit ständigem Dranbleiben, Anstrengung und hoher Achtsamkeit haltbar.
Sozialverhalten und Arbeitshaltung:	Bemüht, sein Bestes zu geben, verhalten, kontrolliert. Taktieren, Konspirieren, Kritisieren, Dominieren, Abwarten, Bremsen aber auch Motivieren, Empowern, Einschließen. Bemühen um Verhaltensänderungen bei sich und anderen, Hoffnung auf Gefahrenabwehr, Verbesserungen und Erleichterung. Das Gegenüber bzw. andere Gruppen tauchen als mögliche Gegner oder als Störfaktor auf, aber auch als Leidenspartner oder potenzielle Helfer.

Ampelfarbe	GELB
Aufgabe/Herausforderung/ Anforderung	**Für Sicherheit sorgen – „Creating safe spaces"** **bei akutem (nach rotem) Zustand:** • Klarheit und Übersicht gewinnen • Sicherheitsvorkehrungen treffen • Um Hilfe rufen • Verletzungen behandeln • Grundversorgung sicherstellen • Risiken minimieren **bei Dauerzustand:** • Ständige Gefahrenvorbeugung, Risk Management • Fortwährend kontrollieren • Verbündete finden • Komplexe Situation reflektieren und Lösungen suchen • Mit Beschwerden umgehen • Probleme lösen • Sein Gesicht wahren • Selbstachtung bewahren • Präventivmaßnahmen ergreifen • Sich entspannen können • Beschwerden und Rechthaben loslassen • Wertschätzende Praktiken üben Balance zwischen „Kopf, Herz und Bauch" erringen oder wiederherstellen. Gefühlsschwankungen ausbalancieren und evtl. Uneinigkeit mit sich selbst verarbeiten. Körperliche Folgen von Dauerstress bewältigen.
Gesellschaftliche Einordnung und Unternehmensprozesse	Durchbruch von Rot zu Gelb: Eine objektive Perspektive kann zum ersten Mal eingenommen werden. „Was sind die reinen Fakten?", kann man erst in Gelb denken. Ich-Macher herrschen vor. Die Errungenschaft ist: neuer Blick, neue Aktion, Dranbleiben erhöhen und belohnen **1.** Innovation **2.** Zuständigkeit **3.** Leistungsprinzip/-gesellschaft Wir-Macher herrschen vor. Die Errungenschaft ist: Inspirierender Ausblick, Menschen mitnehmen **1.** Empowerment **2.** Wertegetriebene Kultur & inspirierender Sinn und Zweck **3.** Einbeziehen der Perspektive der vielfältigen Interessensgruppen Entscheidung, sich selbst als sozialkompetentes Wesen zu begreifen und z. B. um Hilfe zu bitten und Hilfe anzubieten

2.3 Grünes Licht – freie Fahrt!

Es war mal wieder einer dieser Tage, an denen unser Wertschwätzer pfeifend und singend nach Hause kam.

„Was ist mit dir los?", fragte seine Frau und schaute skeptisch in seine Richtung.

„Ich freue mich", jubelte er und schilderte weiter, wie einfach heute alles war. Schon gleich am Morgen hatte ein Kunde angerufen, sich für die tolle Zusammenarbeit bedankt und auf eine wertvolle Änderung hingewiesen, die er noch gerne hätte. Diese Idee hatte der Wertschwätzer gleich in die darauffolgende Teamsitzung eingebracht und stieß wider Erwarten auf offene Ohren. Im gleichen Meeting sah er für sich eine neue Aufgabe, die so ganz nach seinem Geschmack war und hatte jetzt endlich einen Grund, um eine Veränderung bei seinem Chef zu erbitten. Und tatsächlich, als er diesen später im Aufzug traf, konnte er das in wenigen Minuten klären.

2.3.1 Unsere dritte Bewusstseinsstufe – die Ampel ist Grün

In der Grünen Ampelschaltung nutzen wir die außergewöhnlichen Fähigkeiten unseres Gehirns, insbesondere den Neocortex, die Großhirnrinde, in welcher wir eine Vielzahl von Informationen in komplexen Vernetzungsstrukturen verarbeiten. Er ist der größte Teil unseres Gehirns und in der menschlichen Evolution auch der jüngste. Erst wenn auch er voll einsatzfähig ist, sind wir im Flow, im Fluss des Lebens. Wir erleben dann eine neue Art von Lebendigkeit, Selbstausdruck, Ausstrahlung, Lernen, Gelingen, Erfolg, innerer Ruhe und Zufriedenheit.

Was charakterisiert den Grünen Ampelmodus? Hier hat das Angstzentrum Pause und wir fühlen uns sicher. Vertrauen und Wertschätzung sind präsent. Das für soziale Handlungsfähigkeit wichtige Verbindungshormon Oxytocin – jetzt auf Normallevel – bestimmt das Geschehen und wird nicht mehr durch Adrenalin gehemmt. Im übertragenen Sinn gilt hier „freie Fahrt" für beruflichen Erfolg, psychische Stabilität und soziale Wirksamkeit. Geistige Klarheit, Effektivität, Kreativität und eine deutliche Reduktion des Stressempfindens stellen sich ein.

Die Entwicklung des menschlichen Gehirns ist ein echtes Wunderwerk. Wir wissen, dass wir nur einen geringen Prozentsatz unserer möglichen Gehirnleistung nutzen. Was aber bedeutet das?

Es hat damit zu tun, dass der Neocortex – diese in unserer Großhirnrinde befindliche Schalt- und Verknüpfungszentrale – fähig ist, durch Vernetzung und Kombinationsfähigkeit eine nahezu unendliche Fülle von komplexen Einsichten und Erkenntnissen zur Verfügung zu stellen. Dies gelingt, weil er vollen Zugriff hat auf die in unserem Gehirn und in vielen anderen Bereichen unseres Körpers gespeicherten Mengen an Informationen. Dieser Zugang ist in Rot und Gelb weitestgehend verschlossen. Dies ist vergleichbar mit einem Rechenzentrum, welches das Millionenfache der Rechenleistung Ihres Laptops zur Verfügung stellen könnte, während Sie aber nur Ihren eigenen Rechner nutzen.

Unsere ca. 100 Billionen Körperzellen bieten uns pro Sekunde ca. 40 Milliarden Wahrnehmungsmöglichkeiten an. In Stufe Gelb stehen uns davon nur ca. 2.000 zur Verfügung. Bei Grün haben wir Zugriff auf alle 40 Milliarden! Dies ist möglich, wenn unser Gehirn vom Gelb-Modus im schnell schwingenden sogenannten „busy" Beta-Modus[19] auf Grün im überwiegend langsamer schwingenden Alpha-Modus umschaltet. Wir entschleunigen im wahrsten Sinne des Wortes unser Gehirn. Dadurch sind wir in der Lage, die ruhigeren oder leiseren Informationen von innen wahrzunehmen und zu verarbeiten.

Um uns diese unfassbar große Menge an Potenzial nutzbar zu machen, gelten andere Gesetzmäßigkeiten als etwa beim Abrufen von Informationen aus einem Online-Lexikon. Im Gelben Zustand sind wir ständig dabei, Probleme und Herausforderungen, sowie die damit verbundenen Emotionen zu verarbeiten und dabei sozusagen im logischen „Lexikon" Gründe und Lösungen zu suchen. Befinden wir uns im Grünen Bereich, kommen wir auf eine ganz neue vernetzte Ebene und in einen anderen Modus – den Flowmodus.

Hier zählen Entspannung sowie Nichtdenken und Nichtwissen – und die Verbindung mit der eigenen inneren „Mitte".

Die Fähigkeit, unsere Sichtweise von

- der einen Lösung,
- der gültigen Wahrheit,
- dem Richtigen

los- oder freizulassen, ist die grundlegende Voraussetzung, um unser gesamtes Potenzial nutzen zu können. Zu diesem Loslassen gehört auch, die Menschen, mit denen wir es gerade zu tun haben – unsere Kollegen, Chefs, Mitarbeiter, Freunde oder Familienangehörige – frei zu lassen und ihnen zu gestatten, ihre eigene Sicht auf Dinge zu haben und ihren eigenen Weg zu gehen.

Die übliche, eher zweidimensionale Logik weist bildlich ausgedrückt einen Handlungsstrahl von Ursache zu Wirkung auf. Da wir in Grün diese Logik verlassen oder sie zumindest erweitern, ist es nicht so ganz einfach, diese Art zu sein „logisch" zu erklären.

Hier unser unvollständiger Versuch: Sind wir im Ampelmodus Grün, haben wir die Fähigkeit, unabhängig von äußeren Umständen zu einer inneren Ruhe zu kommen. Diese Qualität von Gelassenheit ist geprägt von der Einsicht, dass die Welt, so wie sie gerade ist, am bestmöglichen Punkt steht. Sie und ich haben immer einen guten Grund, warum wir das tun, was wir tun. Wären wir wirklich von etwas anderem überzeugt, würden wir anders handeln. In diesem Sinne haben wir in Grün keinen Widerstand mehr gegen das, was ist.

[19] Gehirnwellen und ihr Einfluss auf unser Bewusstsein

Beta-Level	13–38 Hz	Wachzustand, aktiv
Alpha-Level	8–12 Hz	Flow, innerlich ausgeglichen
Theta-Level	4–7 Hz	tiefe Meditation, Traum
Delta-Level	< 4 Hz	Tiefschlaf
Gelb = hohes Beta	Grün = niedriges Beta und hohes Alpha	

Stattdessen gelingt es uns, vollständig zu akzeptieren und anzunehmen, wie wir gerade unser Außen und auch unser Innen wahrnehmen. Es gelingt uns tatsächlich, den Drang aus Gelb – es immer noch besser machen zu wollen – loszulassen.

Loslassen heißt nicht, dass uns alles egal ist

Das Loslassen des Machen-müssens heißt jedoch nicht, dass wir uns deshalb mit allen Missständen einverstanden erklären. Wir schauen hin und stellen uns dem, was ist. Wir verzichten nur darauf, Realitäten ständig zu bewerten und als negativ zu beurteilen.

Diese Art von Loslassen passiert auf dem Hintergrund einer größeren Ausrichtung. Es ist eine Art Verbundenheit mit einem Leitbild, einer Vision, einer Zukunft, die uns gepackt und ergriffen hat, die uns inspiriert. Wir spüren eine innere Triebfeder für die von uns gewünschte Zukunft. Dieser Zukunftstraum ist nicht in objektiven Zahlen und Fakten konkretisiert, sondern beschreibt vielmehr die gefühlt bereits erfüllten Bedürfnisse und die (Lebens-)Qualität, die wir mit der gewünschten Zukunft verbinden.

Dabei lassen wir den Versuch los, dieses Ziel krampfhaft erreichen zu müssen. Stattdessen unterstellen wir unseren Verstand einem weitsichtigeren Bewusstsein – wissend, dass dieser mit seinem logischen Denken nicht fähig ist, die Komplexität der Wirklichkeit zu erfassen.

Wissenschaftlicher ausgedrückt könnte man sagen: In Grün haben wir Zugang zum oben genannten Großrechenzentrum, das insbesondere deswegen so leistungsfähig ist, weil in diesem Zustand beide Gehirnhälften zusammenschwingen und -arbeiten und der Neocortex in diesem kohärenten Zustand sehr eng mit verschiedenen anderen Zentren zusammenarbeitet, insbesondere mit den neuronalen Knotenpunkten im Herzbereich und dem enterischen System[20] (auch Herz- oder Bauchgehirn genannt). Das Loslassen und die damit verbundene Entspannung und Entschleunigung erlaubt es diesen (Gehirn-)Regionen, uns ihre Intelligenz und ihr Wissen zu offenbaren.

Man könnte sagen, dass wir im Grünen Ampelmodus unsere Aufmerksamkeit auf bewertungsfreies Wahrnehmen und Lauschen ausgerichtet haben, auf das, was sich auftut, was sich als stimmig zeigt oder uns in den nächsten Schritt hineinruft.

„Heute Morgen war ich wieder schwimmen", erzählt unser Wertschwätzer in der Kaffeepause beim Frühstücken.

„Was, so früh schon?", meint ein Kollege. „Hat das Schwimmbad da überhaupt geöffnet?"

„Ja natürlich, ich bin da nicht allein. Schon um 6:30 Uhr treffe ich die interessantesten Leute, z. B. Manager, Unternehmer. Wir reden in der Umkleide nicht so viel miteinander, es gibt eine Art unausgesprochene Vereinbarung, dass wir die Ruhe am Morgen genießen."

„Und warum erzählst du uns das jetzt?"

[20] https://wikipedia.org/wiki/Enterisches_Nervensystem abgerufen am 11.03.2017.

„Na, ich wollte euch meine Idee zu unserem gestrigen Problem mitteilen – unter der Dusche hatte ich plötzlich einen Gedankenblitz …"

Jeder kennt das Erlebnis in Grün, in einer entspannten Atmosphäre, ohne etwas erzwingen zu müssen, Ideen und Eingebungen zu bekommen.

Man könnte es als absichtslose Absichtlichkeit bezeichnen. Eine klare und kraftvolle Ausrichtung, die gleichzeitig jeden Zwang loslässt, wie das gewünschte Anliegen umgesetzt oder erreicht werden will.

In Grün gefundene Lösungen übersteigen die der vorherigen Stufen nicht nur um ein Vielfaches, sie erreichen eine neue Dimension. Hier werden unsere selbstgemachten und subjektiven, logischen Gedankenwelten und unsere automatischen Gedankenmuster leiser. Stattdessen lernen wir, die Resonanzen unseres gesamten Körpers sowie die darin enthaltenen Informationen zu spüren, zu deuten und vertrauensvoll zu nutzen. Wir integrieren Bauch, Herz und Kopf.

Kreativität, Intuition und transformatives Denken geschehen nicht als Ergebnis von logischem Denken, sondern als menschliche Kompetenz, in einer offenen Frage zu stehen oder das Nicht-Wissen zuzulassen.

Ja, Sie haben richtig gelesen: Nicht-Wissen[21] zulassen und in einer offenen Frage stehen bleiben, so gerne auch unser Verstand eine schnelle Antwort bevorzugt und diese meist anbietet.

Genau hier fängt laut moderner Gehirnforschung nach dem bekannten Hirnforscher Gerald Hüther[22] unser Gehirn an, mit einer Art „Dusche" unseren Neocortex zu begießen. Unbewusste Informationen aus unseren verschiedenen Gehirnteilen und dem ganzen Körper schalten sich zusammen, kombinieren sich und erzeugen tatsächlich völlig Neues. Dieser Zustand eröffnet uns Menschen ungeahnte Möglichkeiten, die zu herausragenden Ergebnissen führen.

Wir sprechen von einer Erkenntnis, Eingebung oder von einer inneren Stimmigkeit, der wir mehr und mehr lernen zu vertrauen. Der übliche Sprachgebrauch nennt solche Phänomene gerne auch Intuition, siebter Sinn oder innere Führung.

Finden solche Aha-Erlebnisse in zeitlich kürzeren Abschnitten statt, dann befinden sich die Beteiligten im Flow[23]: Überraschendes fügt sich zusammen und völlig unerwartete Ergebnisse werden erreicht. Vielleicht kennen Sie solche Tage, an denen die Arbeit leicht fällt und einfach von der Hand geht. Plötzlich ist man – scheinbar wie durch Zauberhand – zur richtigen Zeit am richtigen Ort,

---

21 Schon Platon und Sokrates beschäftigte das Thema „Nichtwissen" https://de.wikipedia.org/wiki/Ich_wei%C3%9F,_dass_ich_nichts_wei%C3%9F, abgerufen am 17.11.2016

22 Gerald Hüther 2011 in seiner Eröffnungsrede für den Hauptstadtkongress, https://www.youtube.com/watch?v=SQEq9trlaEk, abgerufen am 26.02.2017.

23 Im Kampfsport beschreiben manche östlichen Lehrer diese Qualität sinngemäß so: „Es geht im Kampf um Leben und Tod darum, den Flow zu erkennen, sich auf den Flow einzuschwingen und ihn zu gestalten. Würde man während des Kampfes anfangen zu denken, wäre man sofort tot!"

begegnet dort den richtigen Menschen und findet genau den noch fehlenden wichtigen Impuls.

Wir schwingen in unserem Kopf und tatsächlich auch mit dem Energiefeld des ganzen Körpers auf einer anderen Ebene und haben dadurch eine Ausstrahlung, die wir z. B. am Leuchten der Augen erkennen können. Im Grünen Ampelmodus lernen wir mehr und mehr, diesen Energielevel zu erzeugen und zu halten. Wenn wir das erleben, beschreiben wir es als klare Verbundenheit mit uns selbst. Wissenschaftliche Messverfahren zeigen dabei eine Kohärenz[24] (Übereinstimmung) unserer ständig pulsierenden Körperrhythmen von Herz, Atmung und Gehirn.

2.3.2 Grün – Der Sprung in eine neue Qualität

Bei Rot und Gelb beschäftigen wir uns mit dem Überleben bzw. dem Verbessern von Fehlern und Mängeln. Selbst unsere Ziele streben wir auf dem Hintergrund an, unerwünschte Situationen (zu wenig Geld, zu wenig Beachtung, zu wenig Mitbestimmung, zu wenig Erfolg …) zu vermeiden. In Grün drehen wir diesen Mechanismus um.

Ein fokussierter Blickwinkelwechsel – weg von Fehlern und Schwächen, hin zur gewünschten Zukunft – lässt alle Beteiligten entspannen und lockerer werden. Wir richten uns auf das aus, was uns Energie bringt, anstatt auf das, was Energie entzieht. Wir blicken auf das, wo es uns hinzieht, nicht auf das, was wir nicht mehr (er)leben wollen – „hin zu" statt „weg von". Das mag banal klingen, ist aber ein Durchbruch in Bezug auf menschliche Wirksamkeit.

In diesem Modus können wir in einer Situation einen klaren konstruktiven Impuls setzen. Dieser ändert den Verlauf eines Gesprächs, einer Sitzung, einer Feier, einer Begegnung, eines Projekts, einer Entwicklung … Folgendes Beispiel verdeutlicht dies:

Es steht ein größeres Projekt zu einem kurzfristigen Termin an. Ihr wichtigster Projektpartner teilt Ihnen mit, dass er sich entschieden hat, einer anderen Sache mehr Priorität zu geben. Falls eine solche Information Ihre Roten Knöpfe drückt, hier ein Vergleich, wie Sie in Rot und in Gelb reagieren bzw. wie Sie (wieder) nach Grün, ins Loslassen, gelangen können.

---

24 https://www.heartmath.org/research/ Hier finden Sie zahlreiche Studien. Abgerufen am 26.02.2017.

Vorgehen bei Rot	Vorgehen bei Gelb	Vorgehen bei Grün
Bei Ihnen fällt innerlich „die Klappe runter". Intentionen: Draufhauen, Abhauen oder Zähne zusammenbeißen und Durchhalten. Doch – Sie erinnern sich: Unterbrechen, durchatmen, entspannen, lachen! Sie zwingen sich zum Innehalten und einem einminütigen Lächeln[25] und bemerken, wie sich der Körper entspannt.	Ihnen kommen Gedanken wie: Das geht doch nicht, ich kann das nicht ohne ihn. Sie fragen sich: Wie kann ich ihn überzeugen, er muss doch einsehen, dass das alleine nicht zu schaffen ist. Sie suchen gute Argumente. Dabei fällt Ihnen jedoch ein, dass Ihr Kollege häufig abwehrend reagiert, wenn Sie seine Entscheidungen nicht akzeptieren wollen. Ihnen fällt Ihr Stress auf, allein daran zu denken, ihn überzeugen zu müssen und Sie erinnern sich daran, sich zu entspannen und loszulassen. Erst jetzt fällt Ihnen ein, wen Sie noch fragen könnten und wie Sie es auch ohne sein Dazutun bewältigen können.	Sie denken an die Qualität der gemeinsamen Arbeit. Wenn Sie sich daran erinnern, taucht Freude auf. Die Zusammenarbeit ist einfach und leicht. Sie beschließen, sich mit Ihrer Spannung zu zeigen – ohne Vorwurf – und gleichzeitig deutlich zu machen, wie sehr Sie die Zusammenarbeit schätzen. Sie stellen z. B. die Frage: „Was kann ich dazu tun, dass Sie mich in meinem Anliegen unterstützen können?" Ihre Anfrage ist absichtlich und gleichzeitig freilassend. Sie vertrauen darauf, dass Sie notfalls auch ohne seine Hilfe eine gute Lösung finden werden.

Die Logik aus Gelb sagt: Probleme, Menschen, Projekte, Anliegen, Schwierigkeiten können wir doch nicht einfach loslassen oder stehen lassen!

Grün empfiehlt, den Druck, die Last, die Sorge, die Anstrengung zu verlassen und zur Ruhe, Entspannung und ins Vertrauen zu kommen. In Grün gibt es zwar kein Rezept für eine Herausforderung oder eine Schwierigkeit! Es gibt aber die Klarheit darüber, dass jeder Schritt, der aus innerem Getriebensein heraus gemacht wird, das Thema oder Problem nur unvollständig betrachtet und daher keine effektive Lösung beinhaltet. Daher üben wir uns darin, aus dem entspannten Kontakt mit uns selbst unserer inneren Stimmigkeit zu folgen.

Die Chance für ein gutes Ergebnis steigt um ein Vielfaches, wenn wir uns dabei mit dem Energiebild, mit dem Gefühl der von uns gewünschten Zukunft verbinden – entweder für uns selbst oder für unser Team, für eine Gruppe, eine Organisation. Wir sind also verbunden mit etwas Wesentlichem, z. B. einer gemeinsamen Vision oder einem eigenen Herzensanliegen.

Teams und Unternehmen formulieren solche klaren Ausrichtungen auf eine gewünschte Zukunft auch als Leitbild oder Vision. Diese ist klar ausgerichtet, aussagekräftig und für alle inspirierend, jedoch nicht auf ein ganz bestimmtes Ergebnis festgelegt. Ein solches Zukunftsbild integriert mehrere Möglichkeiten, die eine gemeinsame Richtung haben. Dadurch bauen wir machtvolle Stränge

[25] Vera Birkenbihl über das Einminutenlächeln, https://www.youtube.com/watch?v=zjMqTW5n6w8, abgerufen am 25.02.2017.

des Vertrauens zu der gewünschten Realität. Wir lassen gleichzeitig jede Anstrengung und jedes Kämpfen los, diese Zukunft erreichen zu müssen. Anstatt eine größere Aufgabe oder Herausforderung unter Druck und konkreten Zielvorgaben mit Anstrengung zu meistern entscheiden wir uns, gemeinsam die vielen Möglichkeiten einer Lösung zu erforschen.

Bitte verstehen Sie unsere Empfehlung nicht falsch. Wenn wir Ihnen nahelegen, Anstrengung und das Beheben von Schwächen loszulassen, meinen wir nicht, deswegen Logik und Verstand in die Wüste zu schicken. Im Gegenteil, wir haben diese ja als gutes und wertvolles Werkzeug zur Verfügung. Auch kommt Keiner auf die Idee, unbesehen über eine vielbefahrene Straße zu laufen. Ein LKW bleibt eine physikalische Größe, dessen Masse sich ab einer gewissen Geschwindigkeit unvorteilhaft auf den Kontakt mit dem menschlichen Körper auswirkt.

Der wesentliche Unterschied zu Gelb ist: Die Kompetenz unseres Verstandes reiht sich in eine Vielzahl von weiteren Möglichkeiten ein, um an angemessener Stelle berücksichtigt zu werden. Albert Einstein hat dies sehr treffend formuliert:

> „Der intuitive Geist ist ein heiliges Geschenk und der rationale Geist ist sein treuer Diener. Wir haben eine Gesellschaft geschaffen, die den Diener verehrt, aber das Geschenk vergessen hat."
>
> Albert Einstein[26]

2.3.3 Das Ich-Grün und dessen Anderssein – der Ich-Wertschätzer

Die Fähigkeit des Loslassens oder auch Freilassens ist die Eintrittskarte zu Grün. Gleichzeitig spiegelt Wertschätzung die Art in Grün zu sein am umfassendsten wider. Deshalb sprechen wir hier vom Ich-Wertschätzer. Dieser ist nicht mehr getrieben von äußeren Umständen, sondern trägt die Ruhe in sich – er befindet sich in seiner Mitte. Von dort aus ist das Leben grundsätzlich total anders als in Gelb. Wir alle kennen Momente dieser besonderen Qualität.

Diese neue Welt des Ich-Grünen zeigt einen selbstbewussten, klaren und kraftvollen Menschen, der sich seiner eigenen Qualitäten bewusst ist. Los oder frei zu lassen drückt sich durch eine bejahende Lebenshaltung, durch eine Haltung von Dankbarkeit und tiefem Vertrauen aus. Ja zu sagen zu dem, was ist, egal wie es ist, und in allem etwas Wertvolles zu vermuten und heraus zu schälen, bedeutet nicht, alles gut zu finden. Der Ich-Wertschätzer ist nicht mehr darin gefangen, es ständig besser machen zu müssen oder diesen Anspruch an andere zu stellen. Vielmehr befähigt ihn die Freiheit, authentisch verschiedene Rollen einzunehmen und sich in unterschiedlichen Verhaltensweisen auszudrücken. Er ist damit frei, auch Konventionen, Normen und manchmal alte Moralvorstellungen zu verlassen und mit einem klaren Blick neu zu schauen, was am Besten dient.

[26] http://gutezitate.com/zitat/102158, abgerufen am 24.11.2016.

Dieser Übergang einer Persönlichkeit vom Wir-Gelb zum Ich-Grün ist häufig von einigen Turbulenzen begleitet. Für die Vertrauten und vielleicht zurückgelassenen Wir-Macher könnte dieser Schritt unverständlich und konfrontierend sein. Der Ich-Wertschätzer zeigt nämlich bei wesentlichen Themen absolute Klarheit und auch Kompromisslosigkeit. Er verlässt damit das im Wir-Gelb hochgeachtete Verhalten, auf alles und jeden Rücksicht zu nehmen. Vielmehr folgt er seiner inneren Spur und vertraut auf die Kompetenz der Beteiligten, mit der ungewohnten Situation nicht nur zurecht zu kommen, sondern daran zu wachsen.

Grundsätzlich ist es aber nicht das Anliegen von Ich-Wertschätzern, andere zu konfrontieren oder sich in den Vordergrund zu stellen. Vielmehr üben sie eine natürliche Faszination, Anziehung und Ausstrahlung aus. Als Führungskräfte sind sie immer gern gesehen und in ihrer Nähe fühlen sich Menschen einfach wohl. Ihre Meinungen sind gefragt und bringen wichtige Anstöße zur Lösung oder haben ein besonderes Gewicht.

Ein Ich-Wertschätzer ist attraktiv!

Für diese Attraktivität gibt es einen einfachen Grund. Der Ich-Grüne kann sein Energiefeld steuern. Anders ausgedrückt: ein Mensch, der so mit sich verbunden ist und seiner inneren Stimmigkeit folgt, kann die oben beschriebene Übereinstimmung zwischen Atmung-, Puls- und Gehirnfrequenz herstellen. Damit hat er ein anderes Energiefeld zur Verfügung als jemand, bei dem sich diese Frequenzen gegenseitig stören. Oftmals sieht man diese Qualität einfach am Leuchten der Augen und man spürt das „in sich Ruhen".

Ein geübter Ich-Wertschätzer ist also fähig, seinen eigenen Energielevel jederzeit in einen grünen Bereich zu bringen. Er erzeugt damit ein hohes Maß an spürbarer Präsenz, unabhängig von äußeren Rahmenbedingungen. Er beherrscht sozusagen spielerisch sein persönliches Energiemanagement.

2.3.4 Der Schritt vom Ich-Grün zum Wir-Grün

Besonders spannend wird es, wenn ein oder mehrere Ich-Wertschätzer die Wahl treffen, noch wirksamer zu werden. Diese sind inspiriert davon, ihr Erleben, ihr Wissen und ihre Erkenntnisse anderen Menschen, vor allem in ihrer näheren Umgebung wie beispielsweise ihrem Unternehmen, zur Verfügung zu stellen. Der Ich-Grüne stellt sich damit der Herausforderung, Grundlagen dafür zu schaffen, innerhalb derer seine Grünen Qualitäten als Motor zur Persönlichkeitsentwicklung aller Beteiligten beitragen.

Das ist der Schritt zur Ebene der Wir-Wertschätzer oder des Wir-Grüns. Es benötigt tatsächlich mindestens einen Ich-Wertschätzer, um eine ganze Gruppe von Menschen zu begleiten, bei denen ein Wir-Grünes System entstehen möchte. Damit dies geschehen kann, werden häufig sehr fein abgestimmte Regelungen, Prozesse und Strukturen aufgebaut, welche den Beteiligten einen neuen Raum zur Verfügung stellen. Es geht dabei weniger ums Überzeugen als vielmehr um das direkte Erleben von einer neuen Qualität des Miteinanders. In einer Organisation gelingt das interessanterweise auch dann, wenn Einzelne noch nicht in Grün beheimatet sind. Hier ersetzt oder ergänzt die Intelligenz der Gruppe die Kompetenz und Entwicklung des Einzelnen – oder sie ruft sie geradezu wach!

Damit besteht die Möglichkeit, die gesamten Fähigkeiten eines Systems oder einer Gruppe mehr und mehr zu nutzen, ohne verordnete Zwangsregeln und Gesetze, ohne Macht-Hierarchien oder Macht-Ausüber und ohne immer dem logisch Besseren folgen zu müssen. Damit diese Rahmenbedingungen stimmig bleiben, bedarf es eines sich ständig anpassendes System von Richtlinien, Strukturen, Verantwortlichkeiten und Zuständigkeiten.

Der wesentliche Unterschied: In Grün sind diese keine Gesetze und Rangfolgen, für deren Nichteinhaltung jemand zurückgesetzt oder verurteilt wird. Vielmehr haben sie einen dienenden Charakter. Wird die Ordnung nicht eingehalten, gehen die Beteiligten davon aus, dass es einen guten Grund dafür gibt, anstatt einen Fehler zu vermuten. Solch eine Art von Eigenermächtigung erlaubt jedem, etwas ihm Wichtiges nach vorne zu bringen. Ist ein anderer dadurch konfrontiert, gibt es eingeübte Prozesse, welche die Sache zügig wieder lösen und gleichzeitig einen wertvollen und willkommenen Lernschritt für alle Beteiligten bieten.

Tatsächlich glauben wir, dass es viele Menschen gibt, bei denen die Fähigkeiten eines Ich-Wertschätzers schon gut ausgebildet oder zumindest wertvolle Ansätze vorhanden sind. Es ist uns ein großes Anliegen, diese vorhandenen Kompetenzen zu vertiefen und zu vernetzen und damit eine Tür zu einer neuen Wir-Qualität zu öffnen – insbesondere im Unternehmenskontext.

2.3.5 Was kann dieses Ampelmodell über mich aussagen?

Sie haben jetzt einen ersten Überblick über die drei Ampelfarben und deren Ausprägungen in Bezug auf unser Menschsein bekommen. Automatisch werden Sie sich beim Lesen die Frage stellen, in welche Stufe Sie sich selbst einordnen würden.

Tatsächlich kennen wir jede der drei Ampelfarben in ihren Ich- und Wir-Anteilen, haben Lebensphasen, Tagesabschnitte oder gar nur Minuten, in denen wir jeweils jede der drei Bewusstseinsstufen erleben. Wir haben verschiedene Anteile in uns und unterschiedliche Themen triggern die ein oder andere Ebene in uns an.

Willkommen im Menschsein!

Mancher fühlt sich z. B. bei der Kindererziehung, beim vielleicht großen Geschrei der Kleinen sehr gelassen, andere sind evtl. bei beruflichen Anforderungen schnell an ihrer Leistungsgrenze. Dritte verhalten sich im Straßenverkehr ganz „Rot“, indem sie ständig über die anderen Verkehrsteilnehmer schimpfen oder Probleme mit dem Computer schnell persönlich nehmen.

Eines scheint uns dabei wichtig, zu erwähnen: Die Ampelphasen sind ein Modell für Persönlichkeits- und Organisationsentwicklung von Rot über Gelb nach Grün. Wir neigen als Menschen dazu, innerhalb eines solchen Bildes schnell mit einer Bewertung aufzuwarten, wie etwa „Rot ist schlecht und Grün ist gut". Wir laden Sie ein, diesen automatischen Mechanismus zu unterbrechen und sich stattdessen folgender Sichtweise anzuschließen:

Jedes Lebewesen entwickelt sich. Ein Kind ist nicht besser oder schlechter als ein Jugendlicher oder Erwachsener. Es befindet sich lediglich in einer anderen Entwicklungsstufe. Je nachdem, wie vollständig wir unsere Kindheit und Jugend leben konnten, haben wir als Erwachsener einen anderen Stand im Leben. Jemand, der in seiner Pubertät den natürlichen Widerstand gegen die vielen Zwänge der Erwachsenenwelt nicht zum Ausdruck bringen konnte oder durfte, wird es im späteren Leben schwieriger haben, seinen eigenen Standpunkt zu finden. Insofern ist jede der Ampelphasen sinnvoll und die dort gemachten Erfahrungen wesentlich. Dieser Blickwinkel macht auch deutlich: Sie können keine der Ampelphasen überspringen!

Jede Situation im Leben erfordert eine andere Reaktion. Wenn wir alle Phasen vollständig durchleben konnten, stehen uns alle Möglichkeiten der drei Ampelfarben zur Verfügung. Mancherorts benötigt es die Kraft und Regeln von Rot, eine eher männliche oder weibliche Vorgehensweise in Gelb, oder die loslassend ausgerichtete, klare und wertschätzende Art von Grün.

Sie können mit Hilfe dieses Modells untersuchen, an welchem Platz Sie gerade bei den Ihnen wichtigen Lebensthemen stehen. Vermutlich herrscht eine der Ampelfarben als Betriebsmodus vor oder Sie stehen gerade an einem Übergang. Immer wenn wir uns schon länger in einer Ich- oder Wir-Ampelfarbe aufgehalten haben, ahnen wir, dass da noch „mehr drin" sein muss: Wir sind offen für Neues.

Sie können sich also entspannen. Sie sind, egal mit welchem Ihrer inneren Anteile Sie an welcher Stelle stehen, genau am richtigen Platz! Und es geht immer wieder nur um den nächsten guten Schritt.

Die Krux mit dem Neuen ist – Sie wissen nicht wirklich, wohin der nächste Schritt führt, denn Neues ist uns ja unbekannt oder zumindest in den entsprechenden Lebensbereichen unvertraut. Doch nach anfänglichem Zögern entdecken wir häufig einen positiven Sog, so dass die weiteren Blicke und Schritte sicherer werden.

Wir hoffen, mit diesen Ausführungen Ihren Mut zu stärken, sich auf dieses Neue, Unvertraute einzulassen.

Pablo Picasso drückt es auf seine Art vortrefflich aus:

Ich suche nicht – ich finde.
Suchen, das ist Ausgehen von alten Beständen
und das Finden-Wollen von bereits Bekanntem.
Finden, das ist das völlig Neue.
Alle Wege sind offen und was gefunden wird, ist unbekannt.
Es ist ein Wagnis, ein heiliges Abenteuer.
Die Ungewissheit solcher Wagnisse können eigentlich nur jene auf sich nehmen,
die im Ungeborgenen sich geborgen wissen,
die in der Ungewissheit, der Führerlosigkeit sich geführt wissen,
die sich vom Ziel ziehen lassen, ohne selbst das Ziel zu bestimmen.

Heute hat die Frau unseres Wertschwätzers ein Schild gemalt und an die Badezimmertür gehängt, auf dem geschrieben steht: „Ich bin ein Wertschwätzer-Schätzer!". Und einen echten Kussmund hat sie auch darauf gedrückt – mit Lippenstift.

Und am Frühstückstisch überfällt sie ihren Mann mit folgenden Fragen: „Wann hast du dich das letzte Mal anders als gewöhnlich bewegt? Wann bist du das letzte Mal gehüpft wie ein kleines Kind, einfach so am ersten warmen Sonnentag in diesem Jahr?

Und das habe ich aus der Apothekenzeitschrift, die über die Frühlingsenergie von Tieren oder Kleinkindern schreibt, das muss ich dir vorlesen:

Wenn der Frühling erwacht und sogar in der Stadt zarte Blüten leuchten und laue Lüftchen den süßen Duft der Obstbäume ‚im Spitzengewand' in unsere Nase tragen, dann freut sich das Herz … und schöpft Hoffnung, denn die Natur zeigt sich in ihrer aufbrechenden Schönheit.

Die Lebensgeister steigen wie der Saft in den Bäumen, und wir Menschen bekommen richtige Frühlingsgefühle. Unüberhörbar balzen die Singvögel und erfüllen die Luft mit ihrem Gezwitscher – und so mancher Mensch, insbesondere unsere Kinder, tun das auch.

Frühling ist einfach inspirierend und hoffnungsträchtig …"

Beim anschließenden Frühlingsspaziergang spricht sie ohne weitere Vorwarnung: „Wie steht es mit dem Frühling eigentlich an deinem Arbeitsplatz?"

Und dann bricht regelrecht ein Bombardement an Fragen aus ihr heraus:

- „Was müsste passieren, damit du daran glaubst, dass sich etwas ändern wird?
- Wie ist es, wenn du auch auf der Arbeit unbeschwert, lebendig, voller Kraft und (Über-)Mut bist?
- Wie gehst du dann deine Arbeit an und begegnest deinen Mitarbeitern?
- Wie kommen deine Leute auf dich zu, wenn du rundum zufrieden, oder gar fröhlich und glücklich bist?
- Was bringt deine Sekretärin oder den Chef zum Lächeln wie die Frühlingssonne?
- Welche Art von Frühlingslüftchen fegt mit frischem Schwung den alten Mief von Resignation, Feindschaften, gegenseitigem Beäugen und Ausbremsen hinaus?
- Welche Lebenskraft lässt all eure Potentiale aufbrechen wie Blütenknospen?
- Vor allem aber: Was bringt dich in der Arbeit auch mal zum Hüpfen und Springen oder zum fröhlichen Singen?

Jawohl, du hast richtig gehört: Lachen und Springen bei der Arbeit! Ich kenne dich schon lange und ich weiß, dass da viel in dir steckt. Ich bin mir sicher, dass du das schaffst, und dass dein Arbeitsplatz ein Ort sein kann, der die Lebenskräfte stärkt. Und dies auch ohne diese Mittel aus der Apothekerzeitschrift!"

„Reden ist Silber, Schweigen ist Gold", denkt unser Wertschwätzer und nimmt seine Frau in den Arm, um lächelnd und fröhlich weiterlaufend die Frühlingssonne zu genießen.

2.3.6 Übersicht über das Leben im Grünen Ampellicht

Ampelfarbe	GRÜN
Motivation	**Genießen** **Wirksamkeit + Entfaltung** **Verbunden sein – sich verbinden**
Physiologie: Gehirn- und Hormontätigkeit	**Der Neocortex (= die Großhirnrinde) schaltet sich voll ein.** Alle Gehirnregionen sind voll funktionsfähig, die beiden Gehirnhälften sind in Kohärenz. Der Neocortex mit seiner kreativen, vernetzenden Denkfähigkeit ist voll aktiv, arbeitet harmonisch mit allen Gehirnteilen zusammen auch mit dem enterischen System (Bauchgehirn) und den Herzensqualitäten (Herzgehirn). Das für soziale Handlungsfähigkeit wichtige Verbindungshormon Oxytocin ist voll wirksam. Eigenständiges, kreatives, synergetisches und transformatives Denken ist möglich.
Charakteristik	Loslassen Vertrauen Genießen Beitrag sein Wirksamkeit erleben Handlungen geschehen nicht aus Getriebenheit, sondern aus freiwilliger Hinwendung oder Inspiration.
Handlungsoptionen	Reflektierte, ganzheitliche Handlungsfähigkeit ist gegeben. Effektives, verbundenes und sicheres Handeln, sowie fokussiertes Zupacken mit: • natürlicher Autorität und Führungskompetenzen • Gelassenheit • Souveränität • Inspiration • Flow • Offenheit • einfach da sein und wirken Voller Zugang zu Intuition und innerer Weisheit
Wertschätzung in Grünen Organisationen	Wertschätzung ist der Normalmodus, sie wird bzw. ist Teil der persönlichen Identität. Sie schafft für die Beteiligten ein Erleben von zunehmender Freude, Befriedigung, Erfüllung und Sinn und kommt in Worten, Praktiken, Prozessen und Strukturen zum Ausdruck. Inspiration für den gemeinsamen Sinn und Erfüllung sind die Motivationsträger für hervorragende Leistung. Feiern ist Teil des Alltags.
Gefühlszustand	Entspannt, zuversichtlich, wertschätzend, selbstbewusst, kreativ, inspiriert, lebendig, freudig, mutig, erfüllt, liebevoll, friedlich

Ampelfarbe	GRÜN
Typisches Verhalten	Arbeitsfreudig, Lust an Wirksamkeit, Besonnenheit, Ruhe ausstrahlend, Souveränität Hat nicht nur seinen eigenen Bereich, sondern das Ganze m Blick. Zieht auch kreative, ungewöhnliche und unkonventionelle Lösungen in Betracht. Forscher- und Spielfreude. Verhaltensänderungen geschehen aus Inspiration heraus und haben Tragfähigkeit und Durchschlagskraft.
Sozialverhalten und Arbeitshaltung	Trägt gerne, zuverlässig und kontinuierlich sein Bestes bei Bringt sich vollständig ein Gewinnt Menschen Kooperiert Geht sinnvolle Synergien ein Verschenkt sich Betrachtet die Welt als einen freundlichen Platz und will das mit anderen teilen Das Gegenüber und andere Gruppen werden als Wachstumsimpulsgeber, (potenzielle) Partner oder als Anregung und Bereicherung gesehen.
Aufgabe/Herausforderung/ Anforderung	**Wertschätzung, Erfolg, Genuss und positive Überraschungen zulassen und „aushalten".** **Wertschätzung als Haltung leben und genießen** • Im Jetzt bleiben • Geistesgegenwart behalten • Auch mit Herausforderungen wertschätzend umgehen • Loslassen erneuern
Gesellschaftliche Einordnung und Unternehmensprozesse	Ich-Wertschätzer-System: Integral-evolutionär Metapher: Lebendiges Individuum Wir-Wertschätzer-System: Integral-holistisch Metapher: Lebendiger Organismus

2.4 Das Wertschätzer Ampelmodell – Grundlage für gelebte Wertschätzung

„Nachdem ich in der letzten Zeit so viel gelernt und verstanden habe", denkt unser Wertschwätzer, „habe ich mir jetzt schon bei meinen Leuten den Mund fusselig geredet, wie toll Wertschätzung ist und was sie alles verändert hat. Ich habe auch Zustimmung geerntet und bin einmal sogar auf ein Bier eingeladen worden, aber die Welt und mein Arbeitsklima hat sich leider noch nicht verändert.

Meine Frau z. B. meint, dass sie mehr Wertschätzung von mir gut brauchen könne. Ich solle mal damit anfangen! Aber Hauptsache, ich funktioniere … – ob ich den Glasmüll schon weggebracht hätte …?

Und der Leiter unseres Unternehmens, der aus Schwaben stammt, hat trotz der Ergebnisse aus der anonymen Mitarbeiterbefragung (bei der klar ersichtlich wurde, dass persönliche Wertschätzung und Anerkennung immer noch selten sind) frank und frei erklärt „net g'schimpft isch g'loobt g'nuug", und wir wüssten doch auch so alle, was wir aneinander hätten.

Ja, das weiß ich, was ich an ihm habe, aber ich bin mir sicher, dass er nicht so genau weiß, was er an mir hat!"

Organisationen eine Art Gruppenbewusstsein zuzusprechen und dieses mit dem Bewusstsein von einzelnen Menschen zu vergleichen, kann man vielleicht ja noch nachvollziehen. Das dann auf drei Stufen zu reduzieren und dem Ganzen dann auch noch drei Ampelfarben zuzuordnen, ist ein gewagtes Experiment.

Wir wagen es trotzdem, dies zu tun, weil es ein großer Beitrag sein kann, komplexe Sachverhalte in einfacher Form darzustellen. Wir sind uns wohl bewusst, dass das Ampelmodell seine Grenzen hat und nicht alle Realitäten einschließen und alle Wirklichkeiten beschreiben kann.

Trotz dieser Einschränkungen sind wir der Überzeugung, dass wir ein verständliches und nachvollziehbares Modell geschaffen haben, dass sich in der Praxis als hilfreich erweisen wird.

2.4.1 Kurzübersicht der drei Ampelfarben

Die Rote Ampel symbolisiert eine physische oder psychische Gefahrensituation und daraus resultierendes unreflektiertes Reagieren und Handeln. Wir erleben dies im Alltag immer dann, wenn plötzlich und überraschend etwas gegen unseren Willen passiert. Unser menschliches Nervensystem registriert dies als Bedrohung oder gar Angriff. Es unterscheidet nicht zwischen einer emotionalen oder tatsächlichen Gefahr, bei der z. B. jemand mit einem Messer vor uns steht.

Natürlicherweise fühlen wir uns emotional nur in den Bereichen bedroht, in denen uns etwas wirklich wichtig ist oder uns sehr am Herzen liegt.

Die darauffolgenden, ohne bewusste Steuerung stattfindenden Reaktionsmuster von Angriff, Flucht oder Schockstarre (Totstellen) sind tief in unserem menschlichen System verankert und haben das Überleben der Menschheit gesichert. Wenn heute Unerwartetes eintritt, das dem Gewünschten ganz und gar nicht entspricht und als Bedrohung wahrgenommen wird, dann greifen diese Automatismen gleichfalls und wir sehen Rot.

Paradoxerweise blockieren uns diese Automatismen gerade dort am meisten, wo uns die Menschen, das Team, die Partnerschaften am wertvollsten sind und verhindern gerade hier Gemeinschaft, Miteinander und Wirksamkeit.

Die drei menschlichen Reaktionsmuster bei Rot erzeugen immer Gegnerschaft, Spaltung oder Ausgrenzung.

Das Gelbe Ampellicht symbolisiert den Baustellenmodus oder den Gefahrenguttransport. Hier sind wir in einem „Aufpassmodus" und ständig in Bereitschaft, mögliche Schwierigkeiten, Risiken oder Pannen zu entdecken.

Aufmerksam zu sein ist eine Eigenschaft, die grundsätzlich sehr hilfreich ist. Sie unterstützt uns, Gefahren zu meiden und Ideen zu entwickeln, wie wir etwas besser, einfacher, schneller oder sicherer machen können. Daher ist diese Ampelfarbe auch vom Modus des Besserwerdens oder Besserwissens geprägt.

Der große Haken an der Sache ist die ausgeprägte Aufmerksamkeit auf Fehler, Mängel und auf alles, was noch nicht richtig oder gut genug ist. Das damit verbundene Festhalten am Suchen von immer besseren Problemlösungswegen prägt unser Leben unaufhörlich mit dringlichen Aufgaben und Zeitfressern. Insbesondere sind wir ständig damit beschäftigt, dass andere noch nicht „richtig" sind und was wir alles tun müssen, damit das Umfeld endlich versteht, wie es eigentlich sein müsste. Obwohl oder gerade weil wir häufig eine hohe Kompetenz und viel Wissen haben, sind wir grundlegend im ständigen Widerstreit mit der Realität. Dadurch erzeugen wir automatisch Anstrengung und Gegeneinander und das, obwohl wir eigentlich Miteinander wollen. Das Festhalten an unserer eigenen Sicht – so „richtig" sie auch sein mag – steht uns im Wege, da jedes „Rechthaben" beim Gegenüber (der ja auch Recht haben möchte) Widerstand hervorruft. Damit werden unkonstruktive Wirkmechanismen, Zwiespalt, Misstrauen, Unsicherheit und Abwehr erzeugt, die wieder bewältigt und befriedet werden wollen. Ein Teufelskreis, der sich dadurch am Leben erhält, dass er einen Hoffnungsschimmer in Aussicht stellt, „es doch irgendwann einmal schaffen zu können".

Ganz anders bei der dritten, Grünen Ampelfarbe. Häufig geht diesem Bewusstseinsschritt eine Umbruchsituation oder eine Leidensphase voraus. Wir haben das Loslassen gelernt, weil wir selbst erlebt haben, wie unproduktiv es ist, wenn wir an unserer Wahrheit oder Sichtweise mit allen Mitteln festhalten. Manch einer benötigt dazu eine schwere Krankheit, einen persönlichen oder beruflichen Zusammenbruch, vielleicht auch nur eine besonders große Herausforderung, die mit den bisherigen Mitteln nicht zu meistern ist.

Dabei werden wir häufig vom Leben überrascht, da es gerade dann zu einer Lösung kam, wenn wir selbst nicht mehr daran geglaubt oder aufgegeben hatten. Wir haben die Einschränkung unserer eigenen Vorgehensweise erlebt und sind auf eine gewisse Art geläutert und auch entlastet. Wir haben erkannt: Wir müssen es nicht mehr selbst tun – es passiert genau dann, wenn wir vollständig aufgehört haben, es selbst machen zu wollen. Wir haben uns dem Leben „hingegeben".

Im Grünen Bereich lernen wir tatsächlich, loszulassen und unserer inneren Führung zu vertrauen. Das Leben im Entspannungsmodus schenkt uns wieder einen Zugang zu vielleicht lange verschütteten Hoffnungen oder Lebensträumen. Viele Menschen beginnen damit, sich in ihrer Lebensmitte wieder neu auszurichten. Dieser neue Leitstern, den wir nicht mehr erzwingen müssen, eröffnet uns einen neuen Zugang zu uns selbst und zu unbewussten Informationen in uns, die wir mehr und mehr verstehen und nutzen lernen. Wir integrieren komplexere Realitäten, ohne dass wir das immer logisch nachvollziehen können. Ja, häufig steht uns unsere eigene Logik gerade dabei im Wege.

Nicht mehr das Verbessern von Fehlern und Schwächen bestimmt das tägliche Handeln, sondern die Bereitschaft, den Blick auf all das, was noch nicht richtig ist, zu verlassen und sich stattdessen auf die Suche nach dem zu begeben, wohin wir als Einzelner oder als Gruppe von Menschen wollen. Aus einer gemeinsamen Ausrichtung heraus auf Potenziale und Fähigkeiten zu schauen und diese weiter zu entwickeln, hat komplett andere Begleiterscheinungen als der Fokus auf all das, was noch nicht funktioniert.

Vertrauen wir uns in einem Team oder Unternehmen diesem Weg an, kommen wir in unserem Persönlichkeitswachstum viel einfacher weiter, als wenn wir diesen Weg als Einzelner gehen. Die gute Botschaft: Tatsächlich benötigt es dazu eine Führungspersönlichkeit, welche das Sein in Grün erreicht hat, um die anderen, die dem System angehören, mitzunehmen. Die schlechte Nachricht: Es benötigt mindestens eine Person, die diesen Weg schon gegangen ist.

2.4.2 Hat Denken eine Farbe?

Nein ist unsere eindeutige Antwort – es sind deren drei!

Unser Denken in drei Farben zu klassifizieren ist keine wissenschaftliche Arbeit[27] – es ist eine phänomenologische Beobachtung, mit der wir auf unsere eigene Art zu denken schauen. Ergänzt wird diese Eigenbetrachtung durch die Zusammenarbeit mit vielen Kollegen und die persönliche Begleitung von Tausenden von Menschen, die sich uns in den letzten 30 Jahren in unserer beruflichen Tätigkeit anvertraut haben.

In einer ersten Übersicht kann man ganz einfach sagen:

Rot denkt nicht – Rot reagiert

Als praktische Unterscheidung ordnen wir jedes unkontrolliert und automatisch reagierende Denken dem Roten Denken zu.

Wir bekommen einen Impuls, unsere Sinne melden eine Wahrnehmung, und unser Denker da oben fängt unkontrolliert und automatisch an, etwas dazu zu denken.

[27] Auch wenn unser Vorgehen nicht rein wissenschaftlich ist, so haben wir doch von vielen wissenschaftlich geprägten Menschen gelernt. Einige Bücher zum vertiefenden Lesen finden Sie in unserer Literaturliste.

Beispiele:

Impuls:	Es denkt:
Sie wachen morgens auf.	Ah. Heute ist der Tag mit dem blöden Meeting, und ich bin noch nicht ganz vorbereitet. Und dieser Kollege bohrt so unangenehm …
Sie gehen ins Badezimmer.	Riecht es hier nicht nach Parfüm? Hat meine Tochter wieder eine ganze Parfümerie aufgekauft? Wo hat sie nur das Geld her? Irgendetwas stimmt hier nicht.
Sie schauen in den Spiegel.	Oje! Wie sehe ich denn heute wieder aus? Gestern wieder zu lange ferngesehen. Warum habe ich mir den Film nur bis zum Ende angeschaut?
Sie stehen unter der Dusche.	Schön warm und angenehm. Ich könnte stundenlang duschen.
Sie ziehen sich an.	Mein Sohn hat wieder meine besten Socken an. Gestern hat er mir schon den Nachtisch weggegessen. Na warte, wenn ich den erwische …
Sie kommen zum Frühstück.	Ah, wieder keiner da. Wo die nur alle stecken? Die müssen doch auch raus? Jetzt muss ich wieder nach allen schauen – jeden Tag dasselbe. Ich müsste schon lange unterwegs sein.

So geht es den ganzen Tag; beim Frühstück, ob die Brötchen gut sind, im Auto, warum der Vordermann so langsam ist, im Job, warum der Chef oder die Kollegen heute so komisch sind. Schlaue Menschen haben herausgefunden, dass wir zwischen 60.000 und 100.000 Gedanken pro Tag denken, einfach so.

Rotes Denken be- oder verurteilt permanent. Man könnte meinen, dass dieser Mechanismus eine automatische Bewertungsmaschine ist. Wir machen das nahezu ständig, den ganzen Tag, ungefragt, ohne dass wir das wollen.

Sie meinen jetzt vielleicht: „Na, so schlimm ist es jetzt doch auch wieder nicht" oder „Bei mir ist das aber nicht so".

Sehen Sie, wieder Rotes Denken?

Wir nehmen es häufig gar nicht mehr bewusst wahr, weil wir so sehr daran gewöhnt sind. So hören wir z. B. eine Hintergrundmusik in einem Laden nicht mehr, weil wir täglich dort arbeiten. Unser Gehirn ist offensichtlich so konstruiert, dass wir ständig und ohne Unterlass Worte vor uns hin plappern, denen wir den ganzen lieben langen Tag ausgesetzt sind.

Die Kennzeichen von rotem Denken:

- Es läuft automatisch ab, ohne unser bewusstes Zutun.
- Wenn wir entspannt sind, ist es leichtfüßig und flüchtig – bei Anspannung kann es sich in ein Thema richtig hineinfressen.
- Es passt sich vollständig unseren Körperempfindungen an (z. B. Müdigkeit, Schmerz, Unwohlsein – genauso auch Wachheit, Erregung oder Wohlbefinden…). Es denkt automatisch, was wir fühlen oder empfinden.

- Es identifiziert sich mit unserem „Ich" – man könnte sogar von einer Art „Verschmelzung" sprechen – und versichert uns glaubhaft, dass es wahr sei und Recht habe.

Der Wirklichkeitsgehalt dieser automatischen Bewertungen ist unreflektiert und suggeriert uns Realitäten, die einer Überprüfung selten standhalten – und das, obwohl es sich in uns so anfühlt, als ob diese Gedanken wirklich wahr und richtig wären.

Daher hat Rotes – automatisches – Denken ein hohes Maß an unbewusster Manipulationskraft, die wir erst im Gelben Denken unterscheiden lernen.

Reflektiertes Denken beginnt bei Gelb

Gelbes Denken bezeichnen wir als Verstandesdenken. Es hat eine wesentliche Ausrichtung: Es haftet sich an alles an, was noch nicht in Ordnung ist. Gelbes Denken symbolisiert den ständigen Fehlersuchblick. Es will um alles in der Welt eines: Lösungen. Gelbes Denken liebt es zu knobeln, zu untersuchen, zu vergleichen, Schlussfolgerungen zu ziehen, zu überprüfen, neue Aspekte oder Ebenen mit einzubeziehen. Nur wenn Gelbes Denken Klarheit erreicht hat, kommen wir zur Ruhe und finden Sicherheit, den nächsten richtigen Schritt für ein „Besserwerden" gehen zu können.

Die Gedankenwelt wird in Gelb immer komplexer – die Dimension immer höher, das Fachwissen immer spezialisierter. Gelbes Denken durchbricht den Automatismus von Rotem Denken. Es fokussiert sich auf einen Fehler, eine Schwäche, etwas noch nicht Vollkommenes, dem wir unsere Aufmerksamkeit geben wollen. Unter dieser Ausrichtung klappert Gelbes Denken die Gedanken- und Emotionsspeicher ab und sammelt alle bekannten Informationen, auf die es gerade Zugriff hat. Nicht die Fragen an sich prägen Gelbes Denken, sondern die dahinterstehende Energie von: Was ist das Bessere? Was ist das Richtige? Ich oder wir sind noch nicht gut genug, weit genug, noch nicht verantwortlich, nicht wirklich engagiert genug.

Folgende Beispiele sind kennzeichnend für typisch Gelbes Denken:

- Wie schaffe ich es, mehr Sport zu treiben, meinen Schreibtisch aufzuräumen, den Kollegen zu überzeugen oder meinen Chef für meine Anliegen zu gewinnen?
- Wie bekomme ich wieder Energie? Was motiviert mich? Wie kann ich mehr Freude an der Sache gewinnen?
- Wie bereite ich das wichtige Gespräch vor, welche Argumente dienen mir, mein Anliegen noch besser zu vertreten oder wie schaffe ich es, mich dieses Mal nicht wieder einschüchtern zu lassen und klein zu spielen?
- Soll ich lieber Maier oder Müller folgen, zu Hause bleiben oder fortgehen, das Projekt annehmen oder ablehnen, im Urlaub in die Berge oder ans Meer fahren?
- Was ziehe ich heute an? Soll ich duschen gehen oder nicht? Wenn ich dieser oder jener Ernährungsphilosophie folge, was frühstücke ich dann heute?

- Wie schaffen wir es, gemeinsam an einem Strang zu ziehen? Welche gemeinsamen Ziele müssen wir verfolgen? Was genau dient uns wirklich? Welche Vision oder Mission passt für uns?

Sie sehen, es sind kleine oder große Themen, die uns von morgens bis abends beschäftigen und die wir zu beantworten versuchen.

Die Kennzeichen von Gelbem Denken:

- Eine unablässige Präsenz von „Hier stimmt etwas noch nicht".
- Sucht Lösungen und Klarheit mit einem latenten Gefühl von Besorgnis und will es auf jeden Fall richtigmachen.
- Analysieren, Diagnostizieren, Untersuchen, Vergleichen, Bewerten, Abwägen, logische Schlüsse sind das Handwerkszeug.
- Aktionismus und dringlicher Handlungsbedarf sind ständige Begleiter.

Da unsere Sinnesorgane „still" sind, wenn alles passt, bekommt dieses Denken automatisch immer dann eine Anregung, über etwas nachzudenken, wenn etwas nicht stimmt. Gelbes Denken ist ständig damit beschäftigt, zu flicken, zu reparieren und es noch besser zu machen und natürlich damit, wie es andere vom eigenen Denken überzeugen, belehren oder umstimmen kann.

Interessanterweise geschieht dies nicht in gleichem Maße, wenn die Dinge toll sind, es angenehm warm ist, das Essen besonders gut oder die Kleidung besonders weich und kuschelig ist. Hier schaltet der Körper auf „Genussmodus" und die Gedanken werden leiser. Im Entspannungsmodus taucht dann entweder wieder Rotes automatisches Denken auf, oder es gelingt uns tatsächlich, zum Grünen Denken durchzubrechen.

Das bewusste Denken bzw. Nicht-Denken

Ist es überhaupt möglich, nicht zu denken? Ja, jeder von uns kennt das. Wir haben solche Erlebnisse meist nach größeren Anspannungen oder Anstrengungen, wenn eine wirklich wichtige Sache endlich geschafft ist. Sportler erleben dies ab einer gewissen Leistungsphase – dann öffnet sich der Raum für das Nicht-Denken. Diese Zustände bereiten uns Freude und Genuss – wir erleben ein Gefühl von innerer Freiheit. Die Häufigkeit von Nicht-Denken hängt direkt mit unserer Fähigkeit zusammen, ganz loslassen und sich hingeben zu können.

Warum? Die Angebote unserer Sinneswahrnehmungen, sich mit irgendetwas, das noch nicht passt, auseinander zu setzen, sind nahezu unbegrenzt. Wie in einer Art Suchlauf eines Radios checken unsere Sinne ständig alles und jedes ab. Gerade in unseren vertrauten Umgebungen bemerken wir die kleinsten Kleinigkeiten, die nicht passen. Ständig bekommen wir eine Einladung, uns mit allem möglichen Zeug zu beschäftigen.

Anders im losgelassenen Zustand. Hier haben diese Angebote keinen Anhaftungspunkt, man könnte sagen keine Energie mehr. Daher sind Akzeptieren und Loslassen die Tür zur Grünen Welt.

Dort wird sowohl Gelbes als auch Rotes Denken leiser und tritt in den Hintergrund. Grünes Denken ist also eher eine Gedankenstille, in der Gedanken auftauchen und wieder weiterziehen. Wir haben dabei eine Art Beobachterrolle, die aber gleichzeitig ganz in der Präsenz, im Jetzt, oder im Sein ist.

Im Gegensatz zum Gelben Denken, das seinen Ursprung aus dem Energiefeld von „Hier stimmt etwas noch nicht und wir brauchen etwas anderes" hat, ist Grünes Denken frei davon, irgendwo ankommen zu wollen oder etwas erreichen zu müssen. In Grün stehend können wir unserem Denken wohl eine Richtung geben, ihm einen Fokus setzen, ohne Verhaftung. Wenn wir z. B. mit einer Vision oder einer attraktiven Zukunft verbunden sind, hat dies Auswirkungen auf die auftauchenden Gedanken. Diese Mischung von Loslassen und gleichzeitiger Ausrichtung – mit einer Absicht und ohne Erwartung – ermöglicht eine besondere Qualität von Einsichts- oder Eingebungsdenken.

„Ich denke, also bin ich" (Descartes). Vielleicht ein Irrtum?

Unser Denken zu betrachten, bringt uns auf die Spur des eigenen Ichs. Jeder, der den Weg durch die drei Ampelfarben des Denkens geht, stellt sich irgendwann diese sehr wesentliche Frage: „Wer bin ich?"

Wer ist dieses „Ich", von dem wir so selbstverständlich sprechen? In unserer Entwicklung bemerken wir irgendwann, dass es zu einer Sache häufig mehrere „Ichs" in uns, aber auch in anderen gibt. Die Walt Disney Strategie[28] unterscheidet z. B. drei Ich-Formen: den Realisten, den Kritiker und den Träumer. Diese drei Ich-Anteile in uns zu unterscheiden und als verschiedene Ich-Wahrnehmungen da sein zu lassen, bringt uns zu neuen Einsichten und Blickwinkeln. Noch weiter gehen Methoden wie „Das innere Team" oder systemische Aufstellungen, bei denen wir nicht wie bei Walt Disney drei festgelegte Anteile beobachten, sondern ganz frei die verschiedensten inneren Teamplayer oder Ich-Anteile erspüren und mit ihren unterschiedlichen Impulsen, Kräften und Anliegen sichtbar machen, bzw. ihnen Namen geben können.

Manche der Ichs sind lauter, andere leiser. Und wenn wir diese Entdeckungsreise weiter gehen, taucht häufig die Frage auf: Welches dieser Ichs bin jetzt ich?

Das Loslassen und Eintauchen in die Grüne Welt lässt uns erahnen, dass der, wer wir wirklich sind, mit dem Ich, wie wir es in unserem Alltag benutzen, vielleicht nicht mehr viel zu tun hat.

„Jetzt aber genug", warnt unser Wertschwätzer, „ihr bringt ja alles durcheinander, ich verstehe nur noch Bahnhof!"

Danke – ja, fangen wir von vorne an.

Helen Keller und das Denken

Die Geschichte von Helen Keller bringt Licht ins Dunkel. Ihre Gehirntätigkeit entwickelte sich bis zum Alter von einem Jahr vollständig und normal. Dann wurde sie schwer krank – nach ihrer Genesung war sie taub und blind. Sie beschreibt sich in ihren Erinnerungen bis zum Alter von etwa neun Jahren als unreflektierter Ausdruck menschlicher Gefühle und Empfindungen. Ihre Kindermädchen hatten

[28] Mehr Informationen unter https://de.wikipedia.org/wiki/Walt-Disney-Methode, abgerufen am 01.01.2017.

es enorm schwer, dieses lebendige und quirlige Wesen, das nur unverständliche Laute von sich gab, zu bändigen und zu versorgen.

Dann änderte sich das Leben von Helen innerhalb weniger Wochen vollständig. Der Grund: Sie hatte ein neues Kindermädchen bekommen: Anne Sullivan, die selbst längere Zeit blind gewesen und mit einer taubstummen Frau in einer entsprechenden Schule eng befreundet war, hatte sich Helens angenommen.

Nach einem Monat des gegenseitigen Kennenlernens hatte Anne eine Idee: Sie tröpfelte Wasser auf die Haut von Helen und verband die Tropfen des Wassers mit der Tastbuchstabierung für Taubstumme.

Helens Interesse war geweckt – sie verstand plötzlich „W-A-S-S-E-R", wenn es auf ihre Haut tropfte. Mit aufgeregter Begeisterung begannen die beiden, anderen Gegenständen Namen zu geben und schnell entwickelten sie eine Möglichkeit, miteinander zu „sprechen".

In einer Biographie[29] beschreibt die Autorin Helens Worte sinngemäß: „Indem ich plötzlich Sprache zur Verfügung hatte, konnte ich anfangen zu denken. Vorher war ich einfach – ohne Gedanken. Und erst mit dem Denken entwickelte ich plötzlich ein „Ich". Ein neues eigenes Wesen, eine eigene Identität, die ich vorher nicht kannte."

Wir haben die Zeit unseres Sprechenlernens und damit die Entwicklung unseres eigenen Ichs nicht wie Helen als Erinnerung zur Verfügung. Wer Kleinkinder beobachtet, kann sehr schön nacherleben, wie sie „Mama, Papa" und dann den eigenen Namen sprechen, und dass es beim Sprechenlernen einen wesentlichen Moment bedeutet, wenn das erste „Ich" über die Lippen kommt.

Unserem Denken gesellt sich seit diesem besonderen Tag ein „Ich" zu. Es vermittelt uns glaubhaft Tag für Tag wie es um uns steht, was wir alles tun sollen, wie wir uns verhalten sollen, wie es mit den anderen steht, was die alles noch machen oder lassen sollen – Rotes Denken.

Gelbes Denken bringt unweigerlich Fortschritt. Auch bei unserer Identifikation mit unserem „Ich".

Während der Ich-Gelbe noch in der vollen Identifikation mit seinem Ich danach bestrebt ist, „es immer besser zu machen" und genau weiß, wie das am besten geht, lernt der Wir-Gelbe sein gefühltes „Ich" zu hinterfragen.

Da wir ja noch besser werden wollen, bringen uns die negativen Auswirkungen unserer Ich-Dominanz automatisch dazu, diesen Ich-Fokus zu lockern. Die Öffnung zu etwas Neuem kratzt an der Identität unseres Ichs. In der Ausrichtung darauf, uns selbst und andere noch besser verstehen zu können, erleben wir die Vielschichtigkeit menschlichen Seins und die mangelnde Objektivität unseres eigenen Ichs.

Gelbes Denken führt uns im Laufe seiner eigenen Entwicklung unweigerlich zu Grün. Wir lernen während des Besserwerdens, uns von eigenen Gefühlen, Gedanken und Empfindungen zu unterscheiden – wir beginnen über unser Denken zu reflektieren. Häufig haben wir Pannen im Arbeitsleben, mit Partnern oder mit uns selbst, durch die wir erkennen, dass wir mit unserer gewohnten Art zu denken, zu argumentieren oder es noch besser machen zu wollen nicht

29 Helen Keller, Anne Sullivan, „Öffne mir das Tor zur Welt!", Seite 53 ff., Verlag Freies Geistesleben.

mehr weiter kommen. Daher lehrt uns am Ende die Logik des Gelben Denkens selbst, den Fehlersuchblick zu verlassen und uns aufzumachen zu einer neuen, umfassenderen Ebene von Wirkprinzipien, Klarheit und Weisheit.

Am Übergang zum Grünen Denken haben wir eine neue Qualität der Selbstanalyse und Selbstwahrnehmung erreicht. Wir sind fähig, uns von unserem selbst erdachten Ich zu unterscheiden. Wir erkennen die unterschiedlichsten Anteile in uns selbst und anderen. Uns wird deutlich, dass das Leben nicht nur eine Wahrheit bzw. eine Wirklichkeit beinhaltet. Mehrdimensionalität bekommt einen Platz. Dies ermöglicht uns im Gelben Denken zunächst eine vielschichtigere und feinere Vorgehensweise, es noch besser zu machen. Diesem Weg folgen wir so lange, bis wir das Paradoxon des Loslassens nicht nur erleben und spüren, sondern sogar verstehen. Plötzlich gelingen die Dinge dann, wenn wir vollständig losgelassen haben.

Die Logik des Gelben Denkens führt uns unweigerlich auf die Spur der Wirksamkeit von Grünem Denken.

Während wir früher über die Frage diskutiert haben, was bei Entscheidungen mehr Gewicht hat, unser Kopf oder unser Bauch, und wir Bauch eher als eine Art emotionaler Instanz betrachtet haben, so ist heute wissenschaftlich bestätigt, dass unser Bauch tatsächlich ein Gehirn (enterisches System) hat, in dem eigenständiges, wenn auch unbewusstes Denken geschieht. Grünes Denken entsteht also nicht zufällig, sondern im Zusammenspiel zwischen Bauch, Herz und Gehirn, also einem gemeinsamen Schwingen unserer neuronalen Körperzentren. Wie einfach!

Während wir früher von der Kraft des positiven Denkens gesprochen haben, können wir heute unterscheiden, ob es nur das Kopfdenken ist, welches sich diese schönen Dinge einreden möchte oder ob wir uns tatsächlich mit Bauch, Herz und Gehirn auf die von uns gewünschte Realität ausrichten, und das auch noch freilassend und ohne sie erzwingen zu müssen.

In der Kontemplation[30] wird Grünes Denken als ein Staunen bezeichnet. Staunen bewertet nicht, denkt nicht darüber nach. Staunen ist einfach mit dem, was ist und lässt sich überraschen von dem, was kommt.

Staunen hat eine freudige Erwartungshaltung, ist interessiert, offen und frei. Der Staunende ist scheinbar getrennt – er staunt über etwas – wird jedoch gleichzeitig durch das Staunen Teil des Geschehens. Hier zeigt sich eine jener Paradoxien des Lebens, die sich schwer in Worte fassen lassen.

Betrachten Sie obige Zeilen als einen Versuch, Sie an Zeiten Ihres Lebens zu erinnern, in denen Grünes Denken präsent war. Vermutlich ist das letzte Mal noch gar nicht so lange her und nur in den Raum des Vergessens gerutscht. Das ist übrigens völlig normal; diese Erlebnisse vergessen sich gerne.

Grünes Denken ist wie Denken in einer neuen Dimension.

---

[30] Kontemplation ist eine Form der Meditation, in der nicht über etwas meditiert wird, sondern das Gewahrsein mit dem, was ist, im Vordergrund steht.

Hier ist es uns gelungen, das Getrieben-werden, es immer besser machen zu müssen, zu verlassen. Hier können wir loslassen, akzeptieren und vertrauen.

Die Kennzeichen von Grünem Denken sind:

- Das immerwährende Bewertungs- und Plappermaul kann abgeschaltet werden.
- Gedankenlosigkeit kann bewusst gefördert werden.
- Das Denken kann ausgerichtet werden – nicht als logischer Denkprozess, sondern als ein scheinbar gedankenloses Verweilen in innerer Verbindung mit dem gewünschten Thema.
- Grünes Denken erzeugt Ideen und Lösungen, die außerhalb des Gelben Denkschemas liegen.

Übrigens: Auch in Grün hat unser Gehirn physische Bedürfnisse![31] Es braucht:

✓ für die gute Nährstoffversorgung → gutes und regelmäßiges Essen

✓ für ausreichend Sauerstoff → tiefes (Bauch)Atmen

✓ für eine gute Blutzufuhr → ausreichend Bewegung

✓ für's Energie Tanken → genügend Schlaf

und zur Unterstützung eines positiven Grundgefühls zusätzlich ausreichend Tageslicht.

Ampelfarbe	Art der Identifikation	Selbstverständnis	Charakteristikum
Ich und Wir-Rot	Volle Ich-Identifikation	Ich akzeptiert die Macht des Stärkeren.	Regel (Macht) geht vor Ich.
Ich-Gelb	Volle Ich-Identifikation	Ich hinterfragt Macht und Regelstrukturen zugunsten logischer Erkenntnisse.	Ich setzt eigene Erkenntnisse auch gegen Regeln durch.
Wir-Gelb	Identifikation mit dem eigenen Ich beginnt sich zu lösen.	Unterscheidet verschiedene Ich-Anteile, die parallel existieren.	Das Wir bekommt Priorität vor dem eigenen Ich und prägt unser Handeln.
Ich-Grün	Hat damit begonnen, sein(e) Ich(s) loszulassen	Kann mit seinen verschieden Ich-Anteilen spielen und sich in neue Ichs hineinstellen.	Folgt kompromisslos seiner inneren Stimmigkeit. Hohe Achtsamkeit für gute Rahmenbedingungen

[31] Das Gehirn verbraucht bei nur 2% der Körpermasse jeweils ca. 20% des Sauerstoffs und des bereitgestellten (Blut)Zuckers. (Hier wird auch das Glückshormon Serotonin gebildet.)

Ampelfarbe	Art der Identifikation	Selbstverständnis	Charakteristikum
Wir-Grün	Keine Identifikation mit dem Ich	Lebt aus einer Art „tieferer" Identifikation, in der das Wir und das Ich nicht mehr getrennt sind.	Steht für das Gelingen des Wirs ein und repräsentiert die Qualität der gemeinsamen Ausrichtung.

„Was kann ich nur tun, um auf dem Weg zu Grün einen guten Schritt weiter zu kommen?", dachte sich unser Wertschwätzer. „Meinen Chef zu überzeugen, das macht irgendwie keinen Sinn. Der ist so viel in Gelb unterwegs, dass er sich über Grün lustig machen würde, das brauche ich erst gar nicht zu versuchen. Erstmal ins Bett gehen und loslassen, vielleicht findet mich ja über Nacht eine Antwort?"

Dem war nicht so und unser Wertschwätzer verzweifelte an dem Thema von Tag zu Tag mehr, seitdem er erkannt hatte, dass in Grün eine bessere Arbeitsqualität möglich wäre. Er konnte kaum mehr mit ansehen, wie die Ich-Gelben ohne Rücksicht auf Verluste einfach ihr Ding machten und die Wir-Gelben sich aufopferten, um andere mitzunehmen. Im ganzen Unternehmen waren Leute im Widerstand, suchten sich Lücken und Nischen, um sich zu verstecken, möglichst ohne aufzufallen und anzuecken. Andere rauschten im Roten Bereich durch die Firma und schimpften wie Rohrspatzen oder mussten wieder mit neuen Regeln um sich werfen, von denen jeder wusste, dass sie sowieso nicht lange gültig sein würden – welch verschwendetes Potenzial.

Zwei Wochen später hatte es ihn umgehauen – „grippaler Infekt" hatte der Arzt mitgeteilt und strikte Bettruhe verordnet.

Er lag nun mit hohem Fieber im Bett, kaum noch fähig, einen Gedanken zu fassen. Irgendwie war es gut, mal ganz aus dem Schussfeld zu sein und nicht einmal für sich selbst sorgen zu müssen. Seine Frau atmete erleichtert auf, als es langsam besser wurde.

„Dinge ausprobieren, im kleinen Bereich, sich eine Sache vornehmen und die verschiedenen Qualitäten von Grün erproben", durchfuhr es ihn plötzlich und er spürte seine Lebenskräfte zurückkommen. Bevor er wieder ganz einsatzbereit war, hatte er – noch im gemütlichen Bett – sieben Durchbrüche „in Richtung Grün" definiert und erste Gedanken dazu verfasst, welche Perspektiven für das Erreichen einer neuen Qualität hilfreich sein könnten.

2.5 Zusammenfassung des Ampelmodells

	Realität	Gruppenmodell	Vorherrschende Kompetenzen
ROT	Gefühlte oder wirkliche Gefahr. Reflexartiges Handeln prägt die Realität. Es ist kein reflektiertes Denken und Steuern, nur Befolgen von eingeübten Regeln möglich.	**Ich-Macht:** Durch körperliche oder psychische Macht oder Gewalt	Herrschaft und Willkür **Werte:** Das Recht des Stärkeren
		Wir-Macht: Haltung: Stabile Regeln schaffen verlässliche und sichere Rahmenbedingungen.	Stabile Regeln und Gesetze, deren Einhaltung mittels Strafe durchgesetzt wird. **Werte:** Sicherheit und Stabilität
GELB	Unbewusster oder bewusster Stress: „Hier stimmt etwas (noch) nicht." Wissenschaftlichkeit, Logik und das Verbessern und Reparieren prägen die Realität. Reduzierte Denk- und Handlungsfähigkeit.	**Ich-Macher:** Durch eigene Leistung, wenn nötig auch auf dem Rücken anderer	Führung entsteht durch Leistung, Wissen und Kompetenz – wichtig sind taktische Vorgehensweisen, gut durchdachte Strategien und Belohnungssysteme. **Werte:** Status durch Leistung
		Wir-Macher: Haltung: Gemeinsam sind wir stark und erreichen unser Ziel.	Führung dient dem Einzelnen. Die Leistung der Gemeinschaft und das Engagement aller Beteiligten werden durch gute Argumente und Überzeugungen eingefordert. **Werte:** Zugehörigkeit und Rücksicht

	Realität	Gruppenmodell	Vorherrschende Kompetenzen
Transformativer Schritt vom Tun zum Sein. Skills: Loslassen, den eigenen Energielevel managen und wertschätzend sein			
GRÜN	Entspannung und Ausrichtung Alles was ist, darf sein und dient der Weiterentwicklung. Ist kreativer Gestalter der Realität und frei, pro-aktiv zu handeln.	**Ich-Wertschätzer:** Durch innere Klarheit, Echtheit und Freiheit	Ist selbst kompromisslos ausgerichtet und gleichzeitig freilassend. Nichts muss erzwungen oder erreicht werden. Lebt voller Vertrauen und Wertschätzung sich selbst, anderen und dem Leben gegenüber.
GRÜN	Innere Stimmigkeit und Intuition führen, Fachwissen und Regeln dienen. Uneingeschränkte Denk-, Reflexions- und Handlungsfähigkeit. Inspiration, Miteinander und großartige Einfälle sind der Normalzustand.	Hohe Lebendigkeit und Energie und gleichzeitig in sich ruhend.	**Werte:** Selbst sein, Wertschätzung, Dankbarkeit und Vertrauen
		Wir-Wertschätzer: Haltung: Unterstützt durch anpassungsfähige Strukturen und Praktiken entstehen Wachstum und Entwicklung beim Tun. Jeder trägt frei und gerne das Seine zum Ganzen bei und alles ist getan.	Gute Rahmenbedingungen und Strukturen unterstützen die Beteiligten, gemeinsam für einen hohen Energielevel und Flow zu sorgen, innerlich frei zu sein und gleichzeitig an der eigenen und gemeinsamen Ausrichtung dranzubleiben. Außergewöhnliche Ergebnisse sind alltäglich. **Werte:** Gegenseitiges Impulsieren und größtmögliche Potenzialentfaltung.

Kapitel 3
Transformative Perspektiven und Praktiken kreieren Durchbrüche

Übersicht

„Happy birthday to you – happy birthday to you, happy birthday lieber ..."

Unser Wertschwätzer ist berührt, alle sieben sind heute Morgen schon da und singen voller Inbrunst – so herzlich war er noch an keinem Geburtstag begrüßt worden, nicht einmal zu seinem Fünfzigsten.

Lisa, Lotte, Max, Heiner, Knut, Moni und Freddy – er schaute sie nacheinander an, irgendwas war heute anders.

Moni ergriff das Wort: „Wir möchten uns bei Ihnen entschuldigen, wir haben Sie tatsächlich unterschätzt. Vor einiger Zeit hatten wir Ihnen den Spitznamen Wertschwätzer gegeben. Heute werden Sie offiziell von uns umgetauft. Die Intensität, mit der Sie sich seit der Mitarbeiterbefragung mit Wertschätzung auseinandergesetzt haben, die Art, wie Sie sich dafür engagieren, wie Sie bereit waren, jedes Detail anzuschauen, neu zu betrachten und damit zu experimentieren – wir sind alle sehr angetan davon und überreichen Ihnen daher diese besondere Urkunde."

„Unser auf Herz und Nieren geprüfter Chef, ehemals Wertschwätzer,
wird von uns Sieben zum ersten offiziellen

Wertschätzer

getauft."
(Handschriftlich von allen unterschrieben.)

„Jetzt müssen Sie aber unser Geschenk auspacken", sagte Heiner und tatsächlich, dem neu getauften Wertschätzer war das noch gar nicht aufgefallen, da stand ein großer Karton – mitten im Raum.

Als er sich dranmachte, diesen zu öffnen, hielt er nach kurzer Zeit fassungslos ein Einrad in seinen Händen. Er schaute seine Leute fragend an und blickte in lächelnde Gesichter, denen es offensichtlich große Freude bereitete, die Spannung durch grinsendes Schweigen weiter zu erhöhen.

Lisa unterbrach endlich die Stille:

„Dies ist ein sehr besonderes Geschenk! Wir haben Ihr Manuskript durchgearbeitet, das Sie uns vor ein paar Wochen zur Verfügung gestellt hatten. Darin stellen Sie sieben besondere Qualitäten in Aussicht. Sie benutzen große Worte wie:

Erfolg, Stille, Identität, Frieden, Freude, Einheit und Freiheit.

Allen, die sich darin üben, die Haltung eines wirklichen „Wertschätzers" einzunehmen, kann ein sogenannter Durchbruch gelingen. Es brauche neben der Qualität von Loslassen und ausgerichtet sein, nur stimmige Strukturen und die Fähigkeit, an neuen Praktiken dranzubleiben.

Wir nehmen Sie beim Wort! Ob Sie wohl …

- Ihre Angst, sich auf ein solches Teil zu setzen, loslassen können?
- all das Gelächter aushalten, wenn Sie sich dabei blamieren?
- der hier vorliegenden Lernanleitung vertrauen und sich auf die dort beschriebenen Praktiken einlassen können?
- dranbleiben?

Wenn Ihnen all das gelingt, versprechen wir Ihnen einen Durchbruch in Balance! Und vielleicht ist es mit dem Gleichgewicht beim Einrad Fahren genauso wie mit Ihren sieben Durchbrüchen: Man muss sie erleben, um die jeweilige Qualität zu spüren – man kann nur schwer darüber theoretisieren!

Der erste Teil unseres Geschenks ist unser Versprechen, dass Sie in maximal sechs Wochen lernen werden, dieses „Ungetüm" zu beherrschen – zwei von uns haben es ausprobiert. Es genügen tatsächlich täglich 2 mal 5 Minuten Training mit dieser einfachen Trainingsanleitung. Laut Hersteller ist das Lernen von Einradfahren in jedem Lebensalter möglich.

Nachdem wir in letzter Zeit eine neue Seite von Ihnen kennen gelernt haben, sind wir uns sicher, dass Sie diese Herausforderung annehmen. Wir sind alle sehr gespannt, wie Ihnen dieses kleine Experiment gelingen wird.

Der zweite Teil unseres Geschenks ist unser Versprechen, gemeinsam mit Ihnen in die Forschung über Wertschätzung einzusteigen und die sieben Durchbrüche von der Theorie in unseren Alltag zu bringen."

So, wie eine umgesetzte Übungsanleitung zum Einradfahren in wenigen Wochen einen für unser Denken nicht nachvollziehbaren Balanceakt erzielt, so versprechen die im dritten Kapitel beschriebenen sieben Durchbrüche mit den dazu gehörenden Empfehlungen und praktischen Tools eine neue wertschöpfende Dimension im Unternehmenskontext. Innerhalb unserer eigenen Coaching-, Trainings- und Beratungsorganisation haben wir Autoren das selbst erlebt.

Geeignete Strukturen und Praktiken – ein wesentlicher Schlüssel

Als unser im Jahre 2012 siebenköpfiges Beratungsunternehmen eineinhalb Jahre alt geworden war, ging plötzlich nichts mehr vorwärts. Die erste Aufbruchsstimmung war vorbei und die Auseinandersetzungen häuften sich. Trotz mehrmaliger wöchentlicher Teammeetings und viel guten Willens aller Beteiligten – wir kamen einfach nicht mehr weiter. Und das bei ausgeprägten Kommunikationskompetenzen und einem hohen Maß an gegenseitiger Wertschätzung. Jeder neue Impuls wurde leidenschaftlich durchdiskutiert. Alle Eventualitäten mussten bedacht und berücksichtigt werden. Die langen Besprechungen waren ermüdend und das Feuer dafür, Wertschätzung in Unternehmen zu bringen, drohte zu erlöschen. Als wertschätzende Menschen, die sich gerade deswegen verpflichtet fühlten, die Meinung anderer zu hören und mit einzubeziehen, hatten wir uns, wie im Wir-Gelb so typisch, selbst lahmgelegt. Jeder neue Ansatz und Impuls, jede noch so wichtige Veränderung benötigte langwierige Gespräche und Entscheidungsfindungen mit hoher Kraftanstrengung.

Unsere Kollegin Dorothee Bornath, die wir heute als erste Grüne „Ich-Wertschätzerin" unserer Organisation bezeichnen, war offensichtlich die Einzige, die mit Gelassenheit und Vertrauen auf unsere Situation blickte. Sie hatte von sogenannten konsentorientierten Ansätzen[1] gehört und war sich sicher, dass dieser Impuls uns in unserer aktuellen Lage helfen würde. In einem darauffolgenden mehrtägigen Treffen lauschten wir gespannt ihrem Kurzvortrag über „Holacracy" – einer von Brian Robertson[2] ausgearbeiteten Form eines konsentorientierten Organisationsmodells.

Da war von dynamischer Steuerung die Rede, von schnellen Entscheidungen ohne endlose Diskussionen, die nur sicher genug sein mussten, um ausprobiert zu werden und die morgen wieder verändert werden konnten. Probleme und Fehler waren dort keine ungeliebten Begleiterscheinungen mehr, sondern sogenannte Spannungen, die als Dünger für die Weiterentwicklung der Organisation willkommen geheißen werden. Und das Wichtigste, das Unternehmen selbst, sowie jeder Bereich und sogar jeder Tätigkeitsschwerpunkt hatte einen sich im Laufe der Zeit weiter entwickelnden Sinn und Zweck. Damit stand jeder Handlung eine Ausrichtung und Fokussierung zur Verfügung.

Das klang für uns wie ein greifbarer Zukunftstraum, da ja offensichtlich schon andere Organisationen diesen Weg erfolgreich beschritten hatten.

Wir beschlossen, uns auf diese Erfahrung einzulassen und diesen Weg, auch bei auftretenden neuen Herausforderungen, gemeinsam zu gehen.

Heute, fast fünf Jahre später, arbeiten wir entspannt und effektiv. Unsere Organisation hat sich auf drei Schwesterunternehmen[3] ausgeweitet, die ohne diese transformative Veränderung niemals entstanden wären. Gelassenheit bestimmt den Unternehmensalltag, weil wir inzwischen wissen, wie wir als unterschiedlichste Menschen mit unseren Macken und Kanten erfolgreich zusammenarbeiten können. Es gelingt tatsächlich, jedes Problem als Spannung strukturiert einzubringen und schnell zu lösen – sogar mit Spaß und immer wieder überraschenden Ergebnissen.

Unser Wunsch nach effektiver und inspirierender Zusammenarbeit ist Wirklichkeit geworden und hat nicht nur die obigen Ergebnisse bewirkt, sondern bei uns allen eine Persönlichkeitsentwicklung von Gelb nach Grün angestoßen, die jeder Beteiligte in seiner Geschwindigkeit geht.

Eine der wichtigsten Voraussetzungen für das Gelingen war unsere Wertschätzungskompetenz. Sie ermöglichte uns, den konsentorientierten Ansatz leichter, erfüllender und nachhaltiger zu implementieren, als wir das bei anderen Unternehmen beobachten konnten.

---

[1] Ausführliche Informationen darüber in Kapitel 5.3, Konsentorientierte Ansätze.

[2] Brian Robertson, Holacracy: Ein revolutionäres Management-System für eine volatile Welt, Vahlen 2016.

[3] Die Wertschätzer, ivalyu Ringcoaching und consent.works.

Ohne Wertschätzung geht es nicht!

Egal, welche Veränderung Sie vornehmen, welche Praktiken und Strukturen Sie ausprobieren wollen, in einer gelebten Haltung von Wertschätzung geht es leichter. Der Grund dafür ist einfach: Etwas anders zu machen und dabei neue Wege einzuschlagen, schafft immer eine Verunsicherung. Die vertrauten Wege werden verlassen und Neues wird gewagt. Dieses Neue ist jedoch noch unsicher und birgt dadurch jede Menge Anlass für Widerstand, negative Bewertung und Beurteilung, vielleicht sogar ein Gefühl der Bedrohung. In einer gelebten und verinnerlichten Haltung von Wertschätzung können wir sowohl mit den eigenen Verunsicherungen als auch mit unangenehmen Reaktionen im Außen entspannter umgehen, ohne uns dadurch sofort wieder vom neuen Weg oder Vorhaben abbringen zu lassen.

Die nun folgenden Ausführungen sollen helfen, die menschlichen Mechanismen innerhalb einer Abenteuerreise auf einem vielleicht noch unwegsamen Gelände genauer zu verstehen. Sie zeigen auf, wo die Möglichkeiten und auch die Herausforderungen liegen, passende Schritte für eine gelebte Haltung von Wertschätzung zu finden.

Unsere menschliche Natur macht uns, gerade wenn wir etwas Neues wagen, zu „praktizierendem Gelblicht“. Selbst wenn es nicht bewusst greifbar ist, so ist dennoch eine Art inneres Warnlicht von „Irgendwas stimmt hier (noch) nicht“ präsent.

Unser Gehirn ist über die Jahrtausende darauf ausgerichtet, ständig auf jedes und alles zu achten, was ungewohnt ist, was nicht dazugehört, was noch nicht wirklich passt oder was auf jeden Fall anders sein sollte. Das biologische System hat die Ausrichtung, die (gewohnte) Sicherheit wiederherzustellen. Anstatt dieser Empfehlung „zurück zum Alten“ zu folgen, lädt der wertschätzende Blick dazu ein, in der Unsicherheit der Gegenwart zu verweilen und sich auf einen neuen Schritt einzulassen. Um diesen einfach finden zu können, ist es wichtig, folgende biologische Grundstruktur zu kennen:

Wir Menschen haben eine verzerrte Wahrnehmung! Wir übersehen das Gute!

Lassen Sie es uns anders ausdrücken: Wir haben feinste Sensoren dafür, wenn etwas nicht stimmt. Für alles was stimmt, für das, was passt und richtig ist, bekommen wir dagegen keinerlei Hinweise. Wenn es weder zu heiß noch zu kalt ist, wenn wir keine Schmerzen haben, wenn wir satt gegessen sind oder nicht auf die Toilette müssen, bleibt es in uns still.

Es ist sehr wesentlich zu bemerken, dass wir uns des biologisch angelegten Vorrangs unserer Aufmerksamkeit auf Schwächen und Fehler nicht bewusst sind. Noch weniger ist uns klar, dass die meisten Dinge im Leben richtig gut laufen. Unsere inneren Sensoren springen auf all das, was passt, einfach nicht an!

Die Evolution hat es versäumt, mindestens die gleiche Aufmerksamkeit auf Gelingendes zu richten. Für das Überleben und das Erreichen von Sicherheit scheint dies ja auch nicht wichtig zu sein.

Wir stehen daher morgens nicht mit der Information auf, wie viele Milliarden Körperzellen nachts eine hervorragende Arbeit geleistet haben. Die allermeisten Zellen haben ihren Job, sich zu erholen, sich wieder zu reinigen, Abfallstoffe abzutransportieren usw. gut erledigt. Der Körper informiert uns nicht ständig darüber, dass die Raumtemperatur angenehm ist, wir keinen Hunger haben, wir gesund sind und uns wohl fühlen. Erst wenn etwas weh tut, im Angesicht einer Krankheit, beim älter Werden oder durch eine Behinderung wird uns bewusst, wie lange wir unsere uneingeschränkte körperliche Einsatzfähigkeit als selbstverständlich vorausgesetzt haben. Von Dankbarkeit und Wertschätzung ganz zu schweigen.

Mit der gleichen Blindheit unterlassen es unsere Wahrnehmung und unser Denken, uns über das gute und kreative Zusammenspiel aller Menschen um uns herum, in unseren Familien, in unseren Teams, in unseren sozialen Beziehungen, in unserer Stadt usw. zu informieren[4]. Wie viele Dinge tun Menschen, damit alles gut läuft und es uns gut geht? Egal welchen Gegenstand Sie gerade jetzt in der Hand halten oder anschauen, er ist vermutlich von Menschen erdacht, von Menschen hergestellt, von Menschen bearbeitet, damit er für Sie nützlich ist und Sie ein angenehmeres Leben haben.

Können Sie erlauben, einen Augenblick inne zu halten und diese Großartigkeit zuzulassen und wahrzunehmen?

Ist es Ihnen gelungen, diese Dankbarkeit zu spüren und vielleicht sogar die Freude über ihr eigenes Sein in diesem menschlichen Körper zu erleben? Dann bitten wir Sie, mit Ihrer Aufmerksamkeit in dieser Wahrnehmung zu bleiben. Bitte beobachten Sie jetzt, wie gnadenlos unsere Biologie darin ist, diesen Blick auf das Gute wieder zu verlassen. Im nächsten Augenblick einer kleinen Verunsicherung haben wir es wieder vergessen. Und schwupps, laufen wir stattdessen wieder mit einer bewussten oder unterschwelligen Beschwerde herum, was alles noch nicht passt. Sorgen, Zweifel und mangelndes Vertrauen bestimmen unsere Gedankenmuster beim Einschlafen, beim Aufwachen, Tag für Tag wie ein serienmäßig eingebauter Gelb-Filter. Dieser versichert uns glaubhaft, dass an uns und anderen etwas nicht stimmt, es voraussichtlich schwierig wird und wir vorsichtig sein müssen.

Eine Grundvoraussetzung, um sicher in Grün ankommen zu können, ist es, diese Automatismen aufzudecken und damit ihre destruktive Macht zu stoppen. Erst diese Kompetenz ermöglicht es uns, dauerhaft inspiriert und entspannt zu bleiben.

Unsere Biologie ist stärker als gute Vorsätze oder Einsichten. Es genügt nicht, diese Vorgänge zu verstehen. Unsere Automatismen sowie unsere Überlebens- und Verbesserungsprogramme sind zu stark und grundlegend in unserem Menschsein installiert!

[4] Das 2015 erschienene Buch des Neurobiologen Donald W. Pfaff „The Altruistic Brain" beschreibt diese grundlegende menschliche Fähigkeit, miteinander freundlich zu sein, und einander Gutes zu tun.

Los-lösen ist die Lösung

Es braucht eine regelmäßige Praxis, unsere Identifikation mit Fehlern und dem, was unserer Meinung nach anders sein sollte, loszulassen und den Fokus auf das zu lenken, was funktioniert und gut ist. Diese neue Haltung kann innerhalb guter Rahmenbedingungen wie ein Muskel trainiert werden. Unsere Arbeitswelt mit Menschen, die sich täglich begegnen, um etwas Gemeinsames herzustellen oder hervorzubringen, liefert dafür die besten Voraussetzungen.

Am schwersten dabei ist tatsächlich die Loslösung von unserer Meinung wie es richtig gehen muss! Wir alle finden gute Lösungen wunderbar, ohne zu bemerken, dass das Wort Lösung das Verb „lösen" in sich trägt. Sich von etwas lösen bringt die Lösung, oder noch klarer: Die eigene Los-Lösung von der Suche nach dem Schuldigen, vom (einzig) richtigen Lösungsweg, von dem, wie die Lösung zu sein hat, schafft die Grundvoraussetzung für eine gute Lösung. Jeder Widerstand in uns gegen das, was ist, jedes ständige Nachdenken über eine schwierige Situation zeigt uns, dass wir noch im gewohnten Gelben Denken verhaftet sind. Sobald wir das wahrnehmen, sind wir befähigt, unser Bild von dem, wie es unserer Vorstellung nach sein soll oder zu sein hat, loszulassen.

Immer, wenn Sie mit jemandem oder etwas im Widerstand sind, sind Sie gerade im Gelben oder Roten Ampelmodus. Egal, wie (folge)richtig Ihnen dabei Ihr Standpunkt und Ihre Vorgehensweise erscheint, Sie sind immer weit von dem entfernt, was in Grün möglich wäre.

Daher unsere Einladung: Lassen Sie allen Aktionismus los, wenn Sie sich im Widerstand mit etwas befinden und gehen Sie stattdessen auf eine wertschätzende Entdeckungsreise. Dafür ist eine Haltung hilfreich, die davon ausgeht, dass alles, was passiert, auch eine gute Seite hat. Wertschätzung vergleicht dabei nicht, ob jetzt der positive oder negative Anteil überwiegt. Sie lädt ein, den Wert einer Situation zu schätzen, jenseits von den in Gelb noch so wichtigen Argumenten!

Toolbar: Klein beginnen, bzw. Geschenke lauern überall

Wenn wir uns auf die Suche nach dem Positiven begeben, nach dem guten Anteil, dem Geschenk, das wir in jeder Situation vermuten und mit etwas Übung auch finden können, macht es Sinn, zunächst mit kleinen Dingen anzufangen. Z. B.:

- Im Stau Stehen, ist eine Gelegenheit für Innehalten und ein paar Atemübungen.
- Das verletzte Knie kann dazu dienen, langsamer zu machen und sich auf das Wesentliche zu konzentrieren.
- Auf einen Kollegen zugehen, der sich wegen eines Konflikts zurückgezogen hatte, trainiert beispielsweise darin, seine eigene Flexibilität und die Fähigkeit des Loslassens auch unter schwierigen Rahmenbedingungen zu üben.

In herausfordernden und komplexen Situationen hilft es häufig, diese als Trainingschance oder Lernraum zu betrachten und als Vorbereitung für größere Aufgaben in unserem Leben. Die schwierigsten Zeiten unserer Vergangenheit haben uns im Nachhinein gestärkt und uns häufig für das vorbereitet, was wir ohne sie nicht hätten meistern können.

Wenn uns der Blick auf das Positive authentisch gelingt, dann sind wir einen guten Schritt in Richtung Grüne Welt des Ich-Wertschätzers gegangen. Und genau das erzeugt eine Spannung mit den noch gelben Anteilen in uns und ganz sicher mit dem noch in Gelb verwurzelten äußeren Umfeld.

Sie werden mit Reaktionen zu tun haben wie:

- Ja, so einfach kann man es sich doch nicht machen!
- Wenn ich die Probleme nicht ablehne, dann stimme ich denen ja zu!
- Da wird doch alles nur mit rosa Soße übergossen!
- Ich habe doch ein Recht darauf, dass mich Dinge stören!
- Ich kann doch nicht mit allem einverstanden sein!

Sich genau in solchen Momenten im Loslassen zu üben, ist eine Kunst und gelingt nicht immer, vor allem, wenn einer dieser Sätze einen Roten Knopf drückt. Doch wenn Sie innerlich wach sind, dann erkennen Sie Ihre Ängste, die Ihnen zeigen, dass Sie vertrautes Terrain verlassen haben. Hier mit Gelbem Argumentieren oder gar Rotem Angreifen zu antworten, wäre wenig hilfreich, wenn Sie diese Situationen nachhaltig meistern möchten.

Wenn uns die Prinzipien von Ursache und Wirkung im Zusammenhang mit unserer Gelben Alltagsrealität so bewusst wären wie z. B. das Gesetz der Schwerkraft, dann würden wir sie berücksichtigen. Stattdessen stoßen wir andere mit unachtsam gesprochenen abwertenden Worten sinnbildlich von einem Felsen und wundern uns, dass wir damit schwere innere Verletzungen erzeugen, die häufig nach Jahren noch nicht ausgeheilt sind.

Folgende Geschichte aus einem Unternehmen macht deutlich, wovon wir sprechen:

Kleine Bemerkungen mit verheerenden Folgen

Ein Vertriebsleiter – erst seit einiger Zeit im Unternehmen – lädt sein Team zu einer Reflexion ein. Eine beteiligte Moderatorin soll dabei helfen, herauszuarbeiten, was bis jetzt nicht so gut gelaufen sei und was er besser machen könne. Doch die Runde schweigt und er bekommt kein Feedback.

Die neue Führungsperson lässt jedoch nicht locker und man einigt sich darauf, dass er die Gruppe verlässt und die Teilnehmer – alles gestandene Verkäufer – ihre Gedanken nur der Moderatorin offenbaren und diese das Ergebnis dann am folgenden Tag anonym weitergibt. Der neue Vertriebsleiter ist betroffen und schockiert: eine kleine Bemerkung, ein falsch verstandener Witz, ein paar unbedachte, wie nebenbei gesprochene Sätze ... solche und ähnliche Dinge waren aus seinem Mund gekommen, unbewusst „auf Mängel und Fehler schauend". Dies hatte wohl viele seiner Mitarbeiter getroffen und zum inneren Rückzug veranlasst.

Wenn unbedachte Worte wie in diesem Beispiel solch massive Auswirkungen auf das Arbeitsverhalten haben, wie wichtig ist dann eine achtsame, auf das Positive ausgerichtete Sprache!

Es könnte sich anstrengend anhören, diese Aufmerksamkeit zu entwickeln. Schon wieder etwas, das wir „richtig" machen müssen! Bemerken Sie die Falle von Gelb?

Grün fällt dies ganz leicht, da wir in der Grünen Präsenz losgelassen haben, dass etwas anders, besser oder richtiger sein soll. Indem wir uns von der inneren Getriebenheit, etwas unbedingt erreichen zu wollen, lösen, gelingt es uns, in einer inneren Verbindung mit den von uns gewünschten Qualitäten zu bleiben. Wir nennen das absichtslose Absichtlichkeit. Damit leben wir nicht mehr in „irgendetwas stimmt hier noch nicht", sondern sind freilassend verbunden mit etwas, für das sich ein Einbringen und Engagieren lohnt. Dies hat sofortige Auswirkungen auf unser Sprechen und Handeln, ganz ohne Anstrengung.

Wenn Sie

- zu den Menschen gehören, die gelernt haben loszulassen,
- entspannt und gelassen einen wertschätzenden Blickwinkel einnehmen können, auch wenn die Rahmenbedingungen nicht optimal sind,
- ausgerichtet sind auf eine attraktive (gemeinsame) Zukunft,

dann sind Sie frei und müssen nicht etwas Bestimmtes tun oder lassen, sondern können aus dieser Freiheit heraus handeln.

Diese Offenheit gibt uns den Mut, das Besondere und Gute aus jeder Sache herauszuschälen und uns auf Wege einzulassen, die uns vielleicht noch komisch vorkommen oder unvertraut sind. Hier gelingt es uns, anderen gerade dann mit Wertschätzung zu begegnen, wenn diese noch zweifeln oder Angst haben.

In der Tiefe ist dieser von uns vorgeschlagene Weg der Wertschätzung also radikal. Er fordert dazu auf, in jeder Sache – insbesondere dann, wenn wir im Widerstand sind – eine Brücke zu etwas Größerem, Wichtigerem zu vermuten. Er lädt uns ein, konsequent Spannungen zu identifizieren und als Gelegenheit für das eigene Wachstum zu nutzen.

Unsere Bitte an Sie lautet: Üben Sie sich in dieser Radikalität![5]

Nehmen Sie den instinktiven Blick auf (mögliche) Probleme und Fehler und die damit verbundenen Bewertungen, Beurteilungen und Erwartungen als biologischen Automatismus wahr. Erkennen Sie die darin liegende Illusion, insbesondere dann, wenn Sie sich im Recht wissen. Lassen Sie dieses Rechthaben los und finden Sie stattdessen mindestens eine Sache, für die Ihre Schwierigkeit gut sein könnte. Kreieren Sie auf dieser Basis eine neue, frei lassende Ausrichtung auf eine von Ihnen gewünschte Zukunft.

Es ist beglückend zu erleben, dass die meisten Schwierigkeiten sich von selbst auflösen, wenn wir den Blick bewusst auf den positiven Anteil einer Sache lenken und dabei nicht versäumen, einen Blick auf das zu werfen, was unser tieferes Anliegen in dieser Situation ist.

Ein Beispiel:

Eine Abteilungsleiterin fühlte sich schon seit langem von einer anscheinend um ihren Posten konkurrierenden Kollegin bedroht, musste sie aber wegen einer verfahrenen Situation um Hilfe und Zusammenarbeit bitten. Als sie sich bewusst machte – und dies der vermeintlichen Feindin gegenüber aussprach – , dass sie sie speziell wegen ihrer Kompetenz um Unterstützung bitten wollte und sich

[5] Siehe auch die Wertschätzer-Methode Kapitel 4.

eigentlich nichts Schöneres vorstellen konnte, als sich unter Frauen gegenseitig zu fördern wie Freundinnen, war die andere sehr bewegt – und ein langjähriges unschlagbares Team war geboren!

Diese entstehende Kraft der Wertschätzung und die Freude daran ist als grundlegendes Bedürfnis und Fähigkeit[6] in uns allen angelegt.

Um den Weg von Gelb zu dieser möglichen Grünen Kompetenz zugänglich zu machen, wagen wir es im Folgenden, Ihnen unser Verständnis von Wertschätzung zu erläutern.

Ein neues Verständnis praktisch gelebter Wertschätzung

Wertschätzung ist die kreative Kraft, die das Erleben von Achtung, Genuss und Sinn bewirkt.
Sie schafft Klarheit, Verbindung und Freude am Handeln.

Wertschätzung beginnt mit einem klaren Blick auf das, was ist und der Fähigkeit, unsere automatische Fokussierung auf Fehler und Schwächen zu erkennen. Sie ist bereit, die daraus resultierende Bedeutung für den eigenen Standpunkt oder die favorisierte Sichtweise loszulassen. Wertschätzung ist eine wohlwollende Haltung sich selbst und dem Leben gegenüber. Sie ist der konsequente Blick auf das vorhandene Gute und schließt die Bereitschaft ein, in allen Aspekten des Lebens einen Wachstumsschritt zu erkennen und auszusprechen. Vollständige Wertschätzung schenkt durch die Ausrichtung auf eine gewünschte Zukunft bereits im Jetzt das Erleben von deren Qualität und ermöglicht dadurch einen Raum von tatsächlicher Handlungsfreiheit.

Die Kraft von Wertschätzung in Unternehmen bringen. Wie geht das?

„In dem Augenblick, in dem man sich ganz einer Aufgabe verschreibt, bewegt sich die Vorsehung auch. Alle möglichen Dinge, die sonst nie geschehen wären, geschehen, um einem zu helfen. Ein ganzer Strom von Ereignissen wird in Gang gesetzt durch diese Entscheidung, und er sorgt zu den eigenen Gunsten für zahlreiche unvorhergesehene Zufälle, Begegnungen und materielle Hilfen, die sich kein Mensch vorher je so erträumt haben könnte. Was immer Du kannst oder Dir vorstellst, dass Du es kannst, beginne es. Kühnheit trägt Genius, Macht und Magie in sich. Beginne jetzt."

Johann Wolfgang von Goethe

Es bleibt also nur noch eine Frage:

Wie können Sie diese Haltung von Wertschätzung im Kontext Ihrer Organisation so verankern, dass Flow entsteht und die Zahlen stimmen?

---

[6] „Survival of the Kindest" wie Dacher Keltner in seinem TEDx Talk zu Compassion am 3.04.2010 sagt: https://www.youtube.com/watch?v=KsFxWSuu_4I, aufgenommen am 20.12.2016.

Unsere ehrliche Antwort: Es gibt nicht den einen Weg, die klare Vorgehensweise oder das Befolgen einer Gebrauchsanleitung!

Und das ist gut so. Es bleibt Ihre Verantwortung, Ihre stimmige Weise selbst herauszufinden. Wir möchten Sie einladen, diese Herausforderung anzunehmen und in dieser offenen Frage stehen zu bleiben. Eine ernst gemeinte „Wie-Frage" hat enorme Kraft, neue Wege zu öffnen.

Einen Hinweis möchten wir jedoch geben: Wie aus der Kurzbeschreibung unserer eigenen Geschichte mit dem konsentorientierten Ansatz deutlich geworden ist, waren es Strukturen und konkrete Praktiken, die uns gelockt, ja sozusagen gezwungen haben, neue Erfahrungen zu machen und damit unsere Persönlichkeit weiter zu entwickeln. Sie können Strukturen anbieten, zu interessanten Perspektivwechseln einladen, durch Ihr eigenes Beispiel anstecken und überzeugen, aber:

Sie kommen an der Freiheit der anderen Beteiligten nicht vorbei! Auch nicht an der Freiheit jedes Einzelnen in Ihrer Organisation. Daher legen wir Ihnen nahe, dass Sie mittels einfacher Vorgehensweisen und Tools Schritt für Schritt konkrete Erfahrungen ermöglichen, innerhalb derer Menschen eigenständig zu Erkenntnissen kommen.

Nur das Erleben selbst schafft die Voraussetzung dafür, dass die Beteiligten bereit sind, grundlegend neue Einsichten zuzulassen und in ihr Leben zu integrieren.

Deshalb ist es wichtig, in einem Team, einer Gruppe oder in einem Zweiergespräch mit möglichst einfachen und nachvollziehbaren Praktiken zu arbeiten und überraschend gute Ergebnisse zu bewirken.

Wie kann es also gelingen, eine konsequent wertschätzende Haltung zu Ihren Kollegen, Mitarbeitern, Chefs… einzunehmen? Wir ermutigen Sie, das Beantworten dieser Frage als einen Prozess zu betrachten, in dem es nicht um „die eine Lösung" geht, sondern darum, den nächsten stimmigen Schritt zu finden. In den folgenden Kapiteln mit den sieben Durchbrüchen werden Sie dafür vielfältige Anregungen erhalten.

Die entspannte Botschaft für Sie als Leser lautet: Sie stehen ja nicht am Anfang, Sie sind schon mittendrin. Nutzen Sie einfach die Vorschläge, die Ihnen aktuell am attraktivsten erscheinen. Experimentieren Sie mit den hier vorgestellten Impulsen und Praktiken. Werfen Sie jedoch nicht gleich alles Bisherige über den Haufen, sondern fangen Sie zunächst mit kleineren Schritten an.

Bauen Sie auf Ihrer eigenen, schon vorhandenen Exzellenz auf. Vertrauen Sie sich selbst, auch wenn Sie beim ersten Versuch scheitern sollten. Erkennen Sie Ihren Mut an, sich durch die hier vorgestellten Möglichkeiten auf Unvertrautes einzulassen. Bleiben Sie dran und erleben Sie den Durchbruch in eine neue Qualität!

Eine Vorschau auf die sieben, später im Einzelnen ausführlich vorgestellten Durchbrüche gibt Ihnen einen kurzen Blick in diese mögliche, attraktive Zukunft:

1. Gelebte Potenziale erhöhen die Wirksamkeit – Durchbruch in Erfolg

Wir sind uns völlig im Klaren darüber, dass kaum ein Mensch sich seiner besonderen Qualitäten, Kompetenzen und verborgenen Potenziale bewusst ist. Daher gehen wir in Grün auf Entdeckungsreise und freuen uns an jeder neuen Besonderheit, die sich uns zeigt. Wir fördern das Finden möglichst aller Potenziale und Fähigkeiten. Wir erfinden neue Modelle der Zusammenarbeit, indem wir mehr und mehr damit beginnen, die vielfältigen Talente des Einzelnen zu nutzen. Beispielsweise könnte auch der Intellektuelle handwerklich tätig werden oder der Bauarbeiter hochkomplexe strategische Vorgänge steuern.

2. Wertschätzende Reflexion bewirkt einen guten nächsten Schritt – Durchbruch in Stille

Sollten Dringlichkeit, Stress oder Hektik auftauchen oder ein Widerstand bzw. eine Spannung identifiziert werden, geht Grün zeitnah in die Reflexion und findet den in dieser Situation liegenden Wachstumsschritt. Die Grüne Welt ist durchdrungen und geprägt von Räumen des Innehaltens, Spürens und Wahrnehmens. Kreative und transformative Lösungen oder einfach nur gute nächste Schritte sind in der Regel einfach und leicht und gelingen ohne die meist selbstgemachte Anstrengung, ohne Stress, aber mit Flow und Erfolg.

3. In der gemeinsamen Ausrichtung ist mein Wert präsent – Durchbruch in Identität

Eine der größten Herausforderungen einer Organisation besteht darin, das Individuum und das Kollektive zusammen zu bringen, statt in der ungelösten Spannung der Work-Life-Balance zu verharren. Da meist die eigene Rolle, sowie auch der Sinn und Zweck eines Unternehmens, eines Arbeitsbereiches oder eines Projektes unklar und verschwommen ist, schaffen wir hier Klarheit. Das transformativ Neue ist die Eigenständigkeit und das selbstverantwortliche Handeln, das dadurch möglich wird. Die Präzision, mit der ein Unternehmenssinn oder ein Projektziel gegriffen wird, ermöglicht den Beteiligten, sich innerhalb der gemeinsamen Ausrichtung völlig frei zu bewegen und ihre Potenziale einzubringen.

4. Achtsames Hinhören dient der Konfliktfähigkeit – Durchbruch in Frieden

Die Art und Weise, wie eine Gemeinschaft fähig ist, Konflikte zu bewältigen, gibt Hinweise auf ihre Zukunftsfähigkeit bei sich verändernden Märkten. Missgeschicke und Pannen können entweder als Hürden gesehen werden, die es zu bekämpfen und zu beseitigen gilt, oder als der so wichtige Dünger für die siegreiche Bewältigung der Herausforderungen von morgen. Grün begrüßt jedes Thema, das „noch nicht rund" ist. Aus dieser Haltung heraus geht die anerzogene Scheu vor Fehlern oder Misslingen verloren. Offenheit sich selbst und anderen gegenüber sorgt für Entspannung und Vertrauen. Wo man weiß, dass alles Nötige angesprochen wird, gibt es keinen Grund für Anspannung und Vorsicht. Ohne diese Beschränkungen können wir unserem natürlichen Bedürfnis nach Abenteuer folgen. Das gibt dem Leben Würze und die wesentliche Energie zurück. Konfliktfähigkeit ist – einfach gesagt – gelungenes Energiemanagement und schafft das Erleben von Stärke, Wirksamkeit, Verbindung und Sicherheit.

5. Echt sein dürfen ist ein Glück – Durchbruch in Freude

Die meisten Menschen haben aus Erfahrung eine tief sitzende Angst, von anderen be- und verurteilt zu werden. Diese führt dazu, dass wir unsere Menschlichkeit mit all ihren Macken und Kanten möglichst gut anpassen. In Grün ermutigen wir uns gegenseitig, statt den Erwartungen der Umwelt zu entsprechen, herauszufinden, wer wir hinter dieser bisher gelebten Maske sind. So finden wir Zugang zu Wertschätzung für uns selbst, genauso wie wir sind. Wir müssen weder unsere Schwächen und Individualitäten beschönigen, noch uns besser darstellen, als wir sind. Wir folgen der eigenen Echtheit und lassen los, alles immer richtig und perfekt machen zu müssen. Wir sind offen und zeigen uns mit all unseren Seiten. Und, oh Wunder, häufig bergen die bisher versteckten persönlichen Seiten eine Menge Power für ungewöhnliche Lösungen. Wir sind einfach wir selbst und etwas Überraschendes passiert: Wir werden (wieder) fröhlich!

6. Selbstverantwortliche Eigenständigkeit beflügelt das Miteinander – Durchbruch in Einheit

Indem jeder seine Eigenart und Eigenheit zulässt und diese verantwortlich und sinnvoll einbringt, wird die Vielfalt bunter und leuchtender und die Handlungsoptionen werden reicher. Das gesamte Team, die ganze Organisation gewinnt mehr Biss, Bedeutung und Ausstrahlungskraft. Grün traut sich, „anders" zu sein, ohne Anklage, ohne Beschwerde, einfach weil die Erfahrung zeigt, dass es allen dient. Eine Gruppe, welche die Qualitäten aller Individuen anerkennt und schätzt, benötigt keine Profilierung Einzelner. Die Verschiedenheit schafft Offenheit, insbesondere auch im Finden von neuen Wegen und Lösungen für herausfordernde Aufgaben. Das macht richtig Spaß!

7. Vertrauensvorschuss lässt Verantwortung ergreifen – Durchbruch in Freiheit

Grün baut auf Vertrauen. Grün lebt in Verbindung mit einer attraktiven Zukunft, ohne die Gegenwart durch Kontrolle bewerten oder beurteilen zu müssen. Grün setzt auf Selbstverantwortung und wertschätzende gegenseitige Ermächtigung. Grün kennt die Kraft von Menschen, die Dinge in die Hand nehmen und Herausforderungen meistern. Wir alle handeln gerne aus dem in uns brennenden Feuer für ein attraktives Vorhaben. Die dafür nötige Disziplin folgt jedoch in Grün freiwillig der Inspiration und nicht der Kontrolle eines Vorgesetzten. Entscheidend für die frei lassende Qualität ist also, wie wir den Sog zu dem gewünschten Ergebnis herstellen, das als leuchtendes Bild in uns wirksam ist, und dass die Freude am Schaffen, Beitragen und Gestalten leben darf.

3.1 Durchbruch in Erfolg – gelebte Potenziale erhöhen die Wirksamkeit

Unternehmen sind Orte, wo sich Menschen bewusst werden, dass sie Ursache für die Weiterentwicklung ihrer Organisation sein können. Hier erzeugt das wechselseitige Wahrnehmen und Erforschen der persönlichen Potenziale natürlicherweise Engagement für das Ganze. Die Gemeinschaft entfaltet auf der Grundlage eigener Erfolgsgeschichten und fruchtbaren Zusammenwirkens aller eine neue Wirksamkeit.

Nützliche Perspektiven	• Worauf wir unsere Aufmerksamkeit richten, das wächst. • Unsere verborgenen Qualitäten und Fähigkeiten aufzudecken, stärkt. • Erzähle Geschichten: Wo waren wir schon wirksam und wie ist uns das gelungen? • Potenziale und Größe im Gegenüber zu erkennen und zuzusprechen, lässt Menschen aufblühen. • Das Entfalten der eigenen Persönlichkeit findet seinen Platz und dient allem.
Empfohlene Tools	• Gehen Sie auf Geschichtenfang • Ein Dankeschön vertiefen • Wichtige Ereignisse zu Erfolgsgeschichten machen • Frying Pan • Qualitäten einer Person finden • Appreciative Inquiry
Beispiel-unternehmen	Rainer von Leoprechting, pro action learning

Auf dem Weg zum Wertschätzer

Ein paar Tage nach der Geburtstagsfeier des frisch getauften Wertschätzers öffnete Moni ihr E-Mailpostfach und fand folgenden E-Mailwechsel:

Vom Chef:

Betreff: In sechs Wochen Klausurtagung – Bitte alle vorbereiten

Hallo zusammen,

wie Sie wissen, steht in ein paar Wochen wieder unsere alljährliche Klausurtagung an. Am Freitag gestalten wir die Tagesordnung. Bitte machen Sie bis dahin eine Liste von all den Problemfeldern, die wir bearbeiten sollten und den leider noch immer häufig passierenden Verfahrensfehlern und Qualitätsmängeln.

Besten Gruß …

Antwort von Max:

Hi Chef,

Hat die letzten Jahre keinen Spaß gemacht und die Ergebnisse hatten, trotz guter Vorsätze, keinen durchschlagenden Erfolg.

Antwort von Heiner:

Sehr geehrter Herr Wertschätzer,

Ihre E-Mail scheint eine Kopie vom Vorjahr zu sein – würde gerne was Neues ausprobieren und werde Moni mal ansprechen.

Grüße, Heiner

P.S. Chef, was machen Ihre Fortschritte beim Durchbruch in Balance?

Wäre doch 'ne tolle Sache, wenn Sie uns auf der Klausurtagung ihre ersten Ergebnisse vorführen ;-)

Moni freute sich, die beiden hatten recht: Es war Zeit für etwas Neues, denn die Klausurtagungen der letzten Jahre waren geprägt gewesen von all dem Frust, der sich im Laufe des Jahres angestaut hatte. Die Suche nach guten Lösungen war langwierig und mühsam gewesen. Gespannt auf Heiners Idee stand sie auf und steuerte dessen Schreibtisch an …

Können Sie sich vorstellen, dass Sie sich jeden Tag auf Ihre Arbeit freuen, weil Sie mit tollen Leuten Vorhaben wirksam voranbringen, die allen Beteiligten am Herzen liegen? Dabei haben sich Prozesse etabliert, welche die besonderen Qualitäten aller Mitarbeiter aufdecken und diese ermutigen, sie zielführend einzubringen und weiter zu entwickeln. Nebenbei profitieren auch Partner, Kinder, Eltern, Freunde und Bekannte außerhalb des Unternehmens von dieser neuen (Lebens)Qualität.

3.1.1 Gelebte Potenziale erhöhen die Wirksamkeit

Das Nutzen der vorhandenen Potenziale als neues Erfolgsgeheimnis vorzustellen, könnte banal klingen. Für jeden Unternehmer, jede Führungskraft ist dies eine Selbstverständlichkeit, denn schon immer wird die möglichst optimale Person für einen Tätigkeitsbereich eingesetzt. Doch wie viele Jahrzehnte lang haben wir Glühbirnen benutzt, ohne auch nur einen Augenblick damit beschäftigt zu sein, dass über 90 Prozent der Energie als Wärme verloren ging? Könnte es nicht in unserer täglichen Arbeit ähnlich sein?

Fünf aufeinander aufbauende Perspektivensätze enthüllen diese aus unserer Sicht wenig beachteten Erfolgspotenziale. Sie enthalten jeweils eine transformative Botschaft und werden Sie, ergänzt durch wertschätzende Tools, beim Erreichen von Wirksamkeit und Erfolg unterstützen. Viel Spaß beim Experimentieren!

3.1.2 Worauf wir unsere Aufmerksamkeit richten, das wächst!

Gäbe es einen Satz, der das Wertschätzer Ampelmodell in einer Redewendung zusammenfasst, dann wäre es genau dieser: Worauf wir unsere Aufmerksamkeit richten, das wächst!

Im Blick auf Ihren persönlichen oder unternehmerischen Verantwortungsbereich können Sie Ihren aktuellen Favoriten, Ihren bevorzugten Blick sofort identifizieren. Sind Sie entspannt und gelassen oder tendieren Sie zu Anstrengung? Spüren Sie schnell Ärger oder Resignation oder überwiegt der Optimismus? Da sich Ihre Sichtweise auf Ihren Verantwortungsbereich überträgt, können Sie die Qualität Ihrer Ausrichtung daran messen, ob Sie sich in einem wohlwollenden oder eher problemorientierten Umfeld befinden. Im Grunde beantworten wir Menschen die laut Albert Einstein bedeutendste Frage (leicht abgewandelt) – bewusst oder unbewusst – mit jedem Gedanken und jeder noch so kleinen Handlung erneut: „Ist unser Unternehmen ein freundlicher oder unfreundlicher Ort?“ Die Antwort bestimmt entscheidend, in welchem Ampelmodus wir unterwegs sind und handeln und macht einen signifikanten Unterschied für die Erfolgsbilanz.

> „Die wichtigste Frage, die ein Mensch sich im Leben stellen kann, lautet: Ist das Universum ein freundlicher Ort oder nicht?“
>
> Albert Einstein[7]

Der in unserer Gesellschaft so weit verbreitete und häufig auch unbewusst wirkende Gelbe Ampelmodus von „Hier stimmt etwas noch nicht“, ist demnach eindeutig hinderlich für einen Durchbruch in Erfolg. Durch die Wirkung der jeweils spezifischen Hormone werden ganze Funktionsfelder bestimmter Gehirnteile gebremst oder gar ausgeschaltet. Soziale Handlungskompetenz, psychische Belastbarkeit, Wohlbefinden und Leistungsfähigkeit werden so, vergleichbar dem Energieverlust einer Glühbirne, drastisch eingeschränkt.

Die Absicht eines jeden Unternehmens ist klar: Erfolg in der Branche, bei den Kunden und in der Bilanz. Und der klare Blick auf die Fakten ist wichtig, um eine Standortbestimmung vornehmen zu können und für strategische Entscheidungen eine gute Basis zu haben. Doch wie wir diese Fakten bewerten, ob wir Chancen darin erkennen und Optimismus ausstrahlen oder ob wir ärgerlich und missmutig, gar resigniert, sind, weil noch so vieles im Argen liegt,

---

[7] Siehe auch den wunderbaren Artikel von Maria Brüggemann über Einsteins Zitat: http://presseservice.pressrelations.de/pressemitteilung/ist-das-universum-ein-freundlicher-ort-wie-beantworten-sie-albert-einsteins-frage-539715.html, abgerufen am 27.02.2017.

hat entscheidenden Einfluss. Gerade Haltung und Stimmung der Chefetagen zeigen enorme Wirkung auf die Mitarbeiter, gehen von dort zu Lieferanten und Kunden und spiegeln sich in der Folge im Betriebsergebnis und auf dem Bankkonto wieder.

Unsere obige Aussage zu beherzigen ist somit ein gewichtiger Erfolgshinweis, da die Gelbe Welt, wenn sie durch die Aufmerksamkeit wächst, sehr schnell „Rote Ampeln" erzeugt.

Es macht mehr als nur einen signifikanten Unterschied für Ihre Resultate, aus welcher Haltung heraus Sie agieren. Achten Sie darauf, in welchem Ampelmodus Sie ihre Geschäftsdaten, Planungen und Strategien ausarbeiten, wie Sie in Ihren Meetings und Gesprächen präsent sind, welche Kennzahlen Sie wählen, selbst wie Sie Ihre E-Mails und Berichte formulieren.

Überleben in feindlichem Umfeld oder Kooperation, Misstrauen oder Vertrauen, Fehler oder Gelingen, Schwächen oder Erfolgsfaktoren – worauf immer Sie Ihre Aufmerksamkeit richtigen, es wächst, zuverlässig!

3.1.3 Unsere verborgenen Qualitäten und Fähigkeiten aufzudecken, stärkt

Vor allem anderen ist meine Freiheit und meine höchste Freude:
Lächelnd auf Dich zu blicken und zu wissen „Du bist gut!"
Und dann im Spiegel zu sehen, dass ich's selber bin.

Genügt es für einen Sprung in der Erfolgsbilanz, unsere Stärken zu stärken?

Im Unternehmenskontext, beispielsweise in der Mitarbeiterentwicklung, ist die Idee, Stärken und Potentiale zu identifizieren, um diese weiter zu entwickeln, inzwischen nicht mehr neu. Viele Ratgeber, Erziehungsmodelle[8] und Analysetechniken[9] stehen uns dafür zur Verfügung.

Grundsätzlich sind sich die meisten Menschen vermutlich einig, dass Schwächen zu benennen und zu beheben konfrontiert und harte Arbeit ist. Sie wissen auch, dass Stärken auszubauen häufig Freude bereitet, fühlbar gute Ergebnisse bringt und neue Entwicklungsräume eröffnet.

Der systemische Coach und Ökonom Dr. Bernd Slaghuis weist jedoch zu Recht auf einige Risiken[10] gerade im Unternehmenskontext hin. Er argumentiert, das reine Schauen auf Stärken könne dann nicht helfen, wenn Menschen sich ihrer Stärken nicht einmal bewusst seien. Auch wenn Stärken losgelöst von den ei-

[8] Allen voran die Montessori- und die Waldorfpädagogik. Letztere verzichtet in den ersten 8 Schuljahren auf Noten. Stattdessen schreiben die Lehrer individuelle Stärken und Schwächen berücksichtigende Feedbacks als Halbjahres- oder Jahreszeugnis.

[9] Im Unternehmenskontext ist die SWOT-Analyse ein verbreitetes Modell, das anhand einer Analysetechnik Stärken und Schwächen in einem Kreisbild sichtbar macht. Das Gallup Institute hat den Strengthsfinder (Stärkenfinder) entwickelt, auch die SOAR-Analyse arbeitet ähnlich.

[10] http://www.bernd-slaghuis.de/karriere-blog/staerken-staerken/, abgerufen am 27.02.2017.

genen Werten vorangetrieben würden, nütze dies wenig, ebenfalls nicht, wenn sie vom Umfeld weder gesehen noch gewünscht würden.

Gerade in Bezug auf die komplexen Anforderungen in unseren Organisationen ist es unabdingbar, erst einmal zu erkennen, welches bisher oft unentdeckte große Potenzial denn in den Beteiligten selbst schlummert, bevor wir Kompetenzen und Stärken wirksam ausbauen und einsetzen können.

Wenn die entdeckten Stärken dann im Einklang mit den eigenen Werten weiter entwickelt werden, entfalten sie eine große Kraft und Wirksamkeit. Doch bevor dies möglich ist, stellen wir die kühne Behauptung auf:

Wir Menschen haben wegen unseres selektiven Blicks, wenn überhaupt, nur eine geringe Ahnung davon, wer wir eigentlich sind und welche besonderen Fähigkeiten wir haben. Wir sind dafür wie mit Blindheit geschlagen.

Wie schon im vorherigen Kapitel dargestellt, übersehen wir grundsätzlich das vorhandene Gute. Dies gilt auch für unsere eigenen besonderen Qualitäten. Prüfen Sie selbst: Wie häufig hören Sie abwertende Gedanken in sich oder kritisierende Worte von anderen? Und wie häufig wehren Sie Anerkennung mit „das war doch selbstverständlich" ab, weil Ihre Vorzüge und Stärken Ihnen als nichts Besonderes erscheinen? In welchem Verhältnis dazu haben Sie aufbauende und wertschätzende Gedanken über sich selbst?

Vielleicht gehören Sie zu den wenigen Ausnahmen, bei denen Letzteres überwiegt? Wenn dem so ist: Gratulation! Dann können Sie mit unseren hier vorgestellten Ansätzen auf einem sehr hohen Niveau fortfahren.

Unserer Erfahrung nach leben die meisten Menschen jedoch im Kontext von innerer oder äußerer Kritik und haben in ihrer Alltagstätigkeit kein Bewusstsein für ihre besonderen Stärken und Fähigkeiten. Daher liegt unser Tätigkeitsschwerpunkt im Coaching und Training seit Jahren darauf, unsere Gegenüber dabei zu unterstützen, einen stabilen oder unmittelbaren Zugang zu den eigenen Kraftquellen, Motiven und Werten herzustellen. Mit diesem Bewusstsein können sie ihr persönliches Erfolgsprofil erzeugen und dessen Verfügbarkeit sicherstellen.

Eigenwahrnehmung stärkt

Ein Geschäftsführer von 250 Mitarbeitern hatte vor einigen Monaten glücklich einen gesundheitlichen Zusammenbruch überlebt. Dieser Warnschuss sowie das Zureden seiner Partner veranlassten ihn dazu, sich Coaching zu gönnen. Der Begleitungsprozess durch regelmäßige Telefonate mitten im Alltag zeigte sehr schnell, was seine Falle war: „gut funktionieren" zu müssen. Durch die im Wir-Gelb so typische Überforderung, dies nicht leisten zu können, war sein Selbstwertgefühl trotz bester Kompetenzen und Stärken auffallend gering. Im Blick auf all das, was er managte, wurde sehr schnell deutlich, dass seine Eigenwahrnehmung mit der Wahrnehmung durch andere nur wenig übereinstimmte.

Im Erforschen seiner Qualitäten konnte dieses Missverhältnis schnell und klar sichtbar gemacht werden. Die daraufhin eintretende Entspannung ließ plötzlich wie von Zauberhand Lösungen entstehen, weil erst jetzt der Zugang zu dem im Grünen Bereich vorhandenen inneren Wissen möglich war. Was im Nachhinein ganz einfach und plausibel erscheint, war vorher wie ein Stehen vor einer unüberwindbaren Mauer.

Es genügt also für nachhaltige Erfolgsaussichten nicht, einfach die schon offensichtlichen Stärken weiter zu entwickeln. Vielmehr laden wir dazu ein, zuerst einmal auf eine Entdeckungsreise zu gehen in der Vermutung, dass die meisten unserer Talente noch gar nicht sichtbar geworden sind.

Um unsere Potenziale und Fähigkeiten aufzudecken, unterstützt uns ein einfaches Vorgehen. Zentral dabei ist das Erzählen und Hören von besonderen Ereignissen aus der Vergangenheit. Es geht dabei nicht um irgendwelche Geschichten, sondern darum, das, was uns berührt und bewegt hat, in Worte zu bringen. Sehr wirksam ist auch, wenn wir über das sprechen, was uns trotz Schwierigkeiten gelungen ist. Um jetzt einen direkten Zugang zu den wertvollen Kompetenzen und besonderen Qualitäten von Personen und Systemen zu bekommen, schließen wir nach dem Erzählen eine Untersuchung und Erforschung der vorhandenen Erfolgsfaktoren an. Erst durch diesen letzten Schritt, das Sichtbarmachen dessen, was genau zu dem besonderen Wert geführt hat, werden all die vorhandenen Kapazitäten verfügbar und damit einsetzbar:

3.1.4 Erzähle Geschichten: Wo waren wir wirksam und wie ist das gelungen?

Alle uns bekannten Kulturen beherrschen den Umgang mit Kraft gebenden Geschichten von Erfolgen und besonderen Ereignissen, zum Beispiel in Form von Märchen, Mythen und Sagen, die schon seit Jahrhunderten Generation für Generation weitererzählt werden.

Storytelling, also das Erzählen von Geschichten, hat sich in den letzten Jahren insbesondere im Unternehmenskontext verbreitet. Ob die Unternehmenskultur positiv beeinflusst werden soll, größere Ziele erreicht werden wollen oder besondere Herausforderungen anstehen, die richtige Geschichte zur richtigen Zeit, gut erzählt, wirkt vielschichtig. Sie bleibt hängen, lebt in uns weiter, bringt auch nach Monaten oder Jahren noch neue Einsichten. Der Führungskräftetrainer und „Pferdeflüsterer" Bernd Osterhammel[11] z. B. bezeichnet sich selbst als Geschichtenerzähler. Wenn er in Organisationen oder in Firmen spricht, gelingt es ihm einen ganzen Tag lang, gut aufbereitete Einsichten und Erkenntnisse, zum Teil mit Filmen hinterlegt, in attraktive Stories zu verpacken. Damit zieht er die Zuhörer in seinen Bann und fördert damit nachhaltiges Lernen.

Die Ursache einer guten Einprägsamkeit von Geschichten liegt in der Ganzheitlichkeit, mit der die Psyche des Menschen dabei angesprochen wird: Nicht nur der im Berufsalltag oft überstrapazierte Verstand wird hier mit relevanten Aussagen, Erkenntnissen und Aha-Erlebnissen bedient, sondern auch das Gemüt, die Emotionen und Gefühle. Bestenfalls sind beim Lauschen auf gute Er-

[11] Bekannt durch sein Buch: Pferdeflüstern für Manager: Mitarbeiterführung tierisch einfach

folgsgeschichten alle Sinne in einer Weise beteiligt, dass sie in der Fantasie des Zuhörers ein Erleben vermitteln, das im stärksten Fall sogar das Herz berührt und unsere tiefsten Sehnsüchte und Weisheiten anspricht. Kein Wunder, dass durch diese Ganzheitlichkeit so rare und wertvolle Empfindungen wie Sinnerfüllung, Zufriedenheit und das Annehmen von tieferem Wissen entstehen.

Häufig kann durch Geschichten die Erfahrung von Verbundenheit und Miteinander gemacht werden, wenn zum Beispiel ein langjähriger Mitarbeiter über einen glücklich gemeisterten Wendepunkt aus der Gründungszeit eine mitreißende oder tiefgehende Geschichte erzählt. Die Kollegen versetzen sich hinein und am Ende haben es alle gemeinsam geschafft. Diese selbst nur gehörten Erlebnisse werden in ihrer Gesamtheit samt Emotionen und bildlichen Vorstellungen, im Gehirn gespeichert und können so leichter abgerufen werden als gute Argumente oder reine Fakten[12].

Neben all diesen Aspekten über die Wirksamkeit von Erzählungen, die Ihnen einen Geschmack vermitteln, warum das Thema Geschichten im Kontext von Unternehmen Beachtung verdient, stellt sich nun die Frage: Wie kann es gelingen, die vielen versteckten kleinen oder größeren Alltagserfolge, die Tag für Tag im Arbeitsalltag passieren, aufzudecken und nutzbar zu machen? Die Antwort ist sehr einfach:

Es geht nicht so sehr um die großen Geschichten, wichtig ist, dass sie erzählt werden!

Toolbar: Gehen Sie auf Geschichtenfang

Ob in der Mittagspause, am Anfang oder Ende einer Sitzung, im Aufzug oder am Fahrradabstellplatz, überall wo Menschen zusammensitzen oder stehen, haben Sie eine Chance auf Erfolg. Um ein Gegenüber zu ermutigen, eine Geschichte zu erzählen, sind besondere Fragen hilfreich, welche die Aufmerksamkeit in eine bestimmte Richtung lenken. Ein guter Aufhänger ist eine wertschätzende Ausrichtung, mithilfe derer das Interesse am Forschen wächst. Jede der hier aufgeführten Fragen kann ein Gespräch vertiefen oder eine Geschichte erzeugen:

- Was war ein besonderes Erlebnis in der letzte Woche/im letzten Monat?
- Welche herausragenden Ergebnisse haben wir/Sie (in einer Sache oder einem Bereich) bereits erreicht?
- Was war die größte Herausforderung, die gemeistert wurde?
- Welches Ereignis drückt am besten die Qualität von ... (z. B. Ihrer Tätigkeit) aus?

Bitte unbedingt diese wichtige weiterführende Frage stellen:

- Was genau hat den Erfolg bewirkt und wer war daran beteiligt?

[12] Unsere hochgeschätzte, im Jahr 2011 verstorbene Kollegin und Geschichtenerzählerin Vera F. Birkenbihl erklärt diese Zusammenhänge beispielsweise in ihrem Buch „Story Power".

Damit der Grund für die Erfolge sichtbar wird, müssen Sie nach den dahinter liegenden Erfolgsfaktoren fragen! Wirksamkeit entsteht jeden Tag an vielen Stellen. Nur, wir reden nicht darüber. Erst durch die Frage, was zum Gelingen geführt hat, werden wir uns des tatsächlichen Wertes von

- guten Rahmenbedingungen,
- Kompetenzträgern,
- Besonderheiten,
- ungeahnten Fähigkeiten

bewusst. So werden diese für uns selbst und für andere auf vielfältige Weise besser verfügbar!

Es sind somit die vielen Ereignisse im Alltag, die uns aktuell berühren und bewegen, die eine wichtige Botschaft in sich tragen und unsere Beachtung verdienen. Sie geben uns erstaunlicherweise einen direkten Zugriff zu den meist verborgenen Potenzialen.

Das Potenzial in jedem Lob nutzen, anstatt nur Danke zu sagen!

Eine zeitsparende Alternative für das Erforschen von Erfolgen der vielen kleinen Alltagsereignisse hat sich durch folgende einfache Praktik bewährt: Sollten Sie in Zukunft ein Lob oder eine Anerkennung bekommen, fragen Sie nach dem besonderen Wert, der im Dankeschön liegt! Eine Person aufzufordern, die gegebene Anerkennung genauer zu erklären, beschenkt tatsächlich beide Seiten. Der Absender wird sich des Wertes des Erlebten nochmals bewusst und zeigt dem Adressaten einmal mehr, wie wertvoll das war, was für ihn meist selbstverständlich ist.

Toolbar: Ein Dankeschön vertiefen

Schalten Sie einen inneren Sensor für jedes Lob ein. Verknüpfen Sie eine Anerkennung oder ein Dankeschön mit folgender Frage:

„Es freut mich, dass Ihnen das so gut gefallen hat. Was genau war so wertvoll und lobens- oder dankenswert? Welche Aspekte waren wesentlich?"

Auf diese Weise machen Sie viele der kleinen Alltagsereignisse zu einem stärkenden Ereignis und – fast wie nebenbei – werden schöne Erlebnisse auf einfache Art analysiert und die darin liegenden Stärken noch bewusster und verfügbarer gemacht. Damit wird es allen Beteiligten sozusagen „on the Job" möglich zu erkennen, welches besondere Potenzial in ihnen steckt.

Wertschätzende Rückmeldung

Nach einer Auftaktveranstaltung bekamen wir vom Auftraggeber eine E-Mail mit der Botschaft: „Super gelaufen, vielen Dank, das war ganz in meinem Sinne!" Anstatt uns wie üblich nur für das Lob zu bedanken, fragten wir genauer nach und erhielten folgende Antwort:

- „Es ist super, das wir nicht nur in der Theorie über etwas hören, sondern immer gleichzeitig selbst damit an Themen dran sind und damit direkt erleben, was wirkt.

- Damit lernen wir gleichzeitig die Methoden für unsere Tätigkeit.
- Ihr Lachen und Ihre Leichtigkeit schaffen eine gute Atmosphäre.
- Das gleichzeitige Reflektieren und Erklären, warum Sie etwas tun, z.B. sich persönlich zu zeigen, um den Vertrauensaufbau zu fördern, hilft uns, Ihnen nachzueifern.
- Ihre klare und einladende Art, die Teilnehmer zum Mitmachen aufzufordern, lockt uns aus der Reserve.
- Ihre eigene Überzeugung, wie begeistert Sie selbst an die Wirksamkeit Ihrer Methoden glauben, kommt rüber."

Toobar: Wichtige Ereignisse zu Erfolgsgeschichten machen

Sie können alles, sei es ein Meeting, ein Kundengespräch, ein herausfordernder Arbeitsvorgang oder ein Telefonat zu einer Erfolgsgeschichte machen, indem Sie diese als solche behandeln. Folgende Fragen können Sie für sich selbst beantworten oder in einem Team miteinander teilen:

- Was war gut und warum?
- Was haben wir gelernt?
- Wie könnte es weitergehen?

Hier bekommen die Erfolge den ersten Platz und die Pannen werden aus einem Blickwinkel des gemeinsamen daran Wachsens betrachtet. Dies zu tun übertrifft eine Fehleranalyse bei weitem und bringt oft Überraschendes zutage!

Kraftvolle Geschichten entstehen im Hören

Damit wir besondere Qualitäten erkennen und aussprechen können, braucht es noch etwas Wesentliches, das wir bisher nicht angesprochen haben und das beim traditionellen Geschichtenerzählen keine Bedeutung hat.

Während üblicherweise die gute Wirkung einer Geschichte von der Fähigkeit des Erzählenden abhängt, steht beim Nutzen im Unternehmenskontext die Art des Hörens im Mittelpunkt!

„Hören ist das Verloren-Gegangenste in unserem Kulturgut."

Claus Eurich[13]

Im vertieften Hören werden nicht nur die Storys beachtet, die von einem Könner lebendig und anziehend erzählt werden. Jeder ist hier gut genug, etwas Wesentliches mitzuteilen und einen wertvollen Beitrag zu leisten.

Das Staunen und Anerkennen von wertvollen Charakterzügen und bisher verborgenen Kompetenzen schafft ein tragfähiges Fundament im Selbstwertgefühl, insbesondere durch das öffentliche Aussprechen. Das Zurückspiegeln von persönlichen Motiven und Werten erzeugt ein neues Bewusstsein für sich selbst.

Genau das ist eines der wichtigsten Prinzipien für den gewünschten Durchbruch in Erfolg: Jeder benötigt die konkrete Rückmeldung seiner unmittelbaren

13 Claus Eurich, Professor für Kommunikation an der TU Dortmund, beschreibt so diese wesentliche Perspektivenerweiterung.

Umgebung. So ungewohnt uns solche wertschätzenden Worte scheinen und so schwer und ungelenk sie anfänglich über die Lippen kommen, so schön ist es auch, wenn wir durch die Regelmäßigkeit eines Feedbacks unserer Umgebung mehr und mehr erkennen, wer wir sind und wofür wir hier sind.

Eine ganz besondere Wirkung liegt darin, wenn wir uns regelmäßige Freiräume fürs Geschichten erzählen und auswerten nehmen. Solch ein Vorgehen mag Ihnen als hoher Zeitaufwand erscheinen, ist aber in Bezug auf die Wirksamkeit absolut gering. Beispielsweise wäre dieses Buch ohne eine solch eingehende Untersuchung niemals entstanden.

Toolbar: Frying Pan[14]

Eine Geschichte, die jemand in wenigen Minuten erzählt, wird von z. B. vier bis sechs Zuhörern in einer ruhigen Stunde oder in einem begrenzten Zeitfenster innerhalb einer Arbeitssitzung wohlwollend kommentiert. Es geht darum, möglichst umfassend all die Qualitäten herauszuarbeiten, die in einer solchen Geschichte stecken. Es können auch Ereignisse genutzt werden, die aktuell beschäftigen, unabhängig davon, ob die Themen schon gelöst sind oder nicht.

- Die Geschichte wirken lassen, z. B. durch einige Minuten Stille.
- Den Erzählenden ausreden lassen und kleine Sprechpausen zulassen.
- Mit der Aufmerksamkeit ganz beim anderen sein und auf seine Potenziale fokussieren.
- In Fehlern, Pannen oder scheinbarem Versagen den Lerneffekt oder das vielversprechende Trainingsfeld erkennen.

Die Geschichte wird wie folgt kommentiert:

- Die besonderen Kompetenzen und Fähigkeiten nennen.
- Die von den anderen Zuhörern geäußerten Inspirationen weiterspinnen.
- Einen Zusammenhang herstellen oder eine Prognose wagen, für welche besonderen Kompetenzen, Zuständigkeiten und Aufgaben der Erzähler vorbereitet sein könnte.

Folgende Fragen helfen dabei:

- Was genau sind die Erfolgsfaktoren, die das besondere Ereignis ermöglicht haben?
- Wer war daran beteiligt?
- Auf welche weiteren Qualitäten in unserem Unternehmen weist diese Geschichte hin?
- Für welche anderen Bereiche dienen uns die gemachten Erkenntnisse?

Das Besondere in dieser Übung: Wir fokussieren uns beim Finden der Erfolgsfaktoren auf eine Person. Die Absicht liegt darin, dem besonderen Potenzial des Einzelnen bzw. des Erzählers anhand seiner Geschichte noch mehr auf die Spur zu kommen bzw. diese weiter zu vertiefen. Im wertschätzenden Spiegeln durch eine ganze Gruppe werden die besonderen Fähigkeiten des Erzählers sichtbar. Die Qualität der Rückmeldungen ermöglicht eine Tiefe, in der wirklich Wertvolles, Neues und Einzigartiges auftauchen kann. Dies gelingt häufig so unmittelbar, dass es dem Betroffenen oftmals unheimlich vor seiner eigenen Größe wird. In einem unserer Erlebnisse sprach ein Teilnehmer davon, dass er

[14] Übersetzung aus dem Englischen: Bratpfanne

sich wie auf einer heißen Herdplatte fühle. Seitdem nennen wir dieses Vorgehen auch „Frying Pan". Die Wertschätzer-Story am Ende dieses Kapitels bietet hierfür ein anschauliches Beispiel.

Diese Art, wie die Beteiligten die erwähnte neue Qualität von Hören lernen, unterstützt uns dabei, auch aus scheinbar „schrägen" Geschichten besondere Qualitäten herauszufiltern. Gerade in einer Gruppe lässt sich das am einfachsten lernen. Ein versierter Moderator macht es möglich, dass die Zuhörer auch aus Misserfolgen einen hohen Wert und damit auch eine Art Erfolgsgeschichte erarbeiten. Anders ausgedrückt, fällt es uns durch die entstehende Dynamik leicht, unsere unmittelbar aus dem Roten oder Gelben Ampelmodus kommenden Bewertungen loszulassen und ein Ereignis aus einem neuen Blickwinkel zu betrachten. Wir lernen eine Sichtweise einzunehmen, die aufbaut und stärkt. Ist diese wesentliche Kompetenz als Erfahrungsraum für alle Mitarbeiter verfügbar, haben Klatsch und Tratsch nur noch wenig Aussicht auf hohe Beteiligungsquoten.

Von Mücken, Elefanten und Löwen – Ein Beispiel aus einer Gemeindeverwaltung

In einer unserer Trainingsgruppen bekam eine Führungskraft (ca. 30 Mitarbeiter) Zugang zu Klarheit und Vertrauensfähigkeit, obwohl ihre Geschichte eher von Missgeschicken als von Erfolgen gekrönt war. Unter größtem Druck konnte sie entspannt bleiben und kreativ werden, witzig sein und für außergewöhnliche Ergebnisse aller Beteiligten sorgen.

Der Alltag dieser Führungskraft sah jedoch ganz anders aus: Geprägt von Selbstzweifeln und organisatorischem Chaos verstrickte sie sich in verschiedensten Aufgaben und produzierte Fehler und Pannen. So hatte sie schon einige Arbeitsstellen verloren und das trotz größter fachlicher Fähigkeiten. Insbesondere in ihrer aktuellen Position musste sie auch noch regelmäßig vor einem 20-köpfigen Gremium Rechenschaft ablegen. Da versagte dann sogar noch die Stimme – der nächste Rauswurf schien vorprogrammiert.

Doch es kam ganz anders:

Die Gruppe, die der Geschichte dieser Führungskraft lauschte, gab ihr folgende Rückmeldung: „Du machst zwar aus jeder Mücke einen Elefanten und treibst damit manchen deiner Kollegen oder Chefs in den Wahnsinn, doch in der Gegenwart wirklich gefährlicher Löwen (Herausforderungen) bist du imstande, außergewöhnliche Qualitäten einzubringen." Diese wertschätzende Realitätsbeschreibung schlug ein wie eine Bombe. So hatte unsere Erzählerin das noch gar nicht gesehen!

Also startete sie die nächsten Wochen damit, für mehr Risiko und Gefahr an ihrem Arbeitsplatz zu sorgen, indem sie längst überfällige Dinge auf ihre eigene Art unter Berücksichtigung ihrer kreativen Ader anging. Und siehe da, anstatt wie befürchtet mit der Eigenständigkeit anzuecken und „So macht man das doch nicht" zu hören, bekam sie eine positive Rückmeldung nach der anderen. Ein halbes Jahr später konnte dann, nicht zuletzt wegen des endlich eingetroffenen Erfolgs im Beruf, auch am Traualtar das Ja-Wort zu einer schon seit 8 Jahren bestehenden Partnerschaft gesprochen werden.

So wirksam Geschichten im Unternehmenskontext sind und so sehr sie uns darin befähigen, Menschen in Ihren Qualitäten zu erkennen und ihnen diese Fähigkeiten zuzusprechen, so unüblich und ungewohnt ist der Raum, den es dafür benötigt.

Dieser sollte:

- vor Ablenkungen und Störungen geschützt sein,
- gut moderiert werden, optimalerweise von jemandem aus dem Team, der sich diese Kompetenzen gerne aneignet,
- regelmäßig, z. B. wöchentlich, 14tägig oder monatlich stattfinden.

Gestalten Sie Ihre sich wiederholenden Praktiken so, dass wirklich jeder im Laufe der Zeit immer mal wieder in den Mittelpunkt des Geschehens rückt. Wir benötigen diese Rückmeldungen unserer Umgebung, um uns unserer tieferen und wesentlicheren Qualitäten bewusst zu werden und um über einen längeren Zeitraum unsere eigene Persönlichkeitsentwicklung zu bemerken. Keiner ist dabei eine Ausnahme. Eine hochkompetente und beruflich erfolgreiche Kursteilnehmerin drückte das in einem Feedback folgendermaßen aus: „Jetzt habe ich von drei unterschiedlichen Stellen die gleiche Botschaft über mich und meine positiven Fähigkeiten bekommen. Ich fange jetzt an, euch mehr zu glauben als mir selbst."

3.1.5 Potenziale und Größe im Gegenüber zu erkennen und anzusprechen, lässt Menschen aufblühen

Wie schon ausgeführt, bietet uns unser biologisches System kaum Kompetenz darin, uns mit unseren besonderen Qualitäten zu erkennen. Dazu brauchen wir unsere Mitmenschen. Im Spiegel der gesprochenen Worte entdecken wir uns selbst. Dazu sind nicht immer besondere Umgebungen oder Gruppenformate notwendig. Die einfachste Variante bietet sich in jedem Gespräch zwischen zwei Menschen an, denn auch hier gilt:

Wenn wir unsere Wertschätzung nicht aussprechen, lebt sie nicht, obwohl sie da ist!

Folgende Geschichte öffnet uns die Augen für ein ganz normales alltägliches Phänomen:

Drei Minuten, die alles verändern!

In einem Unternehmen machten wir eine Übung: Je zwei Mitarbeiter saßen einander gegenüber und schauten sich erst eine Minute lang schweigend in die Augen. Danach begannen sie in jeweils einer Minute, erst der eine, dann der andere, sich all das an Positivem, Wertschätzendem zu sagen, was ihnen beim Anschauen des Kollegen in den Sinn kam. Der jeweils andere hörte nur zu. Als die Teilnehmenden sich anschließend in der Gruppe mitteilten, sprach jemand unter heftigem Nicken seines Übungspartners: „Ich bin wirklich geschockt! So eine kleine Übung von nur drei Minuten, und ich spüre so eine starke Verbundenheit und Wertschätzung! Dabei schätze ich meinen Kollegen schon seit 20 Jahren und habe ihm das bis heute noch nie gesagt. Was für eine Zeitverschwendung! Das ist mir eine Lehre auch in Bezug auf unsere Auszubildenden. Wie müssen die sich fühlen, wenn sie von mir meist nur kritisiert und bewertet werden."

Anstatt sich jetzt selbst eine extra Aufgabe zu geben, installieren Sie doch eine einfache Praktik in Ihre regelmäßigen Besprechungen oder Absprachen. So könnten Sie einführen, dass vor einer Besprechung jeder Teilnehmer einen anderen Beteiligten für etwas anerkennt. Wie das Zähneputzen wird etwas fest in einem Prozess verankert und sorgt so wie von allein dafür, dass es immer häufiger und selbstverständlicher umgesetzt wird. In unserer Toolbar am Ende des Buches finden Sie dazu verschiedene Formate, die wir entworfen oder weiterentwickelt haben, darunter auch Vorgehensweisen, die wenig Zeitaufwand benötigen.

Wenn Sie möchten, können Sie diese Praktiken auch in Meetings oder Workshops oder wann immer sich die Gelegenheit ergibt, anwenden, indem Sie zu Beginn oder Abschluss eine der folgenden Fragen stellen:

„Wen möchten sie wertschätzen oder/und wofür?" Oder: „Was ist in der letzten Woche gut gelungen?" Letztere Frage verkleidet die gegenseitige Anerkennung in ein Ereignis. Dies macht es einfacher, Lob und Wertschätzung mit dem Alltag zu verbinden.

Was ist besonders gut gelaufen?

Ein Schreinermeister integrierte diese Frage konsequent in die monatlichen Betriebsbesprechungen mit seinen zehn Mitarbeitern. Die ersten Male herrschte meist betretenes Schweigen. Über den weiteren Verlauf erzählte er uns:

„Es hat einige Monate gedauert, bis die Mitarbeiter anfingen, sich auf diese Frage zu freuen, und sich schon vorher Gedanken darüber zu machen, welche gute Geschichte sie vor den Ohren aller erzählen wollten." In seiner Mitteilung wurde sein Stolz an diesem Experiment spürbar, weil er einfach drangeblieben war und damit Erfolg gehabt hatte.

Sollten Sie zunächst für sich selbst experimentieren wollen und sich im Ausdruck authentischer Wertschätzung noch sehr ungeübt fühlen, können Sie mit einer ungefährlichen Übung beginnen. Wenn Sie in einem Geschäft, in Bus oder Bahn sind und sich mutig fühlen, suchen Sie sich einen fremden Menschen aus und sagen ihm etwas Positives. Wenn wir entspannt sind, kommen uns Sätze wie: „Haben Sie aber einen schönen blauen Schal an!" oder beim Bäcker: „Hier duftet es ja ganz wunderbar", einfach und leicht über die Lippen. Wenn Sie sich sicher genug fühlen, dann können Sie noch hinzufügen, was Sie an der Person selbst schätzen und was es bei Ihnen bewirkt wie: „Immer wenn ich zur Tür herein komme, begrüßen Sie mich so freundlich und mit Namen. Da gehe ich gleich fröhlicher in den Tag." Jetzt mögen Sie dies auch in Ihrem Team, Unternehmen, Ihren Beziehungen… fortführen und den Ihnen vertrauten Menschen ein persönlich wertschätzendes Wort im beschriebenen Sinne sagen. Vielleicht gibt es ja die eine oder andere Überraschung und Sie bekommen ein Kompliment oder eine freudige Erwiderung zurück!

Zum Geburtstag oder zu sonst einer Feierlichkeit ist folgendes Vorgehen mit Abstand immer das größte Geschenk eines Tages:

Toolbar: Qualitäten einer Person finden

Eine Gruppe setzt eine Person aus ihrer Reihe, z. B. den Jubilar, sozusagen in die Mitte und vervollständigt zwei Sätze:

Was ich an Dir/Ihnen wertschätze, ist ...

Wofür ich Dir/Ihnen dankbar bin, ist ...

Beteiligte beschreiben es als einen der ganz besonderen Lebensmomente, wenn sie dies zum ersten Mal erleben.

3.1.6 Das Entfalten der eigenen Persönlichkeit findet seinen Platz und dient allem

„Unternehmen sind Spielplätze für Erwachsene."
Klaus Kobjoll

Das Erfolgsrezept liegt nach Klaus Kobjoll, dem Geschäftsführer des Schindlerhofs in Nürnberg, nicht darin, möglichst alles gleich wie andere oder wie erwartet zu machen, egal wie gut es auch sein mag. Individualität überzeugt Kunden und Lieferanten und macht obendrein auch dem Team noch viel mehr Spaß. Die Aufmerksamkeit, die er seit vielen Jahren in seiner hart umkämpften Hotelbranche hat, gibt Herrn Kobjoll Recht. Die Entfaltung der ganz eigenen Persönlichkeiten zu fördern und seinem Personal zu vertrauen, erzeugt Anziehung[15].

Das Besondere eines Spielplatzes ist seine Attraktivität durch einladende Möglichkeiten. Er zieht wie magisch die Kinder in seinen Bann und inspiriert zum freien Spiel, bei dem jedes Kind seinen vollen Selbstausdruck lebt. Natürlich macht es dabei einen Unterschied, ob dort nur ein Sandkasten, eine Schaukel und eine Wippe vorhanden sind oder ob es sich um einen Abenteuerspielplatz oder gar ein Hüttenbaugelände handelt, auf dem jedes Kind mit vorhandenem Material kreativ werden darf.

Stellen Sie sich vor, Ihr Unternehmen hat genau diese anziehende Attraktivität und Ihre Leute fangen an, sich selbst und die eigenen Qualitäten mehr und mehr einzubringen. Wer gibt jetzt wem die Erlaubnis, das zu tun? Was, wenn plötzlich Gegenwind auftaucht, weil die neuen Aktionen noch nicht wirklich abgestimmt sind?

Einfach Potenziale zu aktivieren, ohne sich über mögliche Folgen Gedanken zu machen, könnte neue Probleme bringen. Aktuelle Unternehmensstrukturen sind für dynamische Veränderungen meist nicht ausgelegt. Wo käme denn eine Firma hin, wenn jetzt jeder einfach sein eigenes Spielhäuschen zimmern

---

[15] Kobjolls Schindlerhof wurde seit 1984 bereits 9 Mal als bestes Seminarhotel ausgezeichnet, sein Buch Motivaction hat viele begeistert. Aus „Deutsche Politik News, http://www.deutsche-politik-news.de/modules.php?name=News&file=article&sid=133614, abgerufen am 01.11.2016.

und damit noch mehr seine eigenen Stärken und das, was ihm Freude macht, einbringen würde?

- Wer macht denn dann die unbeliebte Arbeit, die übrigbleibt?
- Wer behält den Überblick über das Ganze?
- Wer kann einen Haufen hochmotivierter Menschen so managen, dass Inspiration und innere Motivation nicht im nächsten Frust enden, weil erneut Streit und Unzufriedenheit entstehen?
- Können wir dann noch die Ziele erreichen?

Mit diesen Fragen wird deutlich, warum Führungskräfte trotz vielleicht besseren Wissens die obigen Prinzipien sehr vorsichtig und zaghaft angehen.

Wir haben bisher nur wenige Vorbilder für ein lebendiges wertschätzendes Unternehmen. Fragen wie:

- Welche Strukturen und Rahmenbedingungen werden benötigt?
- Wer ist befähigt, dies zu begleiten und zu halten?
- Wer garantiert, dass die möglichen 90 Prozent des nicht genutzten Wärmepotenzials der o. g. Glühbirne tatsächlich in die „Leuchtkraft der Mitarbeiter" und damit in die Wirksamkeit und das Betriebsergebnis eines Unternehmens fließen?

sollten nicht unbeantwortet bleiben.

Vielleicht ist es in Ihrem Kontext einfach und leicht, dass Ihre Organisation sich durch das verstärkte Einbringen von Ideen und Potenzialen gut weiterentwickelt? Vielleicht zerrt es aber auch an Gewohnheiten, Sicherheiten und schürt Ängste?

Ein Sprung in der Organisationsentwicklung von Wir-Gelb zu Grün braucht fest im Ich-Grün verankerte Führungspersonen.

Sollten Sie als Leser eine solche Führungskraft sein, dann ist unsere erste Frage, ob Sie sich schon geübt und stabil genug in einer Grünen Ich-Wertschätzer Welt erleben, um dieses Abenteuer mit Ihren Leuten anzugehen? Denn, dies braucht alle Ihre Fähigkeit. Vielleicht werden Sie:

- neue Teammodelle erforschen, in denen es eine klar definierte gemeinsame Ausrichtung und eine Absicht gibt, hinter der alle stehen und die so viel mehr Eigeninitiative und gegenseitiges Vertrauen ermöglicht;
- die übliche Denkweise einer Stellenbeschreibung loslassen und mehr in kleineren „Häppchen" denken, die flexibler verschiedenen Menschen übertragen und auch weitergegeben werden können;
- einen neuen Umgang mit Konflikten pflegen und Ihr Team befähigen, das darin liegende Potenzial zu nutzen und Probleme als Wachstumsschritt willkommen zu heißen;
- eine neue Dimension von persönlicher und unternehmerischer Reflexion einführen, welche das Miteinander der Mitarbeiter auf ein neues Niveau heben wird;
- …

Seien Sie geduldig und freundlich mit sich und Ihrem Umfeld und brechen Sie nichts übers Knie. Nehmen Sie sich kleine Schritte vor und bleiben Sie dran[16]. Wertschätzung ist eine konstante Übung, kein zu erreichendes Ziel. Es richtig oder perfekt machen zu wollen, schadet.[17]

Hier ein Praxisbeispiel, in dem ein Vorreiter Erfolgsgeschichten in seinem Unternehmen einsetzt und damit dazu beigetragen hat, dass jeder an dem für ihn möglichst optimalen Platz tätig sein kann. Wir gratulieren Herrn von Leoprechting, denn neben den messbaren Erfolgen gibt es eine Menge positiver Nebenwirkungen wie Vertrauen, Zuversicht, Selbstsicherheit und vieles mehr, die durch die eingeführten Praktiken entstehen. Diese Geschichte soll Sie ermutigen, ihr eigenes passendes Experimentierfeld zu finden, um erste Schritte in die gewünschte Richtung zu gehen – es lohnt sich!

Wertschätzende Kraftgeschichten sparen Geld und schonen Nerven

Rainer von Leoprechting, über Jahrzehnte in einer öffentlichen europäischen Institution tätige Führungskraft, hat dieses Erfolgsprinzip mit großer Konsequenz und wegweisendem Erfolg auf verschiedenen Ebenen mit seinem 2012 gegründeten Unternehmen „pro action learning" umgesetzt. Dort nutzt er Geschichten zur Selbstauswahl für die erfolgreiche Vermittlung von Bewerbern und Stellen in Unternehmen.

Er hatte über viele Jahre erlebt, dass wiederholt hohe Zeit- und Geldressourcen vergeblich aufgewendet worden waren, um geeignete neue Mitarbeiter für verschiedene Abteilungen und Aufgabenfelder zu finden. Immer wieder musste nach langwierigen Einstellungsgesprächen und in oder gar nach Ablauf der Probezeit festgestellt werden, dass der eingestellte Mitarbeiter in Arbeitsweise, Einstellung und Kompetenz doch nicht zum Team passte. Die Folge war, dass der Engpass und der unbewältigte Arbeitsanfall nach der bitteren Erkenntnis nun noch größer waren als zu Beginn der Ausschreibung der offenen Stelle.

Woran scheitern Einstellungsverfahren und Bewerbungsgespräche? Was ist sowohl für den Bewerber als auch für den einstellenden Betrieb die unwägbare Gefahr? Es ist die Unsicherheit, ob die „Hochglanz-Eigendarstellung" der beiden im Vorstellungsgespräch echt ist bzw. in einem gängigen „Gelbe Ampel"-Kontext stattgefunden hat. Hier müssen sich sowohl Betrieb als auch Bewerber möglichst attraktiv und fehlerlos darstellen. Beide müssen davon ausgehen, dass nicht wirklich „alles Gold ist, was glänzt". Die Ernüchterung nach Abblättern dieses „Hochglanzlacks", das Erleben der Arbeitsrealität und die Nichtberücksichtigung der tatsächlichen Eigenheiten und Potenziale beider Seiten hatten zu der gegenseitigen Fehleinschätzung geführt. Der wirtschaftliche Schaden ging in

---

16 Vor Jahren erzählte ein Seminarteilnehmer folgende Begebenheit: Er war mit seiner Frau auf einem Spaziergang. Da lag eine Bierdose auf dem Gehweg. In Gedanken ging er weiter, unterhielt sich mit seiner Frau und kickte immer wieder die Dose vor sich her. Irgendwann stellt er fest, dass er dies schon seit mehr als einem Kilometer getan hatte, ohne Anstrengung und ohne sich dessen bewusst zu sein. So leicht war es gegangen. Seitdem lautet sein sehr unterstützender Spruch für kleine Schritte und Dranbleiben: „Kick the can!".

17 Der Selfmade-Milliardär T. Harv Eker, Autor zahlreicher Büchern (z. B. „The Millionaire Mind") und Schöpfer transformativer Seminare erinnert immer wieder daran: „Don't forget: Every master was once a desaster!" (Jeder Meister war einmal eine Katastrophe!)

jedem Einzelfall in die Zehntausende von Euros! Frustation und unproduktiver Zeiteinsatz waren auch auf Seiten der Bewerber groß.

Herr von Leoprechting handelte. Er entwarf für seine Kunden standardmäßig durchzuführende wertschätzende Befragungen der im jeweiligen Unternehmen vorhandenen Arbeitsteams und Abteilungen. Diese sind für jeden potenziellen Bewerber einsichtig und differenziert auf der Internetseite des Unternehmens als Kurzportraits und kleine Geschichten aus dem Alltag zu lesen. Diese Geschichten anstelle von Stellenbeschreibungen geben die Realität der tatsächlichen Anforderungen wieder, geben einen guten Vorgeschmack auf das Teamklima, die Stärken und die speziellen No-Gos in diesem Bereich. Die Erfahrungsberichte voriger Stelleninhaber sind eingeflossen.

Das erlaubt Bewerbern eine realistischere Einschätzung des zu erwartenden Arbeitsalltags und einen aussagekräftigen Abgleich des persönlichen Leistungs- und Werteprofils. Mit einer Selbstauswahl aus diesen verschiedenen Geschichten können externe Bewerber und Menschen, die sich im Unternehmen verändern wollen, die für sie am besten passenden freien Stellen finden.

Der zweite wertschätzende Joker ist, dass die Bewerbungs- und Einstellungsgespräche kunstvoll in genau demselben Stil geführt werden. So kann der Bewerber als ganze Persönlichkeit gefragt, wahrgenommen und eingeschätzt werden. Besonderes Augenmerk liegt auf dem Initiativ- und persönlichen Inspirationsprofil des Bewerbers, in dem er gebeten wird, wesentliche Episoden und wichtige Erfolgsgeschichten aus dem vorherigen Job zu erzählen und sowohl über seine Entwicklungs- und Lernwünsche, als auch über seine beruflichen Zukunftsvorstellungen und Perspektiven zu sprechen. Ebenso ermutigt man ihn, auf wertschätzende Weise über vermeintliche Schwächen zu berichten. Dies geschieht mit Fragen wie „Was ist für Sie nachhaltig interessant? In welchen Bereichen möchten Sie persönlich weiterkommen, weiterlernen und Ihre Einzigartigkeit noch mehr entfalten?"

Das Resultat ist eine außerordentlich hohe Trefferquote bei den Neueinstellungen, viel weniger Fehlinvestitionen und Vertragsabbrüche, und darüber hinaus eine unschätzbar fundierte Mitarbeiterbindung und wachsende Zufriedenheit aller Beteiligten.

Appreciative Inquiry und die Erfolgsprinzipien von Wertschätzung

Es gibt eine einzigartige Methode namens Appreciative Inquiry, (kurz: AI) die ein ganzes System wertschätzend fundierter Erfolgs-Entfaltung im Unternehmenskontext zur Verfügung stellt. Unvergleichlich und tiefenwirksam wie keine andere uns bekannte Methode ist sie dafür geeignet, schnell und gründlich in ganzen Teams die Arbeitsatmosphäre von Rot oder Gelb nach Grün zu verändern.

Appreciative Inquiry, dessen Kern- und Herzstück das Erzählen von kraftgebenden, berührenden (Erfolgs-)Geschichten beinhaltet, ist gleichermaßen eine Methode und eine Haltung und begegnet den Menschen nicht mit einer auf sie angewandten Theorie oder einem Konzept, sondern dort, wo sie gerade sind, mit all ihren alltäglichen Herausforderungen und Befindlichkeiten. Der AI-Prozess bereitet gezielt einen wohlwollenden Raum, in den sich die Beteiligten hinein entspannen, dabei ihre Potenziale erkennen und diese für eine attraktive Veränderung im Arbeitsleben einsetzen.

Appreciative Inquiry ist so herausragend und vielschichtig einsetzbar, dass wir sie als eine unserer Kernmethoden für Training, Unternehmensentwicklung und Erfolg ausführlicher beschrieben haben (siehe Kapitel 5.2). Sie finden in allen sieben Durchbrüchen Aspekte davon. Konkret kann sie in einem zwei- bis dreitägigen Workshop in jedem Team oder Unternehmen zu jeder konkreten Fragestellung eingesetzt werden. Besonders bewährt hat sich auch das Vorgehen, Führungskräfte und Schlüsselpersonen in der Anwendung dieser Methode zu trainieren, so dass diese die verschiedensten Aspekte im Alltag sinnvoll einbringen können.

Appreciative Inquiry, auf Deutsch „Wertschätzende Erkundung", ist ein ganz heißer Tipp für alle, die in ihrem Unternehmen oder Team nicht nur eine kurze Begeisterungswelle, sondern eine nachhaltige „Grüne Welle" in der Zusammenarbeit verursachen wollen. Warum?

AI basiert auf wertschätzenden Prinzipien, die, klug angewandt, in Unternehmen, Organisationen und Gemeinschaften eine Qualitätsveränderung von „anstrengend" nach „entspannt", von „Gegeneinander" nach „Füreinander", von „Erfolg erkämpfen" nach „Erfolg sein" verursachen. Die in Appreciative Inquiry bewusst angewandten Wirkfaktoren von Wertschätzung sind daher auch wesentlicher Bestandteil zahlreicher in diesem Buch beschriebener Impulse und Praktiken. Sie werden in den sieben Durchbrüchen vorgestellt und sind für Erfolg unersetzlich und unabdingbar, weil ohne sie keine Grüne Qualität zu erzielen ist.

Erfolg und Wertschöpfung durch praktizierte Wertschätzung ist trotzdem kein „Hexenwerk", denn wir Menschen tragen alle einen unwiderstehlichen „Sog" in diese Richtung in uns. Folgende Charakteristika sind erfolgsträchtige Indizien dafür, dass Sie mit Wertschätzung nach den eben zitierte Grundprinzipien durchstarten können und damit Grüne Qualität und Wertschöpfung geradezu anziehen werden:

- die Bereitschaft, das Augenscheinliche und bereits Gedachte in Frage zu stellen – zugunsten einer Öffnung für ganz neue und viel weitere Perspektiven als gewöhnlich;
- eine Sehnsucht zu hegen nach wesentlicher Begegnung und inspirierter gegenseitiger Bereicherung auch im Arbeitsleben – weit über Austausch von Sachinformationen und Smalltalk hinausgehend;
- zuversichtlich und interessiert daran zu sein, dass das (Arbeits-)Leben Überraschungen birgt und eigentlich noch mehr bereithalten müsste als das allein durch harte Arbeit, Optimierung, Vernunft, Manipulation, Abenteuerlust oder Unverfrorenheit Erreichbare: etwas, wofür es sich wirklich lohnt, zu leben und zu arbeiten;
- Interesse und Hochachtung für die Selbstführung und Schönheit der Anderen zu haben;
- bereit zu sein, das Leben und sich selbst zu lieben.

Wenn Sie sich in einem dieser Punkte wiedererkennen, können Sie sich gratulieren, denn Sie sind eindeutig infiziert mit Wertschätzung und daher sensibilisiert für einen Durchbruch in Erfolg!

Der Team-Klausurtag kam:

Moni war aufgeregt, als sie die Klausurtagung eröffnete. Sie hatte sich vom Chef die Erlaubnis geholt, ein Treffen anderer Art vorzubereiten. Anstatt auf Fehler und Schwächen zu fokussieren, hatte sie sich die Aufgabe gestellt, die individuellen Stärken sichtbar und nutzbar zu machen – am liebsten praktisch und mit Spaß. Dazu bat sie den Wertschätzer in die Mitte: „Bevor wir richtig loslegen, wollen wir gerne Ihre Fortschritte in Balance sehen!" Sie war vor dem Überreichen des Einrads eine der Testpersonen gewesen, die selbst täglich zehn Minuten geübt hatte und vollführte mit ihrem Einrad eine kleine Fahrt quer durch den Raum.

Unser Wertschätzer lächelte schwach – jetzt konnte er sich nicht mehr herrausreden. „Ich bitte um ein klein wenig Unterstützung", sagte er hilfesuchend zu Heiner und Freddy. Bei seinem Versuch, sich auf das Einrad zu setzen, mussten die beiden dann doch kräftig zupacken und die etwas holprige Fahrt war mehr ein Tragen als ein Einradfahren.

Dennoch klatschten alle, als er den Testlauf zu Ende gebracht hatte. „Ich hatte keine Zeit", entschuldigte er sich, „ich hab's nur die ersten Tage geschafft dran zu bleiben, dann war ich so sehr abgelenkt – natürlich von euch und den vielen neuen Themen, die sich in der letzten Zeit auftun", fügte er hinzu.

„Sie hatten uns versprochen, die Herausforderung anzunehmen", sprach Moni, „wollen Sie das zurücknehmen oder bleiben Sie dabei?"

„Ihr meint es wirklich ernst! Ich hatte gehofft, ich könnte mich drücken", schmunzelte er, „aber da ist wohl nichts drin – ich werde das Training wiederaufnehmen!"

Moni war entzückt, insgeheim hatte sie gehofft, dass es so ablaufen würde, eine tolle Gelegenheit, die neue Methode einer stärkenorientierten Sichtweise gerade anhand eines Beispiels zu üben, das auf den ersten Blick alles andere als eine Erfolgsgeschichte war. Sie schmunzelte: „Was wir hier gerade mit unserem Chef erlebt haben, ist eine gute Vorlage für die Übung, die ich mit Euch vorhabe. Heute geht es um uns und unsere verborgenen Potenziale, und zwar weniger aus der eigenen Perspektive, sondern eher aus unser aller Sicht. Die Regel ist: Es darf alles gesagt werden, was an Eindrücken und Erlebnissen auftaucht, die einzige Vorgabe ist, dass es positiv, aufbauend, wertschätzend und in einer Haltung der Achtung oder Dankbarkeit ausgedrückt wird.

Wir beginnen mit unserem Wertschätzer: Die Sache mit dem Einrad – was könnt ihr dazu unserem Chef an wertschätzenden Rückmeldungen geben?"

Sie war gespannt, stellte sich ans Flipchart und schrieb emsig folgende Äußerungen mit:

- Kann um Hilfe bitten und lässt sich unter die Arme greifen
- Kann sich mit seiner Schwäche zeigen, das erzeugt Vertrauen und Nähe
- Damit entlastet er uns als seine Mitarbeiter auch aus dem Druck, sofort perfekt sein zu müssen.
- Steht zu seinem Wort, auch wenn er es erstmal nicht eingehalten hat
- Ist offen für etwas Ungewöhnliches, das zeigt die Flexibilität, sich auf Neues einzulassen
- An all dem erkennt man, dass er wirklich an einem echten Team interessiert ist. Mit der erneuten Zusage lässt er sich voll auf uns und unser Anliegen ein.
- Ja, er hat in solchen Prozessen, woher auch immer, eine Klarheit und riecht den nächsten wichtigen Schritt.
- Wenn er mal eine Spur erkannt hat, lässt er nicht mehr los und folgt dieser. Das bringt meist ungewöhnlich gewinnbringende Einsichten und Vorgehensweisen.

Die Rückmeldungen verselbständigten sich und brachten ganz neue Aspekte. Die Augen unseres Wertschätzers wurden größer und größer: „Stopp!", sagte er, „jetzt ist es aber genug, sonst verleitet ihr mich ja noch dazu, noch weniger von dem einzuhalten, was ich euch versprochen habe."

Moni strahlte: „Ja genau, das wird ein harter Tag für uns heute. Nicht umsonst wird diese ‚heiße' Übung „Frying Pan" genannt. Wir sind es nicht gewohnt, so angeschaut zu werden."

So arbeiteten sie tatsächlich mehrere Stunden, mal mit Tränen der Rührung, dann wieder mit viel Gelächter, weil die Anwesenden immer kreativer dabei wurden, selbst Kritikpunkte auf originelle, dabei ermutigende und wertschätzende Weise auszudrücken. Am Ende hatten sie eine beachtliche Liste zusammengetragen mit ganz konkreten, für alle überraschende Qualitäten für jeden der Anwesenden. Neben Betroffenheit, Berührung und einem neu spürbaren Gefühl von tiefer Verbundenheit waren sie dabei immer wieder in eine Hochstimmung gekommen, die an einen leichten Champagnerrausch erinnerte. Moni sah blitzende Augen, verständnisvolles Zwinkern, und einige Kollegen sahen ganz verändert aus, weil sie plötzlich viel aufrechter und selbstbewusster dastanden. Welch wundervolle Persönlichkeiten doch in ihrem Team waren!

3.2 Durchbruch in Stille – wertschätzende Reflexion entspannt und öffnet Perspektiven

Unternehmen sind Orte, wo gezieltes Innehalten allgemein geschätzt wird, um aus einer entspannten Atmosphäre heraus einen guten nächsten Schritt zu finden. Geeignete Orte und kompetente Menschen stehen zur Verfügung, um anstehende Themen oder Anliegen zeitnah weiter zu entwickelt. So entfaltet sich ein stimmiger Arbeitsrhythmus und Flow.

Nützliche Perspektiven	• Innehalten ist gut, vor allem wenn's anstrengend oder schwer wird. • Unvertrautes ist willkommen. • Die Wahrheit beginnt zu dritt. • Es ist schon alles da. Ich kann daraus schöpfen. • Das Wesentliche geschieht im Dazwischen.
Empfohlene Tools	• Stille mit mir selbst • Stille durch ein gutes Gespräch • Stille durch Miteinander • Das innere Team • Focusing – Der Körper kennt die Antwort • Im Kreis sprechen • Vertrauen herstellen • Beziehungen vertiefen
Beispiel-unternehmen	Norbert Haas, bsk Nürnberg Einrichtungshaus, ca. 30 Mitarbeiter Dr. Reto Diezi, ehemals Baloise Group, Hauptsitz in Basel, ca. 8.000 Mitarbeiter

Was ist mit Knut passiert?

In der freitäglichen Wochenbesprechung ist es hoch hergegangen und viele wichtige Themen wurden mit Leidenschaft angegangen. Bevor alle wieder, wie üblich, davon stürmten, rief Knut: „Lasst uns doch bitte eine Abschlussrunde machen und die Ernte vom Meeting einfahren." Erstaunt sahen ihn die anderen an: „Wie meinst du das?" „Ganz einfach", sagte Knut: „Wir machen eine Runde, in der jeder ungestört und ohne Diskussionen einfach die beiden Fragen beantwortet: Was war heute für mich besonders wertvoll? Wen möchte ich für etwas anerkennen?"

Nach einer kurzen Pause ergriff unser Wertschätzer das Wort und platzte heraus: „Knut, ich muss dich mal was fragen. Was ist passiert? Seit ein paar Wochen lerne ich dich völlig neu kennen. Du hattest erst so eine zurückhaltende, abwartende Art, um dann plötzlich impulsiv und fordernd zu werden mit irgendwas, was dir gerade wichtig schien. Das hat sich völlig gelegt. Stattdessen erlebe ich dich überlegt und engagiert, du ergreifst frühzeitig das, was dir ein Anliegen ist, z. B. jetzt gerade den Abschluss unserer Sitzung. Ich bin beeindruckt! Nochmal die Frage: Was ist passiert?"

Alle schauten auf Knut und dieser antwortete lächelnd: „Danke, Chef, für die Anerkennung, ich sage gerne nach der Runde was dazu."

In den weiteren Äußerungen kamen mehr und mehr positive Rückmeldungen an Knut zusammen und so fand er sich am Ende im Kreise seiner Kollegen wieder, die Blicke mit Spannung auf sich gerichtet.

Er räusperte sich und man merkte, dass ihm das Sprechen nicht so leicht fiel. „Mit dieser Aufmerksamkeit hab ich nicht gerechnet. Äh, ich habe seit einiger Zeit einen persönlichen Coach. Schön, dass man das merkt und mehr möchte ich jetzt nicht darüber sagen."

Können Sie sich vorstellen, dass Arbeit nicht mehr viel mit der üblichen Vorstellung von „Arbeiten und einen Job erledigen müssen" zu tun haben könnte? Was würden Sie davon halten, wenn die Arbeit nicht als Arbeit empfunden würde, sondern einfach die Qualität eines guten Lebens hätte? Dies würde voraussetzen, dass Angestellte und Arbeiter aus der eigenen Verantwortung heraus handeln können. Keiner würde in einer Pause auf die Uhr schauen oder zum Weiterarbeiten mahnen und niemand hätte ein schlechtes Gefühl, wenn der Chef käme und man gerade nicht in voller Aktion wäre, weil jeder wüsste, dass mit vollem Einsatz und verantwortungsbewusst gearbeitet wird. Idealerweise wären gegenseitige Reflexion und Zeiten des Innehaltens bzw. Nachsinnens leicht möglich und genauso selbstverständlich Teil des Arbeitsalltags wie Aktion und Handlung.

3.2.1 Wertschätzende Reflexion entspannt und eröffnet Perspektiven

Was waren Ihre Assoziationen, als Sie zum ersten Mal den Begriff „Durchbruch in Stille" gelesen haben? Vielleicht haben Sie an Krach oder Geschrei Ihrer Kinder gedacht, gerade wenn Sie sich abends zu Hause bei einem Glas Wein entspannen oder am Wochenende mal eine Stunde ungestört sein wollen. Oder Sie erinnerten sich an das angenehme Gefühl, wenn der Lärm eines Presslufthammers oder eines unangenehmen Musikstücks aufhört.

Gleichwohl ist Ihnen vermutlich schnell klargeworden, dass es hier um etwas anderes gehen muss. Im Fokus steht die Frage, wie wir unsere persönliche Gedankenflut, unsere innere Betriebsamkeit zur Ruhe bringen. Anders als bei Baustellen oder Musikgeräuschen können wir diesen nicht einfach durch das Verlassen eines Ortes aus dem Wege gehen. Also passiert es uns, dass wir ein und dieselbe Arbeit einmal bei „innerem Lärm", unter innerem Druck oder Anspannung durchführen, in einem anderen Fall aber aus der Ruhe mit voller Souveränität, Gelassenheit und Zufriedenheit aktiv sind.

Im ersten Fall sind Sie in der allgemein verbreiteten Gelben Art unterwegs, in der etwas noch nicht passt, im zweiten auf einer Grünen Welle, in der Dynamik bei gleichzeitiger Klarheit und Entspannung Vorfahrt hat. Die Veränderung zwischen der Gelben und Grünen Realität findet immer in uns selbst statt, niemals im Außen! Wesentliche Begleiterscheinungen dieses Übergangs sind Reflexion und Entspannung. Obwohl das Arbeiten in einer inneren Ruhe von vielen als angenehmer erlebt wird, ist der Umschalter selten zu finden. Wenn Sie einmal genau beobachten, wie dieser Wandel passiert, dann bemerken Sie diese Qualitätsänderung wie einen Shift, der vereinzelt über den Tag verteilt mehrmals geschehen kann. Tatsächlich erscheint dieses Wechseln nur als schmaler Grat, eine Grenze, fast wie ein Schalter: entweder – oder.

„Unsere größten Erlebnisse sind nicht unsere lautesten, sondern unsere stillsten Stunden."

Jean Paul

In diesem Kapitel wollen wir ergründen, wie wir dieses Grüne Licht sozusagen möglichst einfach anknipsen können. Wie kommen wir zu dieser inneren Präsenz, die wir in unserem ganzen Körper wahrnehmen, wenn der Lärm unserer „galoppierenden" Gedanken zur Ruhe kommt?

Der erste Schritt ist immer, die Anspannung oder innere Getriebenheit zu bemerken und dabei die Gedanken zu verlangsamen, sie genauer zu betrachten, den Kernpunkt zu identifizieren, um von dort aus einen neuen, wertschätzenden Blickwinkel einzunehmen. Dies ist einfacher gesagt als getan, denn selbst wenn wir ausreichende Achtsamkeit für unseren inneren Stress haben, sind wir zunächst mit dem Krach im Kopf konfrontiert. Dieser wird nämlich erst einmal lauter, wenn wir hinhören. Die Entscheidung, sich lieber wieder den wichtigen Aufgaben zu widmen und dabei in Aktion zu flüchten, ist verständlich. Denn mit dem inneren Stress, da kennen wir uns aus! Schließlich begleitet er uns schon nahezu ein Leben lang und treibt uns noch dazu an, auch ungeliebte Aufgaben zügig zu erledigen.

Von der Logik in Gelb aus betrachtet könnte die Grüne Ausrichtung somit sogar unattraktiv wirken, und es benötigt deshalb immer wieder eine Grüne Erfahrung, die zum Glück unvermeidbar in jedem Leben auftaucht. Diese lässt uns erinnern, wie anders das Leben sein könnte und motiviert gleichzeitig, uns auf die Suche zu begeben.

Im Folgenden wollen wir hilfreiche Wege aufzeigen, die uns dabei unterstützen, aus dieser inneren Zwickmühle auszusteigen. Wenn dies gelingt, dann

– plötzlich – passiert etwas; es wird still im Kopf, die Brust weitet sich oder das mulmige Gefühl im Bauch ist weg.

Jeder von uns kennt die guten Zeiten oder Tagesabschnitte, in denen wir diese hohe Lebensqualität spüren: Unser Kopf ist frei und wir handeln kraftvoll aus der eigenen Mitte heraus. Alles scheint plötzlich einfach und leicht.

Der Schlüssel liegt viel weniger in der Veränderung im Außen, wie es uns unsere Gelbe oder Rote Realität glauben machen möchte. Der erste Schritt beginnt immer bei uns selbst, indem wir eine andere Perspektive einnehmen. Diese finden wir am einfachsten, wenn wir innerlich auf Grün gepolt sind. Entspannung und Reflexion helfen uns dabei.

Da wir Meister darin sind, uns selbst immer wieder neu unbemerkt in unsere eingefahrenen Handlungsweisen zurück zu begeben, empfehlen wir, einen simplen und Gewinn versprechenden Weg zu wählen. Dazu dient uns ein wohlwollendes Gegenüber oder gar ein ganzes Team. Eine Arbeitsumgebung, in der zumindest ein paar Personen für diese neue Qualität von Stille einstehen, bietet beste Voraussetzungen für Gelingen. Hier finden wertvolle Synergien, Überraschungen und Gespräche statt, die den Arbeitsalltag durch z. B. wenige Minuten Austausch am Tag schnell zu einem interessanten Entdeckungsabenteuer machen. Miteinander geteilte Aufmerksamkeit in einem solchen Kontext lässt einen Raum von Stille entstehen, der alle berührt und bereichert und das Miteinander wärmt. Auf erstaunliche Weise wird Neues zu denken ermöglicht und Lust auf mehr geweckt.

Wir möchten noch einmal betonen, dass die Ampelfarben Rot, Gelb und Grün anhand von messbaren biologischen Vorgängen wie Hormonausschüttungen und unterschiedlichen Herz-, Atmungs- und Hirnfrequenzen tatsächlich physiologisch verschiedenartige Phänomene darstellen. Die meisten Menschen können diese Zustände in ihrer Körperwahrnehmung sehr genau differenzieren.

Den Wechsel von Gelb nach Grün könnte man mit einer Autofahrt vergleichen, bei der wir zunächst mit verunreinigtem Kraftstoff fahren. Indem wir sinnbildlich anhalten und einen guten Filter einbauen und sauberen Kraftstoff wählen, gelingt es uns, unsere Reise geschmeidig fortzusetzen und damit unsere inneren PS, in der Art wie wir Gas geben oder bremsen, einwandfrei auf die Straße zu bringen.

Damit dies langfristig sichergestellt ist, benötigen Motor und Bremsanlage Wartung, Pflege und Reinigung und auch der Filter muss in regelmäßigen Abständen erneuert werden. Ähnlich verhält es sich im Kontext von Stille. Auch hier braucht es regelmäßiges Innehalten, den Gedankenschmutz zu erkennen und uns zu klären. Äußere Räume, Strukturen und Praktiken unterstützen uns dabei, Ruhe und Stille in uns entstehen zu lassen.

Wie sieht nun aber ein Durchbruch in Stille konkret aus? Welche Merkmale hat er, welche Geschenke für den Arbeitsalltag birgt er in sich? Und wie sehen erfolgversprechende Schritte dorthin aus?

3.2.2 Innehalten ist gut, vor allem wenn's anstrengend oder schwer wird.

Die Qualität von Stille hat nichts mit ‚einfach den Mund halten', schon gar nicht mit Getriebenheit, Hektik oder vielen unerledigten Aufgaben zu tun, ganz im Gegenteil. Es geht hier um Entspannung, Gelassenheit und das Gefühl, dass sich die wichtigen Angelegenheiten unseres Lebens im „Grünen Bereich" bewegen. Wenn in Ihrem Alltag davon gerade wenig zu spüren ist, braucht Sie das nicht zu beunruhigen. Um die Qualität der Stille zu erreichen, ist es naheliegend, dass wir vorher unseren „Lärm" durchqueren müssen.

Erhöhter Stress kennzeichnet diesen „Geräuschpegel" vor dem Wechsel zu Grün. Jeder vierte EU-Bürger hat in seinem Job mit Termindruck, Mobbing, unsicherem Arbeitsplatz und Ähnlichem zu tun. Bereits 45 Prozent aller Manager zeigen Burnout-Symptome, um nur ein paar Kennziffern aus verschiedenen Forschungen[18] zu erwähnen. Die wirtschaftlichen Rahmenbedingungen fordern immer mehr Geschwindigkeit und noch bessere Ergebnisse. Eine Verbesserung von äußeren Faktoren ist nicht in Sicht.

Hier läuft die Gelbe Maschinerie des „Besser-werden-müssens" auf Hochtouren und führt unweigerlich zu mehr Arbeitsdichte, mehr Stress, mehr Aktivität, mehr erwartetem Engagement. Der schon im Ich-Gelb hohe Druck auf die Führung wird im Wir-Gelb noch stärker. Der Anspruch, einerseits Einfühlung in andere zu haben und jeden mitzunehmen, andererseits zu leiten, tritt hier kombiniert mit der noch nicht ausgebildeten Fähigkeit auf, klare Grenzen zu setzen und Verantwortlichkeiten loszulassen. Dies führt dazu, dass man sich zusätzlich um all die vielen Dinge kümmern muss, die immer noch nicht gut laufen.

Der wachsende Erfolgsdruck in unserer Wirtschaft sucht dringend nach neuen Lösungen, gerade weil alle erkennen, dass wir innerhalb unserer bestehenden Systeme überall an Grenzen kommen. Die bis jetzt verfolgte Gelbe Strategie lautet dabei, auf noch mehr persönlichen Einsatz zu setzen und das, obwohl eigentlich jeder weiß, dass dies auf Dauer keine befriedigenden Ergebnissen erzielen kann und sogar krank macht.

Wie in Kapitel 2 aufgezeigt, liegt die Lösung außerhalb des Tellerrandes, da innerhalb des „Es-machen-Müssens" kaum eine Chance auf eine nachhaltige Verbesserung der Lage besteht. Aber eines passiert auf jeden Fall: Der empfundene Stress steigt weiter. Persönlicher oder unternehmerischer Burnout stehen als Gefahr ständig im Raum. „Rien ne va plus. Nichts geht mehr", heißt es wie im Roulette, wenn wir plötzlich vom Spiel des Lebens ausgeschlossen und uns selbst hilflos oder ausgebrannt fühlen oder uns in einem unternehmerischen Insolvenzverfahren wiederfinden.

[18] Peter Buchenau hat in seinem Beitrag in den CSR NEWS die Fakten verschiedener Forschungsergebnisse zum Thema Stress zusammengestellt: http://csr-news.net/main/2009/04/20/volkskrankheit-stress-teuer-gefahrlich-und-vollig-uberflussig/, abgerufen am 19.09.2016.

Dabei könnten wir von der Natur lernen. Haben Sie sich schon mal gefragt, wie es möglich ist, dass beispielsweise unser Herz bis zu unserem letzten Atemzug unseren Körper mit Blut versorgt oder Zugvögel einen Flug über Tausende von Kilometern überstehen?

So wie unser Herzmuskel, selbst wenn er auf Hochtouren läuft, nach jedem Schlag eine kurze Pause einlegt, so benötigen in der Natur alle Systeme Unterbrechungen, in denen sie sich entspannen können, um dann mit neuem Schwung den nächsten Schritt zu tun. In permanenter Anspannung kann kein System auf Dauer überleben, geschweige denn gut funktionieren.

Ohne Innehalten keine Lösung!

Die Lösung liegt sowohl im sich Lösen davon, für alles verantwortlich sein zu müssen als auch im Loslassen davon, alles (selbst) machen zu müssen. Es braucht die Einsicht, dass eine echte, nachhaltige Lösung für eine Herausforderung erst dann eintreffen kann, wenn wir uns im Ich-Grünen-Wertschätzer-Modus wiederfinden. Hier haben wir eine neue, tiefere Verbindung mit unserer eigenen Stimmigkeit, Intuition oder inneren Weisheit. Von dort aus finden uns Lösungen, und wir können – bildlich gesehen – aus einer Vogelperspektive schauen.

Dennoch: Diese Idee, so gut sie sein mag, könnte für Betroffene trotzdem wie Hohn klingen. Folgende, Ihnen vielleicht schon bekannte Geschichte zeigt dieses Dilemma:

Die Säge schärfen

Ein Mann sägt schon seit Stunden das Holz in seinem Hof klein. Der Nachbar, gestört vom Lärm, schaut sich die Sache an. „Deine Säge ist stumpf: Du machst dir zu viel Arbeit, verbrauchst mehr als das doppelte an Sprit und Schmieröl und erzeugst unnötig Lärm und Stress, auch bei mir!"

„Ich weiß schon", erwidert der Sägende, „aber die Kette schärfen lassen dauert ein paar Tage, der Schleifer wartet ja nicht auf mich und ich muss das heute fertigbekommen. Ich habe sonst keine Zeit mehr …"

Wer den Unterschied zwischen einer stumpfen und einer scharfen Kettensäge kennt, kann ermessen, wie sehr uns der Gelbe Stress in unserer Handlungsfähigkeit beschränkt. Dass wir mit einer ungeschärften „Stress-Kette" überhaupt ein brauchbares Ergebnis bekommen, liegt nicht nur, wie bei einer Kettensäge, an der starken Leistungsfähigkeit durch gute Technik. Übertragen auf unser Leben erhalten wir auch im Stressmodus brauchbare Ergebnisse, weil:

- der Körper unter Stress tatsächlich kurzfristig einsatzfähiger ist;
- einige diesen Druck zur Fokussierung benötigen, weil sie sonst von ihren vielen unbearbeiteten Baustellen oder Suchtstrukturen abgelenkt würden;
- viel zu tun und keine Zeit zu haben in unserer Gesellschaft Anerkennung bekommt;
- wir durch ein hohes Maß an medizinischer Unterstützung auch bei Überlastungserscheinungen noch leistungsfähig bleiben können;

- die immer noch stabilen wirtschaftlichen Rahmenbedingungen unseres Landes eine Sicherheit erzeugen, in der eingefahrene Wege lange stabil bleiben können.

Also verschwenden wir weiter Tag für Tag große Energiemengen und das, obwohl, wie bei der Säge, eine gute Lösung viel näherliegt, als wir uns das in Stresssituationen vorstellen können.

Überraschenderweise wissen die meisten Führungskräfte sogar schon wie Führung wünschenswerterweise aussehen könnte. Eine Studie der vom Bundesministerium für Arbeit ins Leben gerufenen „Initiative Neue Qualität der Arbeit"[19] aus dem Jahr 2015 zeigt, dass Verantwortungsträger schon genaue Vorstellungen darüber haben, wie eine neue Führungsqualität aussehen müsste. Doch trotz dieser Erkenntnisse wagen laut Umfrage nur die wenigsten, die dafür nötigen nächsten Schritte!

400 Verantwortliche verschiedener Führungsebenen deutscher Unternehmen wurden in dieser Studie zum Thema „Gute Führung" befragt. Die dafür wesentlichen Erfolgsfaktoren und Erkenntnisse wurden in 10 Kernaussagen zusammengefasst. Diese zeigen, dass sich Manager und Verantwortliche notwendiger Lösungen bewusst sind, auch wenn diese zunächst ungewöhnlich, unpopulär oder schwer durchführbar erscheinen! Zentrale Aussagen sind:

- Hierarchisch steuerndem Management wird mehrheitlich eine Absage erteilt.
- Ein Paradigmenwechsel in der Führungskultur ist erwünscht.
- Selbstorganisierende Netzwerke werden als das Modell der Zukunft favorisiert.
- Kooperationsfähigkeit ist ein wichtigerer Erfolgsfaktor als reine Rendite-Orientierung.
- Persönliches Coaching ist unverzichtbar für eine Führungskraft.
- Motivation ist an Selbstbestimmung und Wertschätzung gekoppelt.
- Soziale Verantwortung in gesellschaftlichen Themen wird näher in die Aufmerksamkeit gerückt.

Durch diese Studie wird deutlich: Man weiß, dass die „Säge", das heißt die Führungspraktik durch entsprechende Impulse oder Strukturveränderungen zu schärfen wäre, aber es fehlt offensichtlich eine entscheidende Sache – das Wissen auch in die Tat umzusetzen!

„Bei vielen Menschen schaut der Wille durchs Fenster, ehe die Tat durch die Tür schreitet."

Erasmus von Rotterdam (leicht verändert)[20]

Dies ist ungefähr vergleichbar mit dem Thema Abnehmen. Jeder weiß, dass dazu mehr Bewegung und weniger und gesünderes Essen nötig sind. Entscheidend, um diesen transformativen Durchbruch zu erzielen, ist aber nicht das Wissen, sondern der konkrete Schritt, es auch zu tun.

---

19 http://www.inqa.de/SharedDocs/PDFs/DE/Publikationen/fuehrungskultur-im-wandel-monitor.pdf?__blob=publicationFile, abgerufen am 22.10.2016.

20 http://www.gutzitiert.de/zitat_autor_erasmus_von_rotterdam_thema_wille_zitat_3340.html, abgerufen am 27.11.2016.

Mut, Individualität und Achtsamkeit im Handeln sind gefragt. Wenn Sie neue Wege gehen wollen, brauchen Sie Aufmerksamkeit, Klarblick und Vertrauen, um z. B. beim Ergreifen einer Handfeile zum Schärfen einer Kettensäge nicht belächelt zu werden. Dies geht bei regelmäßiger Durchführung wie beim Schärfen einer Säge zügig vonstatten. Mit geringem Einsatz werden so die verschiedenen Potenziale ganz individuell aufgewertet.

Wenn Sie also beginnen, die hier meist einfachen Vorschläge mit nur wenig Aufwand – genau auf Ihre Situation abgestimmt – einzusetzen, werden Sie vermutlich an Ihren eigenen Zweifeln oder an den Reaktionen Ihres Umfelds bemerken, dass Sie dafür Mut benötigen. Es ist von Vorteil, gut in der inneren Mitte oder Stille verankert zu sein, wenn Sie andere für nicht alltägliche Experimente gewinnen wollen. Die Versuchung ist hoch, schnell und unbesehen abzuurteilen: „Eine Kette mit einer Handfeile zu schärfen, das gehört doch ins letzte Jahrhundert!"

Es geht hier also um Führung, die sich erlaubt, eine Adlersperspektive einzunehmen, um mit einem von dort geschärften Blick, d. h. mit pfiffigen und einfachen Methoden, gezielt wirksam zu werden.

Öfters mal innehalten, um der eigenen inneren Stimmigkeit auf die Spur zu kommen, kann auch zu Nebenwirkungen führen! Was passiert, wenn wir aus dem Gelben Getriebensein aussteigen?

Je mehr wir

- uns der Schwankungen in Arbeitsklima, Leistungsfähigkeit und Flow und deren Auswirkungen auf unseren Stresslevel bewusst werden,
- uns aufmachen und offen sind für neue Wege,
- nicht nur unsere Willenskraft und unsere kognitiven Fähigkeiten, sondern unser gesamtes Potenzial samt Empathiefähigkeit und Intuition nutzen,
- in Kohärenz mit Kopf, Herz und Bauch arbeiten,

desto feinfühliger werden wir für uns selbst und auch für andere.

Diese neue Fähigkeit der Selbstwahrnehmung führt gleichermaßen dazu, dass wir aufmerksamer, aber auch empfindsamer werden für die ständigen äußeren Reize durch Medien, Geräusche in Großraumbüros oder durch emotionale Auseinandersetzungen in unserer Arbeitsumgebung. Das Bewusstsein und auch das Bedürfnis für Räume der Erholung steigen. Manche Betroffene äußern in dieser Situation die Vermutung, dass irgendetwas mit ihnen nicht stimme, da sie ja vorher auch nicht so empfindlich gewesen seien. Sollte es Ihnen als Leser auch so ergehen, dann ist es uns wichtig mitzuteilen: Mit Ihnen ist alles in Ordnung und Ihre neue Sensibilität ist hilfreich! Eine erhöhte Feinfühligkeit ist sogar eine richtig nützliche Begleiterscheinung, da sie uns auf dem Weg nach Grün wichtige Einsichten schenkt und einen wesentlichen Beitrag für das dortige Verweilen leistet.

Innehalten ist also die grundlegende Empfehlung, der Eigenwahrnehmung mehr und mehr zu vertrauen, spätestens wenn es anstrengend oder schwer wird. Dann liegt es nahe, dass eine Pause uns den nötigen Raum schenkt, weiter, tiefer oder höher zu blicken. Ein japanisches Sprichwort sagt es mit anderen Worten etwas poetischer: „Wenn du es eilig hast, mache einen Umweg." Oder, wie es der deutsche Volksmund schon seit Jahrhunderten weiß: „Eile mit Weile!"

Wie geht's jetzt konkret?

Die konkrete Frage bleibt: Wie geht denn das, insbesondere dann, wenn wirklich wichtige Dinge brennen und erledigt werden müssen?

Wir möchten daran erinnern, dass eine Rote Stressenergie zur Fehlwahrnehmung der Realität führt und Handlungen aus dieser Ebene vielfach hohe Risiken erzeugen. In Gelb nutzen wir gleichfalls nur wenige Prozente unseres möglichen Potenzials. Also wäre es doch von großem Vorteil, wenn wir die Möglichkeiten und die Effektivität von Grün zur Verfügung hätten. Leider können wir diese, gerade wenn wir im Stress sind, nicht erzwingen. Immer möglich sind jedoch kurze Unterbrechungen, um zumindest die inneren biochemischen Vorgänge zu ändern. Was Sie dazu tun müssen, mag sehr banal klingen: Sie unterbrechen das, was Sie gerade machen, und tun etwas, das Ihren Zustand und Körper aus dem Bereich des akuten Stresses holt. Beispielsweise erzeugen schon zwei Minuten Innehalten[21] und sich auf die Atmung Konzentrieren einen konkret messbaren Unterschied! Sind Sie viel im Gelben Stress, so dass dieser dauerhaft, ja fast unbemerkt zu Ihrem Lebensgefühl geworden ist, dann sind kurze Unterbrechungen und erlaubte Auszeiten nicht zuletzt Ihrer Gesundheit zuliebe richtig wesentlich. So können Sie die unbewusste Getriebenheit durchbrechen, sich bewusst wieder mit Ihrer eigenen „Mitte" oder Ihren Kraftquellen verbinden und eine menschenwürdige Arbeitsqualität herstellen. Diese Auszeiten sparen erfahrungsgemäß viel mehr Arbeitszeit ein, als sie benötigen!

Bestenfalls sind wir darin geübt, bewusst eine innere Stille aufzusuchen und wahrzunehmen, die erfrischt, die impulsiert und die uns wieder mit uns selbst verbindet. Wir beschreiben hier die drei uns bekanntesten Vorgehensweisen, wie das gelingen kann:

Toolbar: Stille mit mir selbst

Viele Menschen erleben diese innere Stille mit der Unterstützung von Praktiken, die sie regelmäßig durchführen. Dies könnte z. B. Yoga, Joggen, Schwimmen, der Gang ins Fitness- oder Sonnenstudio, Spazieren gehen, Musik hören, der Massagesessel, ein gutes Buch lesen, Meditieren oder Ähnliches sein. Wie die

21 „Entgegen der allgemeinen Annahme geht es bei Frieden und Stille vor allem um den Lärm in unserem Kopf" (Original: „Contrary to popular belief, peace and quiet is all about the noise in your head."), so der Untertitel eines Artikels von Daniel A. Gross in der Zeitschrift Nautilus vom 7. Juli 2016. Darin beschreibt er mehrere Studien, die sich mit dem Thema Stille auseinandergesetzt haben. Stille, also die Abwesenheit von Geräuschen, hat positive Effekte auf das Gehirn. Dabei wurde unterschieden in kurze Stille (z. B. von zwei Minuten, die die Aufmerksamkeit und Aktivität im Gehirn zu steigern scheint) und längerer Stille (z. B. zwei Stunden, die die Bildung neuer neuronaler Zellen im Hypocampus anregt, einer Gehirnregion, die beispielsweise bei Alzheimer degeneriert). Also scheint unser Gehirn gerade in der Stille all das zu verarbeiten und neu zu verschalten, was vorher auf dieses eingeströmt ist.

Beteiligten während der Durchführung in das direkte Erleben des Körpers (Yoga und Joggen, Fitnessstudio ...), des Wassers, der Wärme, der Natur, des Klangs... eintauchen können, unterstützt das gewünschte Ergebnis. Dadurch entsteht eine erfüllende innere Begegnung mit sich selbst und jene besondere Qualität von Stille geschieht. Wenn wir mehr und mehr persönliche Erfahrungen damit machen, dann entdecken wir, dass wir mit einfachen Techniken diese Erlebnisse vervielfachen oder zumindest sehr nahe an diese schönen Zustände herankommen können.

Tatsächlich gelingt es einigen Menschen, sich innerhalb von einer oder zwei Minuten mit dieser bekannten inneren Erfahrung zu verbinden und sie beispielsweise durch stündliches Wiederholen einer solchen Konzentrationsübung im hohen Maße im Alltag verfügbar zu haben.

Stille durch ein gutes Gespräch

Es gibt eine bestimmte Art von Gespräch, von Begegnung, durch die ein besonderes Verständnis oder eine wesentliche neue Einsicht auftaucht. Die Art von innerer Berührung, die dabei geschieht, ist so erfüllend und entspannend, dass andere, sonst laute Gedanken in den Hintergrund treten. Durch die gemachten Erkenntnisse entsteht eine Vorfreude darauf, anders als gewohnt handeln zu können. Das Vertrauen zu sich selbst wächst. Daher suchen Menschen, die diese Erfahrungen gemacht haben, regelmäßig einen Gesprächspartner auf, um sich zu klären, belastende Dinge loszuwerden und den Kopf wieder frei zu bekommen für das wirklich Wichtige. Das funktioniert sowohl telefonisch als auch im persönlichen Beieinander. Wesentlich dafür ist eine achtungsvolle, nicht manipulative und wohlwollend-sachliche Gesprächsqualität. Gemeinsames Tratschen, Klatschen oder Lamentieren funktioniert nicht!

Stille durch Miteinander

Es ist eine beglückende Erfahrung, wenn ein Trainer oder ein hauseigener Moderator eines Teams es versteht, auch in Teamsitzungen Themen und geeignete Übungen in einer Gruppe einzubringen, durch die diese oben beschriebene innere Berührung impulsiert oder hervorgerufen wird. Dies hat meist damit zu tun, dass die Beteiligten über Wesentliches sprechen. Die Ruhequalität und Authentizität des Begleiters selbst hat dabei immense Bedeutung und große Auswirkungen. Das wirklich Schöne daran ist die Dynamik, mit der diese besonderen Erfahrung von innerer Berührtheit vervielfältigt wird. Auch hier gilt, je erfahrener eine Gruppe, ein Team oder eine Abteilung mit diesen einfachen wertschätzenden und strukturierenden Inputs ist, desto einfacher und zügiger gelingt es, diese Stille zu erleben und dadurch eine effektive und fröhliche Arbeitsatmosphäre vorzubereiten.

In Kapitel 3.1 wurden die Möglichkeiten beschriebenen, welche die schönen und hilfreichen Qualitäten aus einer Alltagsgeschichte herausarbeiten. Und neben dem methodischen Ansatz von Appreciative Inquiry, mittels dessen ein Team für die gemeinsame Zukunftsqualität einen jeweils eigenen Leitsatz kreiert, gibt es auch ganz einfache Techniken, die einen besonderen Raum der Stille unterstützen.

Beginnen Sie beispielsweise mit dem Vorlesen eines inspirierenden Textes, mit einer Minute Stille oder mit einer Ankommensrunde, in der alle sich kurz mitteilen können, was gerade ihre Aufmerksamkeit hat und was sie loslassen möchten, um jetzt gut hier sein zu können. Mit solch einer kurzen Runde, in der jeder seine

Situation transparent macht, ist schon sehr viel dafür getan, dass die Grüne Qualität der Stille den weiteren Verlauf der Sitzung impulsiert und positiv beeinflusst.

Hilfreich sind auch Gegenstände oder Bilder, die Sie zur Auswahl zur Verfügung stellen. Eine kurze Mitteilung reihum, was dieses Bild mit z. B. der aktuell größten Herausforderung oder einfach nur mit der Person selbst zu tun hat, schafft einen völlig neuen Zugang zum gegenseitigen wahrnehmen.

Besonders wertvoll hat sich auch die Praktik erwiesen, am Anfang oder Ende einer Sitzung 5 bis 10 Minuten gemeinsam zu feiern, gegebenenfalls auch das Scheitern. Hier wird jeder, der möchte, um ein kurzes, maximal 30 Sekunden langes Statement gebeten, in dem er oder sie ausspricht, was gerade für ihn wesentlich im Leben ist und indem er oder sie die daran Beteiligten für Ihren Beitrag anerkennt.

Das zentral Wichtigste dabei ist, dass Sie Ihrem Körpersystem mit einer Praktik helfen, „den Schalter umzulegen", um absichtlich zu entspannen. Die oben aufgeführten Beispiele machen deutlich, dass es nicht nur darum gehen kann, einfach einmal anzuhalten und die gerade durchgeführte Tätigkeit zu unterbrechen. Wichtiger ist, dass Sie eine besondere Qualität der Stille im Kopf fördern, denn Stress beginnt bekanntlich im Kopf, im Festfahren und Kreisen nicht sehr konstruktiver, sondern eher sorgenvoller Gedanken. Diese zu unterbrechen und sich konstruktiv zu fokussieren ist kein Hexenwerk, sondern machbar!

Geschäftstreffen am Klavier

Ein besonderes Erlebnis in diesem Zusammenhang hatten wir, als zwei der Autoren Herrn Haas, Geschäftsführer von bsk büro + designhaus GmbH in Nürnberg, kennenlernen durften. Als wir uns in seinem Büro niederließen, glich das mehr einem gemütlichen und anregenden Wohnraum mit der Klarheit und dem Licht eines Obergeschosses in einem Leuchtturm – und da stand ein Klavier. Die Auswahl unter grundverschiedenen Sitzgelegenheiten und sehr individuellen, die Fantasie anregenden Sesseln fiel gar nicht so leicht. „Was passt zu mir?", fragten wir uns und fühlten uns gesehen und willkommen geheißen. Und während wir sprachen und unsere gemeinsame Freude an der Musik entdeckten, setzte Herr Haas sich ans Klavier mit der Bemerkung, dass er immer dann, wenn er irgendwo festsäße, sich diese Musizierpause gönne.

Im Rundgang durch die Arbeits- und Besprechungsräume stießen wir auf ein Zimmer, in dem eine runde, schwarz glänzende Jurte aufgebaut war. Gerade verstummten leise Klänge, jemand öffnete den Zelteingang und gab den Blick auf einen Massagesessel frei, der mitten im abgedunkelten Zelt stand. Wie magisch angezogen erkundeten wir den Innenraum und fanden uns wieder unter einem durch dezente Lichtimpulse gestalteten Sternenhimmel. Als wir mit fragendem Blick auf Norbert Haas schauten, lächelte dieser und erklärte: „So wie ich mein Klavier in meinem Büro habe, so haben mich meine Mitarbeiter um einen Ruhe- und Entspannungsraum gebeten. Wir haben uns zusammengesetzt und Sie bekommen gerade einen kleinen Einblick in das Ergebnis."

An diesem Beispiel erkennen wir, wie wirkungsvoll auch Schönheit, Reizverminderung, ein angenehmes, freilassendes Ambiente und eine freundliche Farb- und Lichtführung für das Erfrischen angestrengter oder das Wecken erschöpfter Lebensgeister sind. Lassen Sie Ihrem Einfallsreichtum freien Lauf. Mit etwas Kreativität können Arbeitsräume selbst mit einfachen Mitteln gezielt zu Lebensräumen umgestaltet werden.

3.2.3 Unvertrautes ist willkommen

Menschen – gerade, wenn sie im Gelben Ampelmodus unterwegs sind – stufen zunächst alles, was ihnen nicht vertraut ist, als potentiell problematisch oder gar gefährlich ein. Das ist unser evolutionäres Erbe. Wundern Sie sich also nicht, wenn die Mitarbeiter im Angesicht von Neuem, das sie nicht unmittelbar für sich als gut wahrnehmen können, mit Abwehr und Totschlagargumenten, sogenannten Killerphrasen[22] reagieren. In diesem Modus meinen sie, sich gegen alles potentiell Gefährliche wappnen zu müssen und verwenden viel Energie für die Abwehr, statt in das Umsetzen des Neuen. Daher ist es bei jeder größeren Veränderung von entscheidender Bedeutung, eine Brücke zu bauen zu dem, was schon vertraut und gut ist. Die wesentlichste Beschwerde, die Mitarbeiter uns gegenüber erwähnen, ist: „Die Berater/die Chefs kommen einfach daher und sagen, das muss alles anders werden, als ob wir bisher nichts Gutes zustande gebracht hätten."

Bevor wir also bereit sind Neues, Unvertrautes willkommen zu heißen, bevor sich unsere Neugier auf das Neue freuen und sich unser Entdecker- und Abenteuerdrang aus der Deckung wagen kann, braucht es den oben beschriebenen Raum von Entspannung und Reflexion. Wie das beispielsweise möglich wäre, verrät uns die Empfehlung eines ehemaligen CEOs von Google:

„Als der Vorstandsvorsitzende von Google, Eric Schmidt, zu dem besten Ratschlag gefragt wurde, den er jemals erhalten hätte, sagte er: ‚Nutze einen Coach!' Und nach einem kurzen Innehalten fügte er hinzu: ‚Jeder braucht einen Coach!'"[23]

„Everybody needs a coach!" Offensichtlich waren die Erfahrungen Eric Schmidts während des Coachings so außergewöhnlich und wesentlich, dass er diese besonderen Erlebnisse jedem Menschen wünscht.

Wenn wir uns selbst als Persönlichkeiten bezeichnen, die sich in einer ständigen, niemals abgeschlossenen Weiterentwicklung erleben, dann ist es nur natürlich, dass wir geeignete und gute Reflexionsräume nutzen und als unverzichtbaren Wert in unserem Leben haben wollen.

Der Begriff Coach kommt übrigens von dem englischen Wort Kutsche und hat sich zu einer Zeit entwickelt, in der das Reisen mit einem Pferdegespann angenehmer und zielführender war, als zu Fuß zu gehen oder alleine zu reiten. Sich dabei einem Kutscher, Coach oder Begleiter anzuvertrauen, der die Gefahren und Unwegsamkeiten einer Gegend genau kannte, war sicherer, als es selbst zu schaffen.

Die Sportprofis gehen uns beim Nutzen eines Coachs mit gutem Beispiel voran. Sie leben in dem Bewusstsein, dass sie neue Räume betreten müssen, wenn

---

[22] Um sie zu erkennen, können Sie sich beispielsweise die wunderbare Sammlung der Knill+Knill Kommunikationsberatung anschauen unter http://www.rhetorik.ch/Killer/Killer.html, abgerufen am 2.1.12.2016.

[23] Eric Schmidt war von 2011 bis 2015 Vorstandsvorsitzender von Google. Hier der Link zum Video, in dem er diese Aussage machte: https://www.youtube.com/watch?v=aV-KPlS0ejtk, abgerufen am 27.11.2016.

sie weiterkommen wollen. Sie sind sich darüber im Klaren, dass dies um ein Vielfaches einfacher geht, wenn sie von jemandem begleitet werden, der sie unterstützt. Dies macht die Aussicht auf großartige Erfolge realistischer und befähigt gleichzeitig, eine sichere Gangart einlegen zu können. Dabei wartet der Leistungssportler nicht, bis er eine schlechte Phase hat, oder irgendwo nicht mehr weiterkommt. Ein Coach sollte nicht, wie heute allgemein üblich, nur als Retter aus einer Notsituation genutzt werden, sondern könnte wie im Sport jemandem, der schon gut ist, längerfristig zur Seite stehen.

Eric Schmidt geht mit seiner Aussage noch einen Schritt weiter und provoziert unsere Vorstellungen mit einem einzigen Wort: Everybody. Die Idee zuzulassen, dass wirklich jeder Zugang zu Coaching haben könnte, egal welchen unternehmerischen Status die Person innehält, ist revolutionär. Offensichtlich will er damit eine Sache zum Ausdruck bringen: Es lohnt sich, an die Größe jedes Menschen zu glauben und ihm dafür eine angemessene Unterstützung zur Verfügung zu stellen.

Dass diese Idee nicht ganz weltfremd ist, beweisen die neueren Entwicklungen auf dem Coaching-Markt, bei denen meist größere Unternehmen Ihren Mitarbeitern zumindest ein Kurzzeitcoaching[24] zur Verfügung stellen.

Ganz neu denken lernen dürfen wir, wenn wir die Vorstellung zulassen, tatsächlich jedermann Coaching zu empfehlen. Mentoring-Programme zeigen, dass es nicht immer ein anerkannter, erfahrener Coach sein muss. In unseren Trainingsprogrammen ließ sich feststellen, dass viele Menschen in ihren verschiedenen Lebenslagen diese Begleitungskompetenz entwickelt haben und sie gerne anderen zur Verfügung stellen möchten.

Die Qualität eines Coachings ist weniger von der trainierten Methodenkompetenz abhängig, als vielmehr von der Fähigkeit, auf den Grünen Entspannungsmodus umzuschalten.

Grün ist leicht, wenn es um andere geht

Unsere faszinierende Entdeckung ist, dass den meisten Menschen dieser Wechsel in die Grüne Haltung eines Coachs auch dann gelingt, wenn sie im Alltag hauptsächlich in Gelb unterwegs sind. Offensichtlich fällt es uns leicht, uns aus der eigenen Welt herauszunehmen, wenn wir tief in die Welt eines anderen blicken dürfen, um dort durch unsere Begleitung eine tragende Unterstützung zu sein. Wir haben die Erfahrung inzwischen bei mehreren hundert Personen unterschiedlichster Berufshintergründe gemacht, wie einfach in einem solchen wertschätzend ausgerichteten Setting das Herstellen einer Grünen Qualität ist. In unseren Trainings bauen wir daher Coaching-Ringe auf, in denen sich die Teilnehmenden gegenseitig unterstützen. Die Rückmeldungen dieser, von uns inzwischen auch außerhalb einer Weiterbildung angestoßenen Praktik[25],

[24] Anbieter dieser Dienstleistungen sind z. B. www.familienservice.de unter dem Stichwort Lebenslagencoaching oder www.mutschmiede.de.

[25] Ivalyu Ringcoaching vermittelt das Geben und Nehmen von Coaching. Die Quote der Teilnehmer, die aus diesem Setting mangels ausreichender Kompetenzen wieder herausgenommen werden, liegt bei unter 5 Prozent. Siehe auch http://tinyurl.com/h4lqnzq, abgerufen am 21.12.2016.

bestätigen unsere eigenes Erleben. Das Lernen und der Nutzen, während wir Coaching geben, ist mindestens genauso hoch, wie dabei Coaching zu erhalten. Wir empfehlen daher jedem, der sich eine Begleitung gönnt, auch selbst Coach für jemand anderen zu sein.

Mithilfe eines wertschätzenden Gesprächspartners oder Coaches wagen wir uns also in unzugänglichere Areale, deren Gesetzmäßigkeiten und Abläufe uns bisher noch wenig bekannt sind.

Natürlicherweise veranlasst diese Ausdehnung unsere Biologie, Warnsignale auszusenden. Die wertschätzende Begleitung unterstützt darin, in den Lebensbereichen, die angstbesetzt sind, eine hohe Chance für einen großen Wachstumsschritt zu vermuten. Vor dieser Angst können wir davonlaufen, wir könnten sie aber auch als Wegweiser nutzen, wie das japanische Sprichwort sagt: „Wo die Angst ist, da ist der Weg."

Steve Jobs drückte es 2005, selbst an Krebs erkrankt, in einem Plädoyer für das Leben wie folgt aus:

> „Am wichtigsten ist es, dass Sie den Mut haben,
> Ihrem Herzen und Ihrer Intuition zu folgen.
> Alles andere ist nebensächlich."[26]
>
> Steve Jobs

Mut oder Lebensfreude stellen sich der Angst und lassen uns in dieses Neue, Unvertraute gehen, wo uns unser Innerstes hinführen möchte. Ein wertschätzender Begleiter hat durch seine Lebenserfahrung und Lernbereitschaft vielfältige Möglichkeiten und Vorgehensweisen, wenn es darum geht, sich von einer wachstumsfördernden Botschaft finden zu lassen. Auf zwei sehr einfache, auch im Selbststudium erlernbare Ansätze mit Tiefenwirksamkeit möchten wir hier hinweisen. Diese sind grundlegend stärkenorientiert und fördern die Verbindung mit uns selbst und die Schärfung der eigenen inneren Stimmigkeit.

Toolbar:

1. Das innere Team nach Schulz von Thun[27]

Kernpunkt dieses Ansatzes ist, dass es zu einer Sache häufig mehrere Stimmen, man könnte auch sagen „Wahrheiten", in uns gibt. Die vielen Anteile in uns selbst zu differenzieren und sogar gegensätzliche Sichtweisen in uns zuzulassen, bringt uns zu ganz neuen Einsichten. Hier lernen wir, uns selbst auch mit unseren ungeliebten oder versteckten Anteilen zu erkennen und wertzuschätzen.

2. Focusing – Der Körper kennt die Antwort von Eugene T. Gendlin[28]

Dieser körperorientierte Ansatz weist uns darauf hin, dass es sich lohnt, unangenehmen Empfindungen und Gefühlen nachzuspüren und die innere, meist

---

[26] Aus einer Rede von Steve Jobs aus dem Jahre 2005, https://www.welt.de/print/die_welt/politik/article13646281/Bleiben-Sie-hungrig-und-verrueckt.html, abgerufen am 17.09.2016.

[27] Modell entwickelt von Friedemann Schulz von Thun, mehr dazu www.inneres-team.de

[28] Gendlin machte als Schüler von Carl Rogers in einer wissenschaftlichen Auswertung von Therapieprozessen eine überraschende Entdeckung. Nicht der Therapeut oder die

unbewusste Abwehr unangenehmer Körperwahrnehmungen durch Interesse und Aufmerksamkeit zu ersetzen. Sein Schwerpunkt liegt, anders als bei Schulz von Thun, zunächst auf einer ganz sachlichen Analyse der Körperempfindungen. Wo genau drückt, zieht, schmerzt es und mit welcher Intensität? Allein das wohlwollende in sich Hineinspüren, so Gendlin, ist immer ein guter Schritt zu einer besseren Verbindung mit sich selbst.

Anstatt sich in einem heillosen Durcheinander von Wahrnehmungen, Gedanken und Eindrücken zu verlieren, unterstützt das begleitete in sich Hineinschauen beim Sortieren. Über etwas sprechen oder darüber schreiben ist ein kreativer Vorgang, der automatisch fokussiert und selektiert. Empfindungen und innere Erlebnisse in Worte zu fassen, erzeugt in einem entspannten Raum wie von selbst neue Einsichten, die zu überraschenden Lösungen führen.

Willkommen im Grünen Wertschätzer-Status! Sie sind aus dem machen müssen ausgestiegen und können in einer freundlichen und offenen Haltung einfach da sein – kurz gesagt, Sie können jetzt mit dem was ist, sein!

„Wenn wir zu früh verstehen,
nehmen wir uns die Chance neues Land zu betreten."
Paul Watzlawick

Hier darf das Leben ein Abenteuer sein! Mit jedem Schritt, den wir weitergehen, staunen wir ob der Fülle und Vielfalt des Lebens, der Erkenntnisse und Einsichten. Je tiefer wir hier vordringen, desto mehr erkennen wir unsere eigene Beschränkung. Hier erahnen wir, was Sokrates wohl damit sagen wollte, wenn er in den Raum stellt: „Ich weiß, dass ich nicht weiß"[29] oder wir von Einstein hören: „Je mehr ich weiß, desto mehr weiß ich, dass ich nichts weiß." Im Wagnis unserer Grünen Abenteuerreise, auf der wir mehr und mehr unserer inneren Stimmigkeit folgen lernen, geht es nicht darum, alles richtig zu machen. Vielmehr erzeugen wir in unvertrautem Terrain natürlicherweise Pannen oder schlagen Wege ein, die uns deutlich zeigen, dass wir mit dieser inneren Führung noch nicht so vertraut sind und wir uns damit in ein neues Gebiet vorwagen, in dem neue Gesetzmäßigkeiten gelten.

In Grün sind wir dennoch entspannt, denn sich oder andere dafür abzuwerten, das gibt es nur in Rot oder Gelb. Im Raum von Wertschätzung sind Fehler und Pannen Lern- und Entwicklungshilfen, also ein Beitrag zum Wachsen und Gelingen.

Gemeinsam ist es viel weniger „gefährlich". Und wir haben gelernt, Gutes aus Vergangenem mitzunehmen, das uns bei der Abenteuerreise unterstützt. So verspricht es, aufregend und inspirierend zu werden. Es beginnt, richtig Spaß zu machen und bringt so allen einen echten Nutzen. Hier wächst die Freude am nächsten Abenteuer, Unvertrautes ist willkommen.

Methode entscheiden über den Erfolg, sondern die Fähigkeit des Klienten, während der Settings mit dem eigenen Körper verbunden zu sein. Gendlin entwickelte aus dieser Beobachtung seinen eigenen Ansatz und nannte in Focusing. https://de.wikipedia.org/wiki/Eugene_T._Gendlin, abgerufen am 18.09.2016.

29 http://f3.webmart.de/f.cfm?id=2594931&r=threadview&t=4010171&pg=1, abgerufen am 17.09.2016.

3.2.4 Die Wahrheit beginnt zu dritt

Abenteuer, Offenheit für Neues, mutig sein, all dies unterstützt uns darin, immer mehr die Falle unserer in Gelb so lauten Bewertungen und Beurteilungen wahrzunehmen. Wenn wir auch die dahinterliegenden Gedankenmuster des eigenen Besserwissens entlarven, können wir uns für die Vielfalt der Menschen in unserer Nähe öffnen.

Unsere eigene Offenheit gegenüber Andersdenkenden spiegelt die Vielfalt an Möglichkeiten, die wir in unserem Leben nutzen können. Ein Blick in die Musik hilft uns, unsere eigenen Einschränkungen besser zu erkennen und gute Spielfelder für unseren Mut zu finden, der vielleicht gerade darauf wartet, dass wir ihn ausgiebiger gebrauchen.

Haben auch Sie vor einem guten Klavierspieler Respekt? Es ist ein besonderer Genuss, wenn wir jemanden erleben, der es versteht, die ganze Klang- und Bandbreite eines solchen Instrumentes zu nutzen.

Ein Klavier verfügt über eine gute Anschlagdynamik, so dass die Druckstärke und die Länge, also die Art, wie der Spieler eine Taste drückt, ein sehr differenziertes Klangerlebnis ermöglicht.

Zusätzlich können das Ändern der Geschwindigkeit und das gleichzeitige Anspielen von bis zu zehn Tönen und rhythmische Elemente eine Tonvielfalt erzeugen wie bei kaum einem anderen Instrument. Dabei nicht nur zwei oder drei Oktaven, sondern ganze sieben zu nutzen, bringt außergewöhnliche Genussmöglichkeit, Inspiration und eine Fülle an Klangdifferenzierungen.

Die Herausforderung liegt natürlicherweise darin, diese 84 Tasten mit dynamischen Rhythmen in unterschiedlichen Kombinationen anzuspielen, ohne dass es zu Misstönen und Klangvergewaltigungen führt.

Wenn wir das Bild des Klaviers auf die Art übertragen, wie wir Menschen miteinander „musizieren“, dann erkennen wir bei uns eine Tendenz, uns mit Gleichgesinnten zu umgeben. Übertragen auf das Tasteninstrument wäre das ungefähr so, als wenn wir nur die schwarzen Tasten anschlügen. Diese pentatonische Spielweise erzeugt immer Harmonien, egal welche Taste Sie drücken. Nur, was sich vielleicht anfänglich richtig gut anfühlte, wird auf Dauer dann doch etwas eintönig und die Moll-Tonart hat noch dazu wenig inspirierenden und lebendigen Charakter.

Wenn:

- wir bereit sind, unsere Sicht auf die Dinge nicht als die einzig gültige zu sehen,
- neue Gedanken und Blickwinkel willkommen sind, auch dann, wenn sie entgegengesetzt scheinen,
- wir zu dritt oder mehreren auf Dinge schauen, um ihnen auf den Grund zu gehen,

dann:

- tut sich eine Welt auf, die bunter und wahrhaftiger ist, als jedes Sich-einig-sein,
- entsteht Raum, in dem neue Ideen geboren werden,

- entdecken wir den besonderen Geschmack der Vielfalt,
- können wir uns entspannen und kommen einer gewünschten Wahrheit deutlich näher.

Häufig stehen uns dabei Erfahrungen aus der Vergangenheit im Wege, die nahelegen, dass es mit Andersdenkenden schnell zu Problemen kommen könne und es auf jeden Fall schwieriger und anstrengender werden oder zu Konflikten führen würde. Was hat es aber mit Konflikten auf sich?

> „Innerhalb eines Konfliktes sind wir auf wenige Lösungswege fokussiert und kämpfen ums Rechthaben. Wenn wir die dahinterliegenden Gefühle und Bedürfnisse und damit das, was uns eigentlich wichtig ist, wahrnehmen, dann haben wir nahezu unendliche Möglichkeiten."
>
> Marshall B. Rosenberg, Begründer der Gewaltfreien Kommunikation

Erkennen Sie das Potenzial darin, Ihre Sichtweise neben die von Andersdenkenden zu stellen und nach diesem dahinterliegenden Gemeinsamen zu forschen, mit der Bereitschaft, an den eigenen Meinungen, Überlegungen und Beiträgen zu arbeiten. Paaren Sie Verschiedenheit mit Achtsamkeit und bringen Sie Respekt hinzu, Ihre Bereitschaft zuzuhören, sowie Ihre vielleicht noch ungewohnte Fähigkeit, eigene Standpunkte loszulassen und für ein größeres Ganzes einzustehen.

Bei aller Bereitschaft für Veränderung: Bleiben Sie sich bitte treu und sorgen Sie dafür, dass auch Ihr Anliegen berücksichtigt wird. Ihre „Klangbeiträge" sind ebenso bedeutsam und wichtig wie die der anderen!

Dieses Paradoxon zuzulassen, ist nicht immer einfach. Zu sich selbst zu stehen ohne Rechthaberei und hinter der Meinung der anderen auch das Wertvolle zu erkennen, genau darin liegt die Kunst. Lassen Sie uns gemeinsam diesen Klangteppich weben.

Die Wahrheit beginnt zu dritt!

Toolbar: Im Kreis sprechen

Eine der einfachsten und wirkungsvollsten Techniken, bei Dissonanzen und schrägen Klängen zu guten Harmonien zu kommen, ist das Sprechen im Kreis. Hier werden unterschiedlichste Blickwinkel und Wahrheiten zusammengebracht und es findet eine gegenseitige Ermutigung statt. Diesen Ansatz zu nutzen, ist insbesondere dann empfehlenswert, wenn die Meinungen der Beteiligten nicht mehr zusammen zu bringen sind und keine Lösung in Sicht scheint. Das Kreissprechen verlangsamt den vielleicht vorher noch hitzigen Austausch. Zwischenfragen und -bemerkungen sind hier nicht erwünscht. Stattdessen spricht eine Person so lange, bis sie zum Ausdruck bringt, dass sie fertig ist. Dies ermöglicht die wichtige Möglichkeit, im Sprechen auch einmal innezuhalten, um etwas Wesentliches ausdrücken zu können, ohne dass gleich jemand unterbricht oder ein neuer Impuls dazu kommt. Fragen werden erst dann gestellt, wenn die fragende Person an der Reihe ist, und die besten Antworten werden häufig von Menschen gegeben, die gar nicht gefragt wurden. Jeder kann sich in das Gespräch hinein entspannen, weil die Reihenfolge geklärt ist. Häufig bemerken die Beteiligten, dass dann während des Sprechens plötzlich ganz andere Dinge wichtig sind als beim Zuhören noch gedacht. Erstaunlich dabei ist, dass dieses uralte Prinzip so effektiv ist, dass es keine Moderation benötigt und auch dann funktioniert, wenn scheinbar alles andere fehlgeschlagen ist.

3.2.5 Es ist schon alles da, ich kann daraus schöpfen

Je häufiger wir die beglückende Erfahrung machen, dass viel mehr da ist, als uns unsere Sinne und Gedanken zunächst vermitteln, je öfter wir durch einen Prozess mit einer Gruppe oder im Gespräch mit einem Gegenüber wieder einmal festgestellt haben, dass die Lösung im Grunde einfach und naheliegend ist, desto mutiger werden wir, aus dieser vielleicht noch nicht sichtbaren Fülle zu schöpfen. Allein der Weg dorthin ist nicht einfach per Knopfdruck herzustellen.

Sollten Sie schon einmal in einer Gruppe von Musikern frei improvisiert haben, dann kennen Sie dieses Glücksgefühl, wenn zwischen den Beteiligten ein besonderes Miteinander entsteht. Dabei spielt es keine Rolle, ob es unter den Musikern selbst stattfindet, oder die Spielenden mit ihren Zuhörern in diesen Flow kommen. Plötzlich ist man Teil eines größeren Geschehens, in dem es ganz einfach ist. Mit allen Beteiligten verbunden, ist es auch ohne Worte oder Zeichen klar, wer jetzt den Rhythmus und die Melodie bestimmt und wer sich hinten anstellt. Keiner drängelt, vielmehr ist jeder bereit, sich zurückzunehmen, um sich an dem entfaltenden Potenzial des anderen zu freuen.

Was vielleicht der ein oder andere von Ihnen aus der Musik gut kennt, ist auch bei der Arbeit machbar. Auf dem Weg dorthin haben wir immer zwei Möglichkeiten: Wir können, wie im Gelben so üblich, auf das schauen, was fehlt, was noch nicht stimmt und was unbedingt anders und besser werden soll. Oder wir kommen von Grün und schauen auf das, was schon gelungen ist, wo wir zusammen Besonderes erlebt und erreicht haben. Tatsächlich gibt es davon sehr viel mehr, als uns auf den ersten Blick bewusst ist. In unseren Seminaren fragen wir häufig nach den Lebensjahren, die jemand schon mit einem bestimmten Thema umgeht. So kommen bei zehn Menschen mit durchschnittlich 10 Jahren Erfahrung schnell 100 Jahre Kompetenz zu einer Thematik zusammen. Tatsächlich unterschätzen wir, wie viel Wissen in einem System schon vorhanden ist.

Der Schlüssel zu diesem ungeheuren Reservoir ist Vertrauen zu sich selbst und anderen. Dies zu entwickeln, geschieht durch bereits gemachte Erfahrungen. Sollte in Ihrer Umgebung eher Misstrauen vorherrschen, dann empfehlen wir eine Übung unseres Kollegen Peter Bauer.

Toolbar: Vertrauen herstellen

Jeder Teilnehmende bekommt ein Flipchart-Blatt, das in vier Quadranten unterteilt ist.

Meine Schwächen	Meine Stärken
Was könnte ich darfür tun, dass meine Schwächen zu Stärken werden?	Wen könnte ich um Hilfe bitten?

Die Transparenz und Bereitschaft, mit der die Teilnehmer über die Dauer des Workshops immer wieder auf die Charts schauen ebenso wie das ständige, auch gegenseitige Erweitern der Inhalte, erzeugt eine neue Qualität von Miteinander und Offenheit. Das Geben und Nehmen beflügelt und verändert die Qualität der Zusammenarbeit.

Ja, Sie haben richtig gelesen! Vertrauen wächst, wenn wir uns mit unseren Schwächen zeigen. Dies zu tun, bedeutet nicht, auf das Schlechte zu blicken und sich darüber zu beschweren. Vielmehr geht es um die Bereitschaft, vollständig zu sich zu stehen, genauso wie wir sind. Sollten Sie eine Führungskraft sein, bitten wir Sie darum, hier den ersten Schritt zu wagen. Sie brauchen dazu nicht darauf zu warten, bis ihre Umgebung gut in Grün verankert ist. Sobald eine Gruppe fest im Wir-Gelb steht, schon ein gewisser Vertrauensraum geschaffen wurde, ist diese Praktik sehr dienlich. Prüfen Sie Ihren Glauben an sich selbst und erleben Sie die positiven Auswirkungen auf Ihre Beziehungen. Mit selbstbewusstem Sein trauen wir uns, zu unseren Schwächen zu stehen. Und genau dazu laden wir Sie ein.

Toolbar: Beziehungen vertiefen

Anerkennen Sie ab heute jeden Fehler. Suchen Sie nach keiner Begründung, Rechtfertigung oder Verniedlichung für den Fehler. Üben Sie sich vielmehr darin, alles was schiefgegangen ist, in Ruhe und Entspannung anzuerkennen.

Ob Sie jetzt die Übungen „Beziehungen vertiefen" oder „Vertrauen herstellen" nutzen, innerhalb eines Coachings einen Blickwinkelwechsel vornehmen, mit

Hilfe einer Kreismoderation ein sensibles Thema angehen oder ob Sie einfach im Gespräch mit Kollegen oder Freunden voneinander hören wollen, ist nicht das Entscheidende. Denn all diese beschriebenen Settings erzeugen mit etwas Übung eine Grüne Wertschätzer Ampelschaltung, in der eines passiert: Sie treten immer mehr mit sich selbst und anderen in Verbindung.

Intuition und innere Stimmigkeit bleiben damit nicht hohle, unwirkliche oder befremdliche, nicht greifbare Begriffe, sondern werden gemeinsam konkret spürbar. Wir bekommen Verständnis und Zugang zu dem großen Wissen in uns selbst und in anderen. Wir erleben es tatsächlich als einen schöpferischen Akt, bei dem Antworten uns zufallen oder einfach unverhofft auftauchen, auch auf wichtige Fragen, die wir noch nicht einmal gestellt hatten.

Zwei Beispiele machen deutlich, wie wesentlich diese Klarheit und Verbundenheit zur eigenen Mitte für ein erfülltes und glückliches Leben ist:

No arms, no legs, no worries[30]

Nic Vujicic, ein ohne Arme und Beine geborener Mann, demonstriert eindrucksvoll, wie sehr die Beziehung zu sich selbst sein Leben von Grund auf veränderte. Er war bis ins Jugendalter ein deprimiertes Kind, das vor allem durch das Fehlen seiner Extremitäten all das sah, was es nicht tun konnte. Doch dann traf ihn eine tiefe Erkenntnis: Es kommt nicht auf den scheinbaren Mangel im Sichtbaren an, sondern auf die Fülle im Inneren. Aus diesem persönlichen „Durchbruch in Stille" zu schöpfen, gab ihm das Leben, das er sich erträumte. Selbst seine körperlichen Einschränkungen haben ihn nicht daran gehindert, Sport zu treiben, zu reisen, eine Familie zu gründen und vieles mehr, was man sich, wenn man seine Behinderung sieht, kaum vorstellen kann.

Ein Beispiel aus unseren Coachings

Ein Junge wollte schon über viele Jahre mit großem Enthusiasmus Pilot werden. Als er etwa zwölf Jahre alt war und eine ihm wichtige Person ihm sagte, das könne er nie erreichen, glaubte er, dass sein Traum unerfüllbar sei. Von diesem Tag an hörte er einfach auf, überhaupt etwas für die Schule zu tun, denn jetzt wollte er nicht mehr erwachsen werden. So gelang es ihm durch seinen Widerstand, trotz großer Fähigkeiten, schließlich das Klassenziel zu verfehlen. Erst im Coaching wurden ihm die Zusammenhänge zwischen seinem fehlenden Lerneifer und seinem geplatzten Traum, Pilot zu werden, bewusst. Jetzt, fünf Jahre später, war er in der Lage, mit einem objektiven Blick auf die Zulassungsvoraussetzungen der Pilotenausbildung zu schauen. Zu seiner großen Verblüffung entdeckte er, dass er alle Voraussetzungen erfüllte, bis allein auf ein gutes Abitur. Schon im darauffolgenden Halbjahr wurde er so gut, dass er nur noch 0,2 Punkte vom geforderten Ergebnis entfernt war.

Ein echter Durchbruch in Stille entsteht, wenn wir tatsächlich neben den menschlichen Mustern und biologischen Denk- und Handlungsimpulsen, diese innere Ruhe in uns wahrnehmen können. Sie gibt es in jedem von uns und ist mit etwas Aufmerksamkeit viel einfacher hervorzulocken, als uns das unsere

---

[30] Es ist sehr berührend, Nick Vujicic zu erleben: https://www.youtube.com/watch?v=WZ3XzmeUmx8, abgerufen am 27.11.2016.

Mechanismen und Glaubenssätze suggerieren. Diese eigene Mitte macht uns unangreifbar und standhaft, sie ist nicht manipulierbar und nicht auszulöschen.

Auch wenn sie immer wieder überdeckt wird oder unsichtbar geworden scheint: Wer die Qualität der Stille in sich erlebt hat, wird es nicht sein lassen können, weiter daran zu forschen, wie diese beständig und einfach im Leben zu halten ist. Ein besonderes Geschenk ist es, diese Stille mit anderen zu teilen.

3.2.6 Das Wesentliche geschieht im Dazwischen

Wenn wir innehalten, Unvertrautes willkommen heißen, bereit sind von einem anderen Blickwinkel auf die Welt und unsere Herausforderungen zu sehen und davon ausgehen, dass wir aus der Fülle schöpfen können, dann kann sich das ganze System entspannen. Denn dann ist wahrnehmbar und spürbar, es ist schon „alles da". Jetzt müssen wir nicht mehr irgendwohin gelangen oder besser werden, um dazu zu gehören. Wenn wir in dieser inneren Präsenz sind, können wir den Milliarden Informationen pro Sekunde lauschen, die uns unser ganzes System zur Verfügung stellt. Jetzt geschieht Wesentliches! Jetzt können wir uns besinnen und die Qualität von Pause, Innehalten, Hören, Sehen, Fühlen, Riechen, Schmecken und das Auftauchen von Intuition und sich Einschwingen erleben und diesem Spüren folgen. Aus der inneren Stille sind wir fähig, das zu tun, was sich entfalten will, was geboren werden will, vielleicht nur ein Gedanke, eine neue Idee oder ein Projekt.

Plötzlich

- berührt ein einziger Blick tiefer als erwartet,
- spricht jemand die richtigen Worte und alles ist klar,
- ist die Gewissheit da, dazu zu gehören,
- bleiben alle still und lauschen.

Diese besonderen Ereignisse nennen wir „das Dazwischen", einen Ort, in dem Raum und Zeit, wie wir sie im Alltag kennen, aufgehoben sind, in dem plötzlich alles passt und uns zur Ruhe kommen lässt. Daher sagen wir:

Das Wesentliche geschieht im Dazwischen.

Dass es auch in einem Konzern möglich ist, diesen Raum zu erleben, zeigt folgende Begebenheit:

Achtsamkeit, ein kraftvolles Führungsinstrument

Acht Führungskräfte der ersten und zweiten Führungsebene aus verschiedenen Ländern beschäftigten sich über 18 Monate mit der Frage: Wie können wir Achtsamkeit als Führungsinstrument nutzen?

Der Leiter dieser Gruppe, Dr. Reto Diezi, fasste in seinem Vortrag[31] über „Perspektiven von Meditation im Führungsalltag" im Jahre 2012 die Ergebnisse wie folgt zusammen:

[31] „Interdisziplinärer Kongress zur Meditations- und Bewusstseinsforschung" vom 16. und 17. November 2012.

Die Gruppe konnte feststellen, dass Meditation und Achtsamkeitstraining sie mit ihrem inneren Lärm konfrontierte. Im Verlauf der gemeinsamen Arbeit kam es dazu, dass die Mitglieder unserer Gruppe diese ständige Ablenkung überhaupt erst wahrnahmen. Dies unterstützte alle Beteiligten, sich allmählich in die Stille zu begeben.

Dabei gaben sie sich selbst die Empfehlung, sich im Hinhören zu üben und mit Meditation und anderen Praktiken zu experimentieren. In ihrem vierzehntägigen telefonischen Austausch erkannten sie, dass sich ihre Fähigkeit der Selbstwahrnehmung vertieft hatte.

Eine erstaunliche gemeinsame Erfahrung war zum Beispiel, dass die Gruppe „ihre Ohren mehr und mehr mit dem Herzen verband". Der Satz: Man hört nur mit dem Herzen gut", erhielt eine nachvollziehbare Bedeutung.

Aus diesen Erfahrungen definierten sie Führung ganz neu, mit folgenden Schwerpunkten:

- Den Raum öffnen und ihn offenhalten
- Die Einzigartigkeit der Mitarbeiter erfassen
- Alle auf dem Spielfeld halten und Zugehörigkeit erlebbar machen
- Hören für das höchstmögliche Ziel
- Üben um des Übens willen
- Erreichtes und Nichterreichtes anerkennen und feiern

Abschließend sagten die Teilnehmer:

- „Das hat mein Leben verändert."
- „Erst jetzt verstehe ich, was es heißt, präsent zu sein."
- „Ich kann besser wahrnehmen, ohne zu bewerten."
- „Selbst meine Ehefrau merkt die Veränderung: ‚Du hörst mir wieder zu.'"
- „Die Auswirkungen sind positiv in unserer Arbeitsumgebung spürbar."

Diese Ergebnisse waren zu Beginn keinesfalls vorhersehbar. Als sich die Beteiligten das erste Mal für vier Stunden persönlich trafen, war eine Agenda von 10 Punkten vorgesehen, die es abzuarbeiten galt. Selbstverständlich arbeiten Führungskräfte mit Respekt und einer gewissen Distanz zielgerichtet und effektiv. Doch es kam anders. Es war Agendapunkt Nr. 4 der Tagesordnung, der zum Ziel hatte, dass die Beteiligten, die sich untereinander kaum kannten, mehr voneinander wissen sollten. Jeder erzählte von sich, von seiner Tätigkeit, von seinen Freizeitbeschäftigungen, von Erlebnissen aus seinem Leben.

Sie hörten einander zu, sie wollten mehr wissen von dem, was den anderen ausmacht, was ihn geprägt hat, sie hakten nach, sie würdigten das Erzählte und den Erzähler – und wurden einander vertraut.

Dr. Diezi, der die Gruppe moderierte, beschreibt dieses Erlebnis wie folgt:

„Wir gaben uns den Raum und begannen, ohne dass wir uns das vorgenommen hatten, uns als ganze Menschen zu zeigen. Die vormals Fremden gingen als Freunde auseinander, reich beschenkt durch die außerordentlichen und berührenden Geschichten. Und jedes Mal, wenn ich daran denke – auch nach Jahren –, überzieht eine Gänsehaut meinen Körper.

Im Wesentlichen geht es um eine andere Reihenfolge, nämlich

- vom Sein kommend,
- zu schauen, was zu tun ist,
- um schließlich zu haben,

und nicht umgekehrt und wie in unserem Leben meistens praktiziert."

Man kann die besonderen Momente der Stille nicht einfach produzieren. Sie können sich ereignen, wenn wir bereit sind, sie zuzulassen, wenn wir ein paar Momente oder länger still sind, all das loslassen, was uns vom Wesentlichen abhält. Und dann geschieht sie einfach, ohne Anstrengung. Und wenn Stille da ist, dann haben wir Zugang zu Wesentlichem, ohne dass sich im Außen etwas geändert hätte.

Berührt sein von sich selbst und anderen kreiert Stille

In einem Workshop mit einer Gruppe internationaler Führungskräfte hatten drei Gruppen mit je sechs Personen die Aufgabe, die besten Erfolge der vergangenen Jahre herauszuarbeiten. Jede Gruppe durfte das schönste Erfolgsbeispiel anschließend im Plenum vorstellen. Als jeweils die Geschichte erzählt worden war, fragten wir die große Runde, welche Qualitäten durch die Story sichtbar geworden waren. Schnell füllte sich ein Flipchart. Nach etwa 20 Minuten waren drei großartige Ereignisse erzählt und jeweils ein Papier vollgeschrieben. Mit dem Blick auf diese Besonderheiten sagten wir: „Schauen Sie sich das einfach mal an. Alles, was Sie bei anderen erkennen können, sehen Sie nur deshalb, weil Sie das als Kompetenz in sich selbst haben. Das, was jetzt hier steht, das sind Sie alle!" – noch heute können wir die Stille hören, die nach dieser Bemerkung für ein paar Minuten im Raum war.

Die meisten von uns können sich an Augenblicke von gemeinsam erlebter Stille erinnern, die einfach großartig waren. In Momenten tiefer Berührung können wir jederzeit so daran zurückdenken, als ob es erst gestern gewesen wäre. Erinnern Sie sich?

„Dass du dich traust, dir solch ein schönes Auto zu leisten", schnappte Knut auf dem Parkplatz auf. Angezogen von diesem Satz ging er auf zwei Kollegen aus einer anderen Abteilung zu, die vor einem neuen Wagen standen. „Die Geschäftsführung hat von Einsparungen gesprochen und davon, dass nicht ausgeschlossen werden kann, dass dem ein oder anderen gekündigt werden muss." Max und Lotte, mit denen er gerade eine Aufgabe erledigt hatte, stießen dazu und fragten interessiert nach, was es denn so Neues gebe. „Die Auftragslage ist etwas rückläufig und in Anbetracht eines unsicheren Europas weiß man nicht, wo sich die Sache hin entwickelt. Genau das wurde uns heute von der Leitung mitgeteilt", erklärten die Kollegen.

„An jeder Sache gibt es auch etwas Gutes", kam es aus Knut heraus. „Was könnte denn positiv an dieser Unsicherheit der Geschäftsführung sein?"

Max und Lotte blickten entgeistert auf Knut: „Was ist mir dir los? Hast du sie nicht mehr alle?", stieß Max zwischen den Zähnen hervor.

Knut lächelte und meinte: „Sorry, ich muss zu meiner Frau nach Hause, lasst uns morgen in der Mittagspause weiter sprechen."

Am nächsten Tag saßen die drei an einem Tisch, auch Lisa und Heiner gesellten sich dazu. „Ja, was könnte denn das Gute an der aktuellen Verunsicherung unserer Führungsriege im oberen Stockwerk sein?", wiederholte Knut seine Frage von gestern und ergänzte: „Da ich wirklich gerne hören möchte, was ihr darüber denkt, schlage ich vor, dass wir reihum sprechen und jedem den Raum geben, ungestört ausreden zu können." Alle nickten, sie hatten ja letzte Woche mit Knut erlebt, wie befriedigend es war, wenn das ständige Dazwischenreden aufhörte. Dadurch konnte man tatsächlich im Sprechen ganz andere Gedanken entwickeln und auch mal innehalten und durchatmen.

Was gefunden wurde, erstaunte alle. Da war die Rede von:

- Offenheit für neue Ideen
- Unproduktive Gedanken loslassen
- Einbeziehung der brachliegenden Potenziale
- Gemeinsam für eine gute Zukunft einstehen
- Veränderungen begrüßen und mitwirken

- Nicht auf den Zug aufspringen, die Geschäftsführung schlecht zu machen, sondern Dankbarkeit dafür empfinden, informiert worden zu sein

und von vielem mehr. Vor allem aber kam zunehmen Zuversicht und gute Stimmung auf.

„Und Knut", räusperte sich Heiner, „lass uns mal wissen: Gell, diese Frage hast du von deinem Coach?" Knuts Nicken zur Kenntnis nehmend fragte er weiter: „Was genau machst du da und wie können wir davon noch mehr profitieren?"

„Knut", stellte sich Moni dazu, „deine Zurückhaltung ist unangebracht. Wir alle freuen uns, dass du dir Coaching gönnst. Daran ist doch nichts Schlechtes, nun rück schon raus und lass uns wissen, was du da tust!"

„Also gut, Ihr habt gewonnen. Tatsächlich war es mir unangenehm, euch davon zu erzählen. Wer hat schon einen Coach nötig, das ist ja fast so schlimm, als wenn ich zum Therapeuten müsste. Aber zu meiner Ehre muss ich noch dazu stellen, dass ich da einen interessanten Lernraum für wertschätzendes Coaching gefunden habe. Da sind Leute aus ganz vielen Berufen, in verschiedenem Alter und mit unterschiedlichen Kompetenzen. Die Zugangsvoraussetzung für alle Beteiligten ist, dass man anderen Menschen zuhören kann, ohne den üblichen Drang, mit Ratschlägen um sich zu schlagen. Und das schaffe ich, zumindest so lange, wie ich nicht selbst betroffen bin! Alle, die da mitmachen, haben wie ich viel mit Menschen zu tun und wollen von- und miteinander lernen. Das Prinzip ist ganz einfach: In einem sogenannten Ringcoaching hat jeder einen Coach und coacht gleichzeitig eine andere Person. Und die Frage nach dem Guten im scheinbar Negativen, die hab ich aus einem Training, an dem jeder, der bei dem Ringcoaching mitmachen möchte, teilnimmt."

Max fing vorsichtig an und sagte: „Knut, sorry für mein gestriges Rausplatzen auf dem Parkplatz und danke, dass du das so locker genommen hast. Was meinst du, das mit dem Coaching, wär' das auch was für mich?"

3.3 Durchbruch in Identität – in der gemeinsamen Ausrichtung ist mein Wert präsent

Unternehmen sind Orte, wo die Beteiligten aus der eigenen Identität und Stimmigkeit heraus für einen gemeinsamen Unternehmenssinn handeln. Die Mitarbeiter sind ausgerichtet und stolz darauf, mit dem Produkt oder der Dienstleistung etwas Wertvolles für andere beitragen zu können.

Nützliche Blickwinkel	• Mich selbst wertschätzen ist die Basis. • Meine Einzigartigkeit wird gebraucht. • Wer bin ich wirklich und wofür sind wir zusammen? • Was haben wir der Welt zu geben? • Welcher Kreation geben wir Kraft?
Empfohlene Tools	• Den inneren Kritiker entthronen • Feedback einholen • Jahrbuch meiner Fähigkeiten • Vom Ich zum Wir • Appreciative Inquiry • Sinn und Zweck finden
Beispiel-unternehmen	Reckhaus GmbH & Co. KG Datex Perfekt GmbH

Warum kommen wir hier eigentlich Tag für Tag zusammen?

Freddy ergriff am darauffolgenden Freitag sofort das Wort: „Ich möchte heute ein mir wichtiges Experiment mit euch starten. Wir arbeiten alle hier seit vielen Jahren und natürlich ist das, was wir tun, wichtig. Aber mal ehrlich: hat das, was wir hier machen, einen tieferen Sinn? Bringt unser Einsatz wirklich irgendetwas Positives hervor? Tragen wir etwas dazu bei, dass unser Planet auch nur ein klein wenig besser wird? Ohne euch und diesen spannenden Prozess, den wir seit einigen Monaten miteinander erleben, wäre ich bestimmt schon ausgerissen. Aber jetzt will ich mit euch einen Schritt weitergehen und von euch hören, was ihr zu folgender Frage sagt: Wer bin ich wirklich und wofür sind wir zusammen?"

Freddy erklärte das Setting: „Wir teilen unser Team in zwei Vierergruppen. Jeder hat zwei Minuten Zeit zu folgender Frage seine Gedanken mitzuteilen: Wer bin ich wirklich und wofür sind wir zusammen? Zwischen den verschiedenen Mitteilungen wird jeweils ein einminütiges wertschätzendes Feedback für den Sprecher gegeben. Der Countdown läuft, in 20 Minuten treffen wir uns wieder in der großen Runde."

Tatsächlich saßen 25 Minuten später wieder alle im Kreis und Freddy fragte mit leuchtenden Augen: „Wie war es für euch?"

Heiner sprach: „Also ehrlich, ich wusste erstmal keine so richtige Antwort auf die Frage, wer ich wirklich bin. Das gibt mir echt zu denken, wenn nicht mal ich das weiß." Moni stellte dazu, dass sie sich sehr über die Statements der Kollegen gefreut hatte und fügte an: „Auch wenn's mit dem Geld bei mir gerade nicht so einfach ist und ich dringend eine Gehaltserhöhung bräuchte, habe ich bemerkt, dass mir unsere Zusammenarbeit sehr wichtig geworden ist. Das Forschen über unsere Stärken, das wir vor wenigen Monaten begonnen haben, das ist wirklich toll. Und die Impulse zum Innehalten und wenn ich dabei bemerke, wie häufig ich innerlich getrieben bin, das hat mir mehr gegeben, als ich je erwartet hätte." Auch die anderen waren von der Tiefe der Begegnung überrascht und äußerten anerkennende Worte.

Freddy freute sich an der wachsenden Authentizität. Das Team war sich wieder etwas nähergekommen und jeder hatte auf seine Art ein besonderes Erlebnis gehabt. Erstaunlich ruhig und entspannt wurden die weiteren Themen der Tagesordnung abgearbeitet.

„Äh, Chef", sagte Freddy am Ende der Sitzung, „wie geht's eigentlich mit Ihrem Durchbruch in Balance, sind Sie noch dran?" Unser Wertschätzer lächelte: „Lasst euch überraschen."

Können Sie sich vorstellen, dass Ihr Alltag im Unternehmen völlig anders ist, weil sich alle zugehörig fühlen und voller Selbstvertrauen und Selbstbewusstsein sind? Gelebter Stolz über die Einzigartigkeit des Unternehmens begleitet das Handeln aller Beteiligten. Die Freude an einer gemeinsamen Ausrichtung und Freundschaft beflügelt die Arbeit. Das hat nicht nur weitreichende Auswirkungen auf die Beziehungen zu Kunden und Lieferanten, auch ein neues Verständnis für Ökologie und Ressourcen erwächst.

3.3.1 In der gemeinsamen Ausrichtung ist mein Wert präsent

„Unsere tiefgreifendste Angst ist nicht, dass wir ungenügend sind. Unsere tiefgreifendste Angst ist, über das Messbare hinaus kraftvoll zu sein. Es ist unser Licht, nicht unsere Dunkelheit, die uns am meisten Angst macht. Wir fragen uns, wer bin ich, mich brillant, großartig, talentiert, phantastisch zu nennen?

Aber wer bist Du, Dich nicht so zu nennen? Du bist ein Kind Gottes. Dich selbst klein zu halten, dient nicht der Welt. Es ist nichts Großartiges daran, sich so klein zu machen, dass andere um Dich herum sich nicht unsicher fühlen. Wenn wir unser eigenes Licht erscheinen lassen, geben wir unbewusst anderen Menschen die Erlaubnis, dasselbe zu tun. Wenn wir von unserer eigenen Angst befreit sind, befreit unsere Gegenwart automatisch andere."

Marianne Williamson, bekannt aus der Antrittsrede von Nelson Mandela

Welcher Unternehmer träumt nicht genau von dem Bild des begeisterten Mitarbeiters, der mitdenkt, sich einbringt, zu jeder Zeit zur Firma steht und immer nur gut über sie spricht? Das Bewusstsein, dass alle Betriebszugehörigen ein Aushängeschild des Unternehmens sind, ist heute eine Selbstverständlichkeit. Keiner kommt mehr am Internet vorbei, dessen Öffentlichkeit[32] gerade bei internen Pannen manchmal drastische Auswirkungen zeigt. Die Verantwortlichen fast aller Unternehmen bemühen sich, etwas für ihre Leute zu tun. Hochwertige Arbeitsgeräte und gute Arbeitsplatzbedingungen sind meist selbstverständliche Standards. Außerdem ist man stets darum bemüht, ein Ohr für die Mitarbeiter zu haben. Doch trotz offener Tür bleibt der Weg zum Chef dennoch eine Ausnahme, und das Miteinander sieht häufig ganz anders aus als erwünscht.

Prüfen Sie selbst:

- Empfinden Sie sich häufig wie „fremdgesteuert" oder in Sachzwängen gefangen? Oder schreiten Sie aufrecht und mit Freude an der Eigenverantwortlichkeit durch Ihren Arbeitsalltag?
- Fühlen Sie sich öfters ausgegrenzt, abgelehnt, verurteilt oder missachtet und empfinden sich als minderwertig? Oder sind Sie gut integriert, angenommen und anerkannt?
- Ist Ihr innerer Kritiker richtig laut? Oder mögen Sie sich selbst?
- Sind Sie meist lieb und nett und es fällt Ihnen schwer, eine Bitte auszuschlagen? Oder achten Sie Grenzen – die eigenen und die der anderen – und stehen auch für sich selbst ein?
- Beziehen die Menschen im Betrieb die emotionale Nahrung eher aus sich abgrenzenden Gruppierungen mit Klatsch und Tratsch? Oder ist authentische Wertschätzung die Grundlage für erfüllende Arbeit, gute Leistung und fruchtbare Zusammenarbeit?

Je nachdem auf welcher Seite Sie stehen, drückt dies Ihr hohes oder niedriges Selbstvertrauen und dementsprechend Ihre Courage, Durchsetzungskraft und Ihre soziale Handlungsfähigkeit aus. An all dem ist weder etwas falsch, noch trägt jemand die Schuld. Es spiegelt – einfach gesagt – die aktuelle Situation der Bewusstheit von Menschen wieder, d. h. ob sich diese in Rot, Gelb oder Grün befinden.

Wonach ich gesucht habe, das lauert in mir.
Es ist lebendig, stark und schön.

---

[32] Auf www.kununu.de kann jeder anonym die Qualität des eigenen Unternehmens öffentlich sichtbar machen. Am 03.11.2016 befanden sich dort 1.370.000 Bewertungen zu 283.000 Unternehmen.

Die Identität von Grün

Während eine Rote Identität humorvoll „Das Krokodil" genannt werden kann und eine Gelbe „Der gestresste Besserwisser", ist die Identität von Grün „Der entspannte Leuchtturm".

Eine klare Grüne Identität, die nicht kämpfen und nicht ausgleichen muss – aber kann – ordnet alles um sich herum. Sie strahlt wie ein Leuchtturm Richtungsweisung, Klarheit und Orientierung aus und vermittelt Sicherheit und Gelassenheit. Meist ist bei ihr der Ursprung für guten Flow im Team zu finden.

Sie zweifelt selten, sondern untersucht, was stimmig ist, handelt und lernt. Eine solche Führungspersönlichkeit muss keine Restriktionen anwenden, um ihre Gegenüber zu erreichen, denn jeder arbeitet gerne mit ihr zusammen bzw. ist stolz, zu ihrem Team zu gehören und es selbst zu bereichern.

Diese Identität ruht in sich, ist mit ihrer Aufmerksamkeit in der Realität präsent und würde, wenn sie eine Kernaussage träfe, vermutlich sagen „Ich bin (da)."

Jeder von uns hat bereits Zeiten solch souveräner Tatkraft und Lebensfreude erlebt. Führungskräfte, die wir befragt haben, wie sie sich in diesen Sternstunden oder Flow-Zeiten empfinden, antworten häufig mit: „Da bin ich ganz ich selbst" oder „in meiner Mitte" oder „ich wusste, dass es das geben muss" und „danach habe ich immer gesucht!".

Wir erleben, dass ein Mensch im Grünen Zustand anfängt zu erahnen, wer er wirklich ist. Er gewinnt Zugang zu seiner innewohnenden Lebensfreude und bekommt einen Geschmack von einem angstfreien Leben. Die menschliche Psyche vergisst das nie mehr und folgt daraufhin der Kraft dieser Grünen Lebensqualität, wo immer sie auftaucht, mit Freuden, um sich und andere damit zu beschenken.

Die „Grüne Identität" ist sehr erfolgsträchtig, gewinnend und kraftvoll, egal ob man sie für wenige Momente erlebt oder über längere Zeit zu eigen hat. Diese vorherrschende Lebensqualität könnte man mit Vertrauen, Lebendigkeit und Lebensfreude bezeichnen.

Wie erreichen wir nun in einem solch komplexen Gebilde wie einem Unternehmen oder einer Organisation diesen Durchbruch in Identität?

3.3.2 Mich selbst wertschätzen ist die Basis

Wir selbst sind unsere größten Kritiker,
wechsle die Seite, werde dein größter Fan!

Warum ist der Ruf nach mehr Wertschätzung in unserer heutigen Unternehmenswelt so laut? Natürlich kann man einfach antworten: Weil eben die Wertschätzung fehlt. Vielleicht liegt der Grund dafür aber weniger darin, dass Menschen zu wenig Anerkennung bekommen, sondern dass wir selbst an der größten eigenen Herausforderung scheitern, nämlich ein lebendiges und erfülltes Leben zu führen, auch und insbesondere in unserem Job. „Zur Arbeit gehen", wird in unserer Kultur häufig als notwendiges Übel betrachtet, das auf jeden Fall weniger wertvoll ist als Freizeit, Urlaub, Spaß oder Freude. Wirkliche Erfüllung in der Arbeit, das scheint für viele unvorstellbar.

In Anbetracht dieses Abstands zwischen gewünschter (Lebens)Entfaltung und (Arbeits-)Realität, wer wünscht sich da nicht eine liebevolle Partnerschaft mit einem anderen Menschen, um doch mindestens jemanden zu haben, der uns im Umgang mit unseren Alltagsklippen und Unzulänglichkeiten zur Seite steht?

Wir übersehen dabei leicht die eine wesentliche Voraussetzung: Für das Gelingen all unserer privaten und beruflichen Partnerschaften ist eine gute Beziehungsqualität zu einer Person äußerst hilfreich, zu mir selbst.

Warum die Beziehung zu dem wichtigsten Menschen in unserem Leben, zu uns selbst, häufig so gestört ist, hat gute Gründe. Die naheliegende Realität ist, dass wir uns selbst und unsere größten Fähigkeiten kaum kennen. Oder, besser ausgedrückt, wir sind uns unserer Potenziale und besonderen Qualitäten nicht bewusst. Wir laufen nicht mit der Gewissheit herum, eine absolute Fachfrau oder ein Fachmann in der ein oder anderen Sache zu sein, geschweige denn sind wir stolz darauf. Uns ist auch nicht bewusst, dass es ein Glücksfall sein könnte, dass ausgerechnet wir Teil einer Herausforderung sind, die ohne uns auf jeden Fall signifikant andere Ergebnisse bringen würde. Wessen wir uns nicht bewusst sind, das können wir auch nicht ergreifen und weiter im Leben ausbreiten. Damit berauben wir uns unserer eigenen Wirksamkeit und der daraus resultierenden Selbstbestätigung. Daher ist es nicht sehr verwunderlich, wenn bei Mitarbeiterbefragungen der Ruf nach Wertschätzung so laut wird. Wir wollen doch zumindest für unsere tägliche Anstrengung etwas Anerkennung und Wertschätzung bekommen. Wir rufen nach dem Trostpreis der Wertschätzung im Außen, obwohl dieser – und das versprechen wir Ihnen – Sie nur kurzfristig zufrieden stellen würde.

Warum ist der Zugang zu unseren Fähigkeiten so schwierig?

- Obwohl wir unsere herausragenden Fähigkeiten und Qualitäten im Alltag zur Verfügung haben, fehlt uns ein Bewusstsein über diese besonderen Begabungen. Vermutlich liegt es daran, dass unser mangelndes Wissen über unsere positiven Kompetenzen für unser physisches Überleben ohne große Bedeutung ist. Daher haben wir keine biologischen Automatismen, die uns darauf hinweisen.
- Dazu kommt, dass wir trotz unserer Exzellenz auch auf „hohem Niveau" Fehler machen und mit Pannen umgehen müssen. Da wir uns unserer „Spielklasse" nicht bewusst sind, glauben wir meist unserem inneren Kritiker. Dieser weißt uns gerne darauf hin, was wir schon wieder alles falsch gemacht haben. Das, was schief läuft, ist immer lauter als das, was gelungen ist.

Dies alles führt dazu, dass wir uns in den Bereichen, in denen wir wirklich gut sind – wenn überhaupt – als unteres Mittelmaß erleben. Unsere besonderen Fähigkeiten erscheinen uns normal, alltäglich, häufig sogar unbedeutend und belanglos. Gerade weil wir mit uns selbst so vertraut sind, meinen wir, dass das, was wir können, doch ganz einfach und nichts Besonderes ist. Bildlich gesehen sind unsere glänzenden Fähigkeiten wie das Wasser für den Fisch: Er nimmt es nicht wahr.

Durch diese Unbewusstheit kommen wir gar nicht auf die Idee, unsere Besonderheiten mehr einzubringen und so berauben wir uns selbst der möglichen Erfolge unserer vorhandenen Begabungen. Auch um uns herum hören wir häufiger Bemerkungen über das, was bei uns schiefgelaufen ist und so haben wir uns damit abgefunden, „klein zu spielen".

Sollte das bei Ihnen anders sein, dann liegt das mit hoher Wahrscheinlichkeit an Ihrer Umgebung. Unser Selbstbewusstsein und unsere Klarheit über das, worin unsere besonderen Stärken liegen, ist stark davon geprägt, wie andere uns wahrnehmen und welche Feedbacks wir von ihnen bekommen. Insbesondere das Aussprechen unserer Qualitäten durch andere zeigt uns die Kluft zwischen der Eigen- und der Fremdwahrnehmung – wie wir schon im Kapitel 3.1. ausführlich dargestellt haben.

Leider tut sich mit dieser Erkenntnis auch eine neue Falle auf: Viele Menschen, welche diese Zusammenhänge erkennen aber gleichzeitig ihre Unfähigkeit erleben, diesen inneren Kritiker abzustellen, beginnen nun obendrein, sich auch dafür noch schlecht zu machen.

Eine gute Idee ist es also, eine bewusste und sachliche Beziehung zu unserem inneren Kritiker herzustellen und diesem Einhalt zu gebieten. Hier unsere Empfehlung, wie Sie dabei vorgehen können:

Toolbar: Den inneren Kritiker entthronen

- Identifizieren Sie sich nicht mit Ihrem inneren Kritiker. Geben Sie ihm Mitgefühl dafür, dass er eine wichtige Botschaft für Sie hat, auch wenn die Art und Weise, wie er spricht, unfreundlich ist und etwas Übersetzungsarbeit benötigt. Nehmen Sie ihn also mit Mitgefühl wahr. Ihn so zu betrachten, macht uns frei, auf uns als Ganzes zu schauen und uns selbst mit allem – Fehlern und Schwächen, Gutem und Wunderbarem – als Gesamtkunstwerk zu erkennen und wertzuschätzen.
- Bitten Sie grundsätzlich Ihren inneren Kritiker, sich, bildlich gesprochen, ins Wartezimmer zu setzen. Das bedeutet, immer wenn er Sie kritisieren will, verbieten Sie ihm das Wort und schicken ihn wieder zurück in den Vorraum. Reservieren Sie sich jedoch Zeit für ihn, in der Sie ihn in Ihre Sprechstunde lassen – zu Beginn tun Sie das am besten mit Ihrem Coach. Halten Sie inne und erforschen Sie, aus welchem Anlass seine Beschwerden entstanden sind. Entwickeln Sie ein neues Verständnis für die damit verbundenen Mechanismen. Wertschätzen Sie auch Ihr Lernen und all Ihre Fähigkeiten, die aus dieser häufig lebenslangen Kritik entstanden sind. Bedanken Sie sich für die Botschaft und empfehlen Sie Ihrem Kritiker, Ihr Haus zu verlassen. Sollte etwas noch nicht gesagt sein und er wieder zurückkommen, dann beordern Sie ihn noch einmal ins Wartezimmer, bis Sie sich erneut dafür Zeit nehmen können.

Nutzen Sie Ihre Fähigkeit, Ihre Gedanken zu kontrollieren. So wie Sie jederzeit in Gedanken von 1 bis 100 zählen können, genau so können Sie in dem Moment, in dem Sie Ihren inneren Kritiker bemerken, die Aufmerksamkeit auf etwas anderes lenken. Gleichwohl lässt er sich nicht für immer auf die Seite stellen. Ohne Zeiten der interessierten Aufmerksamkeit werden Sie es mit der Selbstwertschätzung schwer haben. Im Verdrängen und Ausblenden dieser Stimmen unterdrücken wir die damit verbundenen Anteile in uns und ignorieren die dahinterliegende Botschaft. Das gibt dem Kritiker Kraft und er kommt mit umso größerer Gewalt und Druck in unser Leben, meist dann, wenn es uns überhaupt nicht passt.

Wenn wir Entspannung, Gelassenheit und Vertrauen mitbringen, weil wir unsere Menschlichkeit verstehen und einordnen lernen, dann können wir loslegen, und unsere Stärken und Fähigkeiten mehr und mehr ergreifen. Um diese einfacher erfassen zu können empfehlen wir, sich die Rückmeldung nahe stehender Menschen einzuholen.

Toolbar: Feedback einholen

Gönnen Sie sich das Feedback Ihrer Umgebung, fragen Sie nach, was genau die Menschen in Ihrer Umgebung in Ihnen Gutes erkennen. Erforschen Sie deren Sichtweisen und nutzen Sie – wenn irgend möglich – das Feedback einer Gruppe, die bereit ist, Ihnen mit dem, was Ihre Besonderheiten sein könnten, auf die Sprünge zu helfen. Einfache Fragen sind:

- Was sind Ihrer Meinung nach meine größten Stärken?
- Was war Ihr wertvollstes Erlebnis mit mir/uns und was genau war daran für Sie so wichtig?
- Was glauben Sie über eine mögliche positive Zukunft von mir, wohin ich mich entwickeln werde?

Eine gute ergänzende Frage ist z. B. auch:

- Was trauen Sie sich nicht, mir zu sagen?“

Weiteres dazu finden Sie in unserer Toolbar in Kapitel 6.

Warnung: Wundern Sie sich nicht, wenn dieser innere Kritiker gerade dann besonders laut wird, wenn Sie beginnen, einen wertschätzenden Blick auf sich selbst zu werfen. Das ist normal, gehört zum Prozess und ist keinesfalls ein Zeichen dafür, dass irgendetwas falsch ist! Bleiben Sie einfach dran. Es ist wie bei einem Flugzeug, der Start verbraucht 90 % der Energie. Das „Fliegen“ in der eigenen Wertschätzung ist einfacher.

3.3.3 Meine Einzigartigkeit wird gebraucht.

Wie soll der Erfolg Dir folgen,
wenn Du ihm hinterher rennst?

Es macht einen großen Unterschied, ob Sie an Ihren Fähigkeiten zweifeln oder sich als Glücksfall für ein Unternehmen bezeichnen, das Ihre besonderen Fähigkeiten nutzen darf. Es ist dabei von Vorteil, wenn Sie Ihre Einzigartigkeit kennen und formulieren können, denn dann können Sie mit einem gesunden und fundierten Selbstbewusstsein auftreten. Insofern ist Ihr Wissen über Ihre ganz einzigartige Identität eng mit Ihrer Attraktivität, Standfestigkeit, Durchsetzungsfähigkeit und Ausstrahlung verbunden. Um genau dazu Zugang zu finden, gibt es eine einfache Vorgehensweise:

Toolbox: Jahrbuch meiner Fähigkeiten

Gehen Sie auf Entdeckungsreise, was Sie alles schon in Ihrem Leben gemacht, gelernt und Wesentliches erkundet haben. Nutzen Sie ein großes leeres Buch mit mindestens genauso vielen Blättern wie Ihr Lebensalter. Auf die linke Seite kleben Sie wichtige Bilder, die Sie aus dem jeweiligen Alter kennen. Und auf der rechten Seite schreiben Sie alles auf, was für Sie in diesem Jahr wichtig war, was Sie erreicht haben, was Sie gelernt haben, mit wem Sie befreundet waren und an welchen Gruppen Sie regelmäßig teilgenommen haben.

Wir versprechen, Sie werden beginnen, von sich selbst begeistert zu sein.

In der Frage, wie man dieses Bewusstsein über sich selbst im Alltag verfügbar haben kann, hilft uns ein wunderbarer Satz, der im Schaukasten der Feuerwehr des kleinen Orts Buseck lange Zeit gestanden hat:

„Ohne dich sind wir einer zu wenig!"

Übersetzt in unseren Kontext meinen wir: Ohne Ihre wertvollen Fähigkeiten fehlt uns (Ihr) wertvolles Potenzial.

Nehmen Sie einmal an, dieser Satz wäre wahr und Sie würden ihn sich zu Herzen nehmen! Stellen Sie bitte die Tatsache dazu, dass es Sie in dieser Ausprägung und dieser einzigartigen Mischung aus Stärken und Schwächen nur ein einziges Mal gibt. Sie sind daher als einziger Mensch mit dieser besonderen Kombination von Fähigkeiten ausgestattet, um ganz bestimmte Dinge in der Familie, im Team, im Unternehmen, in der Welt zu einer neuen Qualität zu führen. Und nehmen Sie außerdem an, angefangen mit Ihnen hätten die Menschen den Mut, den eigenen Platz wirklich einzunehmen und die Dinge, die sie bisher nicht gewagt haben, tatsächlich zu tun. Können Sie sich vorstellen, was dann möglich wäre?

Dabei geht es nicht darum, dass Sie alles richtig oder perfekt machen. Viel wesentlicher ist, dass Sie sich trauen, im Kontakt mit Ihrer Einzigartigkeit, diese im Bewusstsein zu halten und von dort her zu agieren.

Der eigenen Spur folgen

Helmut Schiffner hatte ein Schlüsselerlebnis, als er in den 1980er-Jahren vorübergehend die Leitung eines Lettershops innehielt. Eine der Mitarbeiterinnen, die für etwa fünf Deutsche Mark die Stunde einfache Schachteln zusammenfaltete, war eine hochgebildete Diplom-Chemikerin. Auf die Frage, warum sie für so wenig Geld diesen Job machen würde, antwortete sie: „Ich bin Mutter von vier Kindern und muss auch mal raus und mit ganz normalen Leuten sprechen. Der Druck, bei anderen Jobs zu bestimmten Zeiten vor Ort sein zu müssen, funktioniert für mich nicht. Ich brauche Flexibilität und will den Kontakt nach außen nicht verlieren. Geld ist für mich nicht so wichtig."

Manchmal sind es die kleinen Dinge, die uns so berühren, dass wir Großes vollbringen. Er fragte andere Frauen und hörte weitere Antworten wie: „Wir Frauen auf dem Lande brauchen wohnortnahe flexible Jobs. So etwas gibt es nirgends!"

Anfang der 1990er-Jahre baute Schiffner[33] Geschäftsstellen in einer ländlichen Gegend in Oberfranken auf, in denen zu Hochzeiten fast 500 Frauen beschäftigt waren. Dabei überließ er es den Mitarbeiterinnen selbst, Ihre Arbeitszeiten so flexibel einzuteilen, wie sie es wollten. Sie mussten sich nur eigenständig untereinander absprechen, so dass die vorhandene Arbeit gut erledigt werden konnte. Ein durch das Unternehmen gefördertes Mitfahrprojekt, das 2014 vom Bund für Umwelt und Naturschutz (BUND) den Umweltpreis für Unternehmensinnovationen bekommen hatte, sorgte dafür, dass Frauen auch ohne eigenes Auto zu einem der fünf unweit liegenden Büros gelangen konnten.

Aus mangelndem Selbstbewusstsein und der Vermeidung von unangenehmen Gefühlen, irgendwo anecken zu können, gehen wir davon aus, dass sich Anpassen, mit im Rudel Laufen, dem Mainstream Folgen doch nicht so schlimm ist. Das ist weit gefehlt! Eine Gruppe profitiert immer von der Vielfalt, von den verschiedenen Vorlieben, Qualitäten und Stärken, aber auch manchen so genannten Schwächen[34] der Einzelnen und deren Fähigkeit, diese auf einzigartige Weise zu kompensieren. Durch diese Unterschiedlichkeit ist es viel leichter, über den Tellerrand zu schauen und gemeinsam Neues auszuprobieren, um damit möglicherweise Großes zu bewirken. Laut Untersuchungen in verschiedenen Städten folgt der wirtschaftliche Aufschwung einer Stadt, nachdem sich dort viele Künstler angesiedelt haben. Deren Einzigartigkeit ebnet den Weg für neue Ideen und Entwicklungen. Wir bitten Sie daher Ihre ganz persönlichen Besonderheiten wahrzunehmen, zu schätzen und einzubringen. Ohne Sie sind wir einer zu wenig. Das folgende Beispiel zeigt uns, was möglich ist, wenn jemand seine bisherige Blindheit bemerkt und die Augen öffnet.

Sie meinen vielleicht, dass das mit den Künstlern ein Witz ist. Dr. Hans-Dietrich Reckhaus lehrt uns das Gegenteil. Als Sohn eines Familienunternehmens, das seit 60 Jahren Insektizide für Innenräume verkauft, ist er sozusagen in einer Welt aufgewachsen, in der es normal war, lästige Plagegeister mit Fallen oder Chemikalien zu beseitigen. Im Jahre 2011, das Unternehmen hatte sich prächtig entwickelt, saß er mit zwei Konzeptkünstlern zusammen. Er hatte eine innovative Fliegenfalle entwickelt und fragte Frank und Patrik Riklin um ihren Rat für eine wirkungsvolle Vermarktung. Da sie sich die letzten Monate bei einem gemeinsamen Projekt angefreundet hatten, sagte einer der beiden zu ihm: „Du Hans, hast du dir schon einmal überlegt, welchen Wert eine Fliege hat? Und sollte man Fliegen nicht besser retten, statt sie zu töten? Insekten sind doch äußerst nützliche Lebewesen, das zu ignorieren passt doch gar nicht zu dir."

Diese Ansprache hatte unseren Herrn Doktor kalt erwischt und sie traf mitten ins Herz – und ließ ihn nicht mehr los.

Zwei Tage später entschied er sich, diesem Impuls zu folgen und wenn nötig, seine Firma auch auf den Kopf stellen zu lassen. Die folgenden Jahre entwickelte er zusammen mit wissenschaftlichen Fachleuten und begleitet von künstlerischen Aktionen das Gütezeichen „Insect Respect"[35]. Es garantiert heute, dass

[33] Siehe www.datex-perfekt.de, aufgenommen am 21.12.2016.

[34] „Die Entdeckung der Langsamkeit" ist ein 1983 erschienener Roman und preisgekrönter Bestseller des deutschen Schriftstellers Sten Nadolny; https://de.wikipedia.org/wiki/Die_Entdeckung_der_Langsamkeit, abgerufen am 19.12.2016.

[35] Mit diesem Trailer können Sie einen Hauch der Entstehungsgeschichte von „Insect-Respect" einfangen. Sehr empfehlenswert! https://www.youtube.com/watch?v=Jsilfd004ek, abgerufen am 03.11.2016.

sowohl Produktion als auch Anwendung von Insektiziden der Marke Reckhaus mindestens genauso vielen Insekten ein gutes Leben ermöglichen, wie damit getötet werden. Die Kompromisslosigkeit, mit der Herr Dr. Reckhaus seiner ganz persönlichen Einzigartigkeit gefolgt ist, sowie seine bis ins kleinste Detail durchgeführte Unternehmenswandlung sind mehr als überzeugend. Können Sie sich vorstellen, wie anders heute die Mitarbeiter dort über ihre Firma sprechen als noch vor ein paar Jahren?

Es geht um Wert und Respekt, im Großen wie im Kleinen. Hans-Dietrich Reckhaus unterstreicht dies mit folgenden Worten: „Wenn sogar wir das schaffen, einem Unternehmen, das Lebewesen tötet, einen tieferen Sinn zu geben, dann schaffen das alle anderen auch!"

3.3.4 Wer bin ich wirklich und wofür sind wir zusammen?

Bin ich meine Gedanken und Gefühle?
Bin ich wirklich ein von Umständen und
Sachzwängen herumgeworfenes Ding,
ein Strohhalm im Ozean des Lebens,
wie es manchmal scheinen mag?

Vielleicht sind wir zusammen mächtige Schiffe,
einer von uns ist Steuermann,
der andere der Kapitän oder der Koch,
und es geht uns gut.

Vielleicht ist der ganze Ozean in mir...
– und der Wind steht freundlich.

Die Fragen, wer ich wirklich bin und wofür wir zusammen sind, klingen ganz harmlos. Warum treffen sich Menschen Tag für Tag an einem Ort, den sie „Arbeit" nennen? Was ist der tiefere Sinn einer Menschengemeinschaft, die sich immer wieder versammelt, um etwas zu bewegen?

Als wir begannen, uns mit diesen Fragen zu beschäftigen, war es für uns erstaunlich festzustellen, wie wenig wir mit einem gemeinsamen „Wofür" verbunden sind. Wir bemerkten, dass wir in all unseren Gemeinschaften keine klare Ausrichtung hatten. Haben Sie Antworten auf folgenden Fragen, die Sie bei entsprechenden Begegnungen in sich tragen?

Wofür ist eine Partnerschaft zusammen?

Wofür ist ein Arbeitsteam zusammen?

Wofür ist eine Abteilung zusammen?

Wofür ist eine Unternehmensgemeinschaft zusammen?

Wofür ist eine Gruppe – egal welcher Art – zusammen?

In einer Gelben Welt von Fehlersuchblick und Verbesserungsstreben übersehen wir diese einfachen Fragen. Stattdessen hören wir davon, dass Teams und Organisationen, die eine Mission oder Vision verfolgen, bessere Ergebnisse haben. Aber so wie bei fehlender Wertschätzung die Idee, jetzt einfach mehr zu loben, keine wirkliche Lösung ist, bringt auch die Umsetzung einer Führung, einfach eine Vision oder Mission zu erarbeiten, keinen nennenswerten Unterschied.

Wenn die Motivation dazu aus dem Gelben Mangeldenken kommt, bleibt sie fruchtlos und unverbunden. Und weil in einer Stressumgebung so viele Dringlichkeiten vorherrschen, überleben Visionen Jahre oder gar Jahrzehnte und verstauben manchmal auf Schautafeln oder Webseiten, ohne je gelebt zu werden. Auch wird sie sich nicht den jeweils neuen Gegebenheiten einer sich ständig verändernden Gemeinschaft anpassen – Kurz: Sie lebt nicht bzw. gibt keine Kraft und kein leichteres freudigeres Arbeitsleben.

Im Grünen Kontext ist eine gewünschte Zukunft die Basis, der zentrale Ausrichtungspunkt, auf den sich jeder Zugehörige fokussiert. Umso wichtiger ist es, dass dieser Leitstern gemeinsam entdeckt wird, am besten aus der Verbundenheit mit dem eigenen Wert, mit dem, was jeder Einzelne wesentlich dazu beitragen kann.

Brian Robertson[36] beschreibt diesen Findungsvorgang sehr provokativ. Er fragt jeden Einzelnen nach seinen persönlichen Träumen und seinen Vorstellungen, die das Unternehmen in einigen Jahren erreichen soll, um dann mitzuteilen, dass genau diese Gedanken und Wunschvorstellungen dem gemeinsamen Leitbild im Wege stehen.

Einzelträume tragen eben nicht das wirklich Gemeinsame in sich! Und vielleicht ist dieses „Wofür wir zusammen sind" viel größer oder ganz anders, als Sie das erahnen können. Ist jedoch dieses Gemeinsame herausgeschält, erstaunen wir, wie sehr sich die daran Beteiligten darin wiederfinden. Jetzt sind sie auch mit Freude bereit, sich in die Unternehmensgemeinschaft einzubringen. Noch mehr Dynamik entsteht, wenn dieser Leitstern noch nicht einmal „in Stein gemeißelt" festgeschrieben, sondern offen dafür ist, sich jederzeit durch neue Impulse weiter entwickeln zu lassen?

Eine gute Unterstützung für die Verbundenheit des Einzelnen mit einer Unternehmensgemeinschaft ist eine Übung, die wir Ihnen zur regelmäßigen Anwendung mitgeben. Dabei kreieren Sie gleichzeitig eine gute Grundlage für eine gemeinsame Zukunft oder eine einfache Anpassung der aktuellen Ausrichtung. Diese Übung benötigt nicht viel Zeit und kann wöchentlich oder mindestens monatlich in Ihren Teams oder Arbeitsgruppen eingesetzt werden.

Toolbar: Vom Ich zum Wir

Teilen Sie Ihr Team in Dreiergruppen mit Person A, B und C ein. A fängt an und hat drei Minuten, um folgende Frage zu beantworten: „Wer bin ich wirklich und wofür sind wir zusammen?" Nach Ende dieses Zeitfensters bekommt er je eine Minute wertschätzendes Feedback von den beiden Zuhörern. Dann das gleiche mit B usw. In nur 15 Minuten haben Sie eine völlig andere Energie in Ihrer Gruppe.

Versprochen! Wenn Teams diese Übung regelmäßig wiederholen, schärft sich automatisch die Selbstwahrnehmung für das Wesentliche.

Die Anregung für diese Praktik haben wir aus dem Schatz von Patrick D. Cowden[37] entnommen und weiterentwickelt.

---

[36] Aus dem Buch „Holacracy: Ein revolutionäres Management-System für eine volatile Welt".

[37] Die Frage „Who am I and why am I here?" stammt von Patrick D. Cowden. Sie ist ein zentrales Element seiner Begleitung von Unternehmen zu einer lebendigen, gemein-

Das Besondere an dieser Übung, wenn sie regelmäßig angewendet wird, ist die Rückmeldung an die Beteiligten bezüglich deren individuellen Qualitäten. Im Alltag sagt uns keiner einfach so, was er Besonderes im anderen sieht. Hier wird dies durch die kurzen Rückmeldungen zum Programm und stärkt alle wie nebenbei. Erst wenn ich weiß, wer ich wirklich bin, bin ich in der Lage zu schauen, was es von mir braucht, um meinen Beitrag zum Ganzen angemessen zu leisten. Und nur dann, wenn wir uns selbst wertschätzen, können wir uns die Frage stellen, wer wir als Gemeinschaft sind. Wofür ist diese Gruppe, dieses Team, dieses Unternehmen, diese Organisation überhaupt da?

3.3.5 Was haben wir der Welt zu geben?

> „Erfolg heißt: Oft viel lachen; die Achtung intelligenter Menschen und die Zuneigung von Kindern gewinnen; die Anerkennung aufrichtiger Kritiker verdienen und den Verrat falscher Freunde ertragen; Schönheit bewundern, in anderen das Beste finden."
>
> Ralph Waldo Emerson (1803–1882)[38]

Eine gemeinsame Vision, ein gemeinsames Warum, einen gemeinsamen Sinn zu haben, inspiriert und schenkt nicht nur bessere Leistungen, sondern echte Lebensqualität.

Das Warum macht den Unterschied

Vielleicht kennen Sie die Geschichte aus dem Jahre 1418, als ein lustiger Wandersmann an drei Steinmetzen vorüberging und sie nacheinander voller Interesse fragte:

„Was machst du da eigentlich?"

Der Erste blickte gar nicht auf und murmelte vor sich hin: „Das siehst du doch, ich behaue einen Stein, damit er da hinten reinpasst."

Der Zweite schaute kurz hoch und meinte: „Ich behaue einen wichtigen Stein, damit der Spitzbogen da vorne gut hält und ein Glasfenster eingesetzt werden kann."

Der Dritte schaute in das Gesicht des Weitreisenden und sah sein Interesse an allem und seine freundliche Art und antwortete voller Stolz: „Ich arbeite an einem Jahrhundertwerk zur Ehre Gottes. Wir bauen einen Dom."

Eine transformative Kraft wirkt, wenn wir in einer Umgebung arbeiten, in der sich jeder mit der gemeinsamen Ausrichtung identifiziert.

Die Frage: „Was haben wir der Welt zu geben?", ist nicht dafür gedacht, uns mit Menschen wie Mahatma Gandhi, Martin Luther King oder Nelson Mandela zu vergleichen. Für unseren Kontext ist es nicht so entscheidend, wie groß unser Einfluss für eine positive Veränderung auf diesem Planeten ist, sondern vielmehr, dass wir – wie unser dritter Steinmetz – in dem Bewusstsein leben, einen Beitrag für diese Welt zu leisten. Wenn wir wissen, was uns ausmacht und was

---

samen Zukunft. https://www.youtube.com/watch?v=Xq-JRaIWo3w&feature=youtu.be, abgerufen am 12.09.2016.

[38] http://www.bornath.de/erfolg/, abgerufen am 27.11.2016.

uns zusammenführt, dann findet dies natürlicherweise einen äußeren Ausdruck. Dann wird aus einem Steineklopfer ein Kathedralenbauer oder aus einer Reinigungskraft, wie das folgende Beispiel zeigt, eine Wasserproblemlöserin.

Wir lösen Wasserprobleme der Welt

Während der Zusammenarbeit mit einer Firma in Süddeutschland wurde klar, dass sie mehr sein wollten als nur ein Unternehmen, das große Maschinen zur Herstellung von Abwasserrohren baut. In einem inspirierenden Prozess fanden sie heraus, was sie der Welt zu geben hatten und deklarierten: „Wir lösen die Wasserprobleme der Welt!"

Da diese Vision von allen kreiert und getragen wurde, wusste beispielsweise ab sofort auch die Reinigungskraft in der Firma, woran sie mitarbeitete. Plötzlich entstand so etwas wie Stolz, mit der eigenen Arbeit einen Beitrag zum Gelingen zu leisten.

Erst wenn wir unser alltägliches Handeln in eine Visionsgleichung einbauen, bekommen beide Kraft. Es ist wie eine attraktive Abenteuerreise, sich diesen Fragen zu stellen. Dieser Prozess passiert nicht nebenbei, sondern wird zu einem Ereignis, das durch die Intensität alle in seinen Bann zieht.

Methode: Appreciative Inquiry (AI)[39]

Nehmen Sie sich am besten ein Wochenende Zeit oder alternativ mehrmals einen Nachmittag, um die 4 Phasen des AI-Prozesses zu durchlaufen. Die Überschrift könnte heißen: „Welchen Beitrag leistet (*Name des Unternehmens*) für die Welt?"

Anhand dieser Frage durchlaufen Sie folgende vier Phasen:

1. Erkunden und verstehen, was schon an Potenzialen vorhanden ist.
2. Erträumen dessen, was aus einer optimalen Nutzung der bereits existierenden Qualitäten möglich wäre.
3. Erstellen eines prägnanten Leitsatzes, der eine Brücke zwischen der gewünschten Zukunft und dem Jetzt herstellt und Sogkräfte entwickelt.
4. Erarbeiten, was genau die nächsten guten Schritte sind und mit welchen feinen Strukturen oder Prozessen diese im Alltag wirksam werden und sich weiterentwickeln.

Dieser Ansatz hilft, auszugraben und wertzuschätzen, was an Besonderem schon alles da ist und führt von dort kommend in eine Klarheit über das Wesentliche. Ist dieser Prozess gelungen, wirkt er wie ein Startimpuls und entfaltet eine Sogkraft, eine Eigendynamik in die gewünschte Zukunft hinein, die durch die eingebrachte und bewusst gemachte Wertschätzung der Gruppe nachhaltig wirksam ist. Wir Menschen sind so angelegt, dass wir beitragen wollen. Es ist uns sozusagen in die Gene gelegt und eng mit unserer Identität verbunden.

Gelebte Nachbarschaft

Ein holländischer Dienstleister namens Buurtzorg, der im ambulanten Pflegebereich sein Tätigkeitsfeld hat, zeigt mit seiner außergewöhnlichen Erfolgsgeschichte beispielhaft die Kraft einer guten Ausrichtung. Mit dem Namen „Buurtzorg" (auf deutsch Nachbarschaft) wird schon im Firmennamen deutlich, dass es hier

[39] Näheres zu Appreciative Inquiry im Kapitel 5.2.

nicht um minutengenaue Abrechnung von Pflegeeinheiten mit all den unschönen Begleiterscheinungen für die Patienten und Pflegekräfte geht, sondern dass echte Hilfe, Unterstützung, ja sogar Freundschaft, eben gelebte Nachbarschaft, im Vordergrund stehen. Mitarbeiter berichten davon, dass sie endlich ihre Berufung im Beruf wiedergefunden haben[40].

Wenn eine Unternehmensgemeinschaft einen gemeinsamen Sinn gefunden hat, dann ist dies wirksamer als jedes „normale" Marketing[41]. Er motiviert und inspiriert nach innen und nach außen. Er wirkt durch das, was die Mitarbeiter zu geben haben, und ist lauter als jede Werbung.

Folgende Geschichte unterstreicht diese zukünftige Art von Erfolg:

Amerika, wir kommen!

In einem zweitägigen Appreciative Inquiry Prozess[42] bearbeitete ein Team, bestehend aus Außendienst, Innendienst und Produktion eine Frage, die alle schon seit Monaten mit einer gewissen Unruhe beschäftigte: „Wie können wir mit unserem Produkt den amerikanischen Markt erschließen?" Eine etwa 20 Jahre zurückliegende Erfolgsgeschichte einer Führungskraft im Schichtdienst beeindruckte die Beteiligten sehr: Zwei Außendienstler waren damals voller Begeisterung am späten Nachmittag von einer Italienreise zurückgekommen. Mit Hilfe eines Insiders hatten Sie Zugang zu einigen großen potenziellen Kunden bekommen, die alle das gleiche Problem schilderten: Der Ausschuss des Endproduktes lag wegen eines schwer herzustellenden Teils bei etwa 20 Prozent. Noch in der gleichen Nachtschicht begannen sie fieberhaft, an einer möglichen Lösung zu arbeiten und das, ohne irgendjemanden aus der Geschäftsleitung um Erlaubnis zu fragen. Drei Wochen später hatten sie den Durchbruch geschafft und konnten eine innovative Lösung präsentieren. Der Erfolg durch die neu gewonnenen Kunden, die bis heute zu den stabilsten Stammkunden zählen, hatte die seit Jahren schwächelnde Tochtergesellschaft zu einer wirtschaftlich stabilen eigenständigen Einheit gemacht. Bei der Untersuchung der Erfolgsfaktoren kam sofort das Wort Vertrauen auf. Die Kontaktperson war ein guter Freund und hatte die Türen öffnen können. Weitere Erfolgsgeschichten, in denen echte Freundschaften, die sich im Geschäftsleben entwickelt hatten, eine entscheidende Rolle spielten, sprudelten nur so aus den Beteiligten hervor. Und plötzlich wurde es klar, wir können anderen, z. B. Menschen in den USA, unsere Freundschaft schenken, gepaart mit Kompetenz und Leidenschaft. Aus einem kreierten Zukunftsbild entstand ein Leitsatz, der alle bis heute berührt und befähigt: Mit geschärftem Blick und Herzblut Freundschaften leben!

Gelebte Identität erzeugt Ausstrahlung und verpflichtetes Handeln. Jeder trägt gerne das Seine zum Wohle der Welt bei.

---

40 Aus dem Buch „Reinventing Organizations" von Frédéric Laloux. Siehe Literaturliste

41 Buurtzorg ist ein holländischer Dienstleister, der ambulante Nachbarschaftspflege anbietet. Die 2006 mit sechs Personen gegründete Firma hat 2016 mit etwa 10.000 Mitarbeitern einen Marktanteil von etwa 80 Prozent in den Niederlanden.

42 Mindestens einmal im Jahr können kleine Gruppen aus einem Unternehmen an einem solchen Prozessen teilnehmen, siehe: http://www.wertschaetzerevent.com.

3.3.6 Welcher Kreation geben wir Kraft?

Meine Freiheit ist:
Bereits angekommen zu sein –
statt es richtig machen zu müssen,
und aus dem Ziel heraus zu handeln –
statt zu schauen, wie ich dorthin komme.

Aus unserer Gelben Vergangenheit heraus haben wir nicht unbedingt die besten Assoziationen zu Kreationen, Visionen oder Zielen. Zu häufig waren sie aufgesetzt, nicht zu erreichen oder wir mussten uns anhören, dass da etwas an uns nicht passte und wir daran Schuld wären, weil wieder einmal etwas nicht geklappt hätte. Diese Prägungen sitzen tief und es benötigt ein neues Verständnis dafür und ein Erlebnis davon, wie wir durch die Kraft einer von allen erwünschten Zukunft zu neuer Wirksamkeit kommen.

Gleichzeitig kennen wir diese Glanzzeiten, wenn sich z. B. in der Vorweihnachtszeit die Aufgaben stapeln und alle mit anpacken, damit möglichst vor dem Fest alles erledigt ist. Auch wenn es für viele eine Belastungsprobe darstellt, gleichwohl ist plötzlich eine größere Hilfsbereitschaft vorhanden, ein Mitdenken, ein Sich-einbringen. Und auch wenn manch einer über diese Herausforderung klagt, es hat im Großen und Ganzen doch Spaß und Freude bereitet, Teil einer wirkungsvollen Gemeinschaft zu sein, die wieder einmal bewiesen hat, dass sie zu Außergewöhnlichem fähig ist.

Das Wichtigste dabei ist: Kreationen wie Nachbarschaft, Freundschaft oder auch die Qualität von Weihnachten sind nicht messbar! Sie stehen vielmehr für tiefe menschliche Bedürfnisse wie Miteinander, Sicherheit, Nähe, Vertrautheit, Gemeinsamkeit und vieles mehr.

Freude und innere Erfüllung in solchen Herausforderungen entstehen nicht dadurch, dass der Chef ständig Druck macht, indem er auf den 24. Dezember hinweist. Tatsächlich sind solche Maßnahmen eher kontraproduktiv. Sie unterstellen, dass nicht jeder sein Bestes gibt und bewerten ständig, ob das, was getan wurde, gut oder schlecht war.

Eine allgemein übliche feste Vorgabe, wie das Erreichen eines konkreten Umsatzzieles, durch eine Sinnqualität zu ersetzen, mag befremden und die Frage aufwerfen: „Wenn wir keine messbaren Ziele mehr haben, woran sollen wir uns denn dann halten?"

Buurtzorg hatte nicht das Ziel, in zehn Jahren ihre Gründungsmannschaft um den Faktor tausend zu vergrößern und damit mehr als dreiviertel des holländischen Marktes in der ambulanten Pflege zu gewinnen. Es war auch kein Start-up in einem neuen Markt, in dem sich noch keiner tummelte! Nein, die Absicht war, Alten und Kranken mit nachbarschaftlicher Menschlichkeit so lange wie möglich im eigenen Zuhause eine größtmögliche Lebensqualität zu bieten und die Selbstheilungs- und Selbstorganisationsprozesse vor Ort wieder zu beleben. Es war dazu natürlicherweise völlig logisch, die Potenziale der bestehenden Nachbarschaft und der Angehörigen zu erkennen und zu reaktivieren. So konnten sie z. B. in schwierigen Situationen, wenn sich die Familie oder die

Nachbarn mal so richtig in die Haare geraten waren, dank der Kreation „Nachbarschaft" statt dessen für eine Versöhnung sorgen. Das war möglich, weil im Unternehmenssinn bewusst verankert war, dass die Buurtzorg-Mitarbeiter sich danach so weit wie möglich zurück ziehen sollten und sich, wenn vertretbar, sogar überflüssig machen sollten.

Freundschaft oder Nachbarschaft sind keine Ziele, zu denen wir hinkommen müssen, sie sind jetzt sofort anwesend, wenn wir uns in diese Qualität von gelebtem Miteinander hineinstellen. Wir haben das gewünschte Ergebnis sozusagen augenblicklich erreicht und können als Persönlichkeiten agieren, die schon in der attraktiven Zukunft angekommen sind. Uns dort wissend, benötigen wir keine Ratschläge oder Anweisungen. Stattdessen sind wir unmittelbar mit Sinn, Motivation und großer Klarheit über die Art, wie wir in der konkreten Aufgabe handeln, verbunden. Dazu bedarf es keinerlei Belehrung, Aufklärung oder Schulung.

Ein einziges Wort oder ein Satz kann, auch außerhalb der Weihnachtszeit, alles Erforderliche ausdrücken und zur Verfügung stellen, was die Beteiligten zur Ermutigung, zur Befähigung und zur Orientierung ihrer Handlungen benötigen.

Bemerken Sie bitte den signifikanten Unterschied zwischen einem Ziel mit einer messbaren Zahl auf Papier, für die Sie sich anstrengen, verbessern und vielleicht sogar überfordern müssen und einer Kreation, die so viel Kraft hat, dass sich Menschen mit ihrem vollen Potenzial wie von selbst dort hinein entfalten.

Wie im Großen, so im Kleinen

So wie der tiefere Sinn einer großen Gemeinschaft eine Triebfeder für jeden Beteiligten ist, so gilt das auch für jede Abteilung, jedes Team, jede kollegiale Partnerschaft, ja sogar für jedes Projekt, an dem Sie gerade beteiligt sind. Eine Unternehmenskreation hat dann Kraft, wenn alle verstanden haben, dass sie etwas mit ihrem Alltag zu tun hat. Sie befähigt jeden Einzelnen, diese Prinzipien dort anzuwenden. Bitte verstehen Sie das richtig. Natürlich hat jedes Unternehmen einen Sinn, jede Abteilung, jede Stelle. Das steht schon in der Stellenbeschreibung. Es beflügelt uns jedoch nicht, wenn ein Unternehmen einzig dazu da ist, dass die Aktionäre oder die Geschäftsleitung gut Geld verdienen und die Mitarbeiter bestenfalls einen guten Lebensstandard halten können. Es inspiriert auch nicht, wenn zum Beispiel in einer Versicherung eine Schadensabteilung dafür da ist, Anträge schnell, korrekt und freundlich zu bearbeiten. Wir haben wenig Bewusstsein und noch weniger Worte für das Gute, für das Besondere, wie schon häufig begründet wurde. Das gilt auch hier. Es benötigt die ganze Aufmerksamkeit möglichst vieler Beteiligter einer Gruppe, um die einzigartigen Qualitäten in stimmige Worte zu fassen. Die Fußball-Weltmeisterschaft in Deutschland im Jahre 2006 bekam einen völlig neuen Schub für alle mit folgendem Motto: „Die Welt zu Gast bei Freunden." Da war es sogar nicht einmal mehr wichtig, ob Deutschland jetzt Weltmeister geworden war oder nicht. Bemerken Sie es? Schon wieder diese besondere Kraft von Freundschaft, die hier wirksam geworden war.

Finden Sie dieses Einzigartige, möglichst in allen Vorhaben, in die Sie maßgeblich involviert sind! Vertrauen Sie bei Kreationen, die Sie gemeinsam finden wollen, darauf, dass die Größe jedes einzelnen Beteiligten einen wertvollen Beitrag dazu leistet und etwas ähnlich Kraftvolles bewirkt wie z. B. die Qualität von Freundschaft.

Denken Sie etwa an Dr. Reckhaus mit seinen Insektiziden, der aus einer persönlichen Sinnkrise heraus eine einzigartige neue Sache schuf oder an Helmut Schiffner, der, angeregt durch eine Beobachtung, sein ganzes berufliches Engagement den Frauen auf dem Lande widmete. Hier unser Vorschlag, wie Sie unabhängig von Ihrem Status in einem Unternehmen aktiv werden können:

Toolbar: Sinn und Zweck finden

Ziel dieser Vorgehensweise: Sie sind innerhalb jeder Abteilung, jedes Teams, jedes Arbeitsbereiches, ja sogar innerhalb jedes Projekts, in dem Sie involviert sind, damit verbunden, wofür das Ganze dienen soll und genießen daraus eine ständige natürliche Motivation. Teilen Sie dazu all ihre Tätigkeiten in eigenständige Einheiten ein. Treffen Sie eine Unterscheidung, wo es nur Sie selbst betrifft und in welchen Bereichen Sie mit Ihren Kollegen in einen Prozess gehen wollen.

Zu Ersterem: Fragen Sie sich jeweils: „Was genau ist denn die Absicht meiner Arbeit?" Denken Sie an Ereignisse, in denen diese optimal gelaufen ist und schauen Sie, was Sie dort alles bewirken konnten. Formulieren Sie von dort kommend möglichst knackige Sätze oder Worte in der Gegenwartsform, die lebendig sind und die Sie inspirieren. Gehen Sie anschließend zu den Personen, mit denen Sie in diesen Aufgaben häufig zusammenarbeiten und holen Sie sich ein Feedback.

Innerhalb eines Teams können Sie ähnlich vorgehen, indem Sie diesen Prozess gemeinsam gehen. Da das Finden eines Leitsatzes nur dann wirkungsvoll ist, wenn er für alle passt, bekommt dieser Findungsprozess eine besondere Aufmerksamkeit. Das einfachste Vorgehen lässt die Beteiligten zunächst einen eigenen Satz aufschreiben. Diese Sätze werden für alle sichtbar gemacht. In einer anschließenden Runde wählt jeder seinen Favoriten und begründet seine Wahl. Aus dieser gegenseitigen Wahrnehmung wird eine neue Vorschlagsrunde auf ein neues Blatt geschrieben. Auch diese neuen Sätze werden wieder begründet. Dies wiederholt sich solange, bis der eine Satz feststeht, mit dem sich alle verbunden fühlen. Wichtig: Jeder Beitrag ist wichtig! Bitte streichen Sie niemals Beiträge von Beteiligten durch, nehmen Sie ein neues Blatt. Hier wird wertgeschätzt, nicht Fehler gesucht!

Als weiteres Hilfsmittel empfehlen wir Ihnen, allen Projekten, die Sie federführend leiten, einen neuen inspirierenden Namen zu geben. Finden Sie dazu einen knackigen Satz der beschreibt, wie das Projekt aussieht, wenn es erfolgreich abgeschlossen ist. Machen Sie diesen Satz, der in der Gegenwart formuliert ist, zur neuen Bezeichnung und sprechen Sie diese immer dann aus, wenn Sie darüber sprechen.

Beispiele gelungener Formulierungen sind:

- Für Unternehmen
  - Mit unseren Werbe- und Printprodukten sind wir wesentlicher Beitrag für wirtschaftlichen Erfolg und Wohlstand in unserer Region (Ratz Werbung und Druck)
  - Wir demokratisieren den amerikanischen Flugmarkt und machen Flüge für alle leichter erschwinglich (Southwest Airlines)
  - Wir stehen für die Größe von Menschen ein und fördern Wertschätzungs- und Coachingkompetenz von möglichst vielen Menschen (Ivalyu Ringcoaching)
- Für Abteilungen
  - Für Transparenz, Übersicht, Struktur und Klarheit in allen Finanzangelegenheiten ist gesorgt (Finanzbereich)
  - Marketing und Vertrieb erzeugen einen Sog von hochwertigen Anfragen und nachhaltigen Umsätzen (Marketing- und Vertriebsabteilung)
- Für Projekte
  - Eine Unternehmenspräsentation ist erstellt und findet großen Anklang bei Interessenten, Kunden und Lieferanten
  - Die statistische Erfassung unserer Unternehmenszahlen läuft weitgehend automatisch
  - Eine Postkarte ist einfach und attraktiv gestaltet

Der große Vorteil dieser Vorgehensweisen ist der, dass Sie ab jetzt Ihr Ziel in seiner Qualität sofort erreichen, weil die gewünschte Qualität durch Ihre Kreation in dem Augenblick Realität wird, ab dem Sie daraus handeln (z. B. Freundschaft). Diese Kreationen wirken so stark, weil Sie den großen Wurf des Unternehmenssinns auf jeden Ihrer Bereiche, wie Abteilungen oder Projekte, heruntergebrochen haben. Damit sind Sie konkreter mit genau dem verbunden, was Sie der Welt zu geben haben. Diese Kreationen gewinnen bei Anwendung ständig Kraft im Alltag hinzu und vor allem, Sie sind dadurch gemeinsam ausgerichtet und spüren voller Freude die Zusammengehörigkeit und Verbundenheit mit den Anderen, selbst wenn Sie alleine an etwas arbeiten.

„Ich weiß jetzt, wer ich wirklich bin und wofür wir zusammen sind", sprach unser Wertschätzer am Ende der darauffolgenden Woche. Alle schauten ihn gespannt an. „Ich bin gelebte Verbundenheit mit meinem Körper und wir sind nur deshalb zusammen, damit Ihr mich jetzt so richtig feiern könnt!"

Er genoss die erstaunten und fragenden Blicke, was das jetzt wohl wieder sollte. Nach einer kurzen Stille machte es Klick bei Lisa: „Sie wollen heute eine Vorführung mit dem Einrad machen!" „Erst die Arbeit, dann das Spiel", konterte unser Wertschätzer und schaute fragend auf Freddy, mit dem er die Sitzung vorbereitet hatte.

Freddy ergriff das Wort: „Also, die Unternehmensleitung hat mitbekommen, dass bei uns was anders läuft. Unser Wertschätzer wurde gefragt, was er denn zum Einsparpotenzial beitragen könne und da hat er von den Ergebnissen unseres Zusammentreffens neulich beim Mittagessen erzählt. Und das kam gut an. Die wollen jetzt mehr von uns wissen und wir sollen einen Tagesworkshop mit den Führungskräften vorbereiten, in dem wir das Wesentlichste, was wir in den letzten Monaten erarbeitet haben, rüberbringen sollen. Da Anfang nächster Woche die Einladung rausgeht, brauchen wir dringend einen guten Titel und dazu wünschen wir uns eure Hilfe."

Zunächst musste der Wertschätzer ein paar Verständnisfragen klären, aus denen nochmals deutlich wurde, dass die Geschäftsleitung mehr wollte als gute Tipps. Er sei überzeugt, dass wirklich eine Offenheit für Neues in der Führung vorhanden sei. Sie sollten die Gelegenheit nutzen. Dann konnte Freddy weitermachen.

„Ich gebe euch zwei Minuten. Schreibt bitte, was immer euch aus unseren Team-Prozessen der vergangenen Zeit wesentliches in den Sinn kommt, auf eines dieser Kärtchen." Als alle fertig waren, notierte er die Vorschläge wie folgt:

- Neue Impulse und Praktiken für die Gestaltung wertschöpfender Unternehmensstrukturen
- Wie Sie energiespendende Unternehmensstrukturen verwirklichen
- Potenziale entfalten in wertschöpfenden Unternehmensstrukturen
- Wirksam. Wertschöpfend. Wach. Warmherzig.
- Wie Ihre Ziele einen Sog entwickeln und Potenziale boomen
- Unsere PS auch auf die Straße bringen …
- Wie Sie als Führungskraft Wert erzeugen und dabei auch noch Spaß haben
- Warum Sie Ihr Arbeitsleben lieben werden
- Wie Sie mit Spaß und Aha-Effekt die Wertschätzungs-Dynamik aktivieren und Transformation bewirken

„Danke", kommentierte Freddy, „das ist wirklich großartig. Nehmt euch jetzt bitte einen Satz heraus und findet eine kurze Begründung dafür, warum dieser Satz gut ist. Ihr könnt auch Teile dieser Sätze kombinieren oder etwas ganz Neues machen. Ihr habt eine Minute."

Alle sprachen nacheinander. Die gegenseitige Wahrnehmung war klasse, jeder hatte wirklich gute Gründe und es destillierten sich ein paar Sätze, die in unterschiedlichsten Varianten am Flipchart standen:

- Impulse und Praktiken für die Gestaltung wertschöpfender Unternehmensprozesse
- Perspektiven und Praktiken zur betrieblichen Wertschöpfung
- Praktiken für wertschöpfende Unternehmensstrukturen.
- Impulse und Praktiken für eine Transformation in Unternehmen
- Impulse und Praktiken für wertschöpfende Unternehmensstrukturen

Dem letzten Satz hatten sich gleich die drei letzten Sprecher angeschlossen. Sie legten dar, dass das Wort Transformation nicht wirklich hoffähig sei, unseriös wirken und zu Irritationen führen könne. Eine nächste Runde entstand, bei der sich die Übereinstimmungen der Beteiligten häuften:

- Impulse und Praktiken zur Gestaltung wertschöpfender Unternehmensstrukturen
- Impulse und Praktiken zur Gestaltung schöpferischer Unternehmen
- Praktiken zur Gestaltung wertschöpfender Zusammenarbeit in Organisationen
- Auf dem Weg zu einer schöpferischen Unternehmenskultur

Man konnte in der nächsten Runde schon fühlen, dass man sich einem guten Ergebnis annäherte:

- Impulse und Praktiken zur Gestaltung gelingender Unternehmen
- Impulse und Praktiken zur Gestaltung wertschöpfender Zusammenarbeit in Unternehmen
- Impulse und Praktiken zur Gestaltung wertschöpfender Zusammenarbeit

Und dann war plötzlich allen klar, dass das folgende Ergebnis richtig gut passte:

Impulse und Praktiken zur Gestaltung gelingender Zusammenarbeit

Freddy freute sich, offensichtlich musste man nur immer wieder mit der gleichen Frage dranbleiben, dann kamen die Beteiligten früher oder später zu einem Ergebnis, bei dem jeder wusste, dass es wirklich gut war. Plötzlich wurde ihm klar, wie es gelingen könnte, selbst mit allen Leuten im Unternehmen ein knackiges Statement für eine gemeinsame Ausrichtung zu erarbeiten. Es war ein gewisser Stolz spürbar, gemeinsam zu diesem tollen Satz gekommen zu sein.

Als sich nach den weiteren Themen schon alle verabschieden wollten, unterbrach Lisa: „Chef, Sie wollten doch …" und sie las aus ihren Mitschriften vor: „Ich bin gelebte Verbundenheit mit meinem Körper und wir sind nur deshalb zusammen, damit Ihr mich jetzt so richtig feiern könnt!"

Unser Wertschätzer lief zur Kammertür und holte tatsächlich sein Einrad hervor. Wieder bat er Freddy und Heiner um Hilfe und alle waren gespannt, was passieren würde, wenn die beiden „den Chef loslassen" würden. Und tatsächlich, er fuhr schwankend, aber doch zielgerichtet auf einen Karton zu, den er offensichtlich schon vor der Sitzung so geschickt auf einem Tischrand platziert hatte, dass es ihm gelang, den dort befestigten Henkel im Vorbeifahren zu ergreifen und mitsamt Karton und Einrad in den Händen wieder vor Heiner und Freddy anzukommen.

Alle applaudierten vor Begeisterung, und unser Wertschätzer bat Lisa, jetzt den Karton zu öffnen. Hervor kamen eine Flasche Champagner und 8 Sektgläser. „Geburtstag hatten Sie doch erst vor ein paar Monaten, haben wir was verpasst?", fragte sie erstaunt. „Ich wollte nicht einfach nur mich feiern, sondern auch euch. Ich bin begeistert, was sich hier tut und habe lange darum gerungen. Jetzt ist es reif: Ich bitte euch heute um das ‚Du'."

3.4 Durchbruch in Frieden – achtsames Hinhören dient der Konfliktlösung

Unternehmen sind Orte, wo Menschen gelassen und fröhlich, konzentriert und selbstbewusst gute Arbeit leisten. In guter Verbindung mit sich selbst heißen sie Spannungen und Probleme willkommen und es gibt einfache Wege, wie diese zur Lösung und Weiterentwicklung beitragen.

Nützliche Perspektiven	• Konflikte erzeugen Reibungsgewinne • Loslassen Recht zu haben – selbst wenn ich Recht habe – öffnet Türen. • Starke Gefühle und Emotionen bergen wertvolle Bedürfnisse und Motive. • Wozu dient diese Spannung? Was ist ein hilfreicher nächster Schritt? • Mit fein abgestimmten Prozessen gute Lösungen für alle finden.
Empfohlene Tools	• GfK – Gewaltfreie Kommunikation • Die Fünf Schritte-Lösung • The Work • Konsentorientierter Umgang mit Spannungen

„Wir haben uns verrannt", dachte sich Lotte, als sie die letzten Monate innerlich an sich vorüberziehen ließ. Dabei war so viel Tolles passiert. Mit einer Aufbruchsstimmung hatten sie auf die gemeinsamen Potenziale geschaut und diese herausgearbeitet. Die Beschäftigung mit der Stille hatte eine wirklich neue Qualität geschenkt. Das Bewusstsein für regelmäßige Reflexion und der Lernraum im Ringcoaching, in dem sie jetzt sogar mit den Prinzipien der gewaltfreien Kommunikation arbeiteten, hatte zur allgemeinen Entspannung beigetragen. Der Führungsworkshop „Impulse und Praktiken zur Gestaltung gelingender Zusammenarbeit" war ein voller Erfolg gewesen. Das ermutigte sie, innerhalb ihrer Abteilung einen kleinen Appreciative Inquiry Prozess zu machen, und tatsächlich hatten sie nun eine gemeinsame Ausrichtung kreiert, die sie alle beflügelte. „Freundschaft und Arbeit – wir leben das!", war ihr neuer Leitstern, und das erfüllte sie mit Stolz. Damit konnten sie dazu beitragen, die Firma und die Beziehungen zu Kunden und Lieferanten ein Stück besser zu gestalten.

Doch die gute Stimmung war verflogen und die in der letzten Zeit üblichen Abstimmungen, bei denen früher schnell eine gemeinsame Lösung gefunden worden war, entwickelten sich in letzter Zeit zu Mammutsitzungen mit vielen Reibereien. Offensichtich führte die Hoffnung, jetzt endlich mit dem eigenen Potenzial gesehen und anerkannt zu werden, gepaart damit, möglichst alle unerfüllten Bedürfnisse befriedigt zu bekommen, zu unschönen Nebenwirkungen. Sogar bei nicht so wichtigen Themen mussten immer alle Bedenken gehört und viele unterschiedliche Aspekte integriert werden und das war echt anstrengend. Irgendwie war dabei die Freude am Miteinander gerade ziemlich verloren gegangen.

Können Sie sich ein Unternehmen vorstellen, in dem es keine Konflikte gibt? Sicher nicht! Wo Menschen zusammenkommen, gemeinsam etwas vorhaben oder tagtäglich miteinander arbeiten, bleiben Reibungen im Miteinander nicht aus. Können Sie sich vorstellen, dass diese Tatsache zu positivem Interesse führt, anstatt zu Rückzug, innerer Kündigung oder ungeliebten Streitereien? Wenn der Ort, an dem wir uns Tag für Tag treffen, ein Platz sein darf, wo wir mit unseren inneren oder äußeren Konflikten erwünscht sind, dann kehrt Frieden ein. Wenn fein abgestimmte Prozesse den in uns wirkenden Widerständen eine Richtung geben, die einen Mehrwert für alle erzeugt, dann können wir sagen: Hurra, wieder ein Problem! Wir dürfen weiterwachsen.

3.4.1 Achtsames Hinhören dient der Konfliktlösung

Ist Ihr Unternehmen ein Ort, an dem

- Konflikte und Spannungen als wichtiger Teil des Lebens anerkannt, gewürdigt und geschätzt sind?
- hinter starken Gefühlen und Emotionen wertvolle Bedürfnisse und neue Sichtweisen vermutet werden?
- individuelle Anliegen und Meinungen da sein dürfen und ihren Platz bekommen?
- sich einfache Wege im Umgang mit Konflikten im Alltag etabliert haben und es Strukturen und Prozesse gibt, wie diese zur Weiterentwicklung beitragen?
- alle gelassen und fröhlich, konzentriert und selbstbewusst gute Arbeit leisten auch wenn nicht alle einer Meinung sind?

Oder ist all dies noch Wunschtraum? Denn derzeit sieht es in unserer Welt ganz anders aus: Machtmissbrauch, Abgrenzung, Gewalt, Aufrüstung, Krieg … all das umgibt uns Tag für Tag, im Großen durch Nachrichten, im Kleinen, da wo wir leben, in unseren Familien, Gruppen und Unternehmen, insbesondere in uns selbst.

Marshall B. Rosenberg, der Begründer der Gewaltfreien Kommunikation, machte durch den Namen seiner Methode[43] darauf aufmerksam. Die Art und Weise wie wir sprechen und hören, ist voller Angst und Gewalt. Allein dies in Erwägung zu ziehen, lässt uns mit anderen Augen durch den Tag gehen. Uns fällt plötzlich auf, wie uns durch ein Wort oder einen Satz von Menschen, die uns wichtig sind, plötzlich die Spucke wegbleibt und die gerade noch vorhandene gute Laune wie weggeblasen ist. Wir bemerken, wo überall Mitarbeiter und Führungskräfte unfrei, unter Druck agieren und mit kleineren oder größeren Ängsten umzugehen haben. Unsere „gewaltvolle" Alltagskommunikation ist ein Ausdruck davon.

Das achtsame Hinhören darauf ist ein erster Schritt zur Veränderung dieses Klimas. Die Augen und Ohren dafür zu öffnen, was ist, mag konfrontieren, bietet uns aber dafür die Möglichkeit, scheinbar unausräumbare Schwierigkeiten zwischen Menschen in den Griff zu bekommen.

3.4.2 Konflikte erzeugen Reibungsgewinne

Lesen Sie auf den folgenden Seiten, wie Sie durch die Unterscheidung verschiedener Ampelfarben Konflikte und Probleme jeder Art zielführender bewältigen können. Wir zeigen dabei nicht nur konkrete Handlungsschritte für Konfliktparteien auf, sondern erläutern im Weiteren, welche Strukturen und Prozesse gerade im Kontext von Organisationen und Unternehmen einen guten Rahmen bilden. Sie werden erfahren, dass es einfach und leicht möglich ist, die Spannung in jedem Konflikt als Energiegewinn zu nutzen – und damit Reibungsgewinne zu erzeugen.

Die Lösung fängt bei unserer eigenen Betrachtung an. In Bezug auf unser Ampelmodell erkennen wir, dass Probleme, Konflikte und Spannungen destruktiv oder konstruktiv wirken können. Der Weg von der einen Seite zur anderen ist häufig nicht weit. Wir stellen für Sie im Folgenden Möglichkeiten und Handlungsstränge dar, die im Alltag erprobt sind.

Zur Erinnerung: Ob eine Situation als bedrohlich eingeschätzt wird, entscheidet eine winzig kleine Region im Gehirn, der sogenannte Mandelkern (Amygdala, Angstzentrum), ein Teil unseres limbischen Systems. Dieser schüttet bei vermuteter Gefahr, noch bevor das rationale Denken einsetzen kann, Stresshormone, vor allem Adrenalin und Cortisol, aus. Umgangssprachlich sagen wir, dass bei uns jemand „einen Knopf gedrückt" hat. Tatsächlich springt das Überlebensprogramm in Sekundenbruchteilen an, wie beim Umlegen eines Schalters. In diesem Modus unterscheidet der Körper nicht zwischen realer und erlebter Gefahr. Wie im realen Kampf um das Überleben übernimmt in der Folge das Stammhirn mit nur drei möglichen Handlungsvarianten: Angriff, Flucht oder Starre. Gehirntrainer Dr. Sam Jun sagt dazu: „Zum Überleben sind keine 10%

---

[43] Weitere Ausführungen zu wertschätzenden Kommunikation im Kapitel 5.4

unseres Gehirns erforderlich." Hier sind vernünftige Gedanken, zielorientiertes Handeln oder wertschätzende Handlungsoptionen grundsätzlich nicht verfügbar. In Sekundenbruchteilen ausgeführte Handlungen oder Worte, die in einer physisch tatsächlich lebensbedrohlichen Situation vielleicht angebracht wären, tun uns in solchen Fällen oft im Nachhinein leid. Erst wenn wir wieder zu denkenden Menschen geworden sind, können wir sehen, dass „nur" der sprichwörtliche „rote Knopf" gedrückt worden ist.

Sie können sich dabei den Informationstransport vom Mandelkern zum Großhirn wie eine sechsspurige Autobahn vorstellen. In Anlehnung an unser Ampelmodell schaltet die Ampel in Sekundenbruchteilen auf Rot. Beim Rückweg über Gelb nach Grün, also in die Entspannung verwandelt sich die sechsspurige Autobahn plötzlich in einen holprigen Feldweg. Das ist tatsächlich echte Arbeit. Erst wenn der Mandelkern physiologisch oder gedanklich „entwarnt" wird, stellt er die Hormonausschüttung ein und es tritt eine Normalisierung des Systems ein.

Für ein erfolgreiches Miteinander und zielorientiertes Handeln ist ein gelungener Rückweg eine wesentliche Voraussetzung. Sie haben richtig gelesen, der Weg zu Grün geht immer über Gelb. Wir können nicht von Rot auf Grün springen. Dafür benötigt es Wahrnehmung, Raum und Zeit für eine zumindest kurze Reflexion, um aus diesem „Kampf ums Überleben" auszusteigen und Alternativen zu sehen, welche die Zusammenarbeit auf ein konstruktives Niveau bringen.

Innehalten, Unterbrechen, Aussteigen, Runterkommen, all dies beschreibt den Ausweg aus Rot, der uns erst dann zur Verfügung steht, wenn eine Art innere Antenne uns darauf aufmerksam macht: „Schau mal hin, du bist ja in Rot unterwegs." Das Anwenden einer fest in uns verankerten Regel, wie z. B. tiefes Atmen, einmal um den Block laufen, Lachen oder jemanden um Hilfe bitten, unterstützt uns, dann schnell wieder zu Gelb zu kommen. Ausführliche Hinweise finden Sie dazu im Kapitel 2.1 oder in der Toolbar, Kapitel 6.2.1.

3.4.3 Loslassen, recht zu haben, öffnet Türen

In Gelb ist der Umgang mit Konflikten um ein Vielfaches einfacher. Hier gebietet uns die Logik, genau hinzuschauen, wenn wir mit irgendetwas im Widerstand sind. Tun wir das, dann bemerken wir, dass immer, immer und immer wieder der gleiche Grund für dieses „Dagegen sein" uns blockiert und lähmt. Denn wir glauben nicht nur, sondern sind der tiefen Überzeugung, dass wir mit unserem Blickwinkel, unserer Sicht der Dinge, unserer Meinung richtig und die anderen falsch liegen.

Vielleicht denken Sie nun an eine Sache, die Sie schon länger beschäftigt. Wie schön wäre es doch, wenn die Beteiligten endlich einsähen, dass die von Ihnen vorgeschlagenen Lösungen wirklich die Besten sind! Vielleicht wünschen Sie sich sogar eine Entschuldigung. Denn würde dies passieren, dann wäre das Problem gelöst. Endlich würden Ihre Gegenüber eingesehen haben, dass sie falsch liegen und alle Überlegungen, Ansprachen, Überzeugungsfeldzüge oder was immer Sie getan haben oder noch tun wollen, hätten sich endlich gelohnt. Und ganz ehrlich, wir haben ja auch wirklich Recht, oder?

Zu dumm nur, dass es den anderen offensichtlich genauso ergeht. Ungelöste Konflikte bedeuten immer, dass beide sich mit dem, wie die Beteiligten auf die Sache schauen, im Recht wissen. Machen Sie sich bitte darauf gefasst, dass es in Ihrem gemeinsamen Dilemma bei blinkender Gelbschaltung ungemütlich wird. Egal wie kompetent Sie sind, mit Ihren eigenen Emotionen oder denen der anderen umzugehen, die folgenden Rotphasen mit destruktiver Wirkung sind vorprogrammiert.

Einen Konflikt zu lösen, egal wie tief oder stark er sein mag, ist im Grunde sehr einfach. Mindestens einer der Beteiligten muss eines tun: Er muss sein Bestehen darauf, richtig zu liegen, loslassen, ganz unabhängig davon, ob er Recht hat oder nicht. Dies fällt uns jedoch nicht wirklich leicht.

„Die Suche nach Sündenböcken ist von allen Jagdarten die einfachste."

Dwight D. Eisenhower (1890–1969), 34. Präsident der USA

Achtung! Wir verlassen hier eines der grundlegendsten Prinzipien, die wir von klein auf gelernt haben, nämlich die Frage nach dem Schuldigen!

Recht haben und damit Sündenböcke zu bezeichnen hat zwei entscheidende Nachteile:

1. Die Angesprochenen reagieren darauf mit Verteidigung, notfalls mit Gegenangriff. Und mit „Krokodilen" ist nicht zu spaßen.
2. Da wir ja richtig und die anderen falsch sind, können wir ja nichts machen, als weiter mit hoher Anstrengung zu versuchen, die Gegenüber zu überzeugen. Oder wir müssen hilflos dastehen und sind zur Untätigkeit verdammt, da der andere nicht das Gewünschte tut. Das Einzige, was uns bleibt, ist zu warten. Damit es uns dabei nicht zu unbequem wird, fangen wir an, uns zu beschweren, schlecht über andere zu sprechen, uns abzuschotten. Dadurch werden die Gräben noch weiter vertieft und jede Handlung der anderen wird zum Anlass genommen, uns zu bestätigen, warum wir noch mehr Recht haben.

Es macht also Sinn, diese nicht-konstruktive Sichtweise von der einen Wahrheit, dem einzig Richtigen, loszulassen und eine weitere Perspektive einzunehmen.

3.4.4 Starke Gefühle und Emotionen bergen wertvolle Bedürfnisse und Motive

Wie also herauskommen aus der Falle des Rechthabens? Der Übergang vom Ich- zum Wir-Gelb erschließt uns die größeren Zusammenhänge, indem er uns aufzeigt, dass die Frage nach Falsch oder Richtig wenig Bedeutung hat. Er gibt uns einen Einblick in unsere häufig verborgenen Gedanken- und Gefühlsanteile und eröffnet uns dadurch wertvolle Einsichten, wie wir zu einer guten Lösung kommen:

Konflikte haben immer auch mit uns selbst zu tun. Dies gilt auch dann, wenn es um sachbezogene Konflikte geht. Wären wir nämlich entspannt in Grün, könnten wir mit den Beteiligten schnell eine einfache Lösung finden. Es sind unsere Gelben Stress-Emotionen oder Roten Phasen, die dem Problem Energie geben und unsere Sicht für eine sinnvolle Lösung trüben. Daher ist es wesentlich, zunächst den eigenen Anteil zu ergründen, statt an dem Falsch-Richtig-Vorgehen festzuhalten.

Der erste Reibungsgewinn liegt im Finden einer neuen Klarheit. Ist diese aufgedeckt, erleben wir eine Art „innerer Befreiung", meist ohne dass sich der Konflikt im Außen verändert hat. Damit haben wir die besten Voraussetzungen für eine tatsächliche und grundlegende Konfliktlösung geschaffen.

Die Sechs Schritte-Übung: eine Reflexionsanleitung

Eine Warnung vorab: Diese Reflexionsanleitung ist unbequem, radikal und ehrlich. Sie übertrifft jedes selbstgestrickte Denkmuster. Die hier verfügbare logische Folgerichtigkeit überzeugt jeden, sogar den Besserwisser und die Rechthaberin.

Das Wichtigste ist jedoch, sie hat sich bewährt! Sie basiert auf den Grundlagen der Gewaltfreien Kommunikation, dem weltweit verbreitetste Methodenwerk zur Konfliktbewältigung. Auch viele Mediationsschulen nutzen dieses Grundlagenwerk. Sie können diese Anleitung mit sich selbst in Eigenreflexion oder mit Unterstützung eines guten Zuhörers durcharbeiten.

Schritt 1: Einen Titel für das Konfliktthema finden

Häufig gibt es innerhalb eines Konfliktes mehrere Zusammenstöße und unangenehme Ereignisse, die in der Vergangenheit stattgefunden haben. Für die weitere Bearbeitung macht es Sinn, wenn Sie zunächst nur einen dieser Vorfälle auswählen. Nutzen Sie stellvertretend ein konkretes Geschehen. Wählen Sie beispielsweise die Geschichte mit der meisten emotionalen Energie. Sie beginnen, indem Sie dieser einen konkreten Namen geben wie: „Wieder mal war ich der Depp!" Manchen Menschen hilft es sich vorzustellen, ihre Geschichte würde verfilmt werden, und sie sähen nun das Plakat mit dem Titel, z.B.

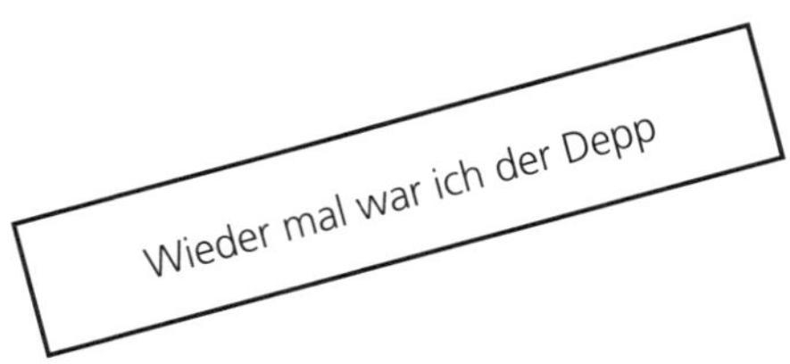

Schritt 2: Gedanken, Emotionen und innere Bilder konkret benennen

Bringen Sie nun all Ihre Gedanken zu Ihrer Beschwerde zu Papier. (Wichtig, die Notizen sind dabei nur für Sie selbst bestimmt!) Halten Sie Ihre Gedanken, Urteile, Bewertungen ungefiltert genauso fest, wie sie aktuell in Ihnen leben.

Da wir in unserer Kultur zur Freundlichkeit erzogen wurden, fällt es Ihnen vielleicht nicht so leicht, unschöne Worte zu sprechen oder zu schreiben. Daher unser Vorschlag: Experimentieren Sie damit, Ihre Schuldzuweisungen, Anklagen oder Ähnliches zu übertreiben. Dabei geht es nicht um Wahrheit, sondern darum, dass Ihre Emotionen, Gedanken und Beschwerden bewusst, laut und deutlich werden dürfen und Ausdruck auf dem Papier bekommen. Sollten Sie sich vor Ihren eigenen Worten erschrecken, dann sind Sie auf dem richtigen Weg! Rosenberg spricht von einem „Horrorfilm", den wir in uns tragen.

All dies auf Papier zu bringen, entzieht diesen subtilen Anteilen in uns ihre Sprengkraft. Im Ampelmodell gesprochen ist das limbische System befriedigt, weil seine emotionalen Gefahrenmeldungen aus Rot und seine Warnungen aus dem Gelben Blinklicht wahrgenommen und gehört worden sind.

Tun wir das nicht und verdrängen diese urteilenden inneren Dialoge, wirken diese im Untergrund und brechen beim nächsten Roten Knopfdruck ohne unseren Zugriff durch. Anstatt also Teller, Tassen oder gar Messer an die Wand oder auf andere Personen zu werfen, gehört dieser innere „Krieg" aufs Papier, wie Byron Katie,[44] die Erfinderin von „The Work", sagt, oder in einen sicheren Reflektionsraum, ein Coaching, eine Supervision oder Ähnliches.

Schritt 3: Die konkreten Fakten formulieren

Wenn wir diesen ersten Schritt geschafft haben, fühlen wir uns in der Regel schon einmal leichter. Das limbische System hat sich emotional ausgetobt und ist bereit, eine Pause zu machen. Dadurch können wir einfacher anerkennen, was denn genau bzw. was denn wirklich Sache ist. Wir meinen damit, die Fakten – getrennt von Interpretationen, Meinungen, Bewertungen und Beurteilung – zu betrachten.

Hier geht es darum, weder zu beschönigen, noch zu interpretieren, Meinungen dazuzustellen oder es gut oder nicht gut zu finden. Wir üben uns darin, die Situation, wie sie eben ist, klar zu betrachten.

Was genau sind denn die Fakten – ganz nüchtern betrachtet? Der 2007 verstorbene Psychoanalytiker und Autor Paul Watzlawick[45] bringt die verhängnisvolle Vermischung von Fakten und Interpretationen in seinem berühmten Beispiel vom Hammer auf den Punkt. Wir geben es hier sinngemäß und verkürzt wieder:

Der Hammer

Ein Mann möchte einen Nagel in die Wand schlagen, doch ihm fehlt ein Hammer. Er kommt auf die Idee, sich beim Nachbarn einen zu leihen. Doch da fällt ihm ein:

„Beim letzten Mal war der so komisch. Bestimmt hat er was gegen mich – ja und gestern hat er mich im Treppenhaus nicht angeschaut – ja, ganz bestimmt mag er mich nicht. Und genau, heute Morgen hat er vor meiner Wohnungstür sein benutztes Tempo Taschentuch verloren – das war Absicht! Genau, der will mich ärgern. Der wird mir – selbst wenn er einen Hammer hat – diesen bestimmt nicht

[44] Dazu mehr im Abschnitt zur wertschätzenden Kommunikation in Kapitel 5.6. Sehr zu empfehlen ist ihr Buch „Lieben was ist!".

[45] Paul Watzlawick, „Anleitung zum Unglücklichsein"; ein erschreckend köstliches Buch mit weiteren Geschichten darüber, wie wir uns selbst im Wege stehen.

leihen." Wutentbrannt klingelt er beim Nachbarn und als dieser öffnet, schreit er den verdatterten Mann an: „Behalten Sie doch Ihren blöden Hammer!"

Die Fakten von unseren Interpretationen zu trennen, lässt uns ganz neu auf ein Thema schauen. Doch wir sind das nicht gewohnt und mischen, wie im Beispiel von Paul Watzlawick, gerne unseren subjektiven Blick in die Fakten. Seien Sie ehrlich, prüfen Sie Ihre Fakten und nehmen Sie alle Bedeutung, die Sie dazu getan haben (siehe Schritt 2), wieder heraus. Stellen Sie sich eine Kamera und ein Mikrofon vor. Was genau nimmt die Kamera auf? Welche Bilder, Laute und Töne übermittelt die Technik?

Schritt 4: Die eigenen Gefühle wahrnehmen und unsere Bedürfnisse entdecken

Der Weg aus einem Konflikt wird immer dann einfacher, wenn wir den Gedanken zulassen, dass eine bestehende Problematik mit uns selbst zu tun hat. Der besondere Wert oder Reibungsgewinn liegt darin, dass wir mittels des aktuellen Konflikts auf grundlegendere Themen von uns selbst hingewiesen werden, die wir noch nicht gelöst haben. Die mit dem Problem zusammenhängenden Gefühle geben uns näheren Aufschluss über unsere dahinterliegenden Bedürfnisse. Diese benennen zu können, ist sehr wertvoll!

Die eigenen Gefühle zuzulassen, anzuerkennen und bestenfalls sogar gegenüber der Konfliktpartei auszusprechen, stellt Beziehung her. Wir betrachten unsere Menschlichkeit und erkennen (öffentlich) an, was die Menschen um uns herum meist schon lange wissen. Der entscheidende Unterschied ist, wir übernehmen mit dem Aussprechen die Verantwortung für uns. Trauen wir uns das zu, wird unserem Gegenüber deutlicher, was uns treibt und führt häufig auch dazu, dass er sich ebenso mit seinen Unzulänglichkeiten offenbaren kann.

Folgende Tabelle zeigt die häufigsten Gefühle und die möglicherweise damit zusammenhängenden Bedürfnisse (ausführlicher im Abschnitt zur wertschätzenden Kommunikation in Kapitel 5.4). Sie hilft uns darin, uns selbst klarer darüber zu werden, welche Worte zu unserer aktuellen Verstimmung passen.

Gefühle, die wir in uns spüren		Mögliche dahinterliegende, unerfüllte Bedürfnisse
Unsicherheit, Ängstlichkeit, Nervosität, Verlegenheit	hätte gerne	Sicherheit, Wertschätzung, Anerkennung, Vertrauen, Schutz
Ohnmacht, Lähmung, Hilflosigkeit, Verzweiflung	hätte gerne	Autorität, Unterstützung, Zuversicht, Mut, Sicherheit, Handlungsfreiheit, Verständnis, Ideen
Ärger, Wut, Empörung	hätte gerne	Beachtung, Anerkennung, Würdigung, Schutz, Annahme, Verständnis, Sicherheit, Wirksamkeit
Stress, Druck, genervt Sein, Überforderung	hätte gerne	Entspannung, Relaxen, Geborgenheit, Ruhe, Freiraum, Freiheit, Unterstützung, Verständnis

Gefühle, die wir in uns spüren		Mögliche dahinterliegende, unerfüllte Bedürfnisse
Trauer, Schuld, Depressivität	hätte gerne	Miteinander, Freude, Versöhnung, Sinn, Selbstvertrauen, liebevoller Blick, Selbstwert, Selbstbewusstsein
Verwirrung, Irritation, Durcheinander	hätte gerne	Klarheit, Ordnung, Struktur, Distanz, Reflexionsraum, Freiheit,
Erschöpfung, Müdigkeit, Trägheit, ausgelaugt Sein	hätte gerne	Frische, Kraft, Energie, Power, Freude, Sinn, Zuversicht
Einsamkeit, Alleinsein, Isoliertheit	hätte gerne	Gemeinschaft, Miteinander, Beitragen, Zusammenarbeit, liebevolle Zuwendung
Frustration, Verletztsein, Schock	hätte gerne	Sicherheit, Geborgenheit, Beachtung, Gesehen werden, Trost
Unzufriedenheit, Unwohlsein	hätte gerne	Zufriedenheit, Wohlwollen, Anregung, gute Atmosphäre, Schokolade, Entspannung
Lustlosigkeit, Gleichgültigkeit, Langeweile	hätte gerne	Lebendigkeit, Abenteuer, Verantwortung, Spannung, Sinn, innere Erfüllung, Ideen

3.4.5 Wozu dient diese Spannung? Was ist ein hilfreicher nächster Schritt?

Schritt 5: Das Geschenk finden

Haben wir unsere Gefühle und Bedürfnisse klar, dann steht uns alles zur Verfügung, um einen guten Wachstumsschritt gehen zu können. Wir haben Zugang zu einer tieferen Schicht in uns bekommen und damit wird es plötzlich ganz einfach, unseren Widerstand, unser Rechthaben sowie unser Besserwisser loszulassen. Marshall Rosenberg spricht davon, dass wir bei einem Problem meist nur ein oder zwei Alternativen sehen, während das Erkennen unserer dahinter liegenden Motive und Anliegen auf tausendfache Weise erfüllt werden kann – und zwar unabhängig vom Konfliktpartner.

Dies entlässt uns aus der Falle, vermeintlich ein Opfer zu sein

- Wir werden wieder handlungsfähig – zu etwas hin, das uns gut tut.
- Wir können zulassen, das Problem loszulassen.
- Wir können aufhören, das, was ist, unbedingt nach unseren Vorstellungen verändern zu müssen und können evtl. bereits vorhandene Lösungsmöglichkeiten plötzlich erkennen.

Schritt 6: Einen nächsten Schritt finden und ihn gehen

Ein Tipp für einen Sprung in Grün: Sollten Sie damit im Widerstand sein, dass ausgerechnet Sie mit solch einem langwierigen und schwierigen Thema konfrontiert sind, dann laden wir Sie zu einem wertschätzenden Blickwinkelwechsel ein: Ziehen Sie in Betracht, dass der Konflikt Sie für neue Aufgaben und Möglichkeiten vorbereitet, die Ihr Leben noch attraktiver, würziger und lebenswerter machen. Nachdem die Konfliktinhalte nun gewürdigt, in Sprache gefasst und aus verschiedenen Blickwinkeln untersucht worden sind, ist eine gefühlte Entlastung nahe. Es geht jetzt darum, etwas Konkretes zu tun. Bleiben Sie dran, es lohnt sich!

Stellen Sie sich in die Frage „Was ist ein guter nächster Schritt?" und lassen Sie sich dann von diesem finden. Dies gelingt umso leichter, wenn Sie sich dabei entspannen können und mit Zuversicht auf die Sache schauen. Wenn Sie einen mutigen Schritt gehen, auch wenn das vielleicht nur eine kleine Sache ist, ergeben sich nächste Impulse und weitere Lösungsmöglichkeiten meist wie von selbst. Ein einziger Impuls in Grün wirkt wie ein kleiner Stein, den man in einen ruhigen See wirft: Er schlägt Wellen, die sich als Ringe nach allen Seiten auf der Wasseroberfläche ausbreiten. Das kann der Start einer „Grünen Welle" zu Ihrem Thema sein, denn eine Grüne Handlung, ohne Vorwurf und Rechthaberei, erreicht andere direkt und spricht sie an. Auch hier gilt: „Wer Du bist, ist lauter als was Du sagst!"

Folgendes Beispiel verdeutlicht die große, ja transformative Kraft, die genauso im Suchen und Finden eines Geschenks innerhalb einer unangenehmen oder spannungsgeladenen Situation liegt wie auch im Identifizieren eines guten nächsten Schrittes:

„Zickenkrieg" einfach beenden

Eine Abteilungsleiterin erlebte nach ihrem Urlaub wiederholt, dass eine Kollegin, die für sie die Urlaubsvertretung übernehmen musste, Kunden verärgerte und sich nicht an vorher besprochene und transparent dargestellte Absprachen über Lieferbedingungen hielt. Das belastete sie enorm, zumal die Kollegin keinerlei Kritik und Veränderungsbitten entgegennahm. Der Chef, den die Abteilungsleiterin um ein Gespräch zur Lösungsfindung ersuchte, wollte kein Wort von diesem „Zickenkrieg" hören. Diese scheinbar ausweglose Situation brachte die betroffene Person an den Rand eines Burnouts und beeinträchtigte sämtliche Kollegen durch einen „kalten Krieg".

Auf der Suche nach einem „Geschenk" in der angespannten Situation fand unsere Problemhalterin heraus, dass sie selbst eine unglaublich authentische, erfolgreiche Art der Kundengewinnung und -bindung hatte. Außerdem entdeckte sie, dass ihr kraftvolles Standing für Exzellenz und Transparenz bei der Abwicklung jedes Kundenauftrags einzigartig war und die Qualität anderer Kollegen bei weitem übertraf. Diese Stärken zu identifizieren, war richtig wertvoll für sie, da sie lange mit Gefühlen, wie Selbstzweifel und Hilflosigkeit, zu tun gehabt und sich ohnmächtig gefühlt hatte. Ihre Bedürfnisse nach Handlungsfreiheit, Tatkraft und Anerkennung bekamen durch diesen Blickwinkelwechsel sofortige Nahrung. Das Geschenk für die Abteilungsleiterin bestand darin zu erkennen, dass es in ihrer Hand lag, ihr gutes Ansehen und das Arbeitsklima in ihrer Abteilung wiederherzustellen, und dass sie gute Voraussetzungen dafür mitbrachte.

Aus dieser entspannten Grünen Haltung war die Lösung denkbar einfach. Wie so häufig war sie im Gelben Stressmodus wie mit Blindheit geschlagen gewesen. Ihren verblüfften Chef überraschte sie proaktiv mit einer neuen Urlaubsvertretungsregelung, die bereits mit anderen betroffenen Kollegen besprochen und recht ausgereift war.

Der Chef gewann die Hochachtung vor seiner erfahrenen Abteilungsleiterin zurück und ordnete ihren Vorschlag als neue Regelung bereits wenige Tage später an. Mit durchschlagendem Erfolg!

Bei einer wertschätzenden Herangehensweise, wie der mit Schritt 1 bis 6, erscheinen Schwierigkeiten, Spannungen und Probleme in einem ganz neuen Licht: Wir erleben sie als natürlichen Ausdruck von Lebendigkeit und als Angebot zum Wachstum.

Selbst aus Konfliktgegnern können auf diese Weise wieder Partner werden, wenn wir uns der eigenen Stärken bewusstwerden und Lösungen finden, anstatt uns über die Schwächen anderer zu beschweren!

Das gelingt, weil wir in Grün jede Spannung als Geschenk willkommen heißen. Bildlich ausgedrückt heben wir die Arme und rufen „Hurra, ein Problem! Wieder ein neues Spielfeld, auf dem wir Entwicklungspotenziale aufdecken werden!

Fazit zur Sechs-Schritte-Übung:

Indem wir in Erwägung ziehen, dass in jedem Konflikt eine wichtige Botschaft für uns selbst steckt, sind wir bereit, genauer hinzuschauen und unsere eigenen Anteile zu finden. Diese offenbaren sich, wenn wir unsere bewertenden Gedanken mit aller Emotion authentisch auf Papier bringen. Die Unterscheidung zwischen unserer Horrorstory und den Fakten ermöglicht uns, die dahinterliegenden Gefühle zu erkennen und das, worum es uns wirklich geht, unsere Bedürfnisse, wahrzunehmen. Uns diesen neu gefundenen Themenbereichen zu widmen und Verantwortung für uns zu übernehmen ist wie eine neue Tür aufzumachen.

Die Erkenntnis, dass ein Konflikt immer ein Spiegel unserer eigenen Entwicklungsthemen ist, führt uns von Gelb nach Grün. Wir haben dann plötzlich eine Wahl, die es vorher nicht gab: Wir können entweder weiter im Widerstand bleiben und Recht haben. Oder wir können lernen, uns für den vermutlich schmerzhaften Hinweis des Konflikts zu bedanken und das darin liegende Geschenk zu erkunden und anzunehmen. Dies zeigt uns etwas über uns selbst und den möglichen nächsten Wachstumsschritt, der für uns ansteht. Dass dieser nicht immer in wenigen Tagen oder Wochen gegangen werden kann, muss uns dabei nicht beunruhigen. Tiefe Verletzungen aus der Kindheit, die wir seit vielen Jahrzehnten mit uns tragen, dürfen ruhig ein paar Monate oder Jahre brauchen, bis sie gut ausgeheilt sind. Prüfen Sie bitte gut, ob Sie sich reif dafür fühlen, die entsprechende Thematik anzugehen.

Fazit: Konflikte bzw. Spannungen sind niemals selbst das Problem – sie werden jedoch eines, wenn sie keinen sinnvollen wertschätzenden Raum bekommen. Daher ist eine wertschätzende Haltung Konflikten gegenüber die beste Basis für einen konstruktiven, ja gewinnbringenden Umgang mit ihnen.

Das Leben bietet zahlreiche Gelegenheiten, uns im Umgang mit Spannungen bzw. Konflikten zu trainieren. Uns selbst in unserer Menschlichkeit kennenzulernen, verhindert Hochmut. Im Anerkennen unserer Gefühle und Bedürfnisse gelangen wir zu einer Wahlmöglichkeit:

- Kämpfen wir im Außen weiter für das Erfüllen unserer Bedürfnisse oder lassen wir den Konflikt sein und stehen selbstverantwortlich für unsere bis jetzt unerfüllten Anteile ein?
- Wollen wir weiterhin weg von etwas, das uns stört oder machen wir uns auf in eine attraktive Zukunft, für die sich unser Lernen und das Annehmen der Geschenke lohnt?

Das Potenzial unserer Zukunft liegt somit tatsächlich in unserer eigenen Hand.

Folgende Tabelle zeigt einen abschließenden Vergleich zwischen einer allgemein üblichen und der hier vorgestellten Vorgehensweise zur Konfliktlösung.

Konventionelle Konfliktlösung (Gelb)	Wertschätzende Konfliktlösung (Grün)
Lösung führt weg von einem unge-wünschten Zustand.	*Lösung führt hin zu einem gewünsch-ten Zustand.*
Konflikt aufzeigen und abwehren. Suche nach Veränderung und schneller Lösung.	Spannungen wahrnehmen und Fakten von Bewertungen unterscheiden.
Ursachen und „Schuldige" für den Konflikt finden.	Gefühle, Bedürfnisse, Werte und Motive verstehen – Potenziale herausarbeiten.
Belehren, Veränderung erbitten oder einfordern.	Erwünschte Zukunft vereinbaren und gemeinsam zielführende Wege entwickeln.
Atmosphäre von Druck und Kontrolle. Neu entwickelte Regeln bleiben meist lange gültig, während der gewünschte Veränderungszustand, trotz neuer Regel, meist nur kurzfristig erhalten bleibt.	Atmosphäre von Empowerment, Motivation und Inspiration. Gewünschte Veränderung bleibt langfristig stabil – damit zusammenhängende Richtlinien oder Empfehlungen können jederzeit nachjustiert oder verändert werden.
Grundannahme: Konflikte sind problematisch und sollten nicht sein bzw. mit allen Mitteln vermieden werden.	**Grundannahme: Spannungen bzw. Konflikte bergen wertvolle Bedürfnisse und Informationen. Sie erzeugen „Reibungsgewinne".**

3.4.6 Mit fein abgestimmten Prozessen gute Lösungen für alle finden

Die weitere Entwicklung vom Ich-Grün zum Wir-Grün setzt große Sicherheit voraus, sich in den bisher genannten Prinzipien der Konfliktlösungen genauso selbstverständlich zu bewegen, wie z. B. mit einem Auto im Straßenverkehr. Wer

- sich im Angesicht von Anklagen und Verurteilungen freilassend verhält,
- trotz schwieriger Rahmenbedingungen vertrauensvoll und selbstsicher im eigenen Leben steht,
- sich entspannt in Räumen mit großen Emotionen bewegt,

der kann sein Wissen und seine Persönlichkeit getrost einer größeren Menschengruppe zur Verfügung stellen.

In einem Grünen Prozess geht es nicht darum, jede Person zur Anwendung beispielsweise der Sechs-Schritte-Analyse zu befähigen. Dieses Anliegen wäre wieder Gelb, weil wir dabei andere dazu erziehen wollten, besser zu werden. Wir-Grün überlässt dies der Eigenverantwortung jedes Einzelnen und bedient sich stattdessen einer fein ausgearbeiteten Struktur von Richtlinien. Innerhalb dieser Prozesse treten die persönlichen Rechthabereien hinter einem größeren Unternehmenssinn zurück. Hier werden die Herausforderungen so moderiert, dass die Beteiligten die beglückende Erfahrung machen, dass nahezu alle Probleme schnell und zur Zufriedenheit aller gelöst werden.

Innerhalb einer solchen Vorgehensweise ersetzen wir unseren Sprachgebrauch „Problem, Konflikt oder Schwierigkeit" mit dem Wort „Spannung". Dieses Wort aus der Elektrizitätslehre erleichtert es uns, Dissonanzen als einen Abstand von Polen zu betrachten, die eine Energie zur Verfügung stellen und damit als wertvoll betrachtet werden können.

Eine Spannung ist der gefühlte Abstand zwischen der praktizierten Realität und dem erahnten Potenzial. Spannung weist auf zu klärende Punkte und eventuell notwendige Veränderung hin. Spannung ist nicht negativ, sondern ein fruchtbares Potenzial, das genutzt werden kann.

In diesem Grünen Denken ist es naheliegend, dass wir zur Lösung von Spannungen geeignete Strukturen und Prozesse nutzen. Dadurch wird eine neue Art von Erfahrungsräumen bereitgestellt, in denen sich die Beteiligten als kompetent erleben, an den eigenen Herausforderungen zu wachsen – und zwar eigenverantwortlich.

Die Haltung einer Organisation wird von der Führung geprägt und ist für die Mitarbeiter und die Unternehmenskultur entscheidend. Werden Fehler und Spannungen als störend und unangenehm angesehen oder als Motor für Veränderung? Wartet ein System, bis ein Konflikt bzw. eine Spannung nicht mehr zu übersehen ist oder werden schon kleine Unstimmigkeiten als Möglichkeit für Entwicklung begrüßt? Wird mit Druck und Schuldzuweisung reagiert oder bekommen Missstände und Widerstände einen sinnvollen Raum, so dass deren Potenzial schnell genutzt werden kann?

Die Lösung liegt darin, Strukturen und Prozesse zu etablieren, die Spannungen aufgreifen und in einen nächsten Entwicklungsschritt bringen.

- Spannungen bergen Energie, die für Wachstum und Entwicklung genutzt werden kann.
- Konflikte sind wertvolle Indikatoren und zeigen uns brachliegende Potenziale.
- Jeder Konflikt bzw. jede Spannung, kann der Entwicklung dienen.

- Menschen, die Spannungen wahrnehmen und deutlich machen, ermöglichen „Reibungsgewinne" und helfen Schaden abzuwenden.

Es geht darum, in einer Gruppe einem Team oder einer Abteilung eine Atmosphäre zu schaffen, in der das Ansprechen von Irritationen, Spannungen oder Missempfindungen willkommen ist. Es werden emotional sichere Räume benötigt, in denen sich Mitarbeiter trauen all das anzusprechen, was nicht funktioniert und die gleichzeitig sicherstellen, dass Spannungsträger nicht alles dominieren können, sondern einen sachlichen Rahmen erhalten. Die Voraussetzungen dafür sind funktionierende Prozesse, die einfach und schnell zu guten Lösungen führen und Beweglichkeit und Transparenz bieten. Konsentorientierte Ansätze mit dynamischer Steuerung geben hier sehr hilfreiche Praktiken an die Hand.

Methode: Konsentorientierter Umgang mit Spannungen[46]

Hier werden vier verschiedene Arten von Spannungen unterschieden, die in jeweils dafür festgelegten, regelmäßigen Terminen Raum haben.

1. Fehlende Zuarbeit von anderen:
   „Um gut weiter zu arbeiten, benötige ich ..." Diese Sitzungen finden je nach Team täglich oder wöchentlich statt. Sie werden aufgrund ihrer Geschwindigkeit, das Wesentliche gegenseitig wahrzunehmen und anstehende Spannungen schnell zu lösen, sehr geschätzt.
2. Fehlende Zuständigkeit:
   „Damit folgende Situationen nicht mehr passieren, schlage ich die Schaffung eines neuen Bereichs vor oder möchte einem Tätigkeitsfeld eine neue Zuständigkeit zufügen ...".
   Dieses Format findet meist monatlich statt und entspannt eine Organisation durch Klarheit der Verantwortlichkeiten, gepaart mit Beweglichkeit. Jeder Bereich im Unternehmen kann so jederzeit den nötigen Bedürfnissen angepasst werden.
3. Fehlende Ausrichtung:
   „Damit wir eine konkretere Ausrichtung für unsere Tätigkeit haben, schlage ich folgendes strategische Vorgehen vor ..."
   Diese Themen finden nach Bedarf, in der Regel aber mindestens zweimal im Jahr statt.
4. Spezielles Thema:
   „Für folgendes Anliegen ..., das nicht in die vorhergehenden drei Bereiche fällt, benötige ich einen speziellen Gesprächstermin."

Damit diese Unterscheidungen zu effektiven Lösungen kommen, gibt es eine von der Gruppe gewählte Moderation (Facilitator). Dieser hat keine offizielle Leitungsfunktion. Er hält sich in der Regel an sehr klare und fein auf die Art der Spannung abgestimmte Prozessvorgaben, die allen Beteiligten die Sicherheit geben, mit Ihren Anliegen angemessen gehört und unterstützt zu werden.

Einen kleinen Ausschnitt der grundsätzlichen Vorgehensweise zeigen folgende Punkte:

- Wer eine Spannung hat, macht einen Lösungsvorschlag: hin zu, statt weg von!
- Es wird grundsätzlich nicht diskutiert – wenn gewünscht, wird eine Runde durchgeführt, in der einer nach dem anderen spricht. Echter Diskussionsbedarf findet an anderer Stelle selbstorganisiert statt.

---

[46] In Anlehnung an Holacracy. Mehr dazu erfahren Sie unter http://de.wikipedia.org/wiki/holokratie, den dort angegebenen Link und in Kapitel 5.3.

- Es geht immer um einen nächsten möglichen Schritt, der sicher genug ist, ausprobiert zu werden und der dem Anliegen der Gruppe/des Unternehmens nicht schadet.
- Zu jeder Entscheidung kann jederzeit ein neuer Vorschlag eingebracht werden. Nur derjenige hat jedoch diese Möglichkeit, der in seiner Verantwortung vom Ergebnis betroffen ist.
- Neue Vorschläge dienen immer dazu, aktuelle Lösungen weiter zu verbessern.

Weitere Informationen finden Sie im Abschnitt „Konsentorientierte Organisationsmodelle" in Kapitel 5.3.

Anstelle dieses sehr ausführlichen und unserer Ansicht nach gut ausgereiften Konsentansatzes arbeiten Unternehmen, die einen konstruktiven Umgang mit Konflikten schätzen, häufig mit Beratungs- und Konfliktlösungsprozessen in verschiedensten Formen. Oft werden dazu Expertengruppen etabliert. Alle Ansätze verbindet die Grundlage, möglichst früh einfache und gute Lösungen für auftretende Probleme zu finden. Sie belassen die Verantwortung beim Spannungsträger und nicht bei demjenigen, der die Spannung ausgelöst hat. Durch dieses pragmatische Vorgehen lernen Menschen die für eine ständige Weiterentwicklung eines Unternehmens wichtige Kompetenz, mutiger zu werden und sich mit ihren Fähigkeiten auch einmal über die normalen Sicherheitszonen hinaus zu bewegen. Sie können ja darauf vertrauen, dass die anderen gegebenenfalls ihre Themen als Spannungen melden. Wie entspannend!

Wenn Spannungen willkommen geheißen werden und in Konflikten Gewinne für die Organisation vermutet werden, wenn die Suche nach dem Schuldigen aufhört und es nicht mehr ums Rechthaben geht, dann fangen die Beteiligten an, zu vertrauen. Dies führt automatisch dazu, dass jeder, der eine Spannung spürt, mehr und mehr Verantwortung dafür übernimmt, diese frühzeitig einzubringen.

Dadurch sind sie nicht mehr Sand im Getriebe, sondern Dünger für eine Weiterentwicklung. Ziel ist eine Kultur der Offenheit, die keine Berührungsängste im Umgang mit sensiblen Situationen und Themen hat.

Lotte hatte etwas von „dynamischer Steuerung" im Unternehmenskontext gehört. Das schien ihr interessant, weil diese endlosen Teamsitzungen immer darauf bedacht waren, die möglichst beste Lösung zu finden, die, wenn sie dann gefunden wurde, auch möglichst lange unangetastet gelten sollte.

Dynamische Steuerung versprach Schnelligkeit und Beweglichkeit, und genau das brauchte sie. Ihre Recherche offenbarte: IT-Entwickler hatten offensichtlich mit so komplexen Themen zu tun, dass dort die Suche nach der einen richtigen Lösung, die alle Aspekte berücksichtigen würde, zu vielschichtig und damit viel zu aufwändig geworden war. Praktischer und effektiver war die Idee, dass die augenblickliche Vorgehensweise nur sicherstellen musste, dass man gut weiterarbeiten konnte, ohne das Anliegen des gesamten Systems zu gefährden. Die Soziokratie[47] schöpfte dazu sogar ein neues Wort im deutschsprachigen Raum: Konsent.

Im Versuch, alle mitzunehmen bis jeder Einzelne einverstanden war, also einen Konsens herzustellen, hatte sich das Team in den letzten Wochen selbst ausgebremst. Endlose Ge-

[47] Siehe www.soziokratie.at. Mehr dazu auch in Kapitel 5.3 bei den konsentorientierten Organisationsmodellen.

spräche führten dazu, dass man am Ende das eigentliche Thema entweder ganz aus den Augen verloren hatte oder es so zerredet wurde, dass eine gemeinsame Lösung schwierig schien. Genau das hatte Lotte beinahe zur Verzweiflung getrieben.

Konsent dagegen faszinierte sie. Im Unterschied zum Konsens, bei dem alle „ja" sagen sollen, fokussiert der Konsent darauf, dass keiner „nein" sagt. Während Konsens nach der besten Lösung sucht, ist der Konsent mit einem rein funktionalen Ergebnis zufrieden. Durch dieses Vorgehen sollten Entscheidungen ohne Diskussionen getroffen und anstehende Verbesserungen einfach integriert werden können.

Die einzige Voraussetzung für das Mitgehen ist, dass sich die Beteiligten sicher sein sollten, dass der Weg ausprobiert werden kann, ohne Schaden zu verursachen.

Lotte versprach sich von dieser Vorgehensweise gute Impulse. Nach ausführlicher Recherche wollte sie ein Experiment wagen.

Am folgenden Tag begann Lotte nach einem kurzen Check-in und einer begeisterten Einführung in die „Dynamische Steuerung" mit folgenden Worten: „Ich lade euch zu einer Stille ein. Bitte sammelt alle Themen, die euch aktuell beschäftigen und zu denen ihr gerne eine gute Lösung hättet. Ich gebe euch drei Minuten, um für jedes Thema ein Stichwort auf eines dieser Kärtchen hier zu schreiben. Notiert bitte alles, was euch einfällt."

Lotte erhielt 30 Kärtchen zurück. Offensichtlich hatte sich durch die zermürbenden letzten Sitzungen einiges aufgestaut:

Hilfe bei den Briefen
Typische Probleme mit der Software
Zu heiß, ich bekomme keine Luft
Unser Betriebsfest
Angela Bierhoff
Streit mit dem Betriebsrat
Urlaubsplanung
...

„So, dann lasst uns mal sortieren. Wir gehen alle Themen durch und ihr sagt mir, ob es um eine kurzfristige Lösung geht und die Sache damit erledigt oder ob das ein immer wiederkehrendes Thema ist, das gelöst wäre, wenn es einen Zuständigen dafür gäbe!" Lotte blickte auffordernd in die Runde und gemeinsam markierten sie:

Hilfe bei den Briefen – aktuell
Typische Probleme mit der Software – Zuständigkeit fehlt
Zu heiß, ich bekomme keine Luft – Zuständigkeit fehlt
Unser Betriebsfest – Zuständigkeit fehlt
Angela Bierhoff – aktuell
Streit mit dem Betriebsrat – aktuell
Urlaubsplanung – Zuständigkeit fehlt
...

„Damit haben wir die heutige Tagesordnung um die Hälfte reduziert. Da die Zuständigkeiten ja schon länger fehlen, werden wir auch noch eine weitere Woche mit diesen Problemen zurechtkommen. Wenn niemand etwas dagegen hat, werden wir nächste Woche dafür mit einem neuen Format experimentieren. Heute möchte ich mich auf die aktuellen Themen fokussieren.

Wir nehmen uns wieder zwei Minuten Zeit und jeder überlegt sich für sein Problem einen Lösungsvorschlag oder welches konkrete Bedürfnis er oder sie hat. Fällt einem nichts ein, dann schauen wir gemeinsam."

Zwei Minuten später fuhr Lotte fort:

„Ihr wisst, das ist ein Experiment, es geht nicht um die beste Lösung, sondern um einen Vorschlag, der dich befähigt, weiterzuarbeiten – nach der Devise „lieber unperfekt starten als perfekt zögern". Und zwar nur dich, der du dieses Problem eingebracht hast. Wenn andere weitere Verbesserungsideen haben, behaltet diese im Augenblick für euch. Gerne kannst du nach der Sitzung die Person ansprechen und deine Ideen persönlich mitteilen. Hier sind wir zufrieden, wenn der Problemträger eine für sich gangbare Lösung gefunden hat. Sollte jemand anderes durch eine dieser Lösungsvorschläge ein Problem bekommen oder sich bewusstwerden, dass er ähnliche oder damit zusammenhängende Themen hat, dann schreibt dieser bitte ein neues Kärtchen dazu, und wir behandeln das Anliegen völlig eigenständig. Ich bitte euch einfach mitzumachen, egal, ob euch dieses Vorgehen sinnvoll erscheint oder nicht. Lasst uns eine gemeinsame Erfahrung machen und schauen, wie es uns damit geht."

Sie nahm das erste Kärtchen: „Hilfe bei den Briefen" und fragte Knut: „Was brauchst du?"

So moderierte Lotte durch die Sitzung: Immer wieder erkundigte sie sich: „Was brauchst du?" Der oder die Betroffene schilderte dann seinen/ihren Lösungsvorschlag. Es wurde nicht diskutiert und in den meisten Fällen in weniger als zwei Minuten abgesprochen, wer die Hilfe in welcher Weise geben könnte. „Hast du, was du brauchst?", war ihre Schlussfrage und damit war die Sache erledigt. Nur beim Streit mit dem Betriebsrat war Freddy, der die Situation schilderte und ein paar Verständnisfragen beantwortete, ratlos. Er hatte einfach keinerlei Ideen, wie die Situation behandelt werden könnte. Alle blickten auf Lotte.

„Das Wichtigste für unser Experiment ist, dass wir nicht diskutieren, so sehr wir das auch gewohnt sind. Wir machen nach einer kurzen Stille zwei Runden. Bitte überlege dir für die erste Runde, welche wesentlichen Informationen du dazustellen kannst. In der zweiten Runde kann dann jeder seine Ideen für eine mögliche Lösung aussprechen. Wir sprechen dazu im Kreis, und ich gebe diesen Redestab herum. Sprich' bitte nur, wenn du diesen Stab hast. Und keiner muss was sagen, du kannst ihn auch einfach weitergeben."

Die Fülle von Informationen und Ideen war so anders als sonst. Jeder konnte sich Zeit nehmen zu sprechen oder auch mal kurz innezuhalten, ohne sofort auf etwas Neues reagieren zu müssen. Die Qualität kam offensichtlich aus einer Verbundenheit mit sich selbst und mit der Gruppe. Als Lotte nach der zweiten Runde Freddy fragte, ob er alles hätte, was er benötigte, konnte dieser nur dankbar lächeln und mit dem Kopf nicken.

Mit Erstaunen blickte Lotte auf ihre Uhr und stellte fest, dass sie für die ganze Sitzung nur eine Stunde benötigt hatten. Sie war angetan von dieser neuen Art des Vorgehens und läutete den Abschluss ein. „Wir beenden die Sitzung mit einer Runde. Was war für dich die wichtigste Einsicht oder das schönste Erlebnis der letzten Stunde? Du kannst gerne auch ein Feedback an mich als Moderatorin geben".

3.5 Durchbruch in Freude – echt sein dürfen ist ein Glück

Unternehmen sind Orte, wo Menschen gerne zur Arbeit gehen, sich dort mit allen Aspekten Ihres Menschseins zeigen und einbringen können. Eigenheiten und persönliche Schwächen müssen nicht versteckt werden, sondern finden als Selbstverständlichkeiten des Lebens einen passenden, oftmals sogar stärkenden Platz. Lebendigkeit, Lebensfreude und Kreativität entfalten sich.

Nützliche Perspektiven	• Ich nehme wahr, was ist, genauso wie es ist. • Neben den vorlauten Stimmen in mir lausche ich auch den feineren. • Wo es mich tief berührt, liegt ein Schlüssel. • „Weg von" oder „hin zu"? Ich habe eine Wahl! • Ich traue mich und folge mir.
Empfohlene Tools	• Von Gegnerschaft zu Partnerschaft • Lebensfreude zurückgewinnen • Der eigenen Stimmigkeit folgen • Eine Wahl treffen: „Weg von" oder „hin zu"? • Vom Missing Link zum Gelingen

„Sieben Leben, sieben Welten", dachte Lisa, als sie die Briefe ihrer Kollegen durchlas – im Rahmen ihrer Forschung über Authentizität war sie mutig geworden. „Wenn das wirklich stimmt, dass unsere größten Stärken ganz nahe bei unseren schwierigsten Themen liegen, das wäre ja der Hammer. Ich bin gespannt." Und so hatte sie die Kollegen gebeten, etwas über sich selbst zu schreiben.

- Was genau bewegt dich und wir wissen nichts davon?
- Was darf oder kann hier im Arbeitsumfeld nicht gesagt werden, weil die Scham zu groß ist oder die Angst, dass die Offenheit missbraucht wird?

Sie liest voller Stolz die Antworten der Kollegen. Sie hatten es ernst gemeint, als sie ihr versprochen hatten, gemeinsam zu forschen.

Lotte schreibt von ihrer Tochter, die mit 10 Jahren immer noch nachts ins Bett mache und von ihrer Angst, als alleinerziehende Mutter nicht gut genug zu sein.

Max enthüllt seine Schwäche zum Online-Poker und dass es nicht daran liegt, dass er schlecht schläft, wie er so oft glaubhaft versichert hatte, sondern daran, dass er nicht zum Schlafen kommt.

Heiner offenbart sich mit der Übermacht seines Kühlschranks, dem er zuhause stündlich mehrmals seine Ehrerbietung erweist. Beim Öffnen der Tür beobachtet er, wie etwas seine Hand nimmt, um sie zu einem Stück Schokolade, zu Joghurt, Käse oder einer guten Wurst zu führen.

Knut streitet sich mit seiner Frau und schreibt von seiner Verzweiflung, nicht zusammen kommen zu können. Offensichtlich reden sie häufig aneinander vorbei, und dann fliegt auch mal ein Teller oder eine Tasse gegen die Wand. Dabei hatte es so gut angefangen, doch seit Monaten geht er nicht mehr gerne nach Hause.

Moni hat den Mut, sich mit ihren Geldsorgen zu zeigen, die durch das finanzierte Eigenheim gerade besonders groß geworden sind, weil ihr Partner seit kurzer Zeit arbeitslos ist und gerade mit Selbstzweifeln kämpft.

Und Freddy outet sich als schlechter Vater, weil seine 13-jährige Tochter, die seit 10 Jahren bei seiner Exfrau lebt, verkündet hat, dass sie keine Lust mehr auf die monatlichen Wochenenden mit ihm habe.

Lisa war die einzige, die ihre Hausaufgaben nicht gemacht hatte. Sie war berührt von der Offenheit der Kollegen und irgendwie auf eine Art beruhigt. Sie hatte bisher gedacht, dass irgendetwas mit ihr nicht stimme, weil sie, so lange sie denken konnte, mit schwierigen Themen in ihrem Leben zurechtkommen musste.

Aber so wie ihre Kollegen hatte sie sich nicht getraut, sich damit zu zeigen – und auch jetzt noch zögerte sie, einen Stift in die Hand zu nehmen. Doch dann nahm sie ihren Mut zusammen und schrieb: „Mein Ältester ist von der Polizei mit einem Gramm Haschisch erwischt worden, die Zweite hat große Probleme mit Mathe und weiß nicht, ob sie die nächste Klasse schafft und der Dritte hatte mal wieder einen Unfall und sich beim Spielen den Arm gebrochen.

Halten Sie es für möglich, dass Arbeit und echte Freundschaft zusammenkommen, wenn die Person, die wir außerhalb unserer Tätigkeit sind, ihre Identität nicht zugunsten einer zu spielenden Rolle an der Unternehmenstüre abgeben muss, sondern im gleichen Maße auch auf der Arbeit da sein darf?

Selbstverständlich wird hier genauso mitgedacht, wie im Lieblingsverein oder zu Hause – ohne etwas sein, scheinen oder vorspielen zu müssen, was wir gar nicht wirklich sind.

Der Platz, an dem wir täglich die meiste Zeit verbringen, wird so zu einem Ort, wo wir die Masken fallen lassen dürfen. Dies gelingt, wenn Offenheit und Echtheit um der gemeinsamen Sache willen geachtet werden, denn dann ist

Tragfähigkeit vorhanden und all das, was ist, darf sein und wird ungeschminkt, aber auch ohne ein Drama daraus zu machen, geschätzt. Authentizität ist dann nicht nur eine Floskel, sondern wird zum Markenzeichen.

Die positive Nebenwirkung ist, dass man dadurch seine Energie auf das Wesentliche und das, was zu tun ist, fokussieren kann, statt mühsam ein Anderer sein zu wollen. Die Chancen, dass damit das Arbeitsleben und die Abläufe viel produktiver sind, stehen gut. Und das Ganze macht plötzlich auch noch viel mehr Spaß!

3.5.1 Echt sein dürfen ist ein Glück

Das höchste Glück? Zu wissen, wer ich wirklich bin.
Die höchste Freude? Den Mut zu haben, das zu sein.

In den meisten Menschen gibt es eine tief sitzende Angst[48], von anderen be- und verurteilt zu werden. Wir haben gelernt, uns anzupassen und unsere schwachen Seiten so geschickt zu verpacken, dass sie möglichst nicht auffallen. Für dieses Versteckspiel bezahlen wir einen hohen Preis. Es erzeugt paradoxerweise Gebundensein und gleichzeitig Trennung von echter Begegnung und beraubt uns der eigenen Lebendigkeit. Denken Sie an den Selbstausdruck von kleinen Kindern, die noch nicht wissen, ob irgendetwas mit ihnen „nicht stimmt“. Wir alle hatten das einmal in uns, doch die vielen unangenehmen Erfahrungen des Lebens – das Anecken, das Auffallen, das nicht den Erwartungen der Eltern, Erzieher, Lehrer, des Freundeskreises entsprechen – hatten uns dazu erzogen, eine akzeptable Rolle einzunehmen. Die Zeit ist reif, diesen Mechanismus wieder umzudrehen.

In einer Arbeitsumgebung, die sich von Gelb nach Grün bewegen möchte, üben wir uns im Loslassen. Überall, wo wir Angst haben, weist sie uns auf diese unsere vermeintlichen Abhängigkeiten von Menschen (Chefs, Kollegen, Partnern) hin. Um unsere Lebendigkeit wieder zu finden, erlauben wir uns, mit unseren Schwächen da sein zu dürfen. Sie sind Teil jeden Menschseins, bringen uns näher zusammen und schenken uns paradoxerweise gerade durch einen offenen Umgang mit ihnen mehr Nähe und Vertrauen zu anderen und zu uns selbst.

Wenn wir nicht mehr darauf aufpassen müssen, dass jemand etwas Verborgenes bei uns entdecken könnte, wenn wir uns selbst für unsere Schwachstellen nicht verurteilen, wenn wir all die Anstrengung loslassen können, etwas zu verstecken, was uns tagtäglich beschäftigt, lässt uns das automatisch näher zusammenrücken. Dann:

- fangen wir an, einander genauso sein zu lassen wie wir sind und uns damit zu zeigen,
- gestehen wir anderen zu, dass sie nicht so sein müssen, wie wir es gerne hätten,

[48] Laut einer Umfrage in 2013, veröffentlicht im Statistik-Portal Statista ist die Angst, öffentlich zu sprechen, also sich der Be- bzw. Verurteilung von Menschen auszusetzen mit 41 % die Größte Angst der Deutschen, weit vor der Angst vor Krankheit und Tod. https://de.statista.com/statistik/daten/studie/258499/umfrage/die-haeufigsten-aengste-der-menschen/, abgerufen am 26.11.2015.

- gehen wir auf andere zu und sagen ihnen, dass wir unsere Erwartungen (und damit alle offenen oder versteckten Versuche zu manipulieren) loslassen wollen.

Vielleicht fällt Ihnen jetzt das Weiterlesen schwer. Eventuell blinken all Ihre inneren Gelben Baustellenlampen Alarm. Wenn wir in einem Umfeld leben, in dem die meisten von uns sich schon von Kindheit an daran gewöhnt haben, eine bestimmte Rolle zu spielen, wie kann es uns dann gelingen, Schutzräume zu öffnen, die es uns erlauben, die scheinbare Sicherheit der Rolle loszulassen? Wer traut sich denn, sich mit seinem ganzen Ich zu zeigen und welchen Vorteil soll das bringen? Man hat sich doch arrangiert, uns geht es doch nicht schlecht!

Wir wollen Sie nicht vom Gegenteil überzeugen. Aber vielleicht spüren Sie neben diesen „lauten" Gedanken auch noch etwas anderes in sich, eine leise Sehnsucht oder Ahnung von einer neuen Lebensqualität. Wo genau ist dieses Besondere, diese vielleicht mögliche neue Zukunft, die wir gerne in unserem Leben haben wollen und von der wir erahnen, dass sie vielleicht gar nicht so weit weg ist? Der Weg, auf den uns diese Sehnsucht zieht, geht über Authentizität und führt uns zu einer neuen Art von Offenheit.

In diesem Kapitel wollen wir Sie einladen, dieser Spur zu folgen, diesem möglichen Neuen, das in uns ruft und erreicht oder gefunden werden will. Sie benötigen dazu zwei Voraussetzungen:

1. Eine Umgebung, die sich im Wir-Gelben Ampelmodus befindet.
2. Mut dazu, sich zu öffnen und ein mögliches Scheitern zu riskieren, aber auch auf positive Überraschungen gefasst zu sein.

Es macht wenig Sinn, authentisch zu sein und seine Schwächen zu zeigen, wenn Ihre Umgebung noch sehr stark in der Welt des „Ich-Gelbs" zuhause ist. Die dortigen Player warten ja nur darauf, dass Sie sich eine Blöße geben, um diese für sich auszunutzen. Aber Achtung, vielleicht unterliegen Sie bei der Bewertung Ihrer Mitmenschen einer Täuschung. Ziehen Sie bitte in Erwägung, dass Ihr Umfeld schon weit mehr im Wir-Gelb leben könnte, als Ihre Sinne Ihnen das vorgaukeln. Probieren Sie es doch einfach mal in einem Experiment aus:

Toolbar: Von Gegnerschaft zur Partnerschaft

Gehen Sie auf einen unangenehmen Kollegen, den schwierigen Chef oder einen problematischen Mitarbeiter zu und drehen den Spieß um. Statt Ihres üblichen Verhaltens beginnen Sie damit, Ihren Anteil an einer vielleicht nicht gut gelaufenen Sache ehrlich und authentisch zu nennen und sich zu entschuldigen. Nutzen Sie unsere Ausführungen aus dem vorherigen Kapitel und finden zuvor das Geschenk aus dieser mit Schwierigkeiten behafteten Beziehung. Haben Sie die darin liegende Einladung zu Ihrem persönlichen Wachsen erkannt, dann können Sie um Verzeihung dafür bitten, dass Sie die Beziehung so lange mit Ihren negativen Emotionen belastet haben. Und Sie können einräumen, dass Sie erst jetzt sähen, wie wertvoll die Situation für Sie selbst gewesen sei. Dieser Vorschlag hat umso größere Wirkung, je mehr Sie die Auswirkungen Ihres Anteils an der Sache verstehen und die Betroffenheit davon auch spüren. Ziehen Sie in Erwägung, dass Ihre Art der Verstimmung es dem Anderen gar nicht möglich gemacht hatte, sein Verhalten zu ändern. Haben Sie Ihre Entschuldigung ausgesprochen, dann halten Sie bitte den Mund und seien Sie bitte ganz still!

Ein Gegenüber, das im Wir-Gelb steht, nimmt die Entschuldigung an und nutzt Ihre Offenbarung, um Ihnen offen oder in versteckter Form mitzuteilen, wie dankbar er für Ihre Botschaft ist. Vielleicht sagt er auch, dass es aber auch einen Anteil bei ihm gäbe, der zu dieser verfahrenen Situation geführt habe.

Sollte Ihr System sich vorwiegend im Wir-Gelb befinden, dann erst mal herzlichen Glückwunsch, Sie können mit dem hier vorgeschlagenen Weg tatsächlich die Brücke zum Ich-Grün überschreiten, insbesondere dann, wenn Sie selbst spüren, dass Sie an dieser Schwelle, an diesem Übergang stehen.

Der Sprung zu Grün wird möglich, wenn:

- wir unsere Negativspiralen in Gelb erkennen und bereit sind, uns damit zu zeigen,
- wir unsere Sichtweise und Lösungswege loslassen können, selbst wenn wir noch nicht fähig sind, unsere Betroffenheit und Emotionen zu verändern,
- wir offen für Neues sind,
- wir eine Verbindung mit der von uns gewünschten Lebensqualität einer möglichen Zukunft haben,
- wir leidenschaftlich an echter Begegnung und an der besten menschenmöglichen Art von Zusammenarbeit interessiert sind – mehr als an unseren egoistischen Interessen.

An dieser Stelle stehend können wir mit geeigneten Praktiken und Hilfsmitteln experimentieren, die uns den Weg zu Grün ermöglichen. In der Bereitschaft, Altes loszulassen, versetzen wir uns in die von uns gewünschte Qualität der Zukunft, wie z. B. „Freundschaft" und halten damit die Spannung dafür, dass Grün uns findet. Ein geeignetes Hilfsmittel dafür sind die fünf Perspektivsätze dieses Kapitels in der folgenden Toolbar:

Toolbar: Lebensfreude zurückgewinnen

Folgende fünf Sätze sind eine geniale Unterstützung dabei, den in Gelb ständig nach Antworten suchenden Verstand ausreichend zu befriedigen, um somit eine gute Voraussetzung für das Loslassen in Grün zu schaffen. Die darin enthaltene Wahlmöglichkeit öffnet uns eine neue Tür. Die in uns schon immer vorhandene, jedoch meist lange Zeit verschüttete, kindliche Lebensfreude wird dabei wieder frei.

Nehmen Sie dazu Ihre tiefste Angst, Ihren schlimmsten Fehler oder die größte Schwäche „auf den Schoß" und stellen Sie sich diesen Sätzen:

- Ich nehme wahr, was ist, genauso, wie es ist.
- Neben den vorlauten Stimmen in mir lausche ich auch den feineren.
- Wo es mich tief berührt, liegt ein Schlüssel.
- „Weg von" oder „Hin zu"? ich habe eine Wahl!
- Ich traue mich und folge mir.

Schauen Sie einfach in Ruhe, was Ihnen zu jedem Satz auftaucht und experimentieren Sie mit den daraus entstehenden Impulsen. Wenn die eine oder andere Perspektive noch unverständlich für Sie ist, dann lassen Sie sich von den weiteren Ausführungen inspirieren.

„Jetzt will ich es aber für mich wissen", sagt sich unser Wertschätzer und widmet sich mit vollem Eifer dem Tool „Die Lebensfreude zurückgewinnen":

Tatsächlich war er in seiner Ehe seit vielen Jahren mit einem Thema konfrontiert gewesen, das ihn immer wieder an seine persönlichen Grenzen gebracht hatte, bis heute. Die Sache in einem Satz zu formulieren, fiel ihm schwer, nach einigen Überlegungen nannte er es „Mehr Eigenständigkeit und Frieden in mir!"

Wahrzunehmen, was ist, und die verschiedenen leisen und lauten Stimmen und Gedanken dazu zu differenzieren, fiel ihm dagegen sehr leicht. Der größte Schmerzpunkt, den er identifizieren konnte, war: „Ich habe die Sicherheit verloren, Hilfe und Unterstützung zu bekommen." Folgende bewährte Strategie, die im Grunde das ganze Leben lang funktioniert hatte, klappte nicht mehr: „Wenn es mir schlecht geht, renne ich als Kind zu „Mama", heute zu meiner Frau... und dann ist oder wird alles gut!" Seine Frau hatte ihr „für ihn da sein müssen" losgelassen und ihm die Verantwortung für sich selbst zurückgegeben. Er musste einsehen, dass sie ihm in diesem Punkt des Loslassens offensichtlich einen Schritt voraus war.

Worin könnte ein Schlüssel für eine Lösung liegen? Sein menschliches System reagierte darauf immer wieder mit „Rot-Alarm" und mit dieser ständigen Gelben Qualität von „Hier stimmt etwas nicht". Und für letzteres fand er dann entsprechend jede Menge gute Gründe.

Durch das Ampelmodell wurde ihm klar, wie stark ihn sein Konflikt automatisch zu einer Eskalation in Rot brachte. In dem für ihn so typischen Wir-Gelb suchte er Verständnis und Mitgefühl. Da sie ihr „Mama sein" aufgegeben hatte, sammelten seine Gedanken alle Argumente zusammen, warum das unfair war, warum seine Sichtweise auf bestimmte Situationen richtig und die ihrige falsch war. „Warum muss sie auch so lange alleine in Urlaub fahren?", fragte er sich zum Beispiel. Auf dem eigenen Recht zu bestehen, und das durch noch so viele gute Ausführungen zu rechtfertigen (Ich-Gelb), führte bei ihr jedoch nur selten zu einer Zustimmung, was ihn dazu verleitete, nach Regeln und Richtlinien zu suchen (Wir-Rot), an die sie sich bitte zu halten hätte. Auch hielt er Ausschau nach einer höheren Instanz, einer moralischen, von ihr geschätzten Autorität, z. B. jemandem im Außen. Diese sollte ihm bestenfalls dazu verhelfen, seiner Frau die Falschheit ihres Handelns klar zu machen. Und sollte das alles miteinander nicht funktionieren, dann hätte er ja allen Grund, draufzuschlagen, abzuhauen oder beleidigte Leberwurst zu spielen und einfach nicht mehr ansprechbar zu sein (Ich-Rot).

Indem er sich seiner Automatismen bewusst wurde, war ihm plötzlich das Ausmaß dieser Abfolge klar: Wo er auch hinschaute, alle Handlungen von Menschen, die mit Widrigkeiten umzugehen hatten, folgten genau diesem Muster, das auch ihn dominierte!

„Weg von" oder „hin zu" – er stellte sich dem Gedanken, eine Wahl zu haben. Es klang vielversprechend, sich entgegen dem Sog von Gelb nach Rot in Richtung Loslassen und Grün zu bewegen, und dabei die Ausrichtung auf das, was ihm wichtig war, zu halten: Mehr Eigenständigkeit und eigenen Frieden.

„Doch wie genau geht das?", fragte er sich. Folgender Gedanke schoss ihm dabei durch den Kopf: „Warum nicht meine eigene Identität finden und mich mit meinem Potenzial in die Welt bringen – anstatt mich alleingelassen und abhängig von meiner Frau zu fühlen? Dieser eigenen Spur zu folgen und mit mir selbst glücklich oder zumindest zufrieden zu sein das ist vermutlich die wesentlichste Grundlage für eine erfüllende und freudige Partnerschaft. Offensichtlich ist die Zeit dafür reif, mich meiner inneren Verletzung zu stellen und noch mehr zur eigenen Identität vorzudringen. Wer bin ich eigentlich ohne ein mich bestätigendes Gegenüber? Was ist meine Persönlichkeit, was sind meine Werte, wofür brenne ich eigentlich in meinem Leben so stark, dass es nicht durch Kommentare meiner Frau beeinflusst oder erschüttert werden kann?"

Also wenn Grün sich „hin zu" statt „weg von" etwas fokussiert, was genau möchte ich dann in meiner Ehe?", fragte er sich.

Da fiel es ihm wie Schuppen von den Augen: „Ja natürlich, ich bin Fachmann für Miteinander. Ich stehe in meiner Ehe für eine wunderbare Qualität von Miteinander ein!"

So lange er sich erinnern konnte, war er damit konfrontiert gewesen, ausgegrenzt zu sein. Häufig handelte er außerhalb der Erwartungen der anderen. Ob beim Fußball in der Schule, bei dem er immer als Letzter gewählt wurde, in seinen verschiedenen Arbeitsteams, wo sich die Kollegen über seine komische Art verwunderten oder in seinem Freundeskreis, in dem er immer als „I do it my way – aber auf jeden Fall anders" bekannt war. Durch seine ungeschickte Art, sich selbst auszugrenzen, hatte er auf diese Weise viel gelernt, was es braucht, damit auch innerhalb schlechter Rahmenbedingungen ein Miteinander möglich wird. Aus all diesen persönlichen Erlebnissen heraus war es ihm, egal mit welchem Team oder welcher Gruppe, immer wichtig gewesen, alle mitzunehmen. Dies galt auch dann, wenn Einzelne sich selbst oder Teile der Gruppe ausgrenzen wollten. Wie oft war er selbst der sogenannte Störenfried gewesen?

In unzähligen Meetings und Veranstaltungen hatte er damit experimentiert, was es dafür braucht, dass jeder Beteiligte sich mitgenommen fühlt.

Nachdem er all dies herausgefunden hatte, überkam ihn plötzlich eine Leichtigkeit und innere Freude. Plötzlich war alles klar. Er hatte alles, was es brauchte. Als erstes wollte er mit diesem Miteinander bei der wichtigsten Person anfangen, bei sich selbst. Alles andere würde sich dann zur rechten Zeit ergeben.

Als er bei diesen Gedanken angelangt war, konnte er sich nun befriedigt wieder seiner Arbeit widmen.

Man selbst sein, der eigenen Spur nachgehen, den ganz persönlichen Selbstausdruck zu leben, all das verändert die Qualität der Beziehungen, die wir haben, und führt natürlicherweise zu mehr Lebendigkeit, Heiterkeit, Natürlichkeit und Freude an der Arbeit.

Freude entsteht im Raum von authentischer, echter Wertschätzung! Und die beginnt in uns selbst. Sie braucht keine Begründung, aber ein Willkommen. Alle hier vorgeschlagenen Übungen können Freude nicht mechanisch herstellen. Sie sind jedoch ein Angebot, mithilfe dessen Barrieren entfernt und ein sicherer Raum kreiert werden kann, in dem sich Menschen in Wertschätzung und tiefer Verbundenheit zu begegnen vermögen.

Und bevor Sie sich jetzt daranmachen, diese vorgeschlagene Übung mit Ihrem Thema zu erforschen, wollen wir es nicht versäumen, uns bei Ihnen zu bedanken.

Wertschätzung ist Ihnen ein persönliches Anliegen. Wir danken Ihnen von ganzem Herzen, dass Sie die Reise mit uns bis hierher gegangen sind und bitten um Ihr Vertrauen. Wir wagen es, über etwas zu schreiben, dass so wenig greifbar, so wenig herstellbar ist. Freude! Sie können darauf vertrauen, dass diese sich im Raum von Wertschätzung mehr und mehr ausbreiten wird.

3.5.2 Ich nehme wahr, was ist

„How fascinating!",
rief der berühmte Dirigent Benjamin Zander fröhlich,
als er entdeckte, dass es schiefgelaufen war.

Was genau heißt das überhaupt, „wahrnehmen, was ist"?

Es geht dabei darum, erst einmal die eigenen Bewertungen beiseite zu lassen und zu sehen, zu hören, zu fühlen, was denn jetzt im Moment da ist. Hier wird noch nichts verändert, sondern das, was ist, beobachtet. Das mag nicht ganz einfach sein, wenn man gelernt hat, sofort zu reagieren, zu handeln oder mit Lösungen aufzuwarten. Wichtig ist, hier die Bewertungen und Urteile sein zu lassen, denn diese machen es uns unmöglich, Themen dauerhaft zu transformieren.

Sie können gerade in den großen Herausforderungen das größte Wachstumspotenzial vermuten. Die Einladung, wahrzunehmen, was ist, genauso wie es ist, will uns dabei unterstützen, den Druck, dass irgendetwas anders oder besser sein sollte, loszulassen. Wir bitten Sie, auch sich selbst so sein zu lassen, wie Sie jetzt gerade sind. Vielleicht verschwommen, verwirrt, unklar, zu laut, zu schmerzhaft oder, oder. Aber ganz Sie selbst!

Bemerken Sie dabei Ihren Atem, wie er ein- und ausströmt und spüren Sie in Ihren ganzen Körper hinein. Vielleicht drückt, zieht, kribbelt, sticht, beklemmt Sie dort irgendwo etwas. Einfach wahrnehmen, was ist, eben genau so, wie es ist.

Falls Sie bisher damit noch keine Erfahrung haben, dann wiederholen wir unsere Einladung: Probieren Sie es aus, indem Sie einfach eine Minute innehalten und wahrnehmen.

Egal, ob nach dieser Minute

- alles gleichgeblieben ist,
- Sie zufriedener oder unzufriedener geworden sind,
- Sie sich wohler oder unwohler fühlen,

wichtig ist, diesen ersten Schritt zu mehr Selbstwahrnehmung zu gehen und sich Zeit zu nehmen, sich zu spüren. Fühlen Sie sich getrieben? Beschäftigen Sie unproduktive oder ängstliche Gedanken? Sendet Ihr Körper Signale aus? Beschäftigen Sie sich bitte nicht damit, dass irgendetwas anders sein sollte oder dass Sie irgendwas machen müssten. Bemerken Sie einfach, was ist, genauso wie es ist.

3.5.3 Den lauten und feineren Stimmen in mir lauschen

Dem Rat bedingungsloser
Wertschätzung ist gut, zu lauschen.
Sie ist ein Freudebrunnen.

Wenn wir unsere Aufmerksamkeit auf unser Anliegen richten, ist es hilfreich zu unterscheiden, dass es in unserem Kopf vorlaute Stimmen oder Gedankengänge gibt und auch leise, feine. Die lauten führen uns tendenziell in noch mehr Verwicklungen, mindestens aber ins Fortbestehen unseres Themas, die leiseren sind dagegen häufig weitsichtiger, filigraner, feiner, weiser.

Diese Behauptung, dass laute Stimmen in die Verwirrung, leise jedoch eher in die Klarheit führen, lässt sich leicht nachvollziehen:

Den Roten Ampelmodus erleben wir nämlich unter all den Gedanken und Gefühlen in uns als vorherrschend, im übertragenen Sinne also als innerlich besonders „laut". Das Gelbe Baustellenlicht ist immer noch einwandfrei hörbar, aber schon etwas zurückhaltender und eher argumentativ unterwegs. In Grün, wo wir mit unserem ganzen Sein gut verbunden sind, benötigen wir Ruhe, das innerliche Still-werden (siehe dazu auch Kapitel 3.2, Durchbruch in Stille). Daher laden wir Sie ein, sich ein bisschen ungestörte Zeit zu nehmen, diese leiseren Stimmen und Impulse zu entdecken.

Toolbar: Der eigenen Stimmigkeit folgen

Die unterschiedlichen Stimmen zu einem für uns wichtigen Thema auseinander zu halten, ist nicht immer so ohne Weiteres möglich. Wenn Sie in einer bestimmten Entspannungstechnik erfahren sind, dann können Sie das und können sich in einen Raum hineinbegeben, in dem die leisen Stimmen auch vernehmbar sind.

Wenn Ihre Physiologie den Grünen Ruhezustand erreicht hat, besteht die Möglichkeit, sich das Thema sinnbildlich auf den Schoß zu nehmen und aus der Stille diese leiseren bzw. weiseren Stimmen auftauchen zu lassen.

Eine Alternative zu diesem Vorgehen ist die Möglichkeit, verschiedene Blickwinkel zu Ihrem Thema einzunehmen. Nehmen Sie dazu Papier und Stift zur Hand und suchen sich die Punkte aus der Liste, die Sie ansprechen. Was meint ihr/e innere/r...

- Mut
- Kämpfer
- Gegenspieler
- Partner
- Eifersucht
- Verbundenheit
- Verzweiflung
- Angst
- Vater
- Mutter
- Kind
- ...

Ergänzen Sie die Aufzählung mit weiteren Möglichkeiten, wenn Ihnen etwas Wesentliches fehlt.

Geben Sie nun jeder Ihrer Ausführungen Punkte auf einer Skala von 1 (wenig Energie) bis 10 (höchste Energie). Was hat eine große Bedeutung für Sie, was davon ist weniger wichtig?

Stellen Sie sich zu Ihrer Auswahlliste, vor allem bei hoher Punktzahl folgende Frage: Was hat mir dieser innere Aspekt zu meinem Thema zu sagen? Und schreiben Sie dies hinter dem entsprechenden Punkt auf.

Das, was am meisten bewegt, führt Sie zu tieferliegenden Themen. Wenn Sie möchten, können Sie eine neue Tür durchschreiten. Der Schlüssel dazu ist in erreichbare Nähe.

3.5.4 Wo es mich tief berührt, liegt ein Schlüssel

Einer der kraftvollsten Wege für uns selbst fängt dort an, wo wir unsere schmerzhaftesten Lebensthemen haben. Ein Beispiel aus unserer Coaching-Praxis zeigt, wie nahe unsere größten Stärken bei unseren besonderen Schwächen liegen:

Die Fachfrau für Verbundenheit

Eine freiberufliche Trainerin kam mit einem schwierigen Thema in unser wöchentliches Coaching-Telefonat. Sie sagte: „Das letzte Mal warst du als Coach so begeistert bei deinen Ausführungen über deine eigenen intensiven Erlebnisse, dass du mich mit meinen Anliegen verloren hast. Ich bin dankbar, dass das jetzt in unserem Coaching auftritt, weil ich das Thema gut kenne. Etwas passiert, und ich ziehe mich mehr und mehr zurück, ich bin dann nicht einmal mehr im Stande, zu sagen, dass etwas nicht passt."

In früheren Coaching-Gesprächen hatte sie erzählt, dass sie nach schwierigen Trainingstagen manchmal ein ganzes Wochenende starr und unfähig, sich zu bewegen, zuhause im Bett liege und ihr Freund sich nur vorsichtig nähern dürfe, damit sie nicht noch größere innere Qualen der eigenen Bewegungslosigkeit erleiden müsse. „Dieser Zustand, der wie von selbst kommt, geht auch wieder, manchmal eben erst nach Tagen", so ihre Selbstbeschreibung.

Wir identifizierten für all dies das Grundthema „Unverbundenheit", ein holpriges Wort, das sie dankbar als sehr treffend bestätigte.

Der transformative Durchbruch startete mit der Frage: „Wenn du in Erwägung ziehst, dass dieses für dich so schwierige Thema Unverbundenheit eine wertvolle Botschaft in sich trägt, was findet dich?"

Sie schilderte, dass da zunächst eine innere Leere sei, in die dann eine Erinnerung an eine tiefe Begegnung als Seminarteilnehmerin in Italien mit einem anderen Teilnehmer aufblitze.

„Kann es sein, dass du Fachfrau für Verbundenheit bist?", so die Frage des Coaches. Ihr fiel es wie Schuppen von den Augen: „Ja, solche Erlebnisse der tiefen Verbundenheit wie in Italien habe ich sonst nur mit mir sehr vertrauten Menschen. Außerdem bekomme ich nach fast jedem Seminar die Rückmeldung: „Waren wir eine tolle Truppe!" Offensichtlich gelingt es mir in unterschiedlichsten Themengebieten und Teilnehmerzusammensetzungen eine außergewöhnliche Qualität von Miteinander, Vertrauen und Offenheit herzustellen."

Diese kleine Episode veränderte tatsächlich ihr ganzes Leben, weil sie plötzlich wusste, wohin ihre eigene Entwicklung gehen würde, die so lange ersehnte Ausrichtung ihrer weiteren beruflichen Tätigkeit war gefunden.

Diese Geschichte zeigt auch: Was einem Außenstehenden schon lange aufgefallen wäre, liegt für einen selbst oft wie im Nebel und ist kaum zu greifen. In unserer Roten und Gelben Welt sind wir nämlich in diesem Denken gefangen. Wir glauben, wir seien nicht richtig und müssten besser werden und übersehen dabei tatsächlich, wie gut, wie richtig wir schon sind.

Die Einladung, hier auf die Bereiche im Leben zu schauen, die uns immer wieder beeinträchtigen und im wahrsten Sinne des Wortes „lahmlegen", hat drei wichtige Botschaften:

1. Ziehen Sie in Erwägung, dass genau in diesem Bereich der Schwäche eine versteckte Stärke liegt, die wir umso leichter finden können, je mehr wir bereit sind, darüber zu sprechen.
2. Hören wir auf, uns mit unseren Macken zu verstecken – trauen wir uns, aus der Isolation herauszutreten und uns mit ihnen zu zeigen. Dies zu tun zeigt unsere innere Stärke, für die wir mehr Anerkennung im Außen bekommen, als unsere Gedanken uns glauben machen.
3. Die menschliche Angst, sich zu blamieren und dumm dazustehen, ist in den meisten Fällen völlig unbegründet. Es passiert genau das Gegenteil.

Die effektivste Art in einer Gruppe mehr Vertrauen aufzubauen geschieht dadurch, dass wir beginnen, uns selbst mit unseren Schwächen und den daraus resultierenden Anliegen für Unterstützung zu zeigen. Menschen helfen so gerne, wenn die Bitte freilassend ist und gleichzeitig den Raum dafür öffnet, dass man selbst nicht perfekt sein muss. Insbesondere wenn eine Führungsperson diesen Schritt wagt, entsteht plötzlich eine größere Bereitschaft von anderen, dies auch zu tun, weil sie die entlastenden Wirkungen davon deutlich erleben.

Warum ist es naheliegend, dass genau dort ein Schatz vergraben liegt, wo wir es am wenigsten vermuten?

1. Das haben Schätze zunächst einmal an sich. Wenn sie einfach zu finden wären, wären es keine Schätze.
2. In unserer Kindheit bekommen wir häufig dann „Stöcke zwischen die Beine geworfen", wenn wir mit unseren Fähigkeiten außerhalb des Üblichen sichtbar werden. Was immer uns wichtig ist, wofür wir Leidenschaft und ein inneres Brennen haben, in diesem Bereich wollen wir etwas bewegen, weiterbringen, ausbreiten. Bewusst oder unbewusst wagen wir uns dort weiter hinaus als in uns weniger wichtigen Bereichen. Wir verlassen die sicheren Pfade und überhören die normalen Warnsignale unserer menschlichen Prägung, die für unsere Sicherheit sorgen möchten. Viele von uns kennen solche Erfahrungen aus der Schule. Mit unserer kindlichen Unbedarftheit sind wir in die Fallen des Lebens gestolpert und wussten dann, dass wir:
   a. nicht singen können oder unmusikalisch sind,
   b. im Zeichnen kein Talent haben,
   c. keine guten Geschichten (Aufsätze) schreiben können,
   d. uns von Fremdsprachen fernhalten müssen oder
   e. in Mathe eine Niete sind.

   Genau das gleiche gilt für jene Themen, die uns heute immer wieder in unserem (Arbeits-)Alltag einschränken. Vielleicht liegt gerade in diesen Bereichen, die wir um jeden Preis vermeiden möchten, eine bisher unentdeckte, besondere Fähigkeit von uns verborgen? Fragen Sie mal Ihre Teamkollegen, was diese Ihnen dazu sagen können.
3. Wenn uns Themen über Jahre belasten, bilden wir oft unbemerkt eine hohe Kompetenz gerade in diesen Themabereichen aus. So werden wir unmerklich und nebenbei zum Fachmann, zur Fachfrau. Wie sonst ist es erklärbar, dass gerade
   a. Menschen, die ständig sich selbst und andere kritisiert haben wie wir Buchautoren, zu professionellen Wertschätzern werden,
   b. der als Kind Ausgegrenzte für die Eingliederung von Benachteiligten einsteht,
   c. der ehemalige Alkoholiker sich für Drogenfreiheit einsetzt,
   d. die Legasthenikerin Gedichte schreibt,
   e. eine Persönlichkeit, die als Kind Entwürdigung und Vernachlässigung erlebt hat, für ihre eigenen Kinder oder im beruflichen Umfeld die größte Aufmerksamkeit und Einfühlung entwickelt,

f. jemand, der als Unternehmer eine Insolvenz erlebt hat, seine weitere berufliche Tätigkeit in der Beratung von finanziell gefährdeten Unternehmen ergreift.

4. Da wir in diesen Bereichen so häufig „Rot" gesehen haben, sind wir mit all den Zusammenhängen, Tretminen, emotionalen Empfindungen und Ausbrüchen in diesen Themengebieten vertraut und können uns dort sicher und mit Leichtigkeit bewegen. Wir haben eine hohe Kompetenz entwickelt mit allen Roten und Gelben Zuständen umzugehen.

Es macht also Sinn, genau dort nach unseren besonderen Fähigkeiten zu forschen, wo wir unsere größten Macken und Kanten haben, wo es uns tief berührt!

Stattdessen sind wir in der Gelben Welt so sehr darum bemüht, unsere schwachen Seiten zu verstecken und es irgendwie doch selbst gut hinzukriegen. Und das mit so viel Anstrengung und Mühe. Dann kann es passieren, dass wir, wenn es zu eng wird, immer mal wieder das Spielfeld wechseln, also die Arbeit, den Wohnort, den Partner, den Freundeskreis ... Wir fangen dann vielleicht ganz neu an und alles scheint gut. Doch früher oder später kommen wir zu der Erkenntnis, dass wir trotz anderer Umgebung wieder vor der gleichen Herausforderung stehen. Wir ziehen in Erwägung, dass es nicht so viel Sinn macht, im Außen etwas zu verändern. Denn von der einen Person, die immer dabei ist, können wir uns nicht trennen: von uns selbst.

Egal, ob wir die Welt retten müssen, anderen Schuld geben oder uns das alles nichts angeht, all dies hält uns mit großem Energieaufwand davon ab, zu bemerken, wie kompetent und gut wir gerade in dem Thema schon geworden sind. Denn selbst, wenn wir tatsächlich mal einen Erfolg im Außen haben und kurzfristig alles gut scheint, finden sich gleich neue Lebensbereiche, in denen sich unsere Schwäche wieder zeigt – eine „never ending story".

Die verwegen klingenden Fragen, die zu einem Perspektivewechsel hinein in Grün führen können, lauten:

- „Stell Sie sich vor, es wäre schon alles gut und Sie hätten es einfach nur übersehen?"
- „Was wäre, wenn das scheinbar „Schlechte" ziemlich gut wäre und es sich nur getarnt hätte?"

Eine sehr besondere Geschichte, die wir erleben durften, hat uns nachhaltig bewegt und unsere Forschungen in diesem Bereich bestärkt. Das hier geschilderte Beispiel aus der Finanzdienstleistungsbranche zeigt, wie viel mehr Vertrauen, Miteinander und Offenheit entsteht, wenn ein Mensch bereit ist, ins Risiko zu gehen und sich mit seiner größten Schwäche zu zeigen. Im Falle von Roger ging es um nahezu Alles, seinen beruflichen Status mit einer hervorragenden Position, seinen guten Ruf und in diesem Falle sogar um seine eigene Identität!

Wo es mich tief berührt, liegt (m)ein Schlüssel

Eines Tages war eine E-Mail in unserem Postfach.

Roger lud zu einer 7-Uhr-Morgenkonferenz ein. Eingeladen waren wir Autoren und unsere zehn Teilnehmer eines Halbjahrestrainings aus dem Führungskreis eines großen Versicherungskonzerns, die zu Appreciative Inquiry Praktikern ausgebildet worden waren.

Roger bedankte sich, denn allein dass alle, sogar ein Vorstandsmitglied, zu diesem Sondertermin anwesend waren, zeigte, welche Anerkennung er in der ganzen Gruppe genoss. Er eröffnete holprig: „Ich möchte euch etwas für mich sehr Wichtiges erzählen!" Dann fuhr er fort, dass wir ihm wichtig seien und er uns gebeten habe, heute um diese frühe Stunde zu erscheinen, weil er nicht wolle, dass wir diese Botschaft von irgendjemand anderem erführen. Er erzählte von seinen inneren Nöten als Kind und dass er sich schon als Junge im Kindergarten falsch gefühlt habe. Das Empfinden, eigentlich eine Frau zu sein, sei ihm mehr und mehr bewusst geworden und er habe sich bisher nicht getraut, sich damit zu zeigen. Gerade in den letzten Jahren sei er deswegen des Öfteren nach New York in ein Hotel geflogen, um sich für ein Wochenende als Frau zu verkleiden und sich mit dieser Identität anzufreunden und sie in einem sicheren Rahmen zeigen zu können. Diese Erfahrungen hätten dazu geführt, dass er sich mehr und mehr in diesen Konflikt hineingezogen fühlte, biologisch ein Mann zu sein, innerlich aber eine Frau. Er habe vor wenigen Wochen die mutige Entscheidung getroffen, sein Leben in etwa sechs Wochen auch offiziell als Frau weiter zu führen. Er würde dann nicht mehr Roger, sondern Angela heißen. Vor wenigen Tagen sei er auf den gesamten Vorstand und seine direkten Vorgesetzten zugegangen mit der Frage, ob sie damit ein Problem hätten, wenn in einigen Wochen ihre Abteilung nicht mehr von einem Mann, sondern von einer Frau geführt werden würde. Die Antwort war: „Roger, wir schätzen dich als Mensch, nicht als Mann oder Frau."

Ein Jahr später trafen wir Angela, die uns erzählte, dass sie vor ihrem Stichtag mit mehr als 200 Menschen Einzelgespräche geführt hatte. Ihre Offenheit hätte zu einer neuen Tiefe an Beziehungen geführt, wie sie sich das vorher nie hätte vorstellen können. Keiner hätte sie für verrückt erklärt, vielmehr hätten viele begonnen, auch von ihren tiefsten Sehnsüchten und versteckten Geheimnissen zu sprechen.

Ein besonderes, bestätigendes Ereignis für sie war eine Herausforderung in ihrer Versicherungsabteilung im letzten Jahr gewesen. Aufgrund von notwendigen Sparmaßnahmen sollten sie 25 Prozent ihres Etats verlieren, und mit rund 40 direkten Mitarbeitern schien es nahezu unmöglich, die Abteilung zu halten. In einem Open-Space-Workshop hatte sich ihr ganzer Bereich für zwei Tage zusammengesetzt und gemeinsam nach Lösungen gesucht: „Schaffen wie es, in einem halben Jahr 25 Prozent des Jahresetats einzusparen?"

Angela war sich sicher, dass ihre Offenheit, zu sich selbst zu stehen, und die neue Qualität im Team, die dadurch entstanden war, dieses großartige Ergebnis möglich gemacht hatten. Sie erzählte voller Stolz, wie das eigentlich Unmögliche gemeinsam gemeistert wurde. Alle hatten dazu beigetragen. Dieses begeisternde Team war nur aufgrund Angelas Authentizität und der Hochachtung dafür möglich geworden.

3.5.5 „Weg von" oder „Hin zu"? Ich habe eine Wahl

Einfach und leicht ist es, zu gehen,
wohin es mich zieht, wofür mein Herz brennt.
Wie schwer ist es, weg zu wollen, wenn ich nicht weiß, wohin.
Kämpfen ist immer schwieriger als Lieben!

Die Freiheit einer Wahl ist die Grundlage für einen Durchbruch in Freude. Eine echte Wahlmöglichkeit kennzeichnet unseren Weg von Gelb zu Grün. Doch was ist das Besondere an dieser freien Wahl? Die Antwort liegt nahe: Wir haben eine echte, wirkliche Freiheit.

Wir sind erst dann frei zu wählen, wenn wir frei sind, alle Optionen, die zur Verfügung stehen, auch gehen zu können. Solange wir diese Freiheit nicht haben, sind unsere Entscheidungen immer vorherbestimmt – von guten Gründen, Erwartungen, Gefühlen, Meinungen oder Mustern.

Als moderne Menschen glauben wir, objektiv zu urteilen und nicht mehr in den Fängen unserer subjektiven Emotionen zu stehen. Daher entscheiden wir häufig aufgrund der uns besser erscheinenden Argumente und Fakten. Doch Vorsicht! Wir vergessen dabei, dass unser Blick auf gute Gründe subjektiv gefärbt und noch mächtig Gelb ist. Die beste Erörterung hat immer subjektive Perspektiven, die den Blick eingrenzen. Die Lösung der meisten Herausforderungen liegt jedoch außerhalb des bisherigen Denkrahmens und somit hat eine Entscheidung nach Gründen nicht wirklich etwas mit einer selbstbestimmten Wahl zu tun, denn wenn Sie morgen neue Gründe finden, müssen Sie sich wieder anders entscheiden. Sie wären dann der Spielball von „guten Gründen".

Die wichtigen Fragen darin lauten: Welche Alternative gibt es denn? Welche Wahl haben wir eigentlich? So naheliegend die Antwort ist, so schwer fällt es uns im Alltag, die Alternative einer freien Wahl zur Verfügung zu haben.

Eine Wahl zu haben, setzt voraus, dass wir die immer wiederkehrenden Bewertungen unserer Gedanken erkennen und loslassen, also ihnen die Bedeutsamkeit entziehen. Während uns unsere Muster, gute Gründe, Gefühle, Erwartungen und sonstigen Automatismen einladen, einer möglichst schnellen und guten Lösung nachzugehen, stellt uns die Idee einer Wahlmöglichkeit eine neue Option zur Verfügung. Während uns Gelb immer nahelegt, unbequeme Situationen zügig zu verlassen, können wir in Grün diesen Sog unterbrechen und der Realität ins Auge schauen. Jetzt haben wir eine Wahl, wie wir mit dieser unbequemen Realität umgehen wollen. Und wir haben auch die Möglichkeit unseren Blick auf das zu richten, was uns wirklich wichtig ist, was uns zieht.

Im Unterschied zum üblichen Vorgehen bleiben wir erst einmal da, wo wir sind.

Wir benötigen keine Fluchtwege und sofortigen Lösungen. Wir halten inne und lernen, in einer scheinbar unbequemen Situation zu verharren. Indem wir zunächst nichts tun, lassen wir mögliche Fehler zu und schaffen damit Raum, Neues auszuprobieren oder „über den Tellerrand" hinauszusehen. Genau dort liegen häufig überraschende Lösungen oder Möglichkeiten, die sonst unentdeckt blieben. Grenzen erforschen, die Scheu vor Neuem überwinden, sich als Mensch in der Ungewissheit, im Ungeborgenen getragen oder geführt, zumindest von anderen Menschen begleitet wissen – dort ist Potenzial für Wachstum und Entwicklung. Gelingt es uns, dorthinein zu entspannen, dann können wir von dort aus mit dem in Kontakt gehen, was uns wirklich am Herzen liegt. Dann haben wir auch Augen, Ohren und Bauch dafür, Dinge zu erkennen oder uns von eine intuitiven Antwort finden zu lassen, die wir durch unseren Stress oder den Filter des Bereits-Wissens übersehen würden.

Eine freie Wahl zu treffen, erlaubt es uns, unsere automatischen Reaktionsmuster zu verlassen und eine lebendige Haltung für eine neue inspirierende Zukunft einzunehmen, an deren Möglichkeit wir glauben.

Toolbar: Eine Wahl treffen: „Weg von" oder „hin zu"?

Wenn Sie zu einem wichtigen Thema eine Entscheidung treffen müssen, können Sie folgendes Vorgehen dafür nutzen:

1. Das Wahlthema in einem Satz konkret formulieren
2. Den Verstand befriedigen und dazu alle logischen Gründe festhalten.
   Die einfachste Variante dazu ist, dass Sie sich dazu drei Bereiche auf einem Blatt Papier, in ihrem Laptop, Tablet oder Smartphone einrichten und sich ausreichend Zeit nehmen zu notieren:
   - Was spricht für Lösung A?
   - Was spricht für Lösung B?
   - Was spricht für beide oder keine?

   Schreiben Sie ungefiltert einfach alles auf, was Ihnen in den Sinn kommt.
3. Alle Gründe bewerten.
   Kennzeichnen Sie Ihre Gründe mit wichtig, weniger wichtig, unwichtig und neu sortieren.
4. Zu einer inneren, frei lassenden Grünen Haltung kommen.
   Dies geht umso einfacher, je vollständiger Sie die guten Gründe zu Papier gebracht haben.
   - Entspannen Sie sich jetzt und verlagern Sie Ihre Aufmerksamkeit weg von den Gründen, Mustern, Vorlieben, hin zu einer gewünschten, attraktiven Zukunft.

   „Was genau sind die Qualitäten, die Ihnen in diesem Bereich wichtig sind?" Machen Sie sich ein inneres Bild. Falls es Ihnen hilft, zur Entspannung etwas Aktives zu tun, dann malen Sie ein Bild oder kleben eine Collage, gehen zu Ihrem Fitnessgerät oder unter die Dusche ..., was auch immer für Sie passt, um sich zu lockern und zu entspannen.
5. Den Wachstumsschritt erkennen.
   Wenn Sie Ihre gewünschte Zukunft klar haben, dann stellen Sie sich der Frage: „Welcher aktuelle Wachstumsschritt steht in meinem Leben dafür an?" Sollte nicht sofort eine Antwort kommen, dann geben Sie sich Zeit, schlafen Sie eine Nacht darüber, sprechen Sie mit Freunden oder Ihrem Coach ... Folgen Sie Ihrer inneren Stimmigkeit!

Eine neue Dynamik und Lebensqualität entsteht, wenn wir frei sind, zu wählen, worauf wir unsere Aufmerksamkeit richten wollen. Dann sind wir auch frei, den positiven Aspekt zu betrachten, der in jeder Situation vorhanden ist und können so eine wertschätzende Perspektive wählen. Genau dadurch erschließen wir uns enorme Ressourcen und Potenziale.

Wir könnten genau dem folgen, was zu uns und unserer Leidenschaft passt, das muss nicht unbedingt zu unserer schon bestehenden Kompetenz passen. So könnten wir vielleicht auch einen Job, eine Aufgabe oder ein Projekt übernehmen, auch ohne uns sicher zu sein, die Lösung, die Kompetenz oder das Wissen zu haben, wie wir das schaffen können. Das macht die Sache interessanter und benötigt Partner und Mitstreiter auf Augenhöhe. Authentisch zu sein lässt uns auf die Fähigkeit von anderen Menschen vertrauen. Wir schließen uns mit solchen Beteiligten zusammen, die mit uns für eine Zukunft einstehen, für eine Absicht, für ein Anliegen, das uns wärmt, das uns inspiriert, das uns lebendig und echt werden lässt. Das gibt uns Kraft, Energie, Gesundheit und vieles mehr, das Leben zu leben, für das es sich zu leben lohnt.

Egal wie „grau" die Maus war, die wir vorher gewesen sind, in Grün treten wir hervor und zeigen uns. Dadurch wirken wir anziehend und stecken andere an.

„Wenn eine Maus wirklich eine Maus ist, ist sie ein Löwe."

Unbekannter Autor

Dazu brauchen Sie Mut und Vertrauen in sich selbst, in andere und in den Prozess. Rechnen Sie zunächst einmal nicht mit der Begeisterung von anderen. Ihr Umfeld muss sich erst einmal an diese neue Person gewöhnen, wahrscheinlich zu Anfang mit erhöhtem Widerstand. Doch wie Harriet Lerner so schön in Ihrem Buch Zärtliches Tempo[49] beschreibt, wird sich das System auf Sie einstellen, wenn Sie dran bleiben. Mit Klarheit und Wertschätzung.

3.5.6 Ich traue mich und folge mir

Meine innere Stimmigkeit ist mein Wegweiser.
Ich lasse los – und es gelingt.

Statt den unzähligen Ablenkungen zu folgen, die uns unsere Sinne im Außen anbieten, können wir in Grün wählen, den Blick nach innen zu fokussieren. Wir müssen heute nicht mehr Profi in Meditation, Autogenem Training, Yoga oder sonstigen wertvollen Techniken sein, um Zugang zur eigenen inneren Mitte und Kraft zu bekommen. Der Weg „loslassen und gleichzeitig ausgerichtet sein" schenkt uns ein natürliches Bedürfnis nach Ruhe und Rückzugszeiten. So erhalten wir zur richtigen Zeit die klaren Impulse dafür, diese innere Verbindung mit uns selbst zu pflegen. Dort liegt unsere wahre Kraft, in einer stimmigen Beziehung zu uns selbst.

Gelingt es uns, aus dieser Verbundenheit unserem eigenen Antrieb zu folgen, haben wir einen inneren Kraftzuwachs und erhalten eine positive Ausstrahlung. Hier sind wir attraktiv für unsere Umwelt und erzeugen natürlicherweise Anziehung.

Keiner kommt um genau dieses innere Loslassen herum. Um zu der wirklichen Qualität im Beruf, in der Beziehung, in der Familie oder im Verein zu kommen, braucht es unsere Bereitschaft, genau unsere Lieblingsvorstellungen davon und unsere Erwartungen daran loszulassen. Erst wenn wir mit unserer Authentizität und Echtheit ins Risiko gehen, wie Angela es uns gezeigt hat, dann

[49] Harriet Lerner: „Zärtliches Tempo".

können wir all das, was wir uns wünschen, in einer anderen, tiefergehenden und gleichzeitig höheren Qualität wieder vom Leben geschenkt bekommen.

Vor allem die emotional stark besetzten Lebensbereiche, die für unsere Sicherheit sorgen, veranlassen uns meistens, doch lieber in der Gelben Welt von Opfer und Täter zu bleiben, denn das ist bequem, da kennen wir uns aus und wir brauchen dafür nur die gelbe Welt von „Ich bin das Opfer, der andere der Täter" zu verlassen, in der wir uns so gut auskennen und uns beruhigt weiter über andere beschweren könnten – da jammern wir ja auf hohem Niveau!

Doch je länger wir in diesem scheinbar sicheren Karussell der Problemorientierung des Rechthabens bleiben, desto größer ist das Risiko, dass wir alle uns wichtigen Dinge, wie einen guten Job, eine erfüllende Partnerschaft oder die Gesundheit, tatsächlich schwächen.

Das Leben hat offenbar umgekehrte Spielregeln: Jedes Festhalten an Entscheidungen, das aus der Energie von Widerstand gespeist wird, trennt uns von den Möglichkeiten, die sich uns in Grün zeigen wollen. Auch wenn Sie sich noch so sicher sind, dass Sie Recht haben – die mangelnde Fähigkeit loszulassen, zieht Sie immer wieder in die Gelbe Welt von Fehlersuchblick und Getrenntsein. Ohne loszulassen berauben Sie sich der Erfahrung einer neuen inneren Qualität, die Sie befähigt, das Erreichte dauerhaft zu genießen. Gelb rät uns stattdessen, es doch lieber mit eigener Kraftanstrengung zu schaffen. Bestenfalls haben Sie in diesem Fall zwar alles erreicht, das neue Auto, die berufliche Stellung oder das gewünschte Haus mit Garten, aber die ersehnte nachhaltige Erfüllung, Zufriedenheit, das Glück oder die Freude bleiben jedoch aus.

Die Freiheit der Wahl befähigt uns, für eine von uns gewünschte Zukunft einzutreten, und verlangt paradoxerweise dabei nichts anderes, als genau dieses Wunschbild innerlich loszulassen. Denn jedes Festhalten an einer ersehnten möglichen Zukunft, ohne die Freiheit, sie auch loslassen zu können, führt unweigerlich dazu, dass uns „das Leben", die Umstände, die Beteiligten zum Loslassen zwingen werden. Während eine gewünschte Realität ohne wirkliches Freilassen auf Dauer keinen Bestand haben wird, beschenkt uns das Leben in noch größerer Fülle, wenn wir innerlich frei sind.

Auch hier ist jedoch Entspannung angesagt. Sie können nichts falsch machen! Die Philosophie in Grün lautet: Es gibt keine Fehler, kein Misslingen, keine Pannen. Stattdessen betrachten wir das Geschehen wie im folgenden Tool beschrieben, in zwei Richtungen. Wir untersuchen das Misslingen genauso interessiert wie das Gelingen.

Toolbar: Vom „Missing Link" zum Gelingen

Wählen Sie ein Ereignis aus, das Ihnen gerade passiert ist, entweder eines, das so richtig daneben ging oder etwas, das wirklich gut gelungen ist.

1. Beim Misslingen
   Hier haben wir in Grün die Haltung von „wie interessant, spannend, abenteuerlich!" Wir haben etwas getan, was nicht den gewünschten Erfolg gebracht

hat. Wir schätzen unseren Mut und unseren Willen, uns weiter zu entwickeln. Die zwei zentralen Fragen lauten:
   a. Wofür können wir uns selbst und andere bei diesem Scheitern anerkennen?
   b. Was lernen wir?
2. Beim Gelingen:
   Hier nehmen wir das Gelingen nicht für selbstverständlich. Wir registrieren es und anerkennen den Erfolg, indem wir darüber sprechen. Wir erforschen die Faktoren, die zum Gelingen geführt haben. Dadurch werden die vorhandenen Kompetenzen deutlich und für weitere Vorhaben verfügbar. Die zwei zentralen Fragen lauten:
   a. Wofür können wir uns selbst und andere bei diesem Gelingen anerkennen?
   b. Welche Wirk- bzw. Erfolgsfaktoren können wir sehen?

Beide Richtungen feiern damit das, was passiert ist, statt es zu be- oder verurteilen.

Jedes Misslingen ist ein neues Lernstück auf dem Weg zum Gelingen – nicht mehr und nicht weniger. „Der Missing Link wird zum wertvollen Hinweis für das Gelingen".

All diese Betrachtungen verändern unsere Beziehung zu uns selbst. Sie lassen uns in Erwägung ziehen, dass wir uns tatsächlich ausgerechnet in unseren schwierigsten Lebensthemen wie nebenbei zu einer besonderen Koryphäe entwickelt haben. Warum haben wir das nur übersehen?

Ein einfacher Grund lautet: Wir vergessen unsere positiven Erlebnisse, selbst die intensivsten! Wenn Sie sich aufmachen, nach den bereits erreichten Erfolgen zu forschen, dann werden Sie dieser menschlichen Eigenheit des Vergessens begegnen. Sie werden bemerken, wie schnell die wichtigsten inneren Kämpfe und Prüfungen, die wir erfolgreich bestanden haben, also unsere wirklich wesentlichen und besonderen Kraftgeschichten, fast unmerklich wieder in den Raum des Vergessens rutschen.

Sollten Sie sich auf die Suche nach Ihren tiefsten Erfahrungen aus der Vergangenheit begeben, dann werden sie der inneren Leere begegnen, die wir häufig durchschreiten müssen, bevor die Gedanken an entsprechende Situationen und Begegnungen in uns auftauchen. Halten Sie bitte dieses scheinbare „sich nicht erinnern können" aus, es lohnt sich. Denn bei den größten Schwächen warten besondere Geschichten mit intensiven und beglückenden Erlebnissen, sowie außergewöhnlich hilfreichen Erkenntnissen auf Sie, die Ihnen Zugang zu Ihrer Kraft und Lebensfreude schenken. Als Einstieg könnten Sie sich einmal probeweise fragen: „Welche Fähigkeiten hätte ich NICHT entwickeln können, wenn ich nicht durch diese schwierige Situation in der Vergangenheit hätte gehen müssen?"

Freitagvormittag erhielt unser Wertschätzer eine E-Mail von Lisa: „Die heutige Wochenabschlussbesprechung ist von 14 Uhr auf 16 Uhr verschoben – Deine Frau weiß Bescheid! – Bitte keine Rückfragen, lass Dich überraschen!"

Irgendwie waren schon die ganzen letzten Wochen anders gewesen, er hätte nicht sagen können warum. Seine Leute waren entspannter, fast schon erschreckend relaxed bei der Arbeit gewesen. Immer wieder hatten sie in Kleingruppen zusammengesessen und irgendwas erarbeitet. Auffallend waren die Heiterkeit und die gute Stimmung und jedes Mal, wenn er in die Nähe kam, wurde es sonderbar ruhig. Sie hatten ihm unmissverständlich signalisiert: „Mische dich nicht ein, vertraue uns." Er konnte es dennoch nicht lassen, zumindest zu prüfen, ob die Projekte auf dem neuesten Stand waren. Er war überrascht, die scheinbare Gelassenheit hatte offensichtlich nichts damit zu tun, dass die Arbeit vernachlässigt wurde – im Gegenteil. Die anstehenden Aufgaben waren zur größten Zufriedenheit der anderen Abteilungen erledigt worden. Sogar die Fehlerquote des ganzen Unternehmens war diese Woche am unteren Durchschnitt. „Vielleicht ja nur Zufall", dachte er sich.

Um 16 Uhr betrat er gespannt den Besprechungsraum, er war leer.

„Wir sind in der Cafeteria, Gruß, Lisa", stand da auf einem Zettel auf dem Tisch. Diese wird Freitagnachmittag normalerweise von niemandem genutzt, schoss es ihm durch den Kopf und seine Spannung erhöhte sich.

Vor der Tür der Cafeteria war ein kleiner Menschenauflauf, mittendrin auch seine Frau. Sie lächelte ihn scheinbar vorwurfsvoll an: „Fünf nach vier, warum kommst du so spät?" Erst jetzt erkannte er, dass da auch die Partner und Partnerinnen der anderen Kollegen waren. Man begrüßte sich gegenseitig – keiner wusste, warum er hier war, es war offensichtlich eine sehr wichtige Sache.

„Sie müssen Lottes neuer Freund sein", fing er gerade an zu sprechen, als auch schon die Tür der Cafeteria aufging und Lisa darum bat, einzutreten.

Wie bei den Betriebsmeetings waren die Tische auf die Seite geräumt worden, doch auf dem sonst freien Platz war ein Stuhlkreis. In der Mitte des Kreises lag ein großes Papier mit einer künstlerischen Inschrift: „Freundschaft und Arbeit – wir leben das!"

Acht rechteckige Tische waren hochkant auf die Seite gelegt worden und ragten wie eine Trutzburg rund um den Kreis auf. Auf der jeweiligen Tischfläche war ein großer Papierbogen angeheftet. Man erkannte sofort, dass hier schon vorgearbeitet worden war. Sieben Plakate waren vollgeschrieben. Auf dem achten stand mit großen Lettern sein Name. Erst jetzt bemerkte er, dass auch die anderen Bögen jeweils die Vornamen der Teammitglieder trugen.

Sie wurden von Lisa zum Stuhlkreis geführt und alle setzten sich in die Runde. Die sonst eher schüchterne und zurückhaltende Lisa schaute freudig und erregt in die Gesichter aller Anwesenden. Da hob sie an zu sprechen und anstatt loszulegen, nahm sie einen lauten Atemzug und schaute nochmals stolz von einem zum anderen.

„Wir haben euch heute hier eingeladen, weil wir etwas Wesentliches mit euch teilen möchten. Und wir haben genau euch gewählt, weil ihr die wichtigsten Menschen in unserem Leben seid. Danke, dass ihr es möglich gemacht habt, hier zu sein."

Wieder Stille.

„Seit dem Geburtstag unseres Wertschätzers haben wir uns vorgenommen, die sieben Durchbrüche aus seinem Manuskript zu untersuchen. Ich wurde von meinen Teammitgliedern ermächtigt, diesen fünften Durchbruch in Freude auf meine ganz eigene Weise austesten zu dürfen. Unser neues Statement „Freundschaft und Arbeit – wir leben das!" hat mich ermutigt, in die Tiefe zu gehen. Euer Vertrauen in mich hat mich geehrt. Herzlichen Dank auch an euch Lebenspartner, die ich eingeladen habe, damit ihr einen Eindruck davon bekommt, was hier passiert. Wenn wir hier diese verbreitete Trennung zwischen Arbeit und Freundschaft aufheben, dann ist es sicher gut, dass ihr davon wisst und euch selbst ein Bild machen könnt, anstatt nur davon zu hören. Außerdem könnt ihr so gleich noch etwas von den besonderen Qualitäten eures Lebensgefährten mitbekommen, insbesondere über ein Thema, das euch vielleicht schon seit Jahren Schwierigkeiten bereitet.

Ich hatte vor einigen Wochen darum gebeten, zu zwei Fragen ein kurzes Statement zu schreiben. Hintergrund dieser Fragen war die These, dass wir dort, wo wir unsere größten Schwächen haben, auch unsere besonderen Fähigkeiten finden können. Außerdem war die Einladung an uns alle, uns gerade in der Arbeitswelt als Mensch zu zeigen und damit aufzuhören, anderen irgendetwas vorspielen zu müssen. Die Fragen, die ich entworfen hatte, lauten:

- Was genau bewegt dich und wir wissen nichts davon?
- Was darf oder kann hier im Arbeitsumfeld nicht gesagt werden, weil die Scham oder die Angst groß sind, dass die Offenheit missbraucht wird?

Zu diesen Fragen habe ich Antworten erhalten. Aufgrund dieser ehrlichen Rückmeldungen haben wir seit ein paar Wochen gemeinsam geforscht: Welche Stärken liegen denn hinter diesen Schwächen? Und genau das haben wir zusammengetragen und hier auf den Tischen für alle sichtbar gemacht. Wir wissen noch nicht, wohin diese Reise geht. Und wir bemerken, seitdem wir sie begonnen haben, eine große Offenheit, Vertrauen und so etwas wie Verständnis und Herzlichkeit. Genau das wollen wir heute mit euch teilen".

...

An diesem Abend sank unser Wertschätzer glücklich und erfüllt in sein Bett. Das war ein besonderer Tag gewesen. Er war von Lisas Lebendigkeit beeindruckt. Gerade diejenige, die sonst immer im Hintergrund stand und sich zurück gehalten hatte, stand selbstbewusst in der Mitte und war als Fachfrau für das Begleiten eines besonderen Persönlichkeitsprozesses zum Vorschein gekommen.

Im weiteren Verlauf des Nachmittags war er selbst plötzlich, ohne dass jemand dies von ihm verlangte, im Mittelpunkt gestanden. Nachdem alle sich mit einer oder mehreren Macken und den daraus gemeinsam erarbeiteten Stärken gezeigt hatten, schauten sie gespannt zu ihm.

Obwohl sie vermutlich wegen dieser besonderen Arbeit eher eine Anerkennung erwartet hatten, war er wie von einer inneren Gewissheit ergriffen gewesen. Er wollte sich jetzt selbst und seine Situation in die Mitte stellen und sich mit seiner größten Schwäche, aber auch mit seiner wirklichen Stärke darstellen. So hatte er angefangen, sich mit seinen tiefsten Sehnsüchten nach Geborgenheit und der Angst, verlassen zu werden, zu zeigen. Er sprach davon, dass seine Mutter nach seiner Geburt im Wochenbett beinahe an inneren Blutungen gestorben wäre und er die ersten Lebenswochen durch eine vierwöchige Genesungskur getrennt von Mama in einem Heim untergebracht worden war. Er schilderte seine verzweifelten Versuche, es insbesondere in Gruppen und Partnerschaften richtig und gut machen zu wollen, damit es nicht wieder zu einer Trennung kam, und erzählte die ein oder andere Episode über sein Scheitern und was er alles daraus gelernt hatte. Er endete mit seiner überraschenden Erkenntnis, wie sehr diese Angst vor dem Alleinsein ihn letztendlich zum Fachmann für Miteinander gemacht hätte und dankte dem Team für das heutige Erlebnis tiefer Akzeptanz und Achtung, das weit über das hinausging, was er sich bis jetzt ja hatte vorstellen können.

Mit diesen letzten Gedanken war er eingeschlafen.

3.6 Durchbruch in Einheit – selbstverantwortliche Eigenständigkeit beflügelt das Miteinander

Unternehmen sind Orte, wo gemeinsam etwas erreicht wird, was dem Einzelnen nie möglich wäre. Dies geschieht dadurch, dass jeder Initiative für das Ganze ergreift. Eine neue Qualität von Miteinander wird konkret erlebbar.

Nützliche Perspektiven	• Die da sind, sind die Richtigen. • Das Anderssein des Anderen ist willkommen. • Jeder trägt frei und gerne das Seine zum Ganzen bei – und alles ist getan. • Neue Wege für gelingendes Miteinander wagen? • Ich vertraue uns.
Empfohlene Tools	• Open Space • Hören für Gold • Trilogie: ToDo, In Work, Done • Intuitive Wahl

Heiner stand vor einer Herausforderung: Er hatte die Verantwortung dafür übernommen, das Thema des betrieblichen Gesundheitsmanagements für das gesamte Unternehmen nach vorne zu bringen. Dazu wollte die Unternehmensführung mit einem Gesundheitstag starten. Bis zur nächsten Mitarbeiterversammlung sollte er dazu ein gutes Programm erstellen, das sich möglichst auch kurzfristig umsetzen ließe.

Auf der einen Seite freute er sich über diesen Job, weil ihm gerade in der letzten Zeit – nicht zuletzt durch das Treffen in der Cafeteria – klargeworden war, dass er zumindest in Bezug auf Essen, gesunde Ernährung, Umgang mit Aufmerksamkeit fordernden Kühlschränken und Ähnlichem ein echter Fachmann geworden war. Die Zeit war dafür reif, mehr für die Gesundheit zu tun. Auf der anderen Seite hatte er nicht wirklich genügend Raum dafür, all das nötige Wissen für ein gutes Ergebnis zusammenzutragen. Gedanken gingen ihm durch den Kopf wie: „Brauchen wir dafür nicht einen Experten?" oder „Werden die anderen nicht lachen, wenn gerade ich diese neuen Ideen hier einbringe?" In nur sechs Wochen sollte etwas Brauchbares entstanden sein.

Also machte er sich auf die Suche nach einer Lösung. Er hatte von Scrum[50], Open Space[51] und Shopfloor Management[52] gehört. Ihn faszinierten diese Methoden, da sie neue Vorgehensweisen darstellten, um komplexe Projekte und Herausforderungen möglichst effektiv voranzubringen. Was ihn an den drei Ansätzen begeisterte, war die Eigenverantwortung eines Teams für komplexe Lösungen, sowie die heterogene Zusammensetzung der Mitglieder. In allen drei Ansätzen fand er eine Ausrichtung auf die Qualität eines guten Ergebnisses im Vordergrund. Schwierigkeiten waren dort keine ungeliebten Begleiterscheinungen, sondern dienten der Weiterentwicklung. Spannend fand er, dass die drei dabei angewandten Methoden, so unterschiedlich ihre Anwendungsgebiete auch waren, gleiche Grundprinzipien zu haben schienen:

Während Shopfloor Management in Produktionsbetrieben angewendet wird, dient Scrum der Entwicklung von IT-Systemen. Beide arbeiten mit täglichen Meeting-Formaten, in denen Beteiligte aller Hierarchie- und Kompetenzebenen in unterschiedlicher Zusammensetzung ihre Ergebnisse abgleichen und synchronisieren und damit den weiteren Fortschritt gegenseitig bereichern. Open Space hingegen ist eine ein- bis dreitägige Veranstaltung, bei der neue Wege und Themen erforscht und beraten werden, die für alle Beteiligten wichtig sind.

Allen gemeinsam jedoch ist die gleiche Augenhöhe, auf der miteinander kommuniziert und gearbeitet wird. Jeder ist mit seinen Qualitäten ein wichtiger Beitrag. Alle lernen von- und miteinander.

Auf der Suche nach einer einfachen Methode, wie er aus den drei Ansätzen für seinen Arbeitsauftrag einen Nutzen ziehen könnte, hatte er folgende Idee: Heiner kreierte drei Boards und gab diesen die Überschriften: ToDo, In Work, Done. Als vierte Zeichnung fügte er eine Timeline der nächsten sechs Wochen dazu, an der man die verbleibende Zeit auf einen Blick feststellen konnte. Jetzt konnte für alles, was für den Gesundheitstag zu tun war, ein eigenes Kärtchen angeheftet werden, das mit einem Wort oder Satzfragment die zu erledigende Sache darstellte. Anhand des bereits Erreichten im Bereich „In Work" und „Done" ergab dies einen guten und ermutigenden Überblick über den Fortschritt.

Ein zweiter Gedanke schoss ihm durch den Kopf: „Wie wäre es, wenn nicht er allein diesen Job machen würde, sondern sein Team ihn dabei unterstützen könnte? Jeder würde wie beim Open Space, seine Ideen einfach als mögliche ToDo's auf das entsprechende Board heften, und wer immer zu dieser Idee einen Beitrag hätte, könnte es unter „in Work" dokumentieren. Mit Freude würden alle plastisch vor sich sehen, wie die Dinge ins Tun kommen

---

50 http://de.slideshare.net/roock/scrum-einfhren-oder-die-erlaubnis-zum-anderssein?-next_slideshow=1, abgerufen am 05.09.2016.
http://de.slideshare.net/roock/scrum-ausserhalb-der-it, abgerufen am 05.09.2016.
http://de.slideshare.net/roock/scrum-worauf-es-ankommt, abgerufen am 05.09.2016.

51 Siehe Kernmethoden im Kapitel 5.5.

52 Robert Weber, „Großer Qualitätssprung durch Shopfloor Management", http://www.maschinenmarkt.vogel.de/grosser-qualitaetssprung-durch-shopfloor-management-a-321678/, abgerufen am 06.09.2016.

und wie sich nach und nach die Done-Tafel füllt. Das könnte ja als gemeinsames Projekt sogar wirklich Spaß machen! Alle die gerade im Arbeitsprozess damit sind oder sich dafür interessieren, müssten sich, wie bei Scrum oder Shopfloor Management, in regelmäßigen, maximal 15-minütigen Sitzungen gegenseitig über den aktuellen Stand informieren. Der Rest würde dann selbstorganisiert funktionieren." So würde er es angehen.

In den Bereich „To Do" klebte er ein Post-it: „Projekt im nächsten Teammeeting vorstellen und um Hilfe bitten!" Damit entspannte er sich – gemeinsam würden sie das schon schaffen.

Stellen Sie sich einmal vor, Ihr Arbeitsplatz wäre ein Ort, an dem Sie jeden Tag mit Ihrer Einzigartigkeit nicht nur erwünscht, sondern auch gefordert sind: Schon zu Arbeitsbeginn warten dann andere auf Sie, um die aktuellen Anliegen zu betrachten und gemeinsame Lösungen zu finden. Jeder ist dabei willkommen, so wie er ist, und bringt seinen Beitrag ein. Die Begegnungen sind geprägt von Vertrauen und Freude, wieder einen tollen Tag miteinander verbringen zu dürfen und neue Aufgaben, egal welchen Schwierigkeitsgrad sie haben, durch die Vielfalt der Beteiligten locker zu lösen.[53]

3.6.1 Selbstverantwortliche Eigenständigkeit beflügelt das Miteinander

Einheit bedeutet
eigenständig kompromisslos voranzugehen,
verbunden mit dem Großen, das uns ruft.

In einer Welt, in der wir in hierarchischen Systemen aufgewachsen sind, ist das Vergleichsdenken weit verbreitet. Schon beim Kennenlernen gibt es bei den meisten von uns einen inneren Mechanismus, der unser Gegenüber einschätzt, um uns möglichst schnell eine Antwort auf die Frage zu geben: „Schaue ich hoch oder schaue ich herunter? Ist diese Person jemand, den ich respektiere und deren Ratschlag ich ernst nehme, oder bin ich schon beim Zuhören nur mit halbem Ohr dabei, weil ich keine für mich wichtige Kompetenz bei ihr erkenne?"

Solch ein automatisch ablaufendes, häufig unbewusstes Rotes Denken zu durchschauen, kennen wir alle. Wir sind mehr oder weniger darin geübt, solche eigenen Vorurteile abzubauen, um uns auf Augenhöhe zu begegnen und andere in ihren Potenzialen und Fähigkeiten wahrzunehmen zu können. Doch auch hier ist es uns wichtig, dass wir nach einer gewissen Zeit wissen, woran wir sind. Wir fühlen uns sicherer, wenn wir zu Dingen oder Menschen einen eigenen Standpunkt gewinnen, um uns auf dieser Grundlage in Beziehung zu begeben oder auch abzugrenzen. Dies hilft uns, uns nicht wie ein Fähnchen im Wind drehen zu müssen, sondern unsere eigenen Werte und unser eigenes Profil zu positionieren – als Orientierung für unser Handeln.

So selbstverständlich und gewohnt uns das Vergleichen sowie das Einordnen von Menschen auch ist, so sehr schränkt dies ein mögliches fruchtbares Miteinander ein:

[53] Ein Buch greift dieses Lebens- und Arbeitsgefühl auf, http://thankgoditsmonday. de, abgerufen am 02.03.2017

- Wie viel freier können wir agieren, wenn wir uns selbst und andere nicht in bestimmten Rollen sehen, denen wir gerecht werden müssen?
- Welche Klarheit würden wir leben, wenn wir nicht den Erwartungen unserer Umwelt entsprechen sollen?
- Welches neue Miteinander wäre möglich, wenn wir aufhörten, andere oder uns selbst gut oder „passend“ darzustellen oder irgendwohin bringen zu wollen?

Wenn wir den Übergang zu Grün wagen, dann gelingt es uns, mehr und mehr aus den grundlegenden Bewertungsschemata auszusteigen. Verschiedenheit und Andersartigkeit dürfen dann nicht nur sein, sondern sie gewinnen an Interesse, während die Unterscheidungen von Gut und Schlecht oder Falsch und Richtig an Bedeutung verlieren. Dinge oder Vorgänge können dann erst einmal wahrgenommen werden, wie sie sind, und es gibt für ein vorhandenes Anliegen statt langer innerer oder äußerer Diskussion ganz einfach einen guten nächsten Schritt. Alles andere ist unwesentlich. In Kontakt mit der eigenen Stimmigkeit benötigen die meisten Entscheidungen keine großen Überlegungs- und Abwägungszeiten. In Verbundenheit mit den Beteiligten sind sie einfach und klar. Offenbleibende Fragen locken dann ein erhöhtes Interesse, einen Forschungsdrang hervor. Wir genießen die Freiheit der Wahl, wie im vorherigen Kapitel beschrieben. Eine neue Dynamik entsteht, die das Leben vielfältiger, überraschender, abwechslungsreicher und lebendiger macht.

Das mag alles ungewöhnlich klingen, macht aber genauer betrachtet Sinn. Wie sonst soll ein Durchbruch in Einheit möglich sein, wenn wir durch ständiges Bewerten und Abgrenzen die gegenseitigen Synergien erst gar nicht aufkommen lassen? Die Vielfalt der Einzelnen führt dazu, die Möglichkeiten der Potenziale und vorhandenen Fähigkeiten willkommen zu heißen und nutzen zu können. Genau das ist ein „Durchbruch in Einheit“.

Voraussichtlich haben Sie schon einiges davon erlebt und selbst dazu beigetragen, das volle Potenzial Ihrer Arbeitsgemeinschaft zu nutzen oder zu fördern. Vielleicht sind Sie auch an einigen Grenzen und Hürden gescheitert. Die folgenden fünf Perspektivensätze haben die Absicht, Ihren Blickwinkel zu erweitern und Ihren Experimentierwillen zu stärken.

3.6.2 Die da sind, sind die Richtigen

> Was, wenn Du bereits richtig bist,
> wenn es keine Schuld zu bezahlen gibt
> und Du von Grund auf gut bist?
> Das ist bereits der Fall.

Seit mehr als zehn Jahren arbeiten die Autoren in der Begleitung kleinerer und größerer Gruppen mit Begeisterung mit der Open Space Technology[54] (siehe auch Kapitel 5.5.). Die grundlegenden Unterschiede zu anderen Moderationsmethoden sind deren Prinzipien, die dazu führen, dass die Beteiligten

---

[54] Harrison Owen: „Open Space Technology: Ein Leitfaden für die Praxis“.

außerhalb der üblichen Rollen und Verhaltensmuster miteinander in Kontakt kommen.

Open Space ist eine Tagungsform für Gruppen jeder Größenordnung. Lediglich die Rahmenbedingungen – also Thema, Zeit, Ort, Verpflegung und die Durchführungsart – werden individuell festgelegt. Das ist jedoch bereits alles, was an strukturellen Vorgaben benötigt wird.

Außer dem Oberthema der gesamten Veranstaltung gibt es keine Tagesordnung, keine festgelegten Vorträge oder Workshops. Ablauf, Teilnehmer und Inhalt der Arbeitsgruppen sind nicht vorherbestimmt, sondern entstehen vor Ort aus dem lebendigen Engagement der Beteiligten. Dies stellt sicher, dass lediglich das Wesentliche und aktuell Relevante bewegt wird. Jeder der möchte, darf teilnehmen, keiner muss! Jegliche Art kreativer oder entspannender Betätigung, selbst am sogenannten „pausenlosen Pausenbuffet", ist erwünscht und trägt zum Gelingen bei.

Die Anwesenden bringen zu Beginn im Plenum öffentlich ihr Anliegen ein, das sie aktuell beschäftigt und zu dem sie in den Austausch gehen möchten. Persönlichkeiten, die das Thema wirklich interessiert und die dazu beitragen möchten, begeben sich, nachdem alle Teilnehmer ihre Themen vorgestellt haben, in eine von mehreren parallel arbeitenden Arbeitsgruppen. Ein Kommen und Gehen und damit gegenseitige Befruchtung durch einige wechselnde Teilnehmer ist erwünscht, genauso, wie jeder das für sich spürt. Es gibt nämlich eine einzige Regel, die gegenläufig zu der gewohnten Norm und zu der allgemein erwarteten Arbeitshaltung ist. Diese Vorgabe nennt sich „Das Gesetz der zwei Füße!" Es beinhaltet, dass alle Teilnehmer dazu aufgefordert werden, der eigenen Spur zu folgen und jederzeit genau dorthin zu gehen, wo die Füße sie hintragen.

Genau das macht den Open Space so attraktiv. Wenn jeder genau das tut, was er oder sie gerade möchte – dem „Gesetz der zwei Füße" folgend –, dann wird es voraussichtlich für alle eine gute, außergewöhnlich achtungsvolle und fruchtbare Zeit. Denn die Zahl halbherziger, mürrischer, unterirdisch gegensteuernder oder vorwurfsvoller Teilnehmer geht verständlicherweise gegen Null. Dass aus der entstehenden Dynamik und Begeisterung häufig außergewöhnliche Leistungen entstehen, zeigt Dr. Fechner[55], der die Open Space Technology in das Innovationsmanagement bei Alcatel Lucent eingeführt hat.

Womit Beteiligte allerdings häufig konfrontiert sind, ist die Tatsache, dass der oder die gewünschte Person eben wegen des Gesetzes der zwei Füße nicht immer dort anwesend ist, wo man sie gerne hätte. Damit man mit dieser Verunsicherung gut umgehen kann, wird innerhalb des Open Space eingeladen, folgenden Blickwinkel einzunehmen: „Die da sind, sind die Richtigen".

Wie anders wäre es in unseren Unternehmen, wenn wir dieser Spur folgen würden? Was, wenn es erlaubt wäre, selbst zu entscheiden, wo die eigenen Füße hingehen wollen? Wenn Veranstaltungen keine Pflicht wären, vielmehr Dynamik und Attraktivität bestimmten, wo die Beteiligten sich aufhalten?

---

[55] Dr. Fechner über Bell Labs Open Space, https://www.youtube.com/watch?v=yRxSC9pEhbg, abgerufen am 10.11.2016.

Wenn diejenigen, die da sind, wirklich da sein wollen? Dann sind optimale Voraussetzungen für ein gutes Arbeitsergebnis geschaffen. Wenn es keine Zwänge mehr gibt, zu bestimmten Meetings und Veranstaltungen zu müssen, dann kann es passieren, dass mal jemand ganz alleine dasitzt, weil offensichtlich alle anderen einen anderen Ort bevorzugt haben. Für solche Vorkommnisse gibt es zwei wertschätzende Blickwinkel, anstatt sich zu beschweren:

1. Wann haben Sie sich einmal die Zeit genommen, ein Thema eigenständig und in Ruhe durchzuarbeiten? Jetzt wäre eine Gelegenheit. Anstatt sich über andere zu ärgern, könnten wir uns freuen, dass wir diese besondere Zeit für unsere eigenen Gedanken und Anliegen zur Verfügung haben.
2. Sie können sich zusätzlich fragen: „Ist das Thema wirklich wichtig? Bin ich der Einzige, der die Weitsichtigkeit hat und die Relevanz einer Sache erkennt?“ Wenn dem so wäre, könnten wir uns dafür anerkennen. Oder haben wir vielleicht einfach nur auf eine falsche Fährte gesetzt und können das Anliegen getrost loslassen und uns etwas anderem zuwenden? Sollten Sie zu Ersterem tendieren, dann könnten Sie sich fragen: „Was müsste ich tun, damit dieses wesentliche Thema mehr Beachtung bekommt? Wen müsste ich dafür persönlich ansprechen?“

Wie wäre es, wenn Sie sich diese Regel zu eigen machen und die Menschen, wo immer sie Ihnen begegnen, als die Richtigen erklären? Dies könnte für den neuen Kollegen, Ihr Team, Ihren Chef, Ihren unbequemen Mitarbeiter, einen Workshop oder auch eine Familienfeier gelten. Das mag am Anfang richtig schwer sein, gerade weil mancher wirklich nicht dazu zu passen scheint, unmögliche Dinge sagt – eben einfach vermeindlich „falsch“ ist.

Lassen Sie sich auf dieses Experiment ein und deklarieren Sie probeweise für einen Tag, eine Woche, ein Fest, eine Teamsitzung: Die da sind, sind die Richtigen! Sollte Ihnen dieser innere Change gelingen versprechen wir Ihnen: „Mit Überraschungen ist zu rechnen.“

Es braucht Zeit und Übung, sich in solche Grünen Vorgehensweisen hinein zu entspannen. Nutzen Sie bei Bedarf dafür die Tools, die in Kapitel 3.1 mit dem Schwerpunkt auf Erfolgsgeschichten oder 3.3 mit dem Fokus auf Innehalten, vorgeschlagen werden.

3.6.3 Das Anderssein des Anderen ist willkommen

Meine Freiheit ist:
Du gehörst mir nicht.
Du sollst so sein, wie Du bist, nicht wie ich will.
Ich kann Dich gefährlich, unbequem, originell und quertreibend sein lassen und fühle mich nicht bedroht, sondern geehrt, dass Du Dich mir zutraust.

Meine Freiheit ist:
Ich muss dir nicht gefallen
und will auch gar keine Dinge machen,
die mir nicht gut tun, bloß damit du es richtig findest und nicht sauer wirst.
Aber ich darf Dich wertschätzen, Dich bewundern und Dich leuchten sehen.
Und konkurrenzlos daneben ich selbst sein:
Anders als Du. Genauso groß.

Unser Gelbes Denken folgt gerne offenen Fragen, beurteilt alles, bewertet und klassifiziert. Anstatt Gründe zu finden, warum Andere nicht richtig sind, könnten wir unserem Denken stattdessen den Auftrag geben, herauszufinden, wieso diejenigen, die da sind, gute Leute sind. So macht es sich ganz natürlich auf die Suche und findet Gründe, warum hier jetzt die Richtigen sind. Dadurch fällt es leicht, auch das Anderssein des Anderen als etwas Positives und Bereicherndes willkommen zu heißen.

Wenn wir uns umschauen, dann mag „Das Anderssein des Anderen ist willkommen" wie Hohn erscheinen, denn sowohl Religionen, Familien, Parteien, Organisationen, Unternehmen oder Staaten haben sich über die Menschheitsgeschichte hinweg bis in dieses Jahrhundert hinein meist so verhalten, dass Andersartige oder Andersdenkende höchst unwillkommen sind und bekämpft oder angepasst werden müssen.

Vielleicht sind wir heute nicht mehr so schnell bereit, dem anderen für sein Anderssein den Schädel einzuschlagen. Da der Gelbe Dauermodus für uns Menschen normal ist, bleibt das Anderssein immer ein Grund für Skepsis und Misstrauen. Doch gerade beim Willkommenheißen von sehr unterschiedlichen Begabungen und Erfahrungen entsteht in einer Gruppe oder einem Arbeitsteam eine reichhaltige Mischung aus Menschen und Experten für die unterschiedlichsten professionellen und sozialen Fähigkeiten, die letztendlich den gemeinsamen Erfolg begründen. Erst verschiedene Zutaten machen einen Kuchen aus. Daher die Bitte an Sie, Ihre Eigenständigkeit, Ihre Einmaligkeit, Ihr Anderssein ebenfalls willkommen zu heißen.

Der „German Mittelstand"[56] mag als Beispiel dienen, dass schon immer Andersdenker zum Erfolg beitrugen und dabei in vorherigen Jahrhunderten stabile, anpassungs- und leistungsfähige Strukturen nutzten, welche die Länder-, Welt- und Finanzkriege scheinbar seit Jahrhunderten ohne größere Blessuren überstanden haben. In seinem Artikel über den deutschen Mittelstand beschreibt Gernot Heller, dass das Land der Dichter und Denker noch heute das mit Abstand innovationsstärkste auf der ganzen Welt ist. Die unangefochtene Spitzenposition bei der Anzahl von Hidden Champions, also der unbekannten Marktführer, belegt diese These: Im Jahr 2012 gab es in Deutschland über 1.300 solcher Unternehmen, während es in den gesamten USA nur knapp 370 waren.

Unterschiedlichkeit, Anderssein und Individualität, wenn sie geschätzt und gewürdigt werden, beflügeln das Miteinander. In diesem Sinne hat auch Hermann

---

[56] Artikel von Gernot Heller, https://www.welt.de/wirtschaft/article118171834/Warum-der-German-Mittelstand-nicht-kopierbar-ist.html, abgerufen am 10.11.2016.

Hesse sein Buch „Eigensinn macht Spaß[57]" tituliert. Die Einladung, Verschiedenheit willkommen zu heißen, ist dabei eine Unterstützung, unsere in Gelb lebenden unreflektierten Widerstände zu erkennen und loszulassen. Anstatt also die Macken und Eigenheiten von Menschen zu be- oder verurteilen, könnte es viel befriedigender sein, das dahintersteckende Potenzial zu erkunden und nutzbar zu machen. Diese Grüne Qualität nennen wir das „Hören für Gold".

Das „Hören für Gold"

Besonders wenn unser innerer (Gelber) Kritiker im Gespräch mit Menschen anspringt und wir das bemerken, haben wir eine Wahl: Lassen wir uns beim Zuhören von unseren inneren Urteils- und Bewertungsmechanismen leiten? Oder entscheiden wir uns dafür, offen zu sein und neben allen, vielleicht auch berechtigten Einwänden, die Worte des anderen als Bereicherung zu hören und damit unseren eigenen Besserwisser auf die Seite zu stellen? Diese Art der Reflexion ist bei weitaus mehr Gelegenheiten wünschenswert und möglich, als uns bewusst ist. An dieser Stelle befindet sich noch viel zu entdeckendes Potenzial.

Neben der Qualität des Hörens für etwas Besonderes beinhaltet diese Kompetenz die Fähigkeit des Überhörens. Wie gut können wir das vielleicht Lautere überhören, um die feinen Qualitäten zu erkennen? Pinguineltern können beispielsweise, wenn sie nach einem kühlen Bad ihr eigenes Küken wiederfinden wollen, mit Erfolg das Gepiepse Hunderter anderer Küken überhören. Auch beim Hören gilt: Worauf wir unsere Aufmerksamkeit richten, das wird genährt und wächst.

Eine förderliche innere Haltung und Gebrauchsanweisung für das „Hören für Gold" stellt beispielsweise Fragen, die zu gewinnbringenden Einsichten führen:

Toolbar: Das Hören für Gold

Sie sitzen in einem Meeting oder bei einem Vortrag und bemerken, wie durch die Äußerungen des Redners Ihr innerer Kritiker anspringt. Folgende Fragen unterstützen Sie bei Ihrer inneren Arbeit, den Widerstand loszulassen und einen möglichen Beitrag zu hören.

- Welches sind meine Vorurteile und schnellen Bewertungen und möchte ich mich für etwas Anderes, Wertvolles öffnen?
- Was sind die Stärken und Potenziale, die ich gegebenenfalls trotz der offensichtlichen Schwächen sehen kann?
- Was kann ich an seiner/ ihrer Art anerkennen und wertschätzen?
- Was hätte ich ohne ihn/ sie nicht gesehen? Was wird mir bewusst für mich selbst?

[57] Ein großer Unterstützer von Verschiedenheit war Hermann Hesse. Zu seinem Buch „Eigensinn macht Spaß – Individuation und Anpassung" wird der Autor bei Amazon wie folgt beschrieben: „Wie ein Leitmotiv durchzieht der Ansporn zum Eigensinn die Bücher und Briefe von Hermann Hesse. Nicht mutwillige Aufsässigkeit oder störrische Rechthaberei sind damit gemeint, sondern ein Ansporn, sich auf das Abenteuer einzulassen, die eigenen Anlagen zu entdecken und auszugestalten." Abgerufen am 11.11.2016.

- Was an dem Gesagten konfrontiert mich so sehr? Worin könnte der Spiegel für mich liegen?
- Was daran könnte gerade für mich ein Geschenk oder ein guter Lernschritt sein?

Der Vorstand einer Münchner Sparda-Bank[58] spricht es mehr als deutlich aus. Er sagt sinngemäß: „Heute ist nicht mehr die Zeit, in der wir auf so kluge Leute wie Einstein oder Ähnliche warten können. Doch wenn wir zusammensitzen und ein Thema bewegen, dann entsteht etwas im Raum, das Ideen erzeugen lässt, die weit über die normalen Lösungsmöglichkeiten hinausgehen."

In manchen Organisationen und Unternehmen entwickelt sich bereits solch Neues, Freies, Dynamisches, Geschmeidiges, Effektives! Wie genau könnte dies aussehen, wenn Anderssein als Beitrag leben darf und nicht als Gefahrgut behandelt wird? Wir würden mehr und mehr Räume dafür schaffen, in denen Individualität, Selbstverantwortung und Eigenermächtigung sein dürfen. Auch hier gelten wie im Open Space bestimmte Rahmenbedingungen. Folgendes Beispiel zeigt neue Möglichkeiten mitten aus dem Unternehmensalltag:

Von Selbstverantwortung, Eigenständigkeit und Miteinander

Ein Geschäftsführer im Großraum Frankfurt ist mit seinen 210 Mitarbeitern ganz eigene Wege gegangen, um die vorhandenen Fähigkeiten und Potenziale für die Weiterentwicklung des Unternehmens zu nutzen. Als Zulieferer für mittelständische Unternehmen ist sein wesentlichstes Anliegen eine Haltung der Partizipation. Die grundlegendste Frage dabei heißt: „Wie beteiligt sind die Mitarbeiter und Führungskräfte an den wichtigen Themen des Unternehmensalltags?" Dazu hat er verschiedene Elemente entwickelt. Zwei davon, welche die Verantwortlichkeit und das Miteinander wiederspiegeln, verdeutlichte er in unseren Gesprächen:

1. Das Vier-Augen-Prinzip
   Es besagt, dass wichtige Entscheidungen – unabhängig vom Etat – immer von mindestens zwei Menschen getroffen werden müssen, die sich gemeinsam dafür verantwortlich zeichnen. Die Überlegung, auch weitreichende Dinge in die Verantwortung seiner Leute zu geben, begründet er damit, dass diese sich meist über Wochen oder gar Monate ein Bild von einer Sache gemacht haben und dann zu einer Erkenntnis kommen. Warum soll er, der das Ganze dann in kurzer Zeit verstehen und bedenken muss, eine bessere Entscheidung treffen können als diese Menschen? Die Kraft einer z.B. großen Investition ist doch höher, wenn der Betreffende sich noch eine zweite Person sucht, die mit ihm dafür einsteht, dass das Ganze gelingt. Am Anfang der Einführung dieses Prozesses, als die Leute noch gewohnt waren, zu ihm zu kommen, um sich sein „Go", seine Genehmigung oder Entscheidung, zu holen, musste er öfters mal mit den Schultern zucken, um darauf hinzuweisen: „Ich habe doch keine Ahnung in dem Bereich, nutzt das Vier-Augen-Prinzip."
2. Das Bilden von Arbeitskreisen
   Ob neue Stühle für den Besprechungsraum angeschafft werden, ein neuer Prospekt entsteht oder eine neue Maschine gekauft werden soll, jeder kann

[58] Das über Crowdfunding finanzierte Projekt www.augenhoehe-film.de hat 2016 einen Folgefilm herausgebracht, in dem zehn Unternehmen, unter anderem eine Sparda-Bank in München, beschrieben werden, die in den letzten Jahren Wege zu einer neuen Unternehmenskultur auf Augenhöhe gefunden haben. Einzelne Filmmodule können hier bestellt werden: http://augenhoehe-works.de/produkt/augenhoehewege-individuell-3-filmmodule. Abgerufen am 12.10.2016.

für offene Themen einen Arbeitskreis gründen. „Diese, inzwischen vielfach genutzte Praxis, unterstütze ich gerne. Sie führt dazu, dass Menschen unterschiedlicher Positionen und Abteilungen auf Augenhöhe miteinander ins Gespräch kommen", so seine Ausführungen. Das Erfreuliche sei dabei wie sachlich und ergebnisorientiert in diesen Treffen gearbeitet werde und welch hohe Qualität die Ergebnisse hätten. Keiner käme auf die Idee, die gemeinsame Zeit unnötig auszudehnen oder auszunutzen.

Im Vordergrund seines Handelns stehen systemisch strategische Fragen: „Was benötigt die Firma, um sich als Unternehmen positiv zu entwickeln?" Dabei geht es in erster Linie um Unternehmensstrategie, Unternehmenskultur und die Umsetzung definierter strategischer Projekte. Eine konkrete Umsetzung dieser Überlegungen ist beispielsweise die Wertschätzung aller Mitarbeiter beim Erreichen wirtschaftlicher Erfolge. Immerhin konnten durch die positive Entwicklung in 2015 etwa 300.000 Euro mithilfe differenzierter Leistungsanerkennung an alle Mitarbeiter zurückgegeben werden.

Um keine Missverständnisse zu erzeugen und den Anschein zu erwecken, dass angesichts dieses Erfolges alles einfach und leicht sei, schloss er das Gespräch mit folgenden Worten ab: „Unser Unternehmen ist ein Ort, an dem wir uns Tag für Tag für das Wohl des Ganzen einsetzen, Strategien entwickeln und mit hoher Disziplin umsetzen. Ein vernünftiges Miteinander auf Basis einer Haltung von Wertschätzung und Respekt ist ein wesentliches Element im gesamten Unternehmensgefüge."

3.6.4 Jeder trägt frei und gerne das Seine zum Ganzen bei

Nicht indem wir zusammen gehen, sind wir eins,
sondern indem wir mit dem gehen, das uns gemeinsam ruft:
Darin finden wir einander.

Selbstbild – Fremdbild

Ein Personal Trainer fragt in seinen Führungskräfteseminaren regelmäßig die Teilnehmenden anonym, ob sie sich selbst als eigenmotiviert einschätzen, also ob sie ihre Arbeit auch machen würden, wenn niemand sie kontrolliere. Alle bejahen dies jedes Mal aus voller Überzeugung. Dann werden die Teilnehmenden aufgefordert, die anderen Führungskräfte im Raum einzuschätzen. Und auf einmal sind mehr als vier Fünftel der Teilnehmenden (der Prozentsatz ist immer wieder ähnlich) der Meinung, die anderen hätten diese Eigenmotivation nicht.

Dieses Beispiel macht deutlich, wie sehr wir durch unser Denken und unsere Sichtweise, insbesondere als Führungskraft, in einer Arbeitswelt leben, innerhalb derer es nicht selbstverständlich ist, dass alle mitziehen und sich voll einbringen. In den folgenden Abschnitten möchten wir aufzeigen, dass es neue Strukturen und Vorgehensweisen benötigt, damit Menschen in Unternehmen gerne ihre Individualität leben, ihre natürlichen Qualitäten sichtbar werden lassen möchten und sie einbringen können. Dass es dazu Regeln und Prozesse geben muss, ist keine Frage. Entscheidend ist jedoch, ob diese fein abgestimmt sind und den von Natur aus in uns liegenden Willen für Engagement unterstützen oder verhindern.

- Wie können solche fein abgestimmten Abläufe aussehen?
- Wie dynamisch können sich diese neuen Anforderungen anpassen?

- Wie müssen diese gestaltet sein, dass sie die natürliche Kraft des Lebens, nämlich zu funktionieren und sich selbst zu organisieren, fördern, anstatt sie zu behindern?

Ein Blick in unseren menschlichen Körper gibt uns ein gutes Beispiel für gelingende Selbstorganisation. Ein lebendiges System wie der Körper hat unterschiedliche, eigenständig funktionierende Organe, ein Knochengerüst, ein Nervensystem, ein Drüsensystem, Informations- und Energiebahnen, einen Blutkreislauf als Nahrungs- und Sauerstoffträger. Alle sorgen dafür, dass das ganze System funktioniert. Wenn eine größere Störung vorliegt, passt sich alles so gut wie möglich an. Jede Einheit trägt ihren Teil selbsttätig zum Ganzen bei. All dies hat nur den einen Zweck, die Funktionalität und das Überleben des Körpers zu sichern und Lebendigkeit und Wohlgefühl wiederherzustellen: Ein großartiges Zusammenspiel von eigenständig spezialisierten, miteinander kommunizierenden Einheiten. Unser Körper kennt keinen alleinherrschenden Chef, niemand gibt ihm den Befehl zu atmen oder das Herz regelmäßig schlagen zu lassen. Vielmehr laufen alle Vorgänge orchestriert und sinnvoll aufeinander abgestimmt ab:

Beispielsweise trägt bei der Heilung einer Wunde oder eines Knochenbruchs jedes Organ das Seine dazu bei, dass dieses Wunderwerk Körper möglichst zu seiner vollen Wiederherstellung zurückkommt.

Könnte es sein, dass wir in unseren Arbeitsstätten nur die natürlichen Prinzipien von sich selbst organisierenden Systemen anwenden müssen? Der Blick auf Unternehmen, die sich für diese Idee öffnen, zeigt, dass es Übereinstimmungen gibt:

1) Aufteilung einer Organisation in kleine Einheiten. Bewährt haben sich Größenordnungen von 5 bis 20 Personen, idealerweise sind es 7 bis 12.
2) Diese Bereiche dienen einem klar formulierten Gesamtanliegen. Je klarer und inspirierender das Vorhaben eines gesamten Unternehmens ist, desto freudiger, erfolgreicher und begeisterter die Systeme, die zu dieser Großartigkeit beitragen wollen.
3) Jede eigenständige Einheit dient ebenso einem konkreten Anliegen, einer Aufgabe mit sehr klaren Zuständigkeiten. Auch wenn diese je nach Anforderungen einer Veränderung unterliegen, für den Augenblick sind sie möglichst eindeutig definiert und für jeden transparent.
4) Alle Teile arbeiten selbstorganisiert. Es gibt zwar eine klare Anforderung, aber wie genau diese erfüllt wird, bleibt Sache der Gruppe selbst.
5) Vernetzung anstelle von Hierarchie. Ein Ökosystem kennt kein Oben und Unten, es kennt nur verschiedene Verbindungsarten von Teilbereichen, die unterschiedliche Aufgaben übernehmen. Prioritäten und Hierarchien wechseln je nach Anforderungen und aktuellen Bedürfnissen. Jeder kann bzw. muss, wenn notwendig, die Chefrolle einnehmen.
6) Die Teams bekommen eine Struktur und Prozessunterstützung – weg vom Konsens, hin zum Konsent (siehe Kapitel 5.3.) Jeder Beteiligte lernt dabei, seine eigenen Lieblingsvorstellungen loszulassen. Schnelle und dynamische Steuerung steht als Prinzip im Vordergrund – etwas, das für den Augenblick gut funktioniert und jederzeit angepasst werden kann.

Eine wichtige Voraussetzung bei diesen Teams sind sichere Räume, in denen die Beteiligten als Menschen in ihrer Ganzheit da sein dürfen. Hier können Ängste geäußert und Schwächen zugegeben werden. Es stehen einfache Praktiken[59] zur Verfügung, um damit konstruktiv umzugehen. Das System hat die zweidimensionale Sichtweise von Falsch und Richtig verlassen und arbeitet stärkenorientiert, ohne dabei die Schwächen zu ignorieren.

Diese Aufzählung zeigt, dass niemand das Rad neu erfinden muss. Bestechend ist die Einfachheit. Wechseln Mitarbeiter in solch ein System, erkennen die meisten sofort den Unterschied. Es scheint eine Übereinstimmung in uns zu geben, in der die Anwesenden sofort spüren:

- Hier ist es gut.
- Hier kann ich als Mensch mit Fehlern und Schwächen sein und nicht nur mit meiner erwünschten oder angepassten Seite.
- Hier bleibt die sonst so laute Angst außen vor.
- Hier werde ich ermutigt, mich zu zeigen und meine Potenziale zu finden.
- Hier bin ich mit dem, was ich kann, gefragt und kann mich entsprechend einbringen.

Ist die Vertrauensbasis gelegt, geht es manchmal ganz einfach. Wenn die Mitarbeiter beispielsweise dem „Gesetz der zwei Füße" folgen dürfen, ist es auch möglich, dass die Personen sich die zu erledigenden Aufgaben frei zusammenstellen. Folgendes wirksame Hilfsmittel, das wir aus dem Open Space direkt in unsere Arbeit mit anderen integrieren können, ist dabei sehr hilfreich:

Toolbar: Die Trilogie aus ToDo, InWork, Done[60]

Das Setting für diesen Ansatz ist, wie im Open Space, dass eine Gruppe von Menschen ein gemeinsames Anliegen hat. Jetzt geht es darum, die vielen kleineren oder größeren Spannungsthemen zu erörtern oder noch offenstehenden Aufgaben zu ergreifen. Insbesondere ist dieses Tool dann wirksam, wenn das Anliegen in kurzer Zeit erledigt werden muss.

Das Besondere daran: Alles was noch zu tun ist, wird ohne großen Planungsaufwand und ohne Leitung „von oben" rechtzeitig erledigt sein. Und das Wichtigste, die Beteiligten haben den optimal möglichen Spaß daran.

Wie genau geht's?

Es werden drei Wände, Flipcharts oder Orte mit je einer Überschrift gekennzeichnet: ToDo, InWork und Done.

- Jeder, dem etwas einfällt, was noch erledigt werden sollte, beschreibt pro Aufgabe eine Karte und hängt sie an die ToDo-Wand. Es dürfen jederzeit neue Karten geschrieben werden, wenn noch Weiteres auftaucht.
- Nun kann jeder sich genau die Tätigkeit heraussuchen, die ihn am meisten anspricht. Dafür nimmt die Person eine der Karten und hängt sie mit Namen versehen auf die InWork-Wand. Somit hat jeder sofort den Überblick, was gerade alles passiert und kann sich bei Bedarf an die Durchführenden wenden.

[59] Siehe hier die Kapitel 3.2 (Durchbruch in Stille) oder 3.5 (Durchbruch in Freude)
[60] Zu Deutsch: Zu tun, in Arbeit, erledigt.

- Ist der Job erledigt, wird die Karte auf Done verschoben. So wandern alle Aufgaben über die Zeit in diesen Bereich und es wird für jeden sofort sichtbar, was alles schon geschafft wurde.

Am besten setzen sich alle Beteiligten vorab und nach Erledigung des Jobs in einer kurzen gegenseitigen Wahrnehmungsrunde zusammen, bei der jeder ungestört ein kurzes Statement zur Situation mitteilen kann. Natürlich sind in der Abschlussrunde immer die Wertschätzung und das gemeinsame Feiern integriert. Durch eine Mitteilung darüber, welches für jeden Mitmachenden das schönste Erlebnis gewesen wäre, entsteht eine gemeinsame Wahrnehmung für all das vorhandene Gute und Schöne, zu dem eine Gemeinschaft fähig ist.

Dieses einfache und effektive Tool erzeugt häufig große Freude. Es macht aber auch aufmerksam auf Missstände. Wenn bestimmte Aufgaben von allen ignoriert werden, dann ist das ein interessantes Phänomen, das wir begrüßen können. Es sind solche Dinge, die Reibung erzeugen, die zu Wachstum führen, wenn wir einen wertschätzenden Blick darauf werfen:

- Vielleicht ist die Gruppe nicht wirklich inspiriert von der gemeinsamen Ausrichtung oder der Aufgabe, oder die Aufgabe ist unnötig.
- Vielleicht benötigen die Beteiligten eine Unterstützung, um sich ihrer Potenziale bewusster zu werden.
- Vielleicht ist das Team nicht vielfältig genug zusammengesetzt.

Finden Sie es gemeinsam heraus. Es lohnt sich!

3.6.5 Neue Wege für gelingendes Miteinander wagen?

Bernd Oestereich und Claudia Schröder machen in Ihrem Buch „Das kollegial geführte Unternehmen“ eine klare Ansage: „Führung ist zu wichtig, um sie allein den Führungskräften zu überlassen.“ Damit fordern sie konsequent dazu auf, Teams, Abteilungen und Mitarbeitern eigenständiger arbeiten zu lassen und dadurch den weit verbreiteten Wir-Gelben Führungsstil zu verlassen, bei dem man bei auftauchenden Pannen notfalls immer höchstpersönlich für die Rettung sorgt und selbstverständlich einspringen muss, weil kein anderer zur Stelle ist.

Wir möchten Sie ermutigen, es zu wagen, einer Gruppe selbst die Verantwortung dafür zu übergeben, wie sie die ihr übertragenen Aufgaben eigenständig bewältigt. Sie können den Beteiligten zutrauen, dass sie das Ganze im Blick behalten können und jeder gewillt, ja sogar engagiert ist, seinen bestmöglichen Beitrag zu leisten. Sollten Sie die Leitung innehaben, probieren Sie es aus und übergeben mehr und mehr ihrer bisherigen Tätigkeiten der Gemeinschaft. Sorgen Sie stattdessen für das nötige Wissen und brauchbare Praktiken für eine gute Selbstorganisation. Wenn Sie Teams dazu befähigen, schnelle Entscheidungen zu treffen, klare Zuständigkeiten zu erarbeiten und mit Spannungen und Konflikten gewinnbringend umgehen zu können, dann hat die Gruppe die besten Grundlagen, dafür sich selbst zu managen. Das folgende Beispiel zeigt eindrucksvoll auf, was möglich ist.

Selbstorganisation braucht funktionierende Teams

Die Erfahrungen von Buurtzorg[61], dem nachbarschaftlichen Pflegedienst in Holland, unterstützen uns, unser Bild von „Helfenmüssen" zu wandeln. Jedes Zwölferteam ist dort für einen bestimmten Wohnbezirk völlig selbstverantwortlich zuständig. Den ausgebildeten Pflegekräften werden also auch die fachfremden Dinge wie Auftragsklärung, Pflegeeinteilung, Kündigungen und Einstellungen, Abrechnung, Einkauf... selbst überlassen. Jedes Team bekommt dafür eine Einführung in Selbstmanagement und in die dynamische Steuerung für das konsentorientierte schnelle Finden von Lösungen. Und dann überlässt man die Truppe ihrem Schicksal! Mit einer Ausnahme: Es gibt neben einem gut funktionierenden Intranet mit vielen Informationen und der Bereitschaft aller, eine schnelle Antwort auf eine Frage zu geben, für je 40 Gruppen einen Betreuer. Diese Unterstützer, die auch vor Ort helfen sollen, können bei so vielen Gruppen nur bei wirklichen Notfällen da sein. Das heißt im Klartext: Die Teams müssen sich selbst durchbeißen! Und genau das ist eines der Erfolgsrezepte für gelingende Selbstorganisation. Eine Mannschaft, die sich gemeinsam durch eine Menge Schwierigkeiten durchgekämpft hat, lebt einen anderen Zusammenhalt. Dabei ist interessant, dass die Teams, die zur Gründungszeit von Buurtzorg intensiver als die nachfolgenden begleitet worden sind, heute noch am meisten Zuwendung benötigen.

Zu glauben, dass es in diesen kleinen Einheiten jetzt keine Ordnung gibt, ist weit gefehlt. Hier macht nicht einfach jeder, was er will! Vielmehr trägt jeder das Seine bei. Die Betonung liegt dabei auf den jeweiligen Potenzialen und Fähigkeiten. Diese werden häufig erst deutlich, wenn Herausforderungen gemeistert werden müssen, die zunächst unüberwindbar schienen. Das System rüttelt sich also selbst zurecht und überlässt es jedem, mit Freude seine oder ihre Qualitäten zu leben. Zuständige oder Verantwortungsträger müssen dabei manchmal schnell gefunden werden. Aus verschiedensten Gründen besteht jedoch oft keine Klarheit darüber, wer einen unbesetzten Aufgabenbereich am besten übernehmen soll. Deshalb haben wir ein aus dem integrativen Ansatz der Soziokratie weiterentwickeltes Verfahren erprobt, das wir Ihnen vorstellen wollen. Wir nennen es die „Intuitive Wahl". Sie dient dazu, eine offensichtliche Lücke möglichst schnell mit der geeignetsten zur Verfügung stehenden Person zu füllen. Ein solcher Entscheidungsvorgang wird meist zu einem beglückenden Erlebnis, da er gleichzeitig die besonderen Stärken der Beteiligten sichtbar werden lässt.

Toolbar: Intuitive Wahl

Vorgehen: Es handelt sich hier um eine demokratische Wahl mit offen sichtbarer Stimmabgabe. Die Teilnehmenden nominieren für die zu besetzende Position je eine Persönlichkeit und begründen, warum sie die gewünschte Person für die geeignetste Besetzung halten. Zwei Besonderheiten prägen dieses Wahlverfahren: Wenn alle gehört wurden, darf jeder seine Meinung aufgrund der jetzt kompletten Informationen ändern. Sollte jemand seine Nominierung wechseln, wird um eine weitere Begründung gebeten. Dies geschieht solange, bis alle zu einer letzten Entscheidung gekommen sind. Die zweite Besonderheit: Die ge-

[61] Siehe die ausführlichen Beschreibungen im Buch „Reninventing Organizations" von Frédéric Laloux.

wählte Person kann die Wahl, zumindest im Augenblick, nicht abschlagen. Da das Ergebnis die Weisheit der Gruppe unter Berücksichtigung aller geäußerten Informationen widerspiegelt, bleibt es bei dieser Wahl, unabhängig davon, ob die betreffende Person diesem Ergebnis zustimmt. Sie kann zu einem anderen Zeitpunkt jederzeit eine neue Wahl veranlassen, lässt das Ergebnis aber erst einmal auf sich wirken. Es spiegelt immerhin die jetzige Klarheit einer ganzen Gruppe und nicht die persönliche Meinung eines Einzelnen wider. Wahlmethode ist, dass der Gewählte sich der Rückendeckung, der Wertschätzung und des Respekts seiner Wähler sicher sein kann.

3.6.6 Ich vertraue uns

Einheit heißt nicht Einheitsbrei
und Du bist nicht einerlei.
Deine Einzigartigkeit soll frei
leuchten – Das macht neu.

Der Andere ist sich selber treu –
Freue Dich doch einfach und verzeih,
dass er Dir spiegelt, was noch nicht
aus Deinem Ja geboren ist.

Vertrauen ist ein häufig genutztes Wort, der Ruf danach ist groß, von Kindern zu den Eltern, in Partnerschaften und natürlich auch im Beruf. Doch Vertrauen zu haben oder auch nicht kann man in Gelb nicht frei wählen, dafür braucht man Gründe: Entspricht das Verhalten eines anderen unseren Vorstellungen und Erwartungen, dann vertrauen wir, ansonsten tun wir uns damit schwer bzw. wir sehen unser Vertrauen gebrochen oder für immer zerstört.

In Grün sind wir von der Abhängigkeit erlöst, Vertrauen zu jemanden auf „Teufel komm raus“ produzieren oder erhalten zu müssen. Wir sind keine Alleskönner, die ohne Schwächen mit jeder anderen Art von Menschen können. Der eine oder andere drückt einfach unsere Knöpfe und dann nützt das beste sich-Vertrauen-Einreden nichts.

Wie entspannend ist es, wenn wir nicht mehr dem Einzelnen, sondern einer Gruppe, einem Team vertrauen dürfen. Die Grundlage dafür ist das Vorhandensein von guten Strukturen und Prozessen, in denen Prinzipien wirken, welche die gemeinsame Intelligenz oder Intuition einer Einheit fördern. Wir vertrauen also der Kompetenz eines Teams bzw. eines Wir.

Dieses wächst von Tag zu Tag, je mehr wir erleben, wie eigenständig verschiedene Kreise oder Gruppen die herausfordernden Themen und selbst die Schwierigkeiten untereinander lösen. Eine besondere Beobachtung ist, dass es nur in den seltensten Fällen nötig wird, jemanden auszugrenzen oder gar zu kündigen. Wer nicht dazu fähig, vielleicht auch nicht willens ist, sich auf diesen Fluss von Geben und Nehmen einzulassen, der fühlt sich so fehl am Platz, dass er oder sie meist selbst die Konsequenz ergreift und geht. Das Schönste daran ist, dass genau dieses Vertrauen in die verschiedenen selbstorganisierten Verantwortungsbereiche dazu führt, dass eine Organisation wächst – und zwar aus der Qualität von Loslassen und nicht von Kontrolle – soviel schon einmal als Vorgeschmack auf das nächste Kapitel, der Durchbruch in Freiheit.

„Rücken beugen, strecken, beugen, strecken. Jetzt bist du dran, Heiner", so hatte er seine Kollegin noch im Ohr, als er heute mit dem E-Bike nach Hause fuhr. Ein breites Grinsen ging über sein Gesicht. Wer hätte das gedacht? Er war plötzlich zum Gymnastiklehrer des Teams ernannt worden, dabei konnte er eines wirklich nicht gut, nämlich sich bewegen. Doch das war offensichtlich nicht so wichtig, denn er hatte gelernt, Spaß an einer Sache zu haben, und zwar gemeinsam. Er hatte plötzlich Freude an sportlicher Betätigung gewonnen. Diese neuen Elektrofahrräder, mit denen man nahezu mühelos über die Fahrradwege fliegen konnte, machten richtig gute Laune.

Der Gesundheitstag war ein voller Erfolg geworden. Auch die Vorbereitung darauf war richtig gut. Drei der sieben anderen konnte er zum täglichen „Boxenstopp" bei der gemeinsamen Planung gewinnen, bei dem sie die aktuell brennenden Themen bewegten. Besonders einfach wurde es, als jemand den Einfall hatte, die Mitarbeiter in der Firma selbst zu fragen, ob sie den anderen etwas von ihren eigenen Gesundheitstipps zeigen könnten. Immerhin waren daraufhin zehn verschiedene Angebote entstanden, die sich am Gesundheitstag jeweils am Vormittag und am Nachmittag wiederholten, damit die ganze Belegschaft zu unterschiedlichen Zeiten teilnehmen konnte. Da wurde gemeinsam gekocht, meditiert und sich in Entspannungstechniken geübt, da gab es freies Sprechen, Grimassen schneiden und Abklatschtheater. Die Wellnessfreudigen konnten sich an Klangmassagen und Dufterlebnissen erfreuen. Jemand bot sogar Lachyoga an, was wider Erwarten regen Zuspruch bekam. Und natürlich die traditionelle Gymnastik der Kollegin, die so begeistert von seinem ungelenken, aber freudigen Mitmachen war, dass sie ihn fragte, ob er das nicht als wöchentliches Angebot mit ihr gemeinsam im Unternehmen weiterführen wolle.

Was er seit dem Gesundheitstag vermisste, waren die morgendlichen Treffen des Vorbereitungsteams, in denen sie sich über den neuesten Stand informierten, gemeinsam die drei Wände ToDo, InWork und Done anschauten und einen kurzen Blick darauf warfen, was vielleicht noch nicht beachtet und als neues Kärtchen hinzugefügt werden musste. Man war sich trotz der täglich nur wenigen Minuten nähergekommen, und er hatte sich immer auf diese gemeinsamen Treffen gefreut. Es war ein gutes Gefühl, zu beobachten, wie die Aufgaben wie von Zauberhand bewegt, von links aus dem ToDo-Feld nach rechts zu Done wanderten. Die Idee, dass jeder freiwillig genau die Sache in die Hand nähme, die er auch erledigen wollte, hatte dazu geführt, dass keiner sich anstrengen musste oder das Gefühl hatte, eine besonders unangenehme Aufgabe erfüllen zu müssen.

Diese morgendlichen Treffen wollte Heiner wiederhaben: „Ich werde ein neues Projekt finden, mit dem ich die anderen anstecken kann." Heiner war mit sich zufrieden … und mittlerweile einige Kilometer zu weit gefahren. Lächelnd drehte er um und fuhr Richtung Heimat.

3.7 Durchbruch in Freiheit – Vertrauensvorschuss lässt Verantwortung ergreifen

Unternehmen sind Orte, wo Vertrauen die gemeinsame Währung ist. Es wird angenommen, dass jeder gerne gute Arbeit leisten möchte. Die Führung kann so Verantwortung und Kontrolle abgeben und Selbstverantwortung und Kompetenzerweiterung stärken.

Nützliche Perspektiven	• Wie handle ich jenseits von richtig und falsch? • Ich lasse los und es gelingt. • Transparenz und Vertrauen kommen vor Kontrolle. • Innere Stimmigkeit und Intuition leiten – Expertenwissen dient. • Bei den besten Leitern erleben die Beteiligten: Wir haben es selbst gemacht.
Empfohlene Tools	• Menschen gewinnen • World Café
Beispielunternehmen	Gutmann Aluminium Draht GmbH

Ein freundschaftliches Treffen mit überraschenden Konsequenzen

Max freute sich auf den gemeinsamen Abend mit seiner Frau. Sie hatten sich beim neuen Inder verabredet und wollten in Ruhe zusammen eine gemütliche Zeit verbringen. Als sie dort eintrafen, stolperten sie über unseren Wertschätzer samt Frau der offensichtlich ähnliche Pläne hatte. Die beiden Damen waren sich sofort einig und setzten sich gemeinsam an einen Tisch. „Ok", die beiden schauten sich an und lächelten. „Aber wir sprechen heute Abend nicht über die Arbeit." „Alles klar", erwiderte Max. Doch schon beim Warten auf die Bestellung konnten sich die beiden der neugierigen Fragen Ihrer Frauen, die sich gegenseitig etwas anstachelten, kaum erwehren.

„Bei euch passiert etwas, wir merken das", sagten sie übereinstimmend. „Früher seid ihr froh gewesen, wenn ihr nach Hause kommen durftet. Heute könnt ihr es kaum erwarten, bis das Wochenende vorbei ist, um wieder zur Arbeit zu gehen. Warum ist euer Job plötzlich so attraktiv?" So kamen die beiden Männer nicht umhin, aus dem Nähkästchen zu plaudern. Sie berichteten von den neuesten Überlegungen, über klassische Führung von oben hin zu Verantwortlichkeiten auf Augenhöhe – jedenfalls in ihrem eigenen Team.

Nachdem deutlich wurde, dass sich die beiden Damen offensichtlich etwas vernachlässigt fühlten, ließ die Frau unseres Wertschätzers nicht mehr locker. „Das ist unsere Chance! Du wolltest doch schon immer mit mir den Jakobsweg gehen. Klinke dich doch einfach für ein Vierteljahr aus und lass uns das tun, solange unsere Knochen das auch noch bewältigen können." Nach zwei Gläsern Wein wurde die Zunge von Max lockerer: „Ja Chef, ich glaube, deine Frau hat da eine gute Idee ausgesprochen. Wenn du uns alleine lassen kannst, dann wäre das ein echter Beweis, dass du das vielgepriesene Loslassen auch wirklich schaffst. Gleichzeitig hätten wir dann genügend Zeit etwas Neues auszuprobieren, ohne dass wir uns ständig nach oben rechtfertigen müssen. Wir könnten dann locker sagen: „Wir sind die augenblickliche Vertretung." Wenn du zurückkommst, dann schau'n wir uns das Ergebnis in Ruhe an und wir überlegen die nächsten guten Schritte."

Führung wird in naher Zukunft ein neues Selbstverständnis bekommen. Wenn ein Team eine außergewöhnliche Leistung bringt, können wir als Coaches, Berater und Trainer häufig beobachten, dass die zuständigen Führungspersonen ihre Chefallüren abgelegt haben. Sie lassen Verantwortung und Anerkennung bevorzugt da, wo sie hingehört, beim Fachmann oder der Fachfrau bzw. bei den Vernetzungsstellen, die in die entsprechenden Verantwortungsbereiche involviert sind. Denn wieso sollte jemand, nur weil er in der Hierarchie weiter oben sitzt, mehr Ahnung von einer Sache haben als diejenigen, die sich Tag für Tag damit beschäftigen? Es gilt vielmehr, der Weitsichtigkeit der Beteiligten zu vertrauen und ihnen die Selbstverantwortung für ihre Entscheidungen zurückzugeben.

3.7.1 Vertrauensvorschuss lässt Verantwortung ergreifen

Die Freiheit kommt.
Sie lacht der Angst ins Gesicht und nimmt sie auf den Arm,
hält die Maschinerie des Weiterhetzens an,
indem sie ihr einfach den Stecker zieht
und macht heimlich Luftsprünge, kaum ist sie aus der Tür.

Vorher aber schaut sie dich an und sagt dir: Ich vertraue dir!
Und plötzlich ist alles anders:
Ich darf.
Ich muss nicht.
Ich möchte.

Plötzlich ist es möglich, was ich im tiefsten Innern immer geahnt habe:
Dass ich dieses Leben möchte, es leben möchte,
es genießen und erfahren möchte,
statt mich schreiend an den Haaren hindurchschleifen zu lassen
... oder lamentierend oder boykottierend ...

Es ist Mein Leben. Es ist wertvoll. Ich will es.

Ich gehe meinen Weg, kraftvoll und leuchtend.
Ich bin klar von innen und unbestechlich.

Für wen halten wir andere? Glauben wir, dass diese kompetent, zuverlässig und engagiert genug sind, die Herausforderungen einer schwierigen Situation zu meistern oder sind wir uns sicher, dass die Sachen schief gehen werden und die Beteiligten mit Unfähigkeit glänzen? Egal welchen Standpunkt wir einnehmen, wir werden mit hoher Wahrscheinlichkeit Recht behalten.

Als Coaches und Berater haben wir herausgefunden: Unser Vertrauen in Menschen ist ein Schlüssel. Obwohl es etwas nicht Greif- oder Messbares ist, spürt das Gegenüber sofort, ob Vertrauen da ist oder auch nicht. Und das sogar, ohne dass darüber gesprochen wird. Kommt dieses Vertrauen authentisch beim anderen an und wird erlebbar, dann öffnet es Türen und macht die Menschen groß. Es ist, als ob Personen, die sich vielleicht selbst wenig zutrauen, durch das Vertrauen eines geschätzten Gegenübers endlich auch glauben können, dass sie zu mehr fähig sind.

Wenn wir Menschen begleiten, ob als Führungskraft, als Coach oder einfach als Freund oder Kollegin, dann macht es den entscheidenden Unterschied, wie stark wir schon in dieser Vertrauensqualität stehen. Unsere Herausforderung und gleichzeitige Ermutigung ist: So, wie wir den Wechsel vom Gelben Fehlersuchblick zum Grünen Entspannungsmodus nicht per Knopfdruck herstellen können, so ist es auch mit dem Vertrauen. Es kann nicht einfach produziert werden. Auch die Augen schließen, nicht hinschauen und sich in blindem Vertrauen üben, hilft nicht. Die dahinter versteckte Angst wirkt trotzdem. Und es ist gleichzeitig eine Ermutigung, denn echtes Vertrauen legt nicht den Fokus darauf, ob andere richtig sind.

Wie lerne ich nun echtes Vertrauen? Dazu empfiehlt es sich, folgende Fragen zu stellen:

- Was benötige ich dazu, um vertrauen zu können?
- Welche Rahmenbedingungen könnte ich ändern, damit mir Vertrauen leicht fällt?

Die Fragen mögen ungewöhnlich sein. Sie haben jedoch einen großen Vorteil: Sie geben bei Beantwortung mehr Handlungsfreiheit.

Paul Habbel wird uns durch dieses Kapitel begleiten. Seit dem Sommer 2015 durften wir Autoren ihm immer wieder in verschiedenen Kontexten begegnen. Er hat als angestellter Geschäftsführer der Gutmann Aluminium Draht einen großen Schritt des Vertrauens gemacht. Im Mai 2015 hatten er und seine ca. 100 Mitarbeiter beschlossen, alle Führungspositionen loszulassen. Wer ihm genau zuhört, erfährt, dass dies keine unüberlegte und unvorbereitete Handlung gewesen war. Die wichtigste Veränderung war einige Jahre vorher bei ihm selbst passiert. Auf einem Open Space (siehe auch Kapitel 5.4.) mit seinen Leuten erkannte er, dass ihn alle sehr genau beobachteten. Er hatte sich bei einem leidenschaftlichen Thema dabei erwischt, wie er seine gewohnten Führungskompetenzen angewendet hatte. Die Frage der Anwesenden stand plötzlich fühlbar im Raum: Predigt er Vertrauen und Loslassen und kann selber auch aus der Rolle des Besserwissers und Entscheiders aussteigen, sich auf echter Augenhöhe bewegen, oder nicht? Er beschreibt diesen Schritt wie ein inneres Ringen, aus dem er zunächst ausbrechen musste, aus diesem Open Space Workshop, um für sich selbst diese Frage zu klären. Als er alleine war, spürte er das weitreichende Ausmaß seiner Entscheidung: Sollte er wegbleiben und damit diese Frage offen lassen? Oder sollte er in den Kreis zurückkehren und durch sein Verhalten deutlich machen: Ich vertraue euch?

Er ließ die letzten Jahre Revue passieren. Dachte an Glanzleistungen, Pionierarbeiten in der Erfüllung von ISO-Normen, an kontinuierliche Verbesserungsprogramme, das Sprechen in Kreisen – auch mit den Kollegen am Band –, an offene Meetings, bei denen immer jemand aus der Produktion an den Chefsitzungen teilnehmen durfte und an die „World Cafés", durch die sie bei unklaren Themen das Know-how der gesamten Belegschaft nutzen konnten. Es war ein langer Weg. Waren seine Leute jetzt reif? War er reif für diesen Vertrauensschritt?

Er spürte in sich ein deutliches Ja und seine Wahl war getroffen. Mit dieser Klarheit kehrte er in den Workshop zurück und war von da an ein anderer!

3.7.2 Wie handle ich jenseits von richtig und falsch?

Wir wollten es schon immer richtig machen.
Was, wenn es darum gar nicht geht?

„Das hast du gut gemacht" oder „Das war aber nicht richtig". Wie sehr begleiten uns diese Sätze durch unsere Kindheit, Jugend und bis ins hohe Alter hinein. In der Gelben Kultur von Besserwerden und Bessermachen leben wir in diesem Raum wie ein Fisch im Wasser. Würden wir ihn fragen: „Was ist Wasser?" würde er antworten: „Wasser? Was ist das?"

Erst, wenn wir ihn aus dem Wasser herausheben, würde er bemerken, dass es noch eine andere Realität gibt und erstaunt ausrufen: „Ah, das ist Wasser!"

Falsch und Richtig als die ständig bestimmende Triebfeder unseres Gelben Handelns zu identifizieren, gleicht einer Befreiung. Wir spüren plötzlich die Manipulationskraft darin. Der ständige Treiber, der uns scheinbar sachlich darüber informiert, dass wir noch nicht gut genug, noch nicht richtig sind, besser werden müssen, uns anstrengen, einbringen, helfen müssen und der uns manchmal belohnt, wenn etwas wirklich gut gelaufen ist und uns eine kurze Entspannung gönnt. Dahinter liegt ein innerer Stress, der uns täglich begleitet und die Hoffnung aufrechterhält. Irgendwann, wenn wir:

- den Schulabschluss geschafft haben,

- den richtigen Job gefunden haben,
- Anerkennung bei der Arbeit erhalten,
- die richtige Position besetzen,
- einen guten Partner gefunden haben,
- ein Haus gebaut haben,
- Kinder bekommen konnten oder sie endlich aus dem Haus sind,
- Enkel im Leben haben,
- genügend Geld gespart haben,
- den verdienten Ruhestand erreicht haben,
- im Alter gesund und fit bleiben,

dann haben wir unser Ziel erreicht. Endlich haben wir alles richtig gemacht! Doch die leise Ahnung steigt in uns auf, dass es nicht um das Erreichen eines äußeren Zieles gehen könnte.

Menschen die viel auf Reisen gehen, sind häufig beeindruckt von Begegnungen mit der Bevölkerung in anderen Ländern. Die Einwohner dort strahlen oft Herzlichkeit aus und erwecken den Eindruck, dass sie trotz vielleicht ärmlicher Verhältnisse zufrieden, ja sogar glücklich sind. Wer immer an der Schwelle von Gelb zu Grün steht, kommt an der Realität nicht vorbei, dass Glück und Zufriedenheit nicht von äußeren Dingen, Positionen, Geld oder Beziehungen abhängen, sondern von innen, aus uns selbst heraus kommen. Die wahre Freiheit finden wir, wenn es uns gelingt, aus der Abhängigkeit unserer Bewertungen von falsch und richtig herauszutreten, um uns endlich auf das Leben einzulassen. Es ist dieser transformative Schritt vom Tun zum Sein, der in uns passiert.

Die meisten von uns kennen diese Qualität, in der wir eine Freiheit wahrnehmen. Wir sind gelöst, entspannt, mit dem Leben zufrieden. Wir spüren eine Verbundenheit in uns selbst, und gleichzeitig erleben wir uns in einem Kontext, der uns erfüllt. Damit ist nicht gemeint, dass wir im Leben keine Herausforderungen mehr haben, im Gegenteil. Aber etwas Entscheidendes passiert, je mehr wir diese Grüne Qualität des Loslassens im Leben entdecken, desto sicherer führen die scheinbar problematischen Themen zu einem guten Ende, mindestens aber zu einem wertvollen Wachstumsschritt und zur inneren Reife. Nach und nach erleben wir uns plötzlich in einem Projekt, das gut läuft, in einer Partnerschaft, in der wir uns wohl fühlen oder in einem beruflichen Kontext, der uns belebt.

Wir spüren den Hauch von Freiheit in unserem Leben, der uns freilässt, der uns wagemutig macht, der uns belebt und keine fertige Antwort auf die Frage braucht: Wie handle ich jenseits von richtig und falsch? Das Leben ist offen und wir sind frei zu wählen.

Dieser Freiheit ist auch Paul Habbel gefolgt. Er hatte alles erreicht, was er sich in seinem Leben gewünscht hatte. Eine gute Partnerschaft, Kinder, beruflichen Erfolg, Anerkennung von seinen Mitarbeitern und in der Region. Gutmann Aluminium Draht hatte sich unter seiner Führung in den letzten 15 Jahren gut entwickelt. Sie waren ein angesehenes Unternehmen in der Region geworden, engagierten sich für junge Menschen und deren berufliche Perspektiven und vieles mehr. Sie hatten alles richtig gemacht! Der Neubau in 2014, ein 20 Millionen Euro-Projekt, war ein angemessenes Zeichen dafür. Die Gesellschafter vertrauten ihm, ebenso die Mitarbeiter und Banken. Alles war gut, zumindest äußerlich.

Doch eine Sache ließ ihn nicht los. Der Film „Mein wunderbarer Arbeitsplatz"[62] hatte es ihm angetan. Dort wurden die Erfolge von „befreiten Unternehmen" vorgestellt – verschiedene Firmen, die den Sprung gewagt hatten, sich vom Modell einer hierarchischen Führung zu trennen und alle Leitungspositionen aufzugeben. Was ihn dabei besonders ansprach, war nicht der noch größere Ertrag dieser Unternehmen, sondern die Art und Weise, wie die Menschen in diesen Firmen arbeiteten bzw. lebten.

- Wenn sich die Grenzen zwischen Arbeits- und Privatleben für die Menschen auflösen würden, weil es keine Qualitätsunterschiede mehr gäbe,
- wenn Lebendigkeit, Lachen, Weinen, Offenheit und Miteinander in einer Form da sein dürften, die man sonst nur in einem guten Freundeskreis erlebt,
- wenn die Art, wie die Beteiligten ihre alltäglichen Herausforderungen meistern, zum Persönlichkeitswachstum aller führen würde,
- wenn diese Ereignisse ein Vorbild und eine Ermutigung für viele Menschen wären,

dann würde es sich lohnen, den nächsten Schritt zu tun. Im Buch „Reinventing Organizations"[63] hatte er erfahren, dass auch ein metallverarbeitendes Unternehmen, Favi, diesen Schritt erfolgreich gegangen war. Je länger er das auf sich wirken ließ, umso klarer wurde er. Für dieses Wagnis war er bereit, alles aufs Spiel zu setzen, seine berufliche Position, seinen guten Namen und seine bisher erreichten Erfolge.

3.7.3 Ich lasse los und es gelingt

Wenn wir, wie Paul Habbel, etwas Großes vorhaben, dann ist das nichts, was wir alleine tun können. Wir benötigen andere dazu. Was nützt das beste Produkt, die tollste Dienstleistung, wenn keiner sie haben möchte. Die Erfahrungen, die gute Verkäufer machen, ist immer die gleiche. Wer mit Druck und Überzeugung auftritt, erntet Widerstand und Zweifel, ob das denn alles wirklich so ist wie angepriesen. Die Zeiten sind vorbei, in denen große Versprechungen über tollen Nutzen noch glaubwürdig sind. Kunden lieben Freiheit, Lockerheit und Austausch auf Augenhöhe. Nur die Verkäufer, die diese Qualitäten in ihrer Persönlichkeit verinnerlicht haben, machen langfristig und nachhaltig gute Geschäfte.

Verkaufen ist ein strapaziertes Wort, das bei vielen Menschen unangenehme Gefühle erzeugt[64]. Schon allein daran erkennen Sie, wie sensibel all die Themen sind: ob jemand etwas von Ihnen möchte oder Sie ein Anliegen an andere haben. Immer dann, wenn Sie auf Hilfe anderer angewiesen sind, kommen Sie nicht umhin, diese in irgendeiner Weise zum Mitmachen zu bewegen. Hier z. B. sind jetzt Sie in der unbeliebten Rolle des Verkäufers, ob Sie das wollen oder nicht.

Falls Sie immer noch nicht genau wissen, wovon wir hier sprechen, hier einige alltägliche Ereignisse, bei denen Sie etwas „verkaufen":

---

62 Leider steht dieser großartige Film aktuell nicht mehr zur Verfügung. Auf YouTube gibt es kleine Ausschnitte davon: https://www.youtube.com/watch?v=-z436fjRh5Y, abgerufen am 16.11.2016.

63 Von Frederic Laloux, siehe die Literaturübersicht am Ende des Buches.

64 Ein Zitat von Earl Taylor macht das deutlich: „Nobody likes to be sold but everybody likes to buy." (Keiner mag was verkauft bekommen, doch jeder mag kaufen.)

- Essen wir in der Familie gemeinsam?
- Übernehmen Ihre Kinder morgens selbstverantwortlich die Zeitplanung?
- Macht Ihr Mitarbeiter, Ihr Kollege, Ihr Chef Ihr Anliegen zu seiner Sache oder ist es nur ein lästiges Anhängsel, das sie oder er Ihnen zuliebe auch noch erledigt?

Es gibt einen kleinen, aber signifikanten Unterschied, aus welcher Haltung heraus wir andere mit im Boot haben wollen: Möchten wir von unserer Meinung bzw. unserem Vorhaben überzeugen oder sind wir an einem Austausch interessiert, indem wir gemeinsam herausfinden, was ein passender Schritt sein könnte?

Überzeugen wir jemanden oder gewinnen wir gemeinsam eine Inspiration für etwas? Jeder Überzeugungsfeldzug hat wenig Sensibilität für die wirklichen Bedürfnisse der Gegenüber. Er versucht, mittels Argumenten und gut aufgebauter Schlussfolgerungen zu einem gewünschten Ergebnis zu drängen. Doch die Halbwertzeit solcher Vorgänge ist gering, denn unser Gehirn ist schnell darin, kurze Zeit später einen neuen Grund für das Anzweifeln der gerade erfolgreichen Überzeugungsarbeit zu liefern. Insbesondere dann, wenn wir in uns einen leichten Widerstand spüren, den wir nicht in Worte fassen können.

Ganz anders beim Finden einer gemeinsamen Inspiration, einer Begeisterung für etwas, das uns anspricht. Für das gemeinsame Gewinnen ist es hilfreich, seine Idealvorstellung oder die unbedingt zu erreichenden Ergebnisse loszulassen. Es ist nur ein kleiner Schalter von Gelb nach Grün. Wenn Sie dauerhaft gute Resultate wollen, kommen Sie nicht daran vorbei, ihn umzulegen!

Der große Vorteil dieser „Schaltkompetenz" ist der neue Denk- und Handlungsraum, der sich dadurch auftut, dass jetzt eine gemeinsame Kraft für die gewünschte Zukunft brennt. Wie in einem Orchester sind viele Instrumente nicht nur einfach die logische Aneinanderreihung von Tönen, oder bei einem Gemälde das Zusammenfügen von Farben. Es entsteht etwas völlig Neues, ein Klang-Kunstwerk, eine Farbkomposition Ihrer gemeinsamen Ausrichtung.

Toolbar: Menschen gewinnen

Wenn wir Menschen für etwas gewinnen wollen, dann hat sich folgendes Vorgehen bewährt:

1. Es gilt zunächst für sich selbst zu klären, ob man innerlich frei ist und jede Entscheidung des oder der anderen akzeptieren kann.
2. Als zweites ist wichtig zu prüfen, ob eine Offenheit für eine Veränderung der eigenen Sichtweise vorhanden ist? Wenn man sich gemeinsam auf den weiteren Weg macht, benötigt es einen Raum, in dem man gemeinsam der Stimmigkeit folgen kann, statt den eigenen Vorstellungen.
3. Bevor wir mit jemandem in ein tieferes Gespräch einsteigen, ist es hilfreich, einen sicheren Raum zu schaffen. Dieser hat gute Rahmenbedingungen, wenn er von gegenseitigem Vertrauen geprägt ist und sich die Beteiligten darin entspannen können. Eine gute Frage, um diese Qualität herzustellen, ist z. B.: Warum sind Sie hier? Was wünschen Sie sich von unserem Gespräch? Was sind mögliche Hoffnungen oder Befürchtungen? In einer offenen Aussprache können hier auch Dinge oder Themen aus der Vergangenheit ausgeräumt werden, die einem möglichen Miteinander noch im Wege stehen.

4. Nun gilt es, das Anliegen zu beschreiben und dabei ein Bild einer möglichen Zukunft zu erzeugen. Wichtig ist zu begründen, was die eigene Inspiration dabei ist. Nach der Devise „wenn Du ein Schiff bauen willst, wecke die Sehnsucht nach dem Meer!"
5. Jetzt kommt der wichtigste Schritt, bei dem wir das Gespräch erweitern. Dies geschieht durch eine Untersuchung, ob es bei dem Anderen eine Resonanz bei diesem Thema, beispielsweise ein ähnliches Anliegen, gibt. Wo springt der Funke über? Wir könnten gemeinsam erforschen, ob in dieser Thematik etwas enthalten ist, was für den anderen attraktiv ist. Häufig sind das persönliche nächste Wachstumsschritte.
6. Für eine Entscheidung ist es hilfreich, zu prüfen, ob die Anziehungskraft für diesen Schritt so groß ist, dass die Zeit für ein gemeinsames Handeln reif ist. Gegebenenfalls kann die gewünschte Zukunft in Bezug auf die Wünsche des Anderen angepasst oder erweitert werden.
7. Zum Abschluss erzeugt es einen Wert, wenn wir uns für das Einlassen auf dieses Gespräch bedanken, unabhängig davon, ob das Ergebnis den gewünschten Erfolg hatte oder nicht.

Schauen wir uns an, wie Paul Habbel seine Mitarbeiter zum Verlassen der Hierarchien gewinnen konnte.

In einem ersten Schritt lud er seinen engsten Führungskreis von fünf Personen und den Betriebsratsvorsitzenden zu einem gemeinsamen Samstagvormittag ein. Als alle versammelt waren, beschrieb er seinen persönlichen Weg und warum für ihn das Thema so wichtig war. Anschließend führte er den Film „Mein wunderbarer Arbeitsplatz" vor und lud zu einem Austausch darüber ein. Am Nachmittag waren sich alle einig, dieses Wagnis wollten sie eingehen. Als ersten Schritt dafür vereinbarten sie gemeinsam eine Wiederholung der Veranstaltung, bei der sie die erweiterte Führung von ca. 15 Personen, bestehend aus Schicht- und Teamleitern der Produktion einbeziehen wollten. Am Ende dieser zweiten Veranstaltung hatten sie das gleiche Ergebnis – jeder war dabei.

In einem dritten Schritt luden sie anlässlich einer Feier die ganze Belegschaft in das auf dem Betriebsgelände stehende Festzelt ein. Wie inzwischen bei Gutmann Aluminium Draht üblich, versammelte man sich in einem großen Stuhlkreis. Auch dort wurden nach einer anfänglichen Einführung Teile aus dem obigen Film gezeigt. Diese öffneten den Raum für Fragen und weitere Informationen. Am Ende der Veranstaltung stellte sich Paul Habbel in die Mitte des Kreises und sagte: „Ich stehe hier. Wer den Weg mit mir gehen möchte, stehe bitte auf und stelle sich zu mir in den Kreis."

Nach und nach begaben sich alle 100 Anwesenden in die Mitte. Jeder wollte dabei sein!

Eine Bestätigung der Qualität dieser Entscheidung ist die Tatsache, dass heute, etwa eineinhalb Jahre nach diesem besonderen Moment, noch immer alle dieser Mitarbeiter im Unternehmen beschäftigt sind. Keiner hat aufgrund der wirklich nicht einfachen Prozesse in der darauffolgenden Zeit das Handtuch geworfen. Eine großartige Leistung!

3.7.4 Transparenz und Vertrauen kommen vor Kontrolle

Stellen Sie sich vor, Sie sind an einem Turnier beteiligt und das Spielergebnis der anderen Mannschaften bzw. der eigene Rang wird Ihnen vorenthalten. Ihr Trainer wird zwar noch in das ein oder andere Detail eingeweiht, hat aber die Vorgabe, den konkreten Tabellenstand nicht weiter zu geben. Sie erfahren lediglich bei der Vorbereitung auf das nächste Spiel, ob es jetzt wichtig ist, zu gewinnen oder nicht. Sie sind sich jedoch nicht so ganz sicher, wie viel Wahrheitsgehalt in der Information liegt, weil es schon vorkam, dass Ihnen beim Verlieren der Ausstieg aus dem Turnier angedroht wurde, es aber dann trotz Niederlage doch nicht dazu kam.

Was bei einem Turnier undenkbar ist, machen wir seit Hunderten von Jahren in unseren Unternehmen. Nur manche haben Zugang zu den wichtigen Informationen – wer was wissen darf, ist genau geregelt. Konkrete Ergebnisse über aktuelle Umsatz- und Gewinnzahlen, welches Projekt beim Kunden welchen Ertrag erwirtschaftet, wie gut oder schlecht ein Unternehmen finanziell dasteht, all das wird meistens nur hinter verschlossenen Türen besprochen. In unseren Gelben Unternehmenskulturen ist es z. B. üblich, dass man nicht darüber sprechen darf, wer wie viel verdient. Es bleibt geheim, wer sich besser verkaufen konnte oder welche Leistung durch das geringe Gehalt als nicht so wesentlich eingestuft wird. Dies offen zu legen, würde im Gelben Denken von „besser werden müssen" zu viel Zündstoff für Konflikte bringen und zeigt uns, dass hier noch viel Potenzial für die Entwicklung zu Grün vorhanden ist.

Wenn keine Transparenz in Bezug auf die direkten Ergebnisse von Kundenprojekten herrscht, dann ist das so, als ob man bei einer Sache keine wirkliche Rückmeldung über die Qualität der eigenen Leistung bekommt. Im Bild des Turniers wäre das ungefähr so, als ob sogar während des Spiels der Spielstand geheim gehalten werden könnte. Wenn die Mitarbeitergemeinschaft nicht selbst an den konkreten Ergebnissen erkennen kann, ob ihre Qualität gepasst hat oder nicht, dann ist ja klar, dass es viele Kontrollen benötigt. Natürlich sind Messdaten wichtig, da sie uns wesentliche Informationen innerhalb des aktuellen Spiels geben. Wir meinen jedoch, dass eine Offenheit in Bezug auf alle Fakten zu noch direkteren Feedbacks führen würde. Liegt eine Mannschaft beispielsweise im Rückstand, dann ist das natürlicherweise ein Ansporn, sich verstärkt zu engagieren. Bei einem Sieg sind die Beteiligten stolz und motiviert, die Position auszubauen. Die davon sehr verschiedene Art und Weise, wie Kontrollmechanismen in Unternehmen häufig durchgeführt werden, unterstellen jedoch, dass die Beteiligten nicht kompetent genug sind, selbst zu erkennen, was es dafür braucht, um das Spiel zu gewinnen.

Dies fängt beispielsweise bei einer Stechuhr oder elektronischen Messung an, damit man auf jeden Fall die eingeforderte Zeit im Unternehmen anwesend ist. Diese heute häufig praktizierte Anwendung mag in einem Wir-Roten System noch angemessen sein, weil dort die gleichen Regeln für alle gelten. Aber schon in Gelb wird klar, dass das Besserwerden nicht davon abhängig ist, wieviel Zeit jemand vor Ort ist.

„Herrenwissen" loszulassen und Transparenz in allen Bereichen zum Standard zu machen, konfrontiert und nährt die Befürchtung, dass dieses Wissen negative Folgen haben könnten. Es könnte zu Neid, Missgunst und vielleicht sogar zu einem schlechten Ruf führen, wenn die Zahlen nicht so gut sind und die Kunden davon erführen. Weiterhin neigen manche Mitarbeiter dazu, ihr Knowhow für sich zu behalten, damit sie unverzichtbar für das Unternehmen bleiben.

Solche alltäglichen Vorkommnisse sind ein deutliches Zeichen dafür, dass die Kultur des Misstrauens stärker ist als die des Miteinanders. Was in der Gelben Realität normal ist, wird in Grün undenkbar. Dort ist man bereit, sich mit der Angst und den Befürchtungen zu konfrontieren oder ihre Daseinsberechtigung zu hinterfragen. Wie beim oben beschriebenen Turnier liegen die für Alle relevanten Informationen auf dem Tisch bzw. können von jedem eingesehen werden. Ist die Mannschaft auf dem Spielfeld, arbeitet sie selbstorganisiert und erzeugt konkret messbare Ergebnisse. Jeder Spielzug verändert die Situation und benötigt den dafür eingesetzten Spieler in seiner speziellen Kompetenz. In den Pausen wird reflektiert und eventuell neu justiert. Bis dahin gilt die volle Eigenverantwortung.

Ein Unternehmensspiel in Grün ist also ein Wagnis, ein Abenteuer. Vertrauensvorschuss heißt das Zauberwort. Wir warten dabei nicht, ob die Beteiligten gut genug sind, so dass wir vertrauen können, sondern wir gehen in Vorleistung. Dies zu tun, ist keine Dummheit oder ein von vornherein verlorenes Spiel, bei dem eine Amateurmannschaft auf Profis trifft. Wesentlich dafür ist, dass Sie mindestens eine wichtige Voraussetzung geschaffen haben. Welche genau das ist, zeigt uns der Sport. Worin besteht der Ansporn einer Mannschaft an einem Turnier teilzunehmen? Wenn die Spieler wissen, dass sie gut sind, dann wollen sie den Pokal gewinnen. Wenn schon solch eine Auszeichnung so eine begeisternde Kraft hat, wie viel mehr wirkt eine klare und attraktive Identität eines Unternehmens? Wenn die Beteiligten davon inspiriert und mit vollem Herzen verbunden sind, dann werden Transparenz und Vertrauen auf guten Boden fallen und dazu befähigen, einen hilfreichen nächsten Spielzug durchzuführen.

Schauen wir uns an, was mit der Gutmann Aluminium Draht GmbH passiert ist, als alle gemeinsam dieses Wagnis eingingen.

Es waren 15 Führungskräfte, die seit der gemeinsamen Entscheidung ihr bisheriges Tätigkeitsfeld losgelassen hatten. Dies geschah nicht von heute auf morgen, aber in den darauffolgenden Wochen dafür sehr konsequent. Doch die Frage war:

- Wer koordiniert jetzt die Aufträge der Kunden?
- Wer teilt die Mitarbeiter ein?
- Wer sorgt dafür, dass jemand eingestellt wird, wenn die Arbeit zu viel wird?

Fragen über Fragen, auf die niemand sofort eine Antwort wusste. War Chaos vorprogrammiert?

Aus einem kurzen Resümee etwa drei Monate später konnten wir folgendes in Erfahrung bringen:

- Die Mehrzahl der ehemaligen Führungskräfte war noch orientierungslos. Diese wurden ermutigt, sich selbst neue Aufgabenfelder zu suchen. Das war für manche leicht, für die meisten eher schwierig. Einer der Betroffenen beschrieb das ungefähr so: „Wenn du siehst, dass es auch ohne dich geht, dann bricht erstmal das eigene Selbstbewusstsein ein. Was ist überhaupt noch meine Daseinsberechtigung? Bei dieser inneren Krise kann dir niemand wirklich helfen. Ich hab das, Gott sei Dank, schnell überwunden und sehe jetzt meine neue Aufgabe. Ich bin mehr zum Coach und Begleiter geworden. Sogar meine Frau sagt, dass ich jetzt zufriedener von der Arbeit komme und man merke, wie ich mich entwickelt hätte."

- Die Teams vor Ort organisierten sich selbst. Das führte natürlicherweise zu mehr Spannungen. Um diese zu lösen, wurden sie ermutigt, jederzeit die Maschinen anzuhalten und sich gemeinsam zu besprechen. Davon wurde reger Gebrauch gemacht. Damit die Sitzungen nicht zu chaotisch wurden oder die Probleme möglichst zeitnah auf den Tisch kamen, hatte das Unternehmen seinen vormals externen Berater angestellt, mit der Aufgabe, einfach da zu sein und immer dort zu unterstützen, wo es aktuell gebraucht wurde.
  Eine Arbeiterin vor Ort drückte das mit ihren Worten wie folgt aus: „Das ist doch der Hammer, nur weil wir uns frei fühlen, geht es uns besser, selbst wenn wir die gleiche Arbeit machen. Uns wurde Vertrauen entgegengebracht, wir sind die Experten, unsere Meinung zählte wirklich. Niemand wurde mehr von oben eingeteilt. Wir haben einfach mehr miteinander geredet und die Arbeit abgesprochen, statt ewige Listen und Arbeitsanweisungen abzuarbeiten und kontrolliert zu werden. Was für ein Unterschied hier drinnen", sie klopfte auf ihr Herz, „draußen war es gar nicht so viel anders und die Arbeit die gleiche. Und das erwartete Chaos blieb komplett aus. Ja, es lief nicht immer alles nach Plan und war schon etwas unkoordinierter als sonst. Aber das zwang uns dazu, kreativer zu werden. Und im Endeffekt waren wir sogar schneller und effektiver."
- Die Zahlen des Unternehmens wurden zweimal im Monat in einer dreißigminütigen Sitzung allen Mitarbeitern präsentiert. Hier war auch Raum dafür, Fragen zu stellen und bestimmte Themen gemeinsam zu vertiefen. Die Messdaten nach diesen ersten drei Monaten waren ermutigend. Trotz der vielen Besprechungen und Herausforderungen, die zu meistern waren, hatten weder die Qualität noch die Quantität der Ergebnisse abgenommen.
- Paul Habbel erzählte ein Ereignis, das den Unterschied zwischen vorher und nachher verdeutlichte. Die Mitarbeiter hatten signalisiert: Wir brauchen Unterstützung an den Maschinen. Es wurde eine Stellenausschreibung verfasst und das Team setzte sich mit den Bewerbern auseinander. Zwei von ihnen ließen sie einen Tag lang zur Probe arbeiten. Danach war die Entscheidung klar. Doch Zweifel kamen auf. In China bahnte sich eine Wirtschaftskrise an und entsprechend begann der Auftragseingang zu schwächeln. Die Beteiligten fragten sich: „Können wir diesen Mann jetzt einstellen und dann müssen wir ihn vielleicht in drei Monaten wieder wegschicken?" Das Team einigte sich darauf, die nächste Zeit abzuwarten, bis klarer wurde, welche Auswirkungen die aktuelle Marktentwicklung mit sich bringen würde.
  Paul Habbel machte deutlich, dass sich die Teams die gleichen Fragen stellten, wie ehemals die Führungskräfte. Nur hätte wie früher die Leitung entschieden zu warten, wäre der Unmut der Maschinenführer die logische Folge gewesen. So erlebten sie statt dessen ein engagiertes Team, das selbst entschieden hatte, den aktuellen Engpass zu bewältigen.

3.7.5 Innere Stimmigkeit und Intuition leiten, Strukturen und Expertenwissen dienen

> „Das Wertvollste im Leben
> ist die Entfaltung der Persönlichkeit
> und ihrer schöpferischen Kräfte."
>
> Albert Einstein[65]

Menschen hören auf ihr Herz, folgen dem Bauchgefühl oder vertrauen ihrer Intuition. Krimis werden für uns besonders dann interessant, wenn die Kom-

[65] http://gutezitate.com/autor/albert-einstein/9, abgerufen am 17.11.2016.

missare einer Ahnung, einer Eingebung oder einem Gespür folgen, auch wenn alle Fakten dagegensprechen. Was ist dieses komische, undefinierbare Etwas, das uns jenseits der Vernunft leitet? Tatsächlich hat unser Verstand nur Zugang zu einem Bruchteil der Informationen, die uns zur Verfügung ständen, wenn wir denn darauf lauschten. Er kann nur eine bestimmte Art von Informationen für unsere Orientierung bieten. Außerdem ist er relativ langsam verglichen mit den Myriaden von Informationen aus dem vegetativ gesteuerten Nervensystem. Augen können Worte schon entziffern, auch wenn sie nur wenige Buchstaben davon gelesen haben, Hände blitzschnell die heiße Herdplatte meiden, ein Herz beim Erblicken einer geliebten Person sofort heftiger schlagen.

Einstein spricht davon, dass wir schöpferische Kräfte in uns tragen. Und hier haben wir es sicher mit einem Experten auf diesem Gebiet zu tun. Der eigenen inneren Stimmigkeit zu folgen, hört sich leichter an als getan. Wie lässt sich Intuition ergreifen? Wie kann es gelingen, sich davon leiten zu lassen und nicht nur die guten Argumente, sondern auch noch geltende Regeln und das Wissen von Fachleuten hinten anzustellen.

In einer Gelben Umgebung müssten wir uns mit guten Beispielen wappnen, um solchen Fragen begegnen zu können und würden vermutlich dennoch kaum Zustimmung erhalten. Dagegen ist eine Verständigung zwischen Menschen, die häufig im Grünen Bereich zu Hause sind, ganz einfach. Dort sind Worte wie „Ich folge meinem Herzen" oder „Ich höre auf meinen Bauch" keine Seltenheit. Einer inneren Stimmigkeit nachzugehen passiert durch die Verbundenheit mit sich selbst. Schon die Worte besagen, wie es geht. Wir gehen mit Aufmerksamkeit nach innen in unseren Körper und spüren in den Bauch- und Herzbereich hinein. Dort finden neuronale Tätigkeiten, also Denkprozesse statt, die wir nicht bewusst, also nicht im Kopf verstehen können. Dennoch sind sie da und zeigen uns auf ihre Art, was sie meinen. Der in dieser Wahrnehmung Geübte spürt sofort, ob etwas passt oder nicht und in welchem Grad noch eine Dissonanz vorhanden ist. Für diese Form des Kontakts mit sich selbst benötigt es innere Ruhe und Ausgeglichenheit. Denn Gelber Stress mit Fehlersuchblick oder Rote Ampelzustände blockieren die Fähigkeit der Selbstwahrnehmung. Wenn wir uns manchmal schon in Grün wähnen, aber noch im Gelben Widerstand sind, führt uns die dann nur vermutete Intuition allerdings auch trotz Erfahrung in die Irre. Dies passiert vor allem dann, wenn wir mit etwas schon lange umgehen müssen und die eigene Anspannung, weil sie schon so vertraut geworden ist, kaum noch wahrnehmen können, wir sozusagen betriebsblind geworden sind.

Jede innere Stimmigkeit kann daran geprüft werden, ob wir eine Übereinstimmung mit anderen in Grün starken Persönlichkeiten erleben. In solch einer Gruppe können wir sogar dann zu guten Ergebnissen kommen, wenn wir selbst gerade irritiert sind oder einzelne andere nicht so geübt darin sind, in Kontakt mit sich selbst zu kommen. Besonders wertvoll ist, wenn wir Räume gestalten, innerhalb derer eine Art gemeinsames Spüren zu wichtigen Fragen stattfindet. Für neun und mehr Menschen gibt es dazu eine wunderbare Methode, die sich „World Café" nennt.

Methode: World Café

Diese Methode ist dafür geeignet, zu einer bestimmten Frage oder Themenstellung auf eine einfache, lebendige und vertrauensfördernde Weise zu neuen Einsichten und kreativen Impulsen zu kommen und sich trotz vieler Beteiligter immer in einer angenehm überschaubaren Kleingruppe zu befinden. Sie erzeugt in kurzer Zeit einen grünen Raum der Entspannung.

Teilnehmerzahl: 9 bis 150. Sie benötigen dazu Tische mit drei bis acht Sitzplätzen. Die Tischdecke ist aus Papier, das während der Durchführung beschrieben wird. Dazu sind an jedem Platz entsprechende Stifte vorhanden. Es können Getränke oder Knabbereien zur Verfügung gestellt werden. Alle Anwesenden setzen sich in diese Art von Café-Atmosphäre und jeder Tisch bestimmt einen Gastgeber, der die Aufgabe hat, die Arbeitsergebnisse der Gruppe einzusammeln. Je nach Zeitrahmen arbeiten die Teams zwischen 10 und 45 Minuten am Thema. Nach dieser Zeit stehen die Teilnehmer auf und verteilen sich an den anderen Tischen. Der sitzengebliebene Gastgeber informiert die neue Gruppe über den aktuellen Stand des Gesprächs. Dann bestimmt die Gruppe einen neuen Informationsträger für die nächste Runde und das Ganze wiederholt sich. Nach dem dritten Mal werden die Ergebnisse aller Tische – meist anhand der Tischdecken – gesichtet und in der großen Gruppe gemeinsam das Wesentlichste herauskristallisiert.

Eine wunderbare Beschreibung der Entstehung dieses Ansatzes und weitere Arbeitsmaterialien finden Sie in Kapitel 5.6.

Natürlich gelten für das Finden von Stimmigkeit für sich selbst, in Zweiergesprächen oder Gruppen auch alle Hinweise, die wir schon im Kapitel 3.2 (Durchbruch in Stille) dargestellt haben. Ein besonderes Erlebnis hatten wir im Mai 2016 bei der Gutmann Aluminium Draht GmbH, wo wir als Gast bei einem der Findungsprozesse zu einer ungelösten Thematik teilnehmen durften.

Das Thema hieß Qualitätskontrolle. In nur zwei Monaten sollte ein langjähriger Mitarbeiter in den Ruhestand gehen. Dieser genoss allseits ein hohes Ansehen und hatte ein außergewöhnliches Maß an Erfahrung und Wissen. Als ein solcher Fachmann konnte er nicht so ohne weiteres ersetzt werden. Keiner hatte sich dafür zuständig gefühlt, dieses Thema in die Hand zu nehmen und in der kurzen verbleibenden Zeit war es unmöglich, einen entsprechenden Ersatz zu finden. Außerdem gab es weitere Probleme mit den Qualitätsstandards. An welcher Stelle sollten diese durchgeführt werden und wer sollte die lästige Aufgabe übernehmen, andere auf Fehler hinzuweisen? Wer war so anerkannt, dass er auch ernst genug genommen wurde und wer hatte überhaupt die nötigen fachlichen Voraussetzungen, um diesen Job zu tun? Fragen über Fragen ohne zufriedenstellende Antworten. Etwa zwölf Personen aus Produktion und Vertrieb hatten sich zu diesen Themen zu einem zweistündigen Austausch verabredet. Es wurde im Kreis gesprochen. So wusste jeder, wann er dran war, und hatte dadurch genügend Zeit der eigenen Intuition oder Stimmigkeit nachzuspüren.

Das Problem wurde von allen Seiten beleuchtet, Ideen wurden vorgeschlagen und wieder verworfen. Gegen Ende der zwei Stunden einigte man sich darauf, die detaillierten Themen zu sammeln, sodass zumindest ein Überblick über die zu lösende Herausforderung sichtbar werden konnte. Scheinbar ohne wirkliche Lösung ging jeder der Beteiligten wieder an seine Arbeit.

Durch die Fragen war im Raum jedoch ein gutes Klima entstanden; eine Zuversicht, die Angelegenheit meistern zu können, war spürbar. Eines war plötzlich deutlich geworden, ohne dass es abgestimmt oder beschlossen werden brauchte: Die gemeinsame Intuition hatte erlebbar werden lassen, dass in Zukunft nicht mehr ein oder zwei Personen für die komplexen Aufgaben des scheidenden Kollegen zuständig sein sollten. Man wollte sich von der Idee eines Nachfolgers verabschieden.

Als wir einige Zeit später wieder zu einem Besuch im Unternehmen waren, hatte sich die Lage inzwischen entspannt. Die vielen durchzuführenden Details hatte man inzwischen in eine Dokumentation gebracht und auf viele Schultern verteilt. Durch eine Verschriftlichung sollte eine neue Flexibilität erreicht werden. Zwar klappte noch nicht alles reibungslos, aber die Richtung des Weges war klar. Das Wichtigste war, dass die Gruppe ihre eigene Lösung gefunden hatte.

Dass sich solche intensiven und scheinbar langsamen Bewegungen für das ganze Unternehmen rechnen, machte Paul Habbel am gleichen Termin an drei Kennzahlen deutlich.

- Die Effizienz des gesamten Unternehmens hatte sich in den eineinhalb Jahren um zehn Prozent gesteigert.
- Die Abwesenheitstage wegen Krankheit reduzierten sich im letzten Jahr von 5,4 Prozent auf 3,2 Prozent.
- Während in den Jahren eine ärztliche Versorgung wegen eines Unfalls durchschnittlich zehnmal pro Jahr nötig wurde, war in den letzten 330 Tagen kein einziger solcher Vorfall zu verzeichnen gewesen.

Eine Frage aus dem Blick der Beobachter bleibt natürlich: Können solche wichtigen Themen wie Qualitätssicherung nicht früher ergriffen und zügiger gelöst werden? Mit Sicherheit. Früher hätte bei Gutmann Aluminium Draht eine Führungskraft schneller gehandelt. Doch ohne Vorgesetzte oder professionelle Hilfe von außen kann es vorkommen, dass niemand Verantwortung für ein wichtiges Thema übernimmt. In solchen Fällen spiegeln spätestens die Messdaten der Ergebnisse eine Aufforderung zum Handeln. So diente dieser Vorgang den Beteiligten als ein wichtiger Erkenntnisprozess. Alle erlebten die Notwendigkeit eines Umdenkens weg von der bis dahin noch vorherrschenden Vorstellung, dass es ohne Chefs, vor allem bei ungeliebten Aufgaben, keine definierten Verantwortlichkeiten mehr brauchte. Nur, wer übernimmt ohne Verantwortlichkeiten die Aufgaben? Wer sorgt für Verlässlichkeit?

Paul Habbel hatte mit seiner Initiative, Führung loszulassen, ein neues Prinzip eingeführt. Alle bisherigen Leiter mussten nun zuschauen, wie Zusammenbrüche, Pannen und Fehler passierten. Sie waren aufgefordert, diese Herausforderungen den Betroffenen zu überlassen und sich dabei mit Angeboten anstelle von Anordnungen einzubringen. All dies führte dazu, dass sich das persönliche und gemeinsame Wachsen weiter entwickelte. Das eigene Erleben lässt lernen, denn den Schulungsweg zur inneren Stimmigkeit kann nur jeder für sich selbst gehen.

3.7.6 Wir haben es selbst gemacht

Ein echter Durchbruch in Freiheit entsteht, wenn wir auch die letzte Hürde der Unfreiheit meistern, nämlich die mit viel Aufwand antrainierte Eigenschaft, sich an Strukturen und Regeln halten zu müssen, loszulassen! Diese Aufforderung klingt herausfordernd. Ein Blick in die Weisheit von Paradoxien am Beispiel der Oxymora hilft uns, dieses offene Geheimnis besser zu verstehen.

„Ein Oxymoron (Plural *Oxymora*; griechisch ὀξύμωρος, aus *oxys* ‚scharf(sinnig)' und *moros* ‚dumm') ist eine rhetorische Figur, bei der eine Formulierung aus zwei gegensätzlichen, einander widersprechenden oder sich gegenseitig ausschließenden Begriffen gebildet wird"[66]. Uns bekannte Oxymora sind:

- ein offenes Geheimnis,
- der alte Knabe,
- weniger ist mehr,
- Eile mit Weile,
- die Lösung ist die Lösung oder
- Ausnahmen bestätigen die Regeln.

Die Beschäftigung mit Gegensätzen kann faszinieren. Sie beinhaltet oft tiefere Wahrheiten als das eindeutig Festgelegte. Schauen wir uns das am Beispiel des Wortes „Regel" an. Eine der wesentlichen Unterschiede zwischen einer Roten, Gelben und Grünen Realität ist der Umgang mit Regeln, Vorschriften und festgelegten Prozessen oder Strukturen. Wie das vorherige Beispiel deutlich gemacht hat, kommt jede Ampelfarbe, bei aller Vorliebe für Freiheit und Eigenständigkeit, zu der Erkenntnis, dass Regeln und Strukturen hilfreich und notwendig sind. Sie erleichtern das Zusammenleben und -arbeiten. Doch jede Regel hat eine Schattenseite, die in Rot oder Gelb zu negativen Auswirkungen führt. Sie kreiert den Regelbrecher. Jede Festlegung, egal welcher Art, schafft Polarität. Ohne Hell kein Dunkel, ohne Warm kein Kalt und ohne Vorgabe niemand, der sich ihr widersetzt.

Während wir also in Rot das Gesetz haben, das bei Nichteinhaltung der Regel mit Strafen oder Bußgeldern reagiert, kommen wir in der Gelben Welt meist mit einem „blauen Auge" davon. Hier wird die Leistung zwar vor die Regel gestellt, aber das muss bewiesen werden. Solange die überzeugenden Fakten nicht auf der Hand liegen, wird der Regelbrecher zumindest mit sozialer Verachtung oder Ausgrenzung sanktioniert oder ihm werden die Boni gestrichen.

Ganz anders in einer Grünen Umgebung. Hier sprechen wir von offenen Regeln. Gemeint ist damit, dass jede Struktur, Vorgabe oder Regel genau dem Stand entspricht, welcher der Gemeinschaft aktuell bestmöglich war. Es wird anerkannt, dass es zu keiner Zeit das Vollendete, immer Gültige, gibt. Vielmehr wird in Erwägung gezogen, dass Ausnahmen keine Regeln in Frage stellen müssen, aber sie dürfen es. Konkret heißt es, dass in einer Grünen Welt sich niemand zu keiner Zeit an eine Regel halten muss. Regeln in Grün haben die Aufgabe zu dienen, nicht zu dominieren.

Damit ist natürlich nicht gemeint, dass die gesetzlichen Auflagen nicht eingehalten werden! Eine Grüne Welt achtet und respektiert die offensichtlich noch notwendigen Roten Anteile, die unserer Gesellschaft Halt und Sicherheit geben.

Damit ist auch nicht gemeint, das Regeln schlecht sind. Im Gegenteil. Jede sinnvolle Vorgabe entlastet und macht den Kopf für das Wesentliche frei. Grüne Systeme können, je nach Betätigungsfeld, vielschichtige und feine Strukturen entwickeln und bis ins Detail ausgearbeitete Vorgaben erarbeiten. Wenn sich

---

[66] https://de.wikipedia.org/wiki/Oxymoron, abgerufen am 16.11.2016.

das Gefühl der Einschränkung und damit der Widerstand gegen solche Regelwerke aufgelöst hat, dann ist es doch ausgesprochen hilfreich, diese zu nutzen und einfach zu tun, was zu tun ist, wohl wissend, dass man sie selbst kreiert hat und auch wieder ändern kann.

Die Freiheit des Einzelnen geht vor Regeln Einhalten: Ob eine gewünschte Person an einem wichtigen Meeting teilnimmt, die gerade mühsam ausgetüftelten Zeitpläne exakt eingehalten werden oder ob jemand eine Investition durchführt, die außerhalb des Rahmens liegt, der für ihn vorgegeben wurde: Anders als in Gelb oder Rot gehen die Beteiligten selbstverständlich davon aus, dass derjenige, der sich nicht an die Regel oder Vorgabe hält, einen guten Grund für sein Tun hat und deshalb verantwortlich handelt. Wer damit eine Spannung hat, bringt diese an geeigneter Stelle ein. Wie soll eine Organisation sich weiterentwickeln, wenn das Ausbrechen aus dem Üblichen verpönt ist? In Grün ist individuelle Handlungsinitiative nicht nur erlaubt, sondern sogar erwünscht.

Wenn also etwas Neues auftaucht, eine Idee, der Wunsch etwas anders und noch besser zu machen, dann ist es einfach beglückend, dieser Spur nachzugehen und sich der wohlwollenden Blicke der anderen sicher sein zu dürfen. Ein Beispiel dafür ist der „Advice Process“[67], bei dem die von der Aktion Betroffenen gemeinsam mit Experten zu guten Lösungen kommen. Andere Beispiele sind Holacracy und Soziokratie, wo sogenannte „Spannungen“ [68] unterschieden und spezifisch, nach verschiedenen Formaten moderiert, gelöst werden. Hier bekommen individuelle Aktionen Unterstützung und gleichzeitig wird das Ganze im Blick behalten. Das bringt echte Freiheit und enorme Innovationskraft.

Damit spiegelt die Aussage „Wir haben es selbst gemacht“ nicht die kindliche Haltung wider, bei der man endlich etwas allein geschafft oder alles richtig gemacht hat. Sie ist vielmehr die begeisternde Erfahrung, selbst Teil, Mitwirkender und Beitrag von besonderen Ereignissen gewesen zu sein, deren Ergebnisse weit über das Übliche hinausgehen.

„Manchmal haben die in wenigen Minuten getroffenen Entscheidungen tiefgreifende Auswirkungen in unserem Leben, als es uns selbst lieb ist.“ Solche und ähnliche Gedanken durchströmten unseren Wertschätzer, als er fünf Wochen nach besagtem zufälligen Treffen beim Inder mit seiner Frau im Zug Richtung Jakobsweg fuhr.

Alles war sehr schnell gegangen. Die Nachfrage bei der Chefetage war überraschend positiv aufgenommen worden: „Ja, natürlich“, hatte man gesagt, „wir müssen ja sowieso sparen, da kommen uns drei Monate unbezahlter Urlaub entgegen. Außerdem hat Ihre Abteilung ja in den letzten Monaten bewiesen, dass sie etwas drauf hat.“ Mit ermutigenden Worten hatte man ihn schon fast dazu gedrängt, seinen vorsichtigen Vorstoß doch zeitnah in die Tat umzusetzen.

„Was würde auf ihn zukommen? Würde er es so lange mit seiner Frau aushalten? Könnte er auch einige Zeit allein gehen? Und wie würde er dann mit sich selbst zurechtkommen?

[67] Im Kapitel „Decision Making“ auf http://www.wertschaetzer.com/reinventingorganizationswiki, abgerufen am 16.11.2016.

[68] Siehe das Kapitel 5.3 (Konsentorientierte Ansätze).

Würde sein Körper das alles mitmachen?" Er entschloss sich, seinen Gedanken nicht weiter zu folgen, sondern vielmehr die vorbeiziehenden wechselnden Landschaften zu betrachten. Man könnte ja zumindest mal den Augenblick genießen.

In der Abteilung unserer Sieben ging es dagegen hoch her. Dummerweise war ihnen genau beim selben Kunden zweimal ein Fehler unterlaufen. Das hätte auf keinen Fall passieren dürfen. Zu naiv waren sie die Sache angegangen. Niemand hatte sich wirklich damit auseinandergesetzt, welchen Weitblick sie nun einnehmen mussten. Eine wichtige Frist war versäumt worden und das nachgereichte Ergebnis beinhaltete, durch den Stress verursacht, einen echten Denkfehler. Zu sehr war jeder mit seinen eigenen Dingen beschäftigt gewesen. Die Konseqenz war: Dieser wichtige Auftrag wurde vom Kunden zurückgezogen. Die Unternehmensführung war richtig sauer. Deren sofortige Reaktion konnte in einer E-Mail nachgelesen werden: „Wir sind mehr als enttäuscht, wie konnte das passieren? Sie bekommen für die Zeit der Abwesenheit Ihrer Abteilungsleitung eine Vertretung. Am Freitag wird sich diese auf Ihrer Wochenabschlussbesprechung vorstellen."

Alle saßen angespannt auf ihren Plätzen, als um 14:10 Uhr endlich die Tür aufging und ihr neuer Vorgesetzter den Raum betrat. „Wieso sitzen Sie hier im Kreis ohne Schreibmöglichkeit? Das ist doch keine Arbeitsatmosphäre", sprach er und blickte alle auffordernd an, während er sich an die nebenstehende Tischgruppe setzte.

„Also", begann er das Gespräch, nachdem sich alle widerwillig zu ihm gesetzt hatten. „Die Sache ist für uns alle nicht angenehm. Von daher erwarte ich Ihre Kooperation, es ist ja schließlich nur für eine kurze Zeit ..."

In seinen weiteren Ausführungen stellte er seine Forderungen vor, wie das jetzt zu laufen habe. Er betonte dabei, dass er alle entsprechend des Firmenorganigramms in ihre Pflicht nehmen würde. Unter anderem betonte er, dass er über jeden Schriftwechsel, alle Gesprächsergebnisse oder wichtigen Notizen informiert werden wolle. Da er jetzt die Verantwortung habe, müssten sie für jede Entscheidung seine Zustimmung einholen. Er versprach, schnell zu reagieren, insbesondere dann, wenn er die vollständigen Informationen erhalten hätte. „Gibt es noch Fragen? Ich wünsche Ihnen ein schönes Wochenende."

In den nächsten fünf Minuten herrschte Stille. Max rappelte sich als erster auf, wechselte zurück zum Stuhlkreis und begann sich dort zu äußern. Die anderen waren nach und nach gefolgt, und das gut verankerte Kreissprechen brachte zunächst die Gefühle der Beteiligten hervor, die solch eine Ansprache ausgelöst hatte. Doch allmählich machte sich auch ein Verständnis für den Interims-Abteilungsleiter breit. Sicher wollte er ihnen keine Steine in den Weg legen. Der Job war ihm selbst ja auch aufgedrückt worden, und er suchte eine Möglichkeit, in der Wahrung seiner ungeliebten Verantwortung, damit so wenig wie möglich zu tun zu haben. Gleichzeitig entsprachen diese Vorgaben einem Rückschritt. Dem konnten sie unmöglich folgen. Sie beschlossen, eine Gelegenheit schaffen, bei der er ihnen zuhören würde, und das möglichst zeitnah.

„Vielleicht erklärt ihr mich für verrückt", sprach Lisa, „aber mein Gespür sagt mir, dass wir das noch heute drehen können." „Am Freitagnachmittag? Er ist ganz sicher schon zu Hause", gab Max zurück.

Kurze Zeit später hatten sich alle in Monis Bus gedrängt und waren losgefahren. „Was für ein Abenteuer", raunte Knut, „so was wäre mir früher im Traum nicht eingefallen." Als sie am Privathaus ihres neuen Abteilungsleiters ankamen, war eine Frau gerade dabei, in das Auto auf der Einfahrt zu steigen: „Schatz, beeile dich, sonst schaffen wir die ganzen Erledigungen nicht mehr bis zum Abendessen", rief sie in Richtung der offen stehenden Haustür.

Was für ein Bild! Da standen sie alle sieben, vor ihnen die Frau im Auto, das Fenster heruntergedreht, und dann tauchte er in der Haustür auf und blieb wie vom Donner gerührt stehen.

Keiner sprach ein Wort. Ihre Blicke begegneten sich, und die Stille wurde nahezu unheimlich. Nach einem kurzen Augenblick räusperte er sich und sagte: „Geh' bitte allein einkaufen, ich habe hier noch etwas zu erledigen."

Plötzlich war der Bann gebrochen und alles ging ganz einfach. Sie schilderten ihr Verständnis für sein Vorgehen und stellten gleichzeitig dar, wie wenig sie seiner Forderung nachkommen könnten. Zu sehr hatten sie sich in den letzten Monaten verändert. Sie erzählten von ihrer

Abenteuerreise, als ob es ein Roman wäre, und Max endete mit dem Satz: „Wir wissen, wir haben hier eine Panne gebaut, die das Unternehmen gerade richtig Geld kostet, das tut uns leid." Da unterbrach Lisa: „Wir werden die Situation drehen, wir können es schaffen, aus dieser Reklamation Reklame für uns zu machen. Lasst uns doch den Vorgang noch einmal anschauen und unseren Kunden mit etwas überraschen, mit dem er niemals gerechnet hätte."

„Ich kann das zwar logisch nicht begründen", so die Führungskraft, „doch ich merke, dass ich euch vertrauen kann. Ihr habt meinen Segen. Macht weiter und wenn etwas schiefgeht, dann müsst ihr meinen hingehaltenen Kopf pflegen." Lachend entließ er sie damit ins Wochenende.

Vom Wertschwätzer zum Wertschätzer zum Wertschätzungsbeauftragten

Die drei Monate waren schneller vorüber als gedacht. Die Panne, die zu etwas Turbulenzen geführt hatte, war wieder behoben. Alle sieben hatten daran mitgewirkt, eine angemessene Art zu finden, mit dem Kunden ins Gespräch zu kommen. Sie hatten sich für ihre Panne entschuldigt und eine einfache Frage gestellt: „Was könnten wir zur Wiedergutmachung für Sie tun, was so wichtig für Sie wäre, dass die Sache damit wieder in Ordnung kommen würde?" Der Kunde war davon angetan, dass hier jemand so geradlinig zum eigenen Fehler gestanden hatte und wirklich daran interessiert war, die Beziehung wiederherzustellen. Er hatte plötzlich eine Idee, die er schon immer hatte voranbringen wollen, für die er aber von seinem Unternehmen kein Geld bekommen hatte. „Wenn Ihr mir in dieser Sache einen Schritt weiterhelft, bin ich euch unendlich dankbar." Die gestellte Aufgabe war nicht einfach, sie stellte aber kein unlösbares Problem dar. Inzwischen hatten sie so viel Vertrauen in die Kraft der Gemeinschaft gewonnen, dass sie sich fast sicher waren, diese Chance nutzen zu können. Nach einigen Besprechungen und Rückfragen war ihnen eine Idee gekommen. Der Kunde war von diesem Engagement so angetan, dass er den zurückgezogenen Auftrag wieder aktivierte, noch bevor ein nennenswertes Ergebnis vorlag. Alle jubelten, als sie von dieser Überraschung hörten und fühlten sich noch mehr verpflichtet, ihr Versprechen einzuhalten.

Und jetzt stand die Rückkehr unseres Wertschätzers an. Sie standen alle am Bahnsteig! Was für ein Wiedersehen! Sie kehrten darauf gemeinsam zum Ausgangspunkt dieser Reise zurück, zum Inder, und überhäuften sich gegenseitig mit den spannendsten Geschichten. Als unser Wertschätzer von der Situation vor dem Haus des Interims-Abteilungsleiters hörte, entstanden Zweifel. „Keiner sagte was?", fragte er ungläubig. Als dann plötzlich alle stumm wurden und ihm mit dem gleichen offenen Blick begegneten und wieder diese scheinbar endlose Stille des Augenblicks im Raum war, da musste er dann doch loslachen: „Was für eine Szene, ihr seid mir welche! Doch eine Frage ist allerdings offen: Was passiert denn jetzt mit mir?"

„Du bekommst eine neue Urkunde von uns", startete Moni. „Dieses Mal nicht auf Papier, sondern mit Worten. Aber sie ist deswegen nicht weniger wertvoll. Unser neuer Chef hat uns darauf gebracht. Nach anfänglichen Berührungsängsten ist er immer häufiger bei uns gewesen. Offensichtlich genoss er die Verpflichtung, auf uns aufpassen zu müssen. Ihm gefiel die Art, wie wir arbeiteten und die Atmosphäre, die bei uns herrschte, so sehr, dass er ständig fragte, wie wir dieses oder jenes machen würden. Leider hatten wir wegen der vielen Aufgaben nicht ausreichend Zeit und mussten ihn immer wieder darauf vertrösten, dass du als der Initiator unseres Erfolgs, ja bald zurückkommst. Und da uns diese Idee begeistert, unser gesammeltes Know-how so in die Firma zu bringen, ernennen wir dich hiermit zum neuen Wertschätzungsbeauftragten[69] für unser Unternehmen. Deine Vertretung freut sich auf jeden Fall schon über deinen ersten Einsatz."

Darauf musste angestoßen werden: „Ein Hoch auf unseren neuen Wertschätzungsbeauftragten!"

[69] Siehe auch www.wertschaetzungsbeauftragter.de.

Kapitel 4
Die Wertschätzer Methode

Wertschätzung schließt alles ein.

Übersicht

Die Wertschätzer Methode ist die Essenz des Ampelmodells und dessen praktische Anwendung im Alltag. Sie dient dazu, die Dinge auszuräumen, die den Zugang zu Grün verhindern und zeigt einen eleganten Weg zu einem glücklichen und erfüllten Leben. Dabei geht es nicht um einen egoistischen Selbstzweck, sondern vielmehr um die Wirksamkeit, die wir in unserem Alltag entfalten können. Diese ist so außerordentlich anders und vielfältiger, als wir uns das ausdenken können. Die Kraft, (in Grün) zu Sein ist immer stärker und wirksamer als das (getriebene) Handeln oder Reagieren aus Gelb oder Rot. Das eigentlich Schwierige in unserem Leben sind nicht die Umstände und die anderen und was diese tun. Es liegt vielmehr in dem, was wir selbst unterlassen, indem wir es versäumen, uns zu öffnen und unseren ureigensten Weg zu gehen. Jeder von uns ist einzigartig und besonders. Sie und Ihre Umgebung haben es verdient, dass Sie sichtbar werden. Die Zeit könnte reif sein – legen Sie los!

Der empfohlene methodische Ansatz beginnt mit dem Aufdecken von menschlichen, häufig subtilen nicht-konstruktiven Mechanismen und Automatismen. Sind diese identifiziert, können vorhandene Urteile und Abwertungen durch einen wertschätzenden Blick ersetzt werden. Jede Sache oder jeder Vorgang hat einen positiven Aspekt, der wesentlicher und nützlicher ist als eine abwertende Sichtweise. Dieses logische Vorgehen, das wir auch in Gelb anwenden können, hinterlässt uns mit Entspannung und neuen Perspektiven und unterstützt uns, aus dem Getriebensein und dem ständigen Verbesserungsdrang auszusteigen.

Ein Wechsel nach Grün wird möglich, wenn wir uns mit einer von uns gewünschten Zukunft verbinden. Damit ist weniger ein konkret messbares Ziel gemeint, es geht vielmehr um die Erfüllung und Verwirklichung von Bedürfnissen wie z. B. Wertschätzung, Vertrauen, Leichtigkeit, Wohlbefinden, Miteinander, Erfüllung, Lebendigkeit, Freiheit. Durch diesen Vorgang wird unser konkretes Erleben des Augenblicks von einer konstruktiven dynamischen Energie erfüllt. In diesem Jetzt-Sein ist alles schon in uns vorhanden, auch wenn dies noch nicht in den Rahmenbedingungen oder Umständen sichtbar ist

Wenn wir uns zu einem Thema oder in Beziehungen mit anderen in Gelb oder Rot befinden, dann haben unsere Gedanken jede Menge Begründungen, wer oder was um uns herum noch anders werden muss, damit es uns besser geht. Unser Verstand sucht die Lösung im Außen. Das Ampelmodell legt uns nahe, nicht darauf zu warten, bis sich um uns herum etwas verändert. Da der Zugang zu Ideen und Lösungsansätzen um nahezu unendlich viele Möglichkeiten größer ist, wenn wir selbst im Grünen Bereich sind, macht es Sinn, dass wir als erstes dafür sorgen, selbst diesen Energielevel zu erreichen. Gelingt uns das, sind wir plötzlich unabhängig davon, andere verändern zu müssen. Jetzt haben wir die Freiheit, Menschen (zu etwas) einzuladen und Gelegenheiten anzubieten. Anstatt uns zu beschweren und jemandem wieder einmal vorzuhalten, was immer noch nicht passt, könnten wir anderen deren Größe zusprechen oder ihnen vertrauen, dass sie selbst den für sie optimalen Weg finden werden. Sind wir entspannt, dann können wir andere sogar einladen, die Dinge nach diesem methodischen Ansatz gemeinsam zu betrachten. Die Chancen sind groß, Offenheit zu erleben, wenn wir aufgehört haben, uns zu beklagen und wenn wir stattdessen in tiefer Wertschätzung erleben, wie alle Beteiligten wachsen und sich entwickeln.

Konkret hilft uns die Wertschätzer Methode, anhand von sechs Schritten unsere menschliche Priorität auf Fehler und Pannen zu entlarven. Sie setzt einen Mechanismus in Gang, der zu einem wertschätzenden Sein führt. Auf diesem Weg werden zunächst körperliche Prozesse, wie z. B. die Hormonausschüttungen ausbalanciert. Dadurch haben wir die Möglichkeit, innerlich zur Ruhe zu kommen und aus diesem Innehalten heraus eine neue Ausrichtung zu finden. So ebnen wir den Weg für einen möglichen Sprung von Gelb nach Grün.

Sind wir dort angekommen, gibt es unserer Erfahrung nach einen evolutionär angelegten Sog von Grün zurück nach Gelb. Daher ist es wesentlich, neben dem Erkennen und der Freude darüber, sich in Grün wiederzufinden, und auch die entsprechenden Fähigkeiten zu entwickeln, dort länger zu verweilen.

In Gesprächen mit vielen Menschen haben wir folgende Übereinstimmungen bemerkt:

Jeder von uns kennt die Grüne Realität, in der wir frei, entspannt und gelöst sind. Wir fühlen uns mit uns selbst verbunden, klar, selbstbewusst und in uns ruhend. Viele unserer Gesprächspartner beschreiben, dass diese Lebensqualität gehäuft bei oder nach folgenden Ereignissen und Tätigkeiten auftaucht:

1. Schwimmen, Joggen, Fahrradfahren, Wandern, Tanzen, Meditation, Kontemplation, Yoga, Tai Chi oder Ähnlichem.
2. Intensive Begegnungen von zwei oder mehr Menschen, innerhalb derer die Beteiligten wesentliche Themen so bewegt haben, dass sie sich tief berührt und verbunden fühlen.

Sind wir in dieser Qualität, die sich innerlich frei und lebendig anfühlt, dann würden wir gerne länger in diesem Zustand bleiben. Die Realität stellt sich jedoch anders dar. Selbst wenn wir in einer guten Umgebung bleiben und Auseinandersetzungen aus dem Wege gehen, nehmen die meisten von uns bald wieder eine subtile Veränderung im Körper wahr. Es scheint so, als ob sich zunächst eine ganz leichte Decke, ein sanfter Stoff über uns zieht. Wir erleben uns sozusagen noch in Grün, spüren aber schon – noch kaum wahrnehmbar – eine Trennung von dieser Grünen Qualität. Dieses zunächst hauchdünne Tuch scheint langsam, fast unmerklich immer dicker zu werden, bis wir uns unter einem schweren Teppich wiederfinden, unter dem die Leichtigkeit, Lebendigkeit, Klarheit und der Selbstausdruck stark gedämpft sind. Wir sind wieder zurück in Gelb und spüren diese unterschwellige Botschaft: „Hier stimmt noch etwas nicht!"

Wir nehmen an, dass dieser subtile Prozess so abläuft, weil unsere Sinneswahrnehmungen und vor allem unsere Gedankengänge auf alles ausgerichtet sind, was nicht der Harmonie entspricht. Diese senden bei kleinsten Dissonanzen Reize, die wieder zur Ausschüttung von Adrenalin führen. Solche Vorgänge haben eine starke, oft unbemerkte Macht, unsere Lebensqualität unvorteilhaft zu verändern. Es benötigt unser Wachsein und unsere Praxis, um diese Mechanismen immer wieder anzuhalten und zu drehen.

Die Wertschätzer Methode gibt konkrete Hinweise, wie wir diesen menschlich-biologischen Vorgang stoppen und wandeln können.

Unser Verstand möchte bei Gelbem Stress befriedigende Antworten, er möchte das Leben und seine grundlegenden Prinzipien verstehen. Dann kann er sich entspannen, loslassen, vertrauen und sich einlassen auf eine größere Intelligenz, auf ein Grünes Sein, in dem Möglichkeiten, Ideen und Impulse auftauchen, die jenseits von „Selbstmachen“ liegen.

Die Wertschätzer Methode mit ihren sechs Schritten befriedigt dieses Bedürfnis des Verstandes und wirkt in zwei grundlegende Richtungen: Zunächst dient sie dem Ausräumen störender Themen oder Dinge, die so „laut“ im Leben sind, dass es wichtig ist, hinzuschauen. Anschließend widmen wir uns einer gewünschten Lebensqualität.

4.1 Was ist Wertschätzung?

Wertschätzung ist die kreative Kraft, die das Empfinden von
Sinn, Achtung und Genuss bewirkt.
Sie schafft Klarheit, Verbindung und Freude am Handeln.

Wenn wir Wertschätzung ernst nehmen und sie in unserem Leben und Arbeiten wirken lassen, dann ist sie eine kreative Kraft, die sich durch unsere bewusste Ausrichtung auf unsere Ideale und Lebensträume ausbreitet. Sie unterstützt uns darin, aus Widerstand und negativen Bewertungen herauszutreten und einen Blickwinkel einzunehmen, der uns stärkt. Sobald Sie also eine Beschwerde in sich wahrnehmen, können Sie davon ausgehen, dass wieder einer Ihrer menschlichen Automatismen angesprungen ist, auf das zu schauen, was noch fehlt oder nicht in Ordnung ist. Dieser schränkt ein und hindert Sie daran, Ihre Potenziale voll zu leben.

Wertschätzung beginnt mit einem klaren Blick auf das, was ist und der Fähigkeit, unsere automatische Fokussierung auf Fehler und Schwächen zu erkennen. Sie ist bereit, die daraus resultierende Bedeutung für den eigenen Standpunkt oder die favorisierte Sichtweise loszulassen. Wertschätzung ist eine wohlwollende Haltung sich selbst und dem Leben gegenüber. Sie ist der konsequente Blick auf das vorhandene Gute und schließt die Bereitschaft ein, in allen Aspekten des Lebens einen Wachstumsschritt zu erkennen und auszusprechen. Vollständige Wertschätzung schenkt durch die Ausrichtung auf eine gewünschte Zukunft bereits im Jetzt das Erleben von deren Qualität und ermöglicht dadurch einen Raum von tatsächlicher Handlungsfreiheit.

Mit den in der Wertschätzer Methode sinnvoll aufeinander aufbauenden sechs Schritten können Sie jetzt die darin liegende Energie positiv nutzen. Im Folgenden finden Sie eine umfassende Anleitung dieser auf dem Ampelmodell basierenden Methode.

4.2 Die sechs Schritte der Wertschätzer Methode

1. Automatismus erkennen
2. Rechthaben loslassen
3. Wohlwollend sein
4. Den eigenen Wachstumsschritt finden
5. Gewünschte Zukunft kreieren
6. Freilassend handeln

Ausgangspunkt dieser Anwendung ist immer ein konkreter Widerstand oder ein Problem, mit dem Sie umzugehen haben. Insbesondere, wenn eine Sache verfahren ist, empfehlen wir zu differenzieren und ein besonders schmerzhaftes Ereignis beispielhaft herauszugreifen. Diesem kann dann ein Titel oder eine vorherrschende Beschwerde zugeordnet werden. Durch diese Vorbereitungen ist es einfach, mit der Methode wirksam zu arbeiten. Die folgenden Ausführungen dienen dazu, die sechs Schritte zu verstehen. Im Weiteren finden Sie eine Anleitung, wie Sie konkret für sich alleine, mit einem Gegenüber oder auch einer ganzen Gruppe damit arbeiten können.

1. Automatismus erkennen
   Wertschätzung beginnt mit einem klaren Blick auf das, was ist und der Fähigkeit, unsere automatische Fokussierung auf Fehler und Schwächen zu erkennen.
   Konkret bedeutet das, dass wir in uns eine Art Antenne haben, eine Sensibilisierung, die uns mitteilt: „Achtung, gerade hat wieder eine automatische Bewertung oder Beurteilung stattgefunden!" Diese Antenne nutzen wir: Ein klarer Blick kann zwischen realen Fakten und unserer Interpretation unterscheiden. So sind wir in der Lage, unsere Muster und Beurteilungen zum entsprechenden Thema zu identifizieren.
   Tipp: Immer dann, wenn Sie eine Beschwerde haben oder mit irgendetwas im Widerstand sind, ist dieser Automatismus aktiviert. Freuen Sie sich in Zukunft, dass Sie ein Thema zum Üben haben und wieder eine Gelegenheit nutzen können für den Sprung nach Grün.
2. Rechthaben loslassen
   Wertschätzung lädt dazu ein, die daraus resultierende Bedeutung für den eigenen Standpunkt oder die favorisierte Sichtweise loszulassen.
   Wenn wir anerkennen, dass wir verschiedene kommentierende Stimmen in uns haben, dann können wir den Kommentator identifizieren, der uns mit abwertenden Gedanken suggeriert, dass irgendetwas nicht passt. Wir differenzieren oder destillieren die daraus resultierende Bedeutung, die wir einer Sache, einer Person oder einem Vorgang gegeben haben. Ist dies gelungen, stellen wir uns der größeren Realität, dass unsere Betrachtungsweise keinen Wahrheitsanspruch hat, sondern von den menschlichen, automatischen Mustern geprägt ist. Unabhängig davon, ob unser logisches Denken zustimmt, stellen wir uns der Herausforderung, unsere Sichtweise und damit unser Rechthaben loszulassen. Konkret heißt das, dass wir Urteile über uns selbst und andere loslassen. Diese lauten häufig so:

- Mit mir stimmt etwas nicht!
- Mit anderen stimmt etwas nicht!
- Ich habe doch wirklich recht – warum soll ich das loslassen?
- Ich kann oder will doch nicht einfach nachgeben ...

Am herausforderndsten ist das Loslassen des eigenen Standpunktes, wenn man sich sicher ist, ganz faktisch, dass die eigene Sichtweise die richtigere ist. Echte Wertschätzung verlässt diese Ebene und das Energiebild von richtig und falsch.

3. Wohlwollend sein
Wertschätzung ist eine wohlwollende Haltung sich selbst und dem Leben gegenüber.
Wir akzeptieren, dass wir und andere da sind, wo wir sind und hören auf, besser, weiter oder anders sein zu wollen bzw. das von anderen einzuklagen. Wir vertrauen uns dem Leben an und stellen uns in die Realität, dass die Sache zu irgendetwas gut ist, auch dann, wenn wir das im Augenblick noch nicht erkennen können. Um in richtig herausfordernden Situationen eine wohlwollende Haltung einnehmen zu können, empfiehlt es sich, gute Motive der Beteiligten zu vermuten oder gar vorauszusetzen. Wenn Sie die Gelegenheit haben, diese im Gespräch zu erforschen, dann werden Sie herausfinden, dass es zum Handlungszeitpunkt immer verständliche Gründe dafür gab. Beispielsweise stecken hinter den unverständlichsten Taten unerfüllte menschliche Bedürfnisse, wie ein Wunsch nach Achtung, nach Annahme oder nach Wirksamkeit. Sie können auch annehmen, dass der Betreffende oder Sie selbst sich im Roten oder Gelben Stressmodus befanden und die darin zu diesem Zeitpunkt bestmögliche Handlungsweise gewählt hat. Wohlwollend sein heißt nicht, dass Sie damit nicht-konstruktiven Handlungsweisen zustimmen oder unhaltbare Zustände gut finden müssen. Es bedeutet vielmehr, dass Sie sich selbst und den anderen glauben und ihnen eine Veränderung zutrauen, sobald der Angst- oder Stressmodus verlassen werden kann.
4. Den eigenen Wachstumsschritt finden
Wertschätzung ist der konsequente Blick auf das vorhandene Gute und schließt die Bereitschaft ein, in allen Aspekten des Lebens einen Wachstumsschritt zu erkennen und auszusprechen.
Konkret drückt dieser Schritt die Deutlichkeit aus, mit der diese Methode auf dem Finden eines wertschätzenden Blickwinkels besteht. Zu jedem und allem, egal wie unangenehm, schrecklich oder unvorteilhaft es sein mag, gibt es einen Blick auf das Gute, dem wir eine größere Bedeutung geben können, als unsere bisherige Betrachtungsweise. Dieser ist umso einfacher zu finden, wenn wir uns klarmachen, warum diese Sache für uns so wichtig ist. Je mehr uns ein Thema beschäftigt, desto sicherer repräsentiert es etwas dahinterliegendes Wesentliches. Der Blick dorthin ist eine mögliche Tür zu meist grundlegenden Anliegen oder Lebensträumen. Können wir diese wahrnehmen ist der Wachstumsschritt leicht gefunden – die Sache hat dann mindestens einen guten Aspekt: Sie in einem Ihrer wirklich wichtigen Anliegen weiter auszubilden und Sie dadurch zu noch mehr Wirksamkeit

zu befähigen. Haben Sie einen oder mehrere Wachstumsschritte gefunden, kommt dieser umso sicherer ins Leben, je häufiger Sie sich darüber mitteilen. Unser gesprochenes Wort hat eine besondere Kraft, nutzen Sie diese!

5. Gewünschte Zukunft kreieren
   Wertschätzung schenkt durch die Ausrichtung auf eine gewünschte Zukunft bereits im Jetzt das Erleben dieser Qualität.
   Auf der Grundlage des vierten Schrittes fällt es leicht, sich mit der gewünschten Zukunft zu verbinden. Das Nachspüren, wie sich dieses wertvolle Zukunftsbild in uns anfühlt, ermöglicht, die dort vorhandenen Qualitäten bereits jetzt als Haltung zu verankern und damit die erwünschte Realität sofort wahrzunehmen und zu fühlen. Nun gilt es, diese im Jetzt präsent bzw. verfügbar zu halten, z. B. durch ein gutes Zukunftsbild oder einen inspirierenden Satz, den wir immer wieder in unser Bewusstsein rufen. Gelingt es uns, mit der ganzen Aufmerksamkeit und Wahrnehmung in diesem Statement oder Bild zu stehen, ist eine freudige, kraftvolle, freilassende und in uns ruhende Art wahrnehmbar, in der ein enormes Potenzial steckt.
6. Freilassend handeln
   Vollständige Wertschätzung ermöglicht einen Raum von tatsächlicher Handlungsfreiheit.
   Die Wertschätzer Methode konsequent angewendet ermöglicht uns, in dieses Empfinden von Freiheit zu gelangen. Wenn alles, was geschieht, einen wertschätzenden Blickwinkel bekommt, dann können wir aus dem Getriebensein aussteigen. Aus der Verbundenheit mit dem von uns kreierten Zukunftsbild ist schon alles gut, zumindest in uns. Genau dies schenkt uns eine innere Freiheit, aus der heraus jede Handlung eine vielfach größere Stärke hat, als jede Aktion, die aus einem besser machen oder besser werden wollen resultiert. Aus dieser Klarheit sind Sie nicht mehr manipulierbar sondern fähig, der eigenen Spur zu folgen! Es geht nicht mehr darum, etwas richtig zu machen, sondern genau das zu tun, was als nächster guter Schritt erkannt wird – aus einer inneren Freiheit heraus.

Gelebte und bewusste Wertschätzung hat den großen Vorteil, dass sie nichts erkämpfen oder erzwingen muss. Sie ist Präsenz im Jetzt, verbunden mit einer Ausrichtung. Sie handelt klar und zielführend und braucht es noch nicht einmal richtig zu machen. Wertschätzung ist keine Art, etwas so oder anders zu tun, sondern die menschliche Fähigkeit, im Jetzt mit dem, was uns wirklich wichtig ist, so verbunden zu sein, dass wir uns nicht mehr zurückhalten können, diesem inneren Ruf zu folgen. Wir beginnen mehr und mehr, vollständig dafür einzustehen – und das wirklich freilassend.

4.3 Anleitung zur Wertschätzer Methode

Wir empfehlen zwei Möglichkeiten, die Wertschätzer Methode durchzuführen. Wundern Sie sich nicht, wenn die darin beinhalteten Fragen Reibung verursachen. Wenn Sie sich ehrlich darauf einlassen, sind Reibungsgewinne das sichere Resultat!

Möglichkeit A:

stellt eine sehr präzise strukturierte, fast analytisch orientierte Anleitung zur Verfügung, die etwas umfangreicher in der Anwendung ist. Sie ermöglicht reichhaltige sinnvolle Perspektivwechsel und eine fundierte Transformation des gewählten Themas.

Möglichkeit B:

bietet eine zügig und intuitiv zum Kernpunkt eines Anliegens führende Serie von nur acht wertschätzenden Fragen. Sie schenkt tiefere Erkenntnis über wesentliche Hintergründe und Beweggründe eines Themas.

Die Wertschätzer Methode

Absicht: Transformation schwieriger Themen ermöglichen
Zum Wesentlichen und zum Kernpunkt des Themas vordringen
Das eigene Potenzial in seiner vollen Wirksamkeit leben

Voraussetzungen: Bereitschaft für grundlegenden Blickwinkelwechsel
Bereitschaft, aus der eigenen Komfortzone herauszutreten

Material: Papier und Stift, für Eigenreflexion oder in einer Gruppe

Zeitaufwand: 30–60 Minuten, Eigenreflexion oder mit einem Gegenüber, oder in einer Gruppe von 4–7 Personen

Wenn das Thema komplex ist und Sie es wirklich transformieren wollen oder wenn Sie es in einer Gruppe bewegen, rechnen Sie eher mit 60 Minuten.

Durchführung: Wählen Sie das Thema, an dem Sie arbeiten wollen.

Es kann eine Unstimmigkeit, ein Widerstand, eine Herausforderung sein oder auch etwas, mit dem Sie einen Durchbruch erleben wollen.

Benennen Sie das Thema in einem Satz (es kann auch eine Art Filmtitel sein).

Anleitung A

Gehen Sie die Schritte nacheinander durch, indem Sie sich die Fragen zum jeweiligen Punkt stellen, die Sie am meisten ansprechen. Bitte schreiben Sie sich auf, was wesentlich für Sie ist:

1. **Automatismus erkennen**
   Welche Fehler und Schwächen hat mein System registriert?
   Was sind die Fakten? Was ist wirklich passiert?
   Was sind meine automatischen Bewertungen, Muster und Glaubenssätze?
   Wie beurteile, interpretiere ich das Thema?
   (Ihre Gedanken wörtlich aufschreiben hilft.)
2. **Recht haben loslassen**
   Kann ich mein Rechthaben loslassen oder auch nicht (Ich nehme einfach wahr, was ist, ohne mich dafür zu bewerten)?
   Bei was in dieser Angelegenheit bestehe ich darauf, recht zu haben?
   Wo vertrete ich eine fixe Position, bestehe auf einer Bewertung, wo hege ich ein (Vor-)Urteil?
   Was bewirkt mein Rechthaben bei den anderen Beteiligten, welches Lebensgefühl erzeugt es bei mir?
   Was könnte, was will ich loslassen?
   Bin ich bereit, es jetzt loszulassen?
   Wenn nicht, was brauche ich noch, um es loslassen zu können?

3. **Wohlwollend sein**
   Wenn ich wohlwollend mit mir selbst bin, was sage ich zu mir?
   Kann ich annehmen: So wie's ist, ist's gut?
   Was könnte das Gute der Situation sein?
   Welcher wohlwollende Blickwinkel könnte hier helfen?
4. **Wachstumsschritt finden**
   Warum ist mir dieses Thema so wichtig?
   Auf welche meiner Lebens- und Lernthemen werde ich hingewiesen?
   Was stört mich an der Sache am meisten?
   Wozu könnte die ganze Sache dienen?
   Was kann ich lernen?
   Worin könnte das Geschenk dieser Situation liegen?
5. **Gewünschte Zukunft kreieren**
   Welches wertvolle Anliegen liegt hinter dieser Sache?
   Was ist mir wirklich wesentlich, was will ich wirklich?
   Wie könnte eine Zukunft aussehen, in der dieses Anliegen erfüllt ist?
   Wie fühle ich mich, wenn diese Zukunft erfüllt ist?
   Wenn ich dieses Zukünftige jetzt zur Verfügung habe, was taucht auf?
   Welcher Satz könnte mich jetzt für diese Zukunft inspirieren?
6. **Freilassend handeln**
   Wenn diese Zukunft jetzt schon präsent ist, welche Impulse habe ich?
   Welche Handlung wäre jetzt angemessen, was ist ein guter nächster Schritt?
   Was könnte mich unterstützen, ermutigen, inspirieren, meiner Spur zu folgen?
   Was brauche ich jetzt für meinen stimmigen Schritt?

Kommentar:

Sollten Sie schon viele Bereiche in Ihrem Leben aufgeräumt und durchgearbeitet haben, dann genügen häufig die Schritte drei bis sechs oder sogar nur die beiden letzten. Insbesondere dann, wenn Sie schon mehr Erfahrung mit dieser Methode haben, kommen Sie in den Genuss, die kraftvolle Verbindung mit einer gewünschten Zukunft und die daraus resultierende Energie tatsächlich sofort im Jetzt verfügbar und wirksam zu haben. Die vielleicht noch kleinen Störfelder werden gleichsam weggeschwemmt und benötigen häufig auch dann keine Aufmerksamkeit mehr, wenn sie uns noch groß erscheinen. Wie bei einer echten Ampelschaltung ist, wenn das Grün leuchtet, die Bahn frei.

Wenn Sie eine Gruppe moderieren, geben Sie den Teilnehmenden immer ausreichend Zeit, sich zu den Punkten Gedanken und Notizen zu machen. Planen Sie am besten nach jedem Punkt eine kurze Mitteilungsrunde ein und ganz am Schluss eine Runde, um die Ernte der Übung einzubringen.

Sie können auch mit nur einer Person aus der Gruppe arbeiten, dann kann jeder Punkt sofort besprochen werden. Am Ende braucht es eine Mitteilungsrunde für alle.

Wichtig: Menschen müssen darüber sprechen können.

Wir wünschen viel Erfolg beim Anwenden!

Anleitung B

1. Wer ist der Eigentümer des Problems?
2. Was ist der Kernpunkt Ihres Anliegens/Ihrer Frage? Worum geht es wirklich?

3. Was ist das Herausforderndste in dieser Angelegenheit/bei dem Thema?
4. Was ist Ihnen persönlich so wichtig daran? Warum stellen Sie diese Frage? Warum möchten Sie so gerne, dass dieses Thema geklärt/dieses Problem gelöst wird?
5. Welchen konkreten Schritt möchten Sie dafür gehen? Was erhoffen Sie sich von der Klärung? Was kann bestenfalls passieren?
6. Welches Rechthaben oder Besserwissen, welche Beurteilung oder Abwertung könnten Sie loslassen? – "Loslassen, recht zu haben, selbst wenn ich recht habe, öffnet Türen!"
7. Wenn es ganz einfach und leicht ginge, was möchten Sie bewirken, dass geschieht – in Ihnen selbst, im Anderen, im Team, in der Atmosphäre/ Arbeitsklima?
8. Welchen konkreten Schritt möchten Sie dafür gehen?

Kapitel 5
Kernmethoden für wertschätzende Zusammenarbeit

Übersicht

Im Folgenden stellen wir Ihnen sechs methodische Ansätze vor, deren Existenz wir sehr schätzen und die wir als Coaches und Trainer intensiv nutzen. Unser Anliegen ist es, Ihnen deren besondere Qualitäten näher zu bringen und Sie dafür zu begeistern, damit zu experimentieren.

Allem voran finden Sie Hinweise, wie Sie die Wirkfaktoren wertschätzenden Coachings für Ihre Führungskultur verwenden können. Coaching ist zugunsten einer nachhaltig Grünen Arbeitsqualität ein unverzichtbarer Baustein, um unsere besonderen Qualitäten und Fähigkeiten in die Welt bzw. deren PS auch auf die Straße zu bringen. Im Kapitel über Coaching werden Sie nicht nur in die „im Dunkeln liegenden Geheimnisse" eines wertschätzenden Führungsstils eingeweiht, sondern es eröffnen sich Ihnen auch einfache Möglichkeiten, wie ein Team oder eine Gruppe einen intensiven gemeinsamen Wachstumsprozess gestalten kann. Darüber hinaus erhalten Sie detaillierte Hinweise, mit welcher Struktur ein Arbeitsteam seine Herausforderungen einfach und leicht meistert und all das sogar dann, wenn sich die Beteiligten geographisch an verschiedenen Standorten befinden.

Im Weiteren folgt die den Autoren stark am Herzen liegende Methode Appreciative Inquiry. Diese repräsentiert nicht nur den bahnbrechenden Wechsel vom Fehlersuchblick zur Stärkenentwicklung. Sie weist auch auf den sehr wesentlichen Aspekt hin, dass in jeder Person, in jedem System verborgenes Wissen und Potenzial schlummert, das es zu „entbergen" lohnt. Wer sich die Grüne Qualität zu eigen machen möchte, wird diesen inspirierenden Raum zum Spüren und Innehalten, der uns in Verbindung mit dem Wesentlichen bringt, schätzen lernen. Wird dies dann in einen lebendigen, alltagstauglichen Leitsatz gegossen, bekommt jede Handlung eine neue Qualität. Die Authentizität einer solchen gelebten Kreation wirkt augenblicklich auf unser Sein.

Diesen Ausführungen folgt eine Darstellung der Konsentprinzipien. Statt langatmiger Diskussionen und zeitfressender Meetings mit häufig nicht nachhaltigen Ergebnissen stehen hier Effektivität und Auflösung von Störungen im Vordergrund. Die positiven Wirkungen fein abgestimmter Prozesse machen deutlich, wie häufig wir ohne sie an unseren Lieblingsvorstellungen hängen und damit eine ganze Gruppe dominieren und aufhalten können. Da jeder der Beteiligten dies in konsentorientierten Strukturen so klar gespiegelt bekommt, findet dort ein intensives persönliches Lernen statt, das einem geübten Team echte Arbeitsfreude und Lebendigkeit verschafft. Innovationen und kreative Ideen bekommen plötzlich die Möglichkeit, ohne größere Hürden vorangebracht und von allen mitgetragen zu werden.

Im Kapitel 5.4 legen wir das Augenmerk auf die Macht der Sprache. Wir haben dazu drei verschiedene Kommunikationsansätze unter dem Oberbegriff „wertschätzende Kommunikation" zusammengefasst. Sie dienen insbesondere dem Wechsel von Gelb nach Grün.

Der Ansatz von Thomas Gordon warnt vor zwölf typischen Gesprächsmustern, die Menschen üblicherweise im Alltag verwenden und die in einer Gelben Umgebung automatisch zu Roten Reaktionen führen. Ein erster Ausweg daraus ist das von ihm benannte Aktive Zuhören.

Marshall B. Rosenberg hat die Fähigkeit von Hören und Sprechen in eine heute weltweit geschätzte und sogar zur Verständigung zwischen Kriegsparteien verwendete Form gebracht. Sie heißt Gewaltfreie Kommunikation. Wir zeigen die einfachen Prinzipien des methodischen Hintergrunds auf. Sie erfahren, wie genau Sie sprechen können, so dass andere bereit bleiben, Ihnen zuzuhören und darüber hinaus Sie in Ihrem Anliegen verstehen und ernst nehmen.

Ergänzt werden diese beiden Modelle durch „The Work" von Byron Katie. Es braucht eine eigene persönliche Stärke, sich ihrem Ansatz zu öffnen, der uns im Kern deutlich macht, dass uns jede Beschwerde, die wir über andere haben, einen Schlüssel zur eigenen Schwäche und deren Transformation gibt. Mit ihren vier Fragen und deren Umkehrung erleben die Beteiligten, dass es noch wahrer ist, wenn sie ihre Verurteilung anderer zuerst auf sich selbst anwenden, um von dort einen Schlüssel zu mehr Ganzheit und wertschätzender Kommunikation zu erhalten.

Kapitel 5.5 befasst sich mit einem Ansatz, der die Energie und Lebendigkeit von kreativen Pausen in unsere wichtigen Fragestellungen bringt. Open Space heißt diese Methode, bei der sich die Beteiligten einem möglichst brennenden Thema widmen und dabei selbst zum Workshop-Leiter, Redner oder Mitgestalter werden können. Welche Inhalte auf der Tagesordnung stehen, wird zu Beginn der Veranstaltung aus dem freiwilligen Einbringen der Anwesenden zusammengestellt. Dieser Offene Raum gebietet jedem, genau dort zu sein, wo es Kopf, Herz oder Bauch hinzieht, so die Füße den Weg dorthin finden.

Im abschließenden Kapitel 5.6. stellen wir Ihnen das World Café vor. Diskussionen in Großgruppen werden normalerweise von wenigen Rednern dominiert und die Erfahrungsschätze von vielen Hunderten oder Tausenden von anwesenden Lebensjahren bleiben ungehört. Anders beim World Café. Hier werden die Teilnehmer auf kleine Café-Tische aufgeteilt und widmen sich einer oder mehreren konkreten Fragen. In einem Tischlein-wechsel-dich-Prozess vermischen, inspirieren und aktivieren sich die vorhandenen Potenziale und erzeugen neben außergewöhnlichen Lösungen auch noch vertieftes Vertrauen und gegenseitige Nähe.

5.1 Coaching im Dunkeln wirkt erhellend

> Im Angesicht lebt die Vergangenheit einer Person,
> in der Stimme die Gegenwart.

Es war im Januar 2015, mehr als 150 Personen hatten sich in einem Raum versammelt, um den besonderen Flair von absoluter Dunkelheit zu erleben. Wir Autoren saßen in kleinen Vierergruppen mit bunt gemischten Teilnehmern zusammen. Nur eine Kerze beleuchtete den Saal. Als diese gelöscht wurde, war alles schwarz. Stille. Und dann fingen wir an, uns auszutauschen. Wir sprachen darüber, wer wir seien, was uns wichtig sei und welcher Wachstumsschritt in unserem Leben anstehe. Wir rückten noch enger zusammen, um uns besser verstehen zu können, bis sich unsere Knie berührten. Die Nähe war angenehm. Wir verbrachten insgesamt über vier Stunden in dieser besonderen Umgebung und die Zeit verflog im Nu. Sich ohne Bild kennen zu lernen und näher zu kommen, war ein großartiges Erlebnis.

Ist es

- die Qualität von Miteinander,
- das genauere Hinhören,
- die intensivere Stille,
- die Reizarmut,

die eine Öffnung für neue Impulse schenkt, es Menschen erlaubt, sich auf mehr Nähe einzulassen, was das Besondere der Begegnung im Dunkeln ausmacht?

Der Raum im Dunkeln hat uns intensivste Eindrücke geschenkt, mit denen wir nicht gerechnet hatten, und das, obwohl wir jede Nacht die Dunkelheit erleben.

Andreas Heinecke, Pionier der Arbeit im Dunkeln[1] bringt es in seinem TED-Vortrag auf den Punkt: „Sie müssen das Dunkle erleben, um diese besondere Qualität zu spüren." Seit 1988 schafft er unter dem Titel „Dialogue in the Dark" Gelegenheiten, in denen Blinde die Sehenden in ihre Welt begleiten. Mehr als 800.000 Menschen haben weltweit inzwischen diese Erfahrungen gemacht und sind berührt und bewegt von diesem neuen Erlebnisraum.

Als wir Autoren unsere eigenen Eindrücke verarbeitet hatten, fiel es uns wie Schuppen von den Augen: Seit über zehn Jahren arbeiten wir nach genau den gleichen Prinzipien. Ob als Coachs mit Einzelpersonen, als Trainer mit Gruppen oder als Mitglied unserer Beratungsorganisation – für uns ist das Arbeiten, ohne den anderen physisch zu sehen, mehr als selbstverständlich. Seit Jahren wissen wir, dass Gespräche ohne Blickkontakt schneller in die Tiefe gehen und einen erhöhten Vertrauensraum erzeugen. In reizarmer Umgebung, wenn wir uns ungestört Zeit dafür nehmen, auf das Wesentliche zu schauen, findet eine andere, kraftvollere Art des Lernens statt als im üblichen, von der Vorherrschaft des Visuellen geprägten Begegnungsraum. Wir tun das, indem wir unsere Coaching-Klienten nahezu ausschließlich übers Telefon begleiten. Auch die meisten unserer Trainings und Teamsitzungen finden innerhalb von telefonischen Konferenzen statt – mit bestem Erfolg und zum Staunen der Teilnehmer.

Dort müssen wir nicht brav auf einem Stuhl sitzen bleiben und unsere Bewegungen den üblichen Normen anpassen. Wir genießen den Schutzraum, egal wie wir gekleidet sind, wie wir sitzen, liegen oder stehen. Wir lassen unsere Gegenüber in einigen Details einfach im Dunkeln. Und das ist gut so!

Das Telefon ermöglicht gerade wegen der räumlichen Distanz eine Nähe, die wir Menschen im normalen Leben nur sehr begrenzt zulassen. Da ist eine Stimme ganz nah an unserem Ohr und wenn ein Gesprächspartner in den Roten Ampelmodus kommt, reagieren wir alle ähnlich. Haben Sie schon festgestellt, dass ein echter Streit am Telefon nicht so ganz funktioniert? Wird die Tonlage zu aggressiv und anklagend, können wir einfach den Hörer auflegen und sind nicht einmal gezwungen, beim erneuten Läuten den Faden wieder aufzunehmen. Ist uns ein Dialog besonders wertvoll, können wir uns für das Gespräch zurückziehen und an jedem Fleck der Erde Verbundenheit und Vertrautheit

[1] siehe das Video auf folgendem Link: http://www.dialogue-in-the-dark.com/about-us-history-exhibition, abgerufen am 01.12.2016.

genießen. In einer schwierigen Situation ist am Telefon in Sekundenschnelle Hilfe vor Ort.

Im Dunkeln zu stehen bzw. nichts zu sehen, könnte verunsichern und birgt die Gefahr, dort stehen gelassen zu werden. Genau darin liegt aber auch eine große Chance. Wer müssen Sie sein, dass das nicht passiert? Welche Kompetenzen könnten Sie dazu erweitern oder vervollständigen? Was können Sie loslassen, um dieses Medium Telefon mit seinen besonderen Vorteilen zu nutzen?

Probieren Sie es aus! Vielleicht hat ja das augenscheinliche Fehlen von scheinbar wichtigen visuellen Informationen viel mehr Vorteile als Nachteile! Es könnte ja sein, dass es am Telefon einfach ist, eine außergewöhnliche Qualität von partnerschaftlicher, tiefer und vertrauensvoller Führung entstehen zu lassen. Und vielleicht ist es auch leichter, einen eventuell anvisierten Rollenwechsel zu unterstützen – von Anordnungen hin zu Begleitung und Angebot. Hier bekommen Sie mit, was funktioniert und was nicht – unmittelbar.

Das Telefon eignet sich nämlich nicht gut für Erziehungsmaßnahmen oder Manipulation. Es unterstützt auch nicht bei großangelegten Überzeugungsfeldzügen. Der Hörer ist schnell aufgelegt oder wird erst gar nicht abgehoben. Wenn Führung als wenig hilfreich erlebt wird, dann ist der Mitarbeiter per Telefon plötzlich nicht mehr zuverlässig, Termine fallen aus und Vereinbarungen werden nicht erfüllt – ein deutlicher Störungsmelder!

Es erzieht uns dazu, Menschen nicht irgendwohin bringen zu wollen, sondern uns auf deren Geschwindigkeit und Bedürfnisse einzulassen und sie auf dem von ihnen selbst gewählten Weg zu begleiten. Dies tun zu dürfen, ist ein Privileg, das man sich verdienen muss und das nicht durch eine aufgesetzte Hierarchie erreicht werden kann.

Sind Sie von den Qualitäten eines Grünen Führungsstils überzeugt, dann laden wir Sie dazu ein, das Telefon als Führungsinstrument wahrzunehmen und mit all seinen Möglichkeiten zu nutzen. Die unschlagbaren Vorteile liegen auf der Hand:

- Das „nicht Sehen" macht es leichter, das Besserwissen loszulassen.
- Gespräche gehen ohne die üblichen Ablenkungen schneller in die Tiefe und kommen zum Wesentlichen.
- Vertrauensräume schaffen ist am Telefon einfach möglich.
- Es fällt ohne Sehen leichter, authentisch an die Größe eines anderen zu glauben.

5.1.1 Sich nicht sehen – fehlt da nicht Wesentliches?

Am Telefon fehlen bekanntlich Ausdrucksmöglichkeiten wie etwa ein herzlicher Händedruck, eine freundschaftliche Berührung oder ein freudiges Lächeln. Vertraute Erlebnisse, die uns Sympathie oder Antipathie signalisieren, sind schlichtweg nicht vorhanden. Es braucht dafür einen adäquaten Ersatz. Die Frage könnte lauten: „Wie machen wir uns erleb- und fühlbar, und wie erkennt unser Gegenüber, dass er gleichfalls gut von uns wahrgenommen wird?"

Tipps für eine hohe Qualität am Telefon

- **Sich füreinander Zeit nehmen**
  Vereinbaren Sie mit wichtigen Kollegen, Mitarbeitern oder Vorgesetzten regelmäßige Telefonate von 30 – 60 Minuten. Wir legen Ihnen das auch dann nahe, wenn Sie die Person durch Ihre Zusammenarbeit häufiger sehen und dadurch genügend Gesprächsmöglichkeiten vorhanden sind. Diese Regelmäßigkeit hat viele Vorteile und führt häufig zu außergewöhnlichen Einsichten und Ergebnissen:
  - Es entsteht ein besonderer Vertrauensraum, in dem Platz für all die wichtigen Themen sind, die sonst hinter den dringlichen Aufgaben unbeachtet bleiben.
  - Ob wöchentlich, vierzehntägig, monatlich oder quartalsweise, der Termin steht im Kalender und wird zu einer verlässlichen Grundlage für die gemeinsamen Anliegen.
  - Sie sind örtlich ungebunden und können diese Regelmäßigkeit auch dann einhalten, wenn Sie viel unterwegs sind.
- **Mit einem kurzen Innehalten beginnen**
  Starten Sie ein Gespräch mit einer Minute Stille, die beide Seiten am Hörer verbringen. Am Telefon nicht zu sprechen, ist ungewohnt und benötigt etwas Übung. Gönnen Sie sich diesen Augenblick, um nachzuspüren, was für das Gespräch wesentlich sein könnte. Dieses gemeinsame Ausrichten in der Stille ist enorm wirksam – probieren Sie es aus!
- **Sich gegenseitig ausreden lassen**
  Nutzen Sie die Prinzipien des Kreissprechens (Kapitel 3.2.3). Dort ist jemand erst dann mit dem Reden fertig, wenn er dies akustisch mitteilt. Dadurch können Sprechpausen integriert werden, die das Gespräch verlangsamen. Während des Redens in sich hinein zu spüren, lässt viel mehr Raum für Authentizität und Intuition.
- **Einfühlsames Zuhören ist die Basis**
  Das gilt natürlich und insbesondere auch am Telefon. Menschen fühlen sich wohl, wenn sie in ihren Anliegen wahrgenommen werden. Da hier die Körpersprache fehlt, ist es empfehlenswert, durch das Wiederholen des Gesagten, mit eigenen Worten, Verständnis durch die Sprache zum Ausdruck zu bringen. Stellen Sie sicher, dass Ihr Gegenüber sich vollständig verstanden fühlt. Dabei ist es Ihre Kompetenz, auch das auszusprechen, was der andere nicht in Worte fassen konnte, was aber dennoch in der Tonlage mitschwingt. Sie erkennen Ihre Treffsicherheit daran, dass der andere „genau" oder ähnliche Worte zurückgibt.
- **Wahrnehmbar bleiben**
  Verständnis per Telefon bedeutet auch, mit „lebendiger Atmung" und mit der Stimme durch „Ja's, Hmm's, Aha's..." anwesend zu sein. Das bewirkt ein Gefühl von Präsenz. Auch hilft es, wenn Sie Gefühle, die Sie haben, kommunizieren. Wir können uns darin üben, das, was wir normalerweise über Körpersprache mitteilen, in Worte zu fassen. Z. B. ist es sehr schön, Folgendes zu hören: „Ich sitze hier, freue mich beim Zuhören und lächle."
- **Offen sein und sich auch mit Schwächen zeigen**
  Das größte und uneingeschränkte Vertrauen entsteht paradoxerweise nicht durch besonderes Hervorheben unserer eigenen Großartigkeit, sondern gerade dann, wenn wir uns als Mensch auch mit unseren Macken erlebbar machen. Selbstsichere Menschen stehen zu ihren Schwächen. Sie zweifeln nicht an

ihrer Kompetenz und haben es deswegen nicht nötig, etwas zu verstecken. Und gerade das macht sie vertrauenswürdig.
Dazu können Sie folgende Empfehlung ausprobieren: Vermeiden Sie besonders am Telefon eine Selbstdarstellung mit dem Tenor „Ich bin die perfekte Führungskraft, habe alles im Griff und bin in allen Aspekten meines Lebens erfolgreich." Lassen Sie Ihr Gegenüber erleben, dass Zusammenarbeit eine Gelegenheit des ständigen Wachsens und Weiterentwickelns ist. Erzählen Sie gegebenenfalls von Ihren Prozessen. Sprechen Sie z.B. Grenzen an, mit denen Sie durch Ihre gemeinsame Arbeit konfrontiert worden sind und lassen Sie Ihre Gesprächspartner in der konkreten Zusammenarbeit erleben, wie Sie Ihre Professionalität bei sich selbst anwenden.
Bitte verstehen Sie das richtig: Damit ist nicht gemeint, eigene Prozesse in die Auseinandersetzung mit Ihrem Gegenüber zu mischen. Führungskompetenz bedeutet, solche Herausforderungen außerhalb zu bearbeiten. Die Einladung lautet einfach: Probieren Sie aus, sich erlebbar zu machen. Sich zu zeigen ist „das Stärkste", z.B. durch eine persönliche Mitteilung.

- **Durch zeitnahe Verfügbarkeit in Verbindung sein**
  Das Telefon bietet die unschlagbare Eigenschaft, ohne Aufwand direkt miteinander in Verbindung zu treten. Eine solche Partnerschaft eröffnet die Möglichkeit, sozusagen „live" dabei zu sein. Das ermöglicht, vorhandene Abstände zu minimieren und beinhaltet die Einladung, dass der andere mitten in unserem Leben sein darf, wir einen wesentlichen Anteil an seinem Geschehen haben und einen Beitrag leisten können. Dann ist es selbstverständlich, dass auch ohne Termin ein kurzfristiges Gespräch möglich ist oder wir über elektronische Medien in Verbindung stehen. Es entsteht ein natürliches Bedürfnis, nachzufragen, wenn bei wichtigen Ereignissen keine Rückmeldung kommt. In bestimmten Situationen sind häufige, ja tägliche Kontakte, sinnvoll. Eine Lebendigkeit und Vielfalt wird möglich, die zu außergewöhnlichen Ergebnissen führt.
  Ist das noch professionell? Sind Sie dann als Führungskraft noch Ihr eigener Herr? Dürfen Sie keine Freizeit, kein ungestörtes Wochenende… haben? Ja, natürlich dürfen Sie!
  In Verbindung zu sein heißt nicht, immer erreichbar zu sein. In Verbindung zu sein bedeutet auch nicht, auf verdiente Feierabende, auf freie Wochenenden oder Urlaub verzichten zu müssen. Es bedeutet nicht mehr und nicht weniger als voll da zu sein, wenn wir da sind, und uns die Zeiten für uns selbst zu nehmen, die wir benötigen. Die Angst, dass Ihr Gegenüber diese Offenheit ausnutzt, können wir aus vielfacher Erfahrung nicht bestätigen. Wie so häufig wirkt auch hier das Paradoxon des Lebens: Wenn der Weg offen steht, braucht er nicht unnötig belastet zu werden.
- **Sich auf das Potenzial im anderen beziehen**
  Sich auf die Größe von Menschen zu beziehen, an diese zu glauben, unbeeinflusst von den aktuellen äußeren Erscheinungen, hat Kraft. Besonders dann, wenn das Gegenüber etwas vorhat, etwas erreichen möchte. Damit ist der Weg frei, Potenziale zu ergründen, Stärken zu untersuchen, Möglichkeiten zu entdecken. Als Führungskraft fokussieren wir nicht den Fehler. Wir beziehen uns vielmehr auf Fähigkeiten. Wir sprechen über Dinge, die funktionieren, untersuchen Wirkfaktoren, die zum Erfolg geführt haben, erzeugen eine Energie von Vertrauen (Selbstvertrauen), Wachstum und Lebendigkeit. Je mehr wir dieses Potenzial im anderen sehen oder besser „hören" und ihm dieses zusprechen, desto leichter und einfacher kann er dort hineinwachsen.

- **Die eigene Intuition nutzen**
  Das Telefon bietet eine gute Möglichkeit, sich in Intuition zu üben, weil wir durch das fehlende bildliche Gegenüber viel weniger Informationen verarbeiten müssen, als wir es normalerweise in einem Gespräch tun. Vielleicht haben Sie beim Zuhören Körperempfindungen wie Hitze, Prickeln, Kribbeln oder es tauchen Bilder oder Gedanken zu bestimmten Themen auf.
  Bieten Sie Ihrem Gesprächspartner Ihre intuitive Wahrnehmung als möglichen Blickwinkel an. Nutzen Sie die Gelegenheit, wenn Sie Bilder oder Gedanken haben, die im Sinnzusammenhang vielleicht sogar abwegig erscheinen. Sagen Sie ausdrücklich dazu: „Es ist keine Wahrheit, sondern eine mögliche Sichtweise" und bitten Sie um Überprüfung, ob Ihr Gegenüber sich von Ihren Worten angesprochen fühlt.
  Unsere Erfahrung ist: Häufig führt das Formulieren solcher Impulse zu einem tiefen Austausch.

Fazit: Wer

- sich in der Kunst des Loslassen üben möchte,
- sicherstellen möchte, dass er nicht zu stark dominiert,
- mehr Vertrauen in seine Mitarbeiter gewinnen will,
- erleben möchte, dass einfache Schutzräume die Türe dazu öffnen, in eine tiefere Verbindung zu kommen,
- an außergewöhnlichen Ideen und Lösungen interessiert ist,

dem empfehlen wir die Potenziale von regelmäßigen Telefonaten zu nutzen.

5.1.2 Team- und Gruppencoaching per Telefon[2]

Wenn wir Sie davon überzeugen konnten, dass Führung und Coaching übers Telefon funktioniert und gute Resultate liefern, gehen wir nun einen logischen Schritt weiter. Natürlich können auch mit Gruppen am Telefon hervorragende Ergebnisse erzielt werden. Wie das gelingt und was dabei zu beachten ist, wollen wir Ihnen in diesem Kapitel aufzeigen, indem wir Sie an unseren Erfahrungen bei Gruppen bis zu 15 Personen teilhaben lassen.

In der heutigen Zeit, bei der viele Teams nicht mehr an einem Standort zusammenarbeiten, werden Telefonkonferenzen[3] immer häufiger genutzt, um verschiedenste Themen und Anliegen zu bearbeiten und miteinander in Kommunikation zu sein. Diese werden in der Regel von den Beteiligten als anstrengend und wenig produktiv erlebt. Das Potenzial von Gruppen via Telefon zu nutzen,

[2] Dieses Kapitel wurde wesentlich inspiriert durch Dorothee Bornaths Beitrag „Telefon[3] – Gruppen coachen am Telefon" in dem Buch: Coaching 2.0 Handbuch Telecoaching (siehe Literaturliste)

[3] Dank der Entwicklung des E-Learnings bekommt das Telefon im europäischen Raum einen neuen Platz zum gemeinsamen Lernen. Gerade die amerikanischen Konferenzanbieter haben sich auf diese Art von Bildung spezialisiert. Da werden Konferenzen bis zu 1000 Personen per Knopfdruck in 3er, 4er oder 5er Gruppen unterteilt, die selbständig an Themen arbeiten. Mit einem zweiten Klick schaltet sich der Trainer nach Bedarf in die einzelne Gruppe und gibt Feedback, http://maestroconference.com/QuickTour, abgerufen am 4.12.2016.

ist nicht wirklich so einfach, wie ein sehenswerter humorvoller kurzer Film unter dem Titel: „A Conference Call in Real Life"[4] zeigt. Er stellt die häufigsten Pannen und Auswüchse dar:

- Da die Teilnehmer sich nicht an die üblichen Verhaltensnormen halten müssen, sind Tätigkeiten wie Aufräumen, Computerspiele, E-Mails bearbeiten, auf Toilette gehen… häufige Nebenerscheinungen einer Konferenz.
- Technische Probleme, Halleffekte, Störungen in der Leitung können jede Konferenz in einem Augenblick zusammenbrechen lassen.
- Eine zielführende Diskussion ohne Blickkontakt, ist noch schwieriger als üblich. Das Springen von einem Thema zum anderen ohne nennenswerte Ergebnisse ist vorprogrammiert.
- In der Regel bestimmt die Führungskraft, wie eine Telefonkonferenz abläuft. Da eine gute Interaktion unter diesen Rahmenbedingungen besonders ausgebildete Fähigkeiten benötigt, wird ein lebendiger Austausch mit einem unbegabten Moderator eher klein geschrieben und Monologe und Informationsaustausch dominieren häufig das Geschehen. Genau dies führt zu den anfangs genannten Ablenkungen.

Ein telefonischer Konferenzraum ist weitaus effektiver und gewinnbringender als die meisten Menschen erwarten. Möglich macht dies eine professionelle Moderation, welche diese Qualität sicherstellt. Dadurch bietet sie viele Möglichkeiten, aus dem vollen Potenzial zu schöpfen. Eine Gruppe von sieben Teilnehmern mit einem Durchschnittsalter von 45 Jahren eröffnet eine Lebenserfahrung von über 300 Jahren! Dieses gemeinsame Wissen könnte aktiviert und damit ungeahnte Ergebnisse erzielt werden.

Gelingt dies, nehmen die Mitglieder Anteil, lernen durch Zuhören und geben produktives Feedback. Die Erfahrung, gemeinsam kreativ an Lösungen zu arbeiten, ein Vertrauensverhältnis miteinander aufzubauen und zu pflegen und ein Netzwerk der gegenseitigen Unterstützung zu haben, wird zu einem unersetzbaren Gewinn für alle Beteiligten.

Wir möchten Ihnen dabei drei unterschiedliche Telefonkonferenz-Formate vorstellen, die sich hervorragend innerhalb überschaubarer Gruppengrößen managen lassen:

1. Formate für gelingende Zusammenarbeit
2. Erfahrungsaustausch und Peergroups
3. Trainings und Weiterbildungen

Zu 1.: Formate für gelingende Zusammenarbeit

Als erste Form, welche durch die Qualitäten von Telefonkonferenzen profitieren kann, wollen wir die konkrete Zusammenarbeit von Teams in Unternehmen erwähnen.

Die Teilnehmenden finden dort für anstehende Anliegen, Probleme und Themen praktikable Lösungen. Ob es sich dabei um ein bestehendes Team handelt,

---

[4] Eine Parodie auf die Pannen einer Telefonkonferenz finden Sie unter https://www.youtube.com/watch?v=DYu_bGbZiiQ, abgerufen am 02.12.2016.

ob die Mitarbeiter einer Hierarchieebene zusammen kommen oder fachliche Gruppen an wichtigen Herausforderungen arbeiten, spielt keine Rolle.

Das Wichtigste ist hier die kompetente Moderation, die in keiner Rollenvermischung steht. Das heißt konkret, dass Führungsverantwortung und das Leiten eines telefonischen Zusammentreffens sich gegenseitig ausschließen. So wird sichergestellt, dass effektive Ergebnisse Vorrang vor möglichen Dominanzen bekommen. Es sind auch hier die fein abgestimmten Prozesse und Vorgehensweisen, die zu guten Ergebnissen führen (siehe struktureller Aufbau im folgenden Kapitel). Als dafür hilfreich haben sich die konsentorientierten Praktiken erwiesen, innerhalb derer vier Themenkomplexe unterschieden werden. Siehe auch Kapitel 5.3 „Konsentorientierte Ansätze".

Die Moderation unterstützt dabei, alle Themen und Anliegen in folgende Gruppierungen zu unterscheiden:

1. Ein Problem, bei dem Zuarbeit eines anderen benötigt wird.
2. Eine Sache, bei der Zuständigkeiten, Rollen und Richtlinien unklar sind.
3. Eine Frage der Priorisierung und welche Ausrichtung für das gemeinsame Anliegen wichtiger ist.
4. Eine Notwendigkeit der gegenseitigen Wahrnehmung, um in einem Thema oder einer Herausforderung einen wesentlichen Schritt weiter zu kommen.

Zu 2.: Erfahrungsaustausch und Peergroups

Genauso eignet sich eine Telefonkonferenz für offene oder geschlossene Gruppen, die sich regelmäßig zu einem Thema treffen wie beispielsweise:

- Die Potenziale der beteiligten Personen ins Leben bringen
- Kollegiale Beratung
- Unternehmer unter sich, die „raus aus dem Einzelkämpfertum" wollen

Die Gruppenzusammensetzung kann dabei unterschiedlich und sogar heterogen sein, also aus Angehörigen unterschiedlichster Berufe und verschiedenster hierarchischer Positionen bestehen, die sich zu einem vorher bestimmten Thema treffen.

Hier steht der Blick auf den Kompetenzen des Einzelnen und dem gegenseitigen Partizipieren am Know-how im Vordergrund. Dies gelingt vor allem dann sehr gut, wenn die Moderation die Prinzipien von Wertschätzung nutzt. Das Sich-nicht-Sehen macht es einfach, sich auf die positiven und für das Gelingen des Ganzen konstruktiven Aspekte der Gegenüber zu fokussieren.

Zu 3.: Trainings und Weiterbildungen

Innerhalb eines solchen Raumes können Themen wie:

- Zeit- und Selbstmanagement
- Verkaufstrainings
- Wertschätzende Führungskräfteentwicklung
- Projektmanagement
- (Telefon)Service
- Kommunikationstraining
- und viele andere

weiterentwickelt werden.

Die Struktur eines solchen Trainings ist sehr praxisorientiert gestaltet. In mehreren Modulen à 90 Minuten wird ein individuell zugeschnittenes Programm mit Übungen, Supervision, Gruppenarbeit und Erfahrungsaustausch erlebt. Impulsreferate, Peer-Coaching und Diskussionen können ergänzend genutzt werden. Professionell, bestenfalls von zwei Seminarleitern moderiert, entsteht mit geeigneten Methoden (s. Kapitel 5.1.3) schnell ein Vertrauensraum, in dem alle miteinander und voneinander lernen. Eine solche kreative Gestaltung ermöglicht Entspannung und Intensität gleichzeitig.

In diesem Klima gemeinsamen Lernens sind alle Anwesenden wertschätzend und lebendig miteinander im Gespräch. Indem neben dem Input einer Fachkraft auch interaktiv das Know-how der Gruppe herausgearbeitet wird, wird mittels konkreter Übungen, bei denen jeder beteiligt ist, ein persönliches Erleben sichergestellt. Am Ende wird auf ein konkretes Vorhaben fokussiert, das im Alltag verankert werden will. Durch eine solche Aufgabe, die von den Anwesenden mitgestaltet werden kann, wird ein praxisnahes Training „on the job" sichergestellt, das niemanden überfordert. Nach ein oder zwei Wochen trifft man sich wieder und reflektiert gemeinsam alles, was gelungen oder misslungen ist. Aufbauend auf diesen Erfahrungen wird ein nächster Trainingsschritt gegangen und so verzahnt sich Lernen und Leben auf einfache Art und bringt die gewünschten Kompetenzen sicher zum Entfalten und Gelingen.

5.1.3 Der strukturelle Aufbau einer wirkungsvollen Telefonkonferenz

Hier bekommen Sie ein Bild eines möglichen Ablaufs mit dem Fokus darauf, wie es einer guten Moderation gelingt, alle Beteiligten einzubeziehen und im Prozess zu halten.

1. **Pünktlicher Start**
   Eine Telefonkonferenz unpünktlich zu starten, führt zu der Angewohnheit, dass sich die Beteiligten daran gewöhnen, regelmäßig ein paar Minuten später zu kommen. Daher ist es wesentlich, immer zur verabredeten Zeit zu beginnen und es der Moderation zu überlassen, die Zuspätkommer ohne Aufwand mit einzubeziehen.
2. **Check-in oder Ankommensrunde**
   Am Anfang kommt jeder zu Wort. Dieses Ritual unterstützt alle Beteiligten dabei, gegebenenfalls noch durchgeführte andere Tätigkeiten auf Seite zu stellen. Auch beinhaltet ein solcher Start die Möglichkeit, eine kurze persönliche Mitteilung zu machen. Ein solches Vorgehen ist deshalb so wichtig, weil das visuelle Erleben der Teilnehmer fehlt. Hier ist es wesentlich, eine besondere Qualität der gegenseitigen Wahrnehmung durch Worte aufzubauen. Mit persönlich ist nicht gemeint, dass hier besonders vertrauensvolle Informationen gegeben werden. Folgende zwei mögliche Anfangsfragen verdeutlichen diesen Hinweis:
   a. Die folgende Frage: „Was möchte ich loslassen, um jetzt ganz hier sein zu können?" baut eine Brücke zum Ankommen. Da kein Weg zu einem

Konferenzraum oder Ähnlichem zurückgelegt werden braucht, sind viele Teilnehmer noch mit irgendeiner Sache beschäftigt. Diese anzusprechen um sie loszulassen, unterstützt den gemeinsamen Anfang in der Telefonkonferenz.

b. Eine Ankommensfrage schafft, unterschieden nach dem jeweiligen Kontext, eine Verbindung zu dem darauf folgenden Anliegen und stärkt das Gemeinschaftsgefühl. Diese könnte folgendermaßen lauten:
   i. Bei einem fortlaufenden Workshop: „Was ist neu und gut? Was war die wichtigste Erfahrung seit dem letzten Treffen?“
   ii. Bei einem Arbeitsmeeting: „Wen möchte ich heute für seine Mitarbeit in meinem Projekten anerkennen?“
   iii. Bei einer Peer-Group: „Was bewegt oder beschäftigt mich gerade, mit welchen Herausforderungen bin ich konfrontiert?“

   Eine gute Ankommensfrage zieht die Anwesenden mit ihrer Aufmerksamkeit in die Gruppe! Weitere Ideen dafür finden Sie in Kapitel 6.4

Damit alle das Gefühl bekommen, an einem runden Tisch zu sitzen, vor allem bei größeren Gruppen, lädt die Moderation noch vor diesen Mitteilungen dazu ein, auf einem Papier einen runden Tisch aus der Vogelperspektive zu malen und die Sitzungsteilnehmer in einer gewählten Reihenfolge darum zu platzieren. Dort können auch wesentliche Stichpunkte zu den Beteiligten notiert werden.

3. **Informationsteil**
   In vielen Formaten ist es wesentlich, die Anwesenden auf einen gleichen Informationsstand zu bringen. Die Moderation befragt dazu alle Anwesenden. Wichtig ist hier, sich auf Neues zu fokussieren und die Beteiligten daran zu erinnern, sich auf die Details zu beschränken, welche für das Thema der Konferenz relevant sind. In Trainings wird an dieser Stelle fachlicher Input gegeben oder eine Einstiegsfrage gestellt, die idealerweise das vorhandene Wissen zur Verfügung stellt.
4. **Arbeitsteil**
   a. In einem Arbeitsmeeting werden hier die entsprechenden Themen gesammelt: Achtung, wir empfehlen keine vorher angekündigte Themenliste! Die Aufmerksamkeit der Teilnehmer ist umso größer, je mehr sie in den Verlauf der Konferenz verantwortlich mit eingebunden sind. Damit werden genau die Themen angesprochen, die jetzt wirklich aktuell sind. Auch ist es eine Frage der gleichen Augenhöhe, die jedem die Gelegenheit gibt, seine Anliegen einzubringen. Daraufhin sortiert und priorisiert die Moderation und nicht die Führungskraft die Themen. Diskussionen werden durch das Kreissprechen ersetzt und Probleme sind dann besonders schnell gelöst, wenn der Fragende gleich mit einem Lösungsvorschlag kommt und die Gruppe sich darauf geeinigt hat, im Konsent abzustimmen – sprich, jeder mit dem Vorschlag leben kann, anstatt langwierig das Bestmögliche zu erkunden.
   b. In einem telefonischen Training ist hier der Platz für eine Übung, bei der möglichst alle mitbeteiligt werden. Hier wird beispielsweise jeder dazu eingeladen, ein für ihn aktuelles Thema zu formulieren und dies in ein paar Sätzen mitzuteilen. In einer anschließenden Übung mit einem

Teilnehmer vor den Ohren aller kann das eigene Anliegen parallel dazu von den anderen mitbearbeitet werden. Wichtig ist eine anschließende gemeinsame Auswertung, bei der jeder sein Lernen mitteilt.

5. **Wichtige Aufgaben zusammenfassen**
   In einer Trainings- oder Peergroup werden gegen Ende der Konferenz häufig Vereinbarungen zur weiteren Beschäftigung mit den Erkenntnissen und Ergebnissen gemeinsam entwickelt oder vorgeschlagen. Dies empfiehlt sich besonders dann, wenn die Gruppe über einen längeren Zeitraum zusammenarbeitet. Ziel dieser Vereinbarungen ist es, das gemeinsam Gelernte in den Alltag zu bringen. Bewährt haben sich Übungen, die sich leicht in das Arbeitsleben integrieren lassen und eine gewisse „sportliche" oder experimentelle Attraktion für die Teilnehmer haben. Per E-Mail oder anderen Formen der elektronischen Rückmeldung, anhand derer die Teilnehmer ihre Erfahrungen zwischen den telefonischen Gruppentreffen direkt mit der Gruppe teilen, wird gegenseitig eine hohe Motivation erzeugt, am Thema „dran" zu bleiben.
   Innerhalb eines Arbeitsmeetings sind diese Dinge meist schon während der Themenbehandlungen erledigt worden. In allen Fällen ist es empfehlenswert, die Vereinbarungen anschließend noch einmal in einer E-Mail zusammen zu stellen und an die Beteiligten zu senden.
6. **Die Abschlussrunde**
   Eines der wesentlichsten Elemente neben der Ankommensrunde ist ein gemeinsamer Abschluss, der jeden Beteiligten wieder in seine eigene Welt entlässt. Zwei Dinge stehen hier im Vordergrund:
   a. Eine Rückmeldung an die Moderation geben
      Einen telefonischen Raum zu halten und gute Ergebnisse zu gewährleisten, ist in jeder Gruppe ein ständiges Lernen, was genau diese Gemeinschaft benötigt. Ein Feedback an die Moderation ist hilfreich und notwendig dabei, die fortlaufenden guten Ergebnisse sicher zu stellen.
   b. Die wichtigste Erkenntnis oder das wesentlichste Erlebnis anerkennen
      In einer abschließenden Runde eine kurze Stille anzumoderieren, innerhalb derer jeder Beteiligte nachspüren kann, was denn das wesentlichste Erlebnis oder die wichtigste Einsicht in der gemeinsamen Zeit war, erhöht den Wert und damit auch die Offenheit, sich zukünftig noch mehr auf die gemeinsame Konferenz einzulassen, um ein Vielfaches.
      Warum? Eine solche wertschöpfende Abschlussrunde schafft eine echte Würdigung und erhöht die Präsenz von Freude und Verbundenheit im Alltag. Befriedigend ist weiterhin, wenn beispielsweise die Moderation ihre Pannen anerkennen und sich für die Geduld und das gemeinsame Lernen bedanken kann.

Wie in jedem Gruppenprozess passiert es hin und wieder, dass manche Teilnehmer wenig Einfühlungsvermögen besitzen und sich wiederholt zu unpassenden Zeiten in den Vordergrund stellen. Wie in jeder Gruppensituation ist es die Aufgabe der Moderation, diese Menschen so einzubinden, dass sowohl die Einzelnen, als auch die Gruppe davon profitiert. Unsere Erfahrung zeigt jedoch, dass sich diese Situationen in einem solchen wirklich wertschätzenden

Setting äußerst selten ereignen und die Begleitung auf den Prozess und die Eigenverantwortung aller Teilnehmer vertrauen kann.

Was tun, wenn keiner etwas sagt?

Während der Konferenzen entstehen immer wieder Zeiten, in denen niemand spricht. Stille am Telefon wird von vielen Menschen eher als unangenehm empfunden. Rückfragen wie: „Seid ihr noch da?", spiegeln dies wieder. Gleichzeitig sind Zeiten, in denen nicht gesprochen wird, grundsätzlich wertvoll. Es kann nachgespürt und reflektiert werden. Um diesen Nutzen herzustellen ist es hilfreich, Pausen als wertvollen Raum anzumoderieren: „Nutzen Sie Zeiten der Stille dazu, einmal durchzuatmen und das Thema zu reflektieren."

Es ist eine Kunst, die gelernt werden kann, auch der Stille Raum zu geben, das heißt, sie in diesem Sinne nicht nur auszuhalten, sondern zu schätzen.

5.1.4 Die Zukunft von Telefonkonferenzen in der Unternehmensumgebung

Wir Autoren haben tausendfach erlebt, dass die nach obigen Vorschlägen geleiteten Gruppen per Telefon eine überaus große Wirkung haben und die Beteiligten mit großer Zufriedenheit hinterlassen. Daher wird auch neben Skype und anderen webbasierten Konferenzen mit Bildübermittlung das Treffen mittels Telefon eine große Zukunft haben. Die Vorteile liegen auf der Hand. Impulse aus kraftvollen Gruppen beleben den Alltag und bringen sowohl neue Einsichten und Innovation, als auch persönliche Bereicherung hervor. Umso schöner, wenn ein solches Arbeiten von fast jedem Fleck der Erde aus möglich ist.

5.2 Appreciative Inquiry – Die Kraft und Weisheit von Erfolgen nutzen

Die Art und Weise, wie Menschen über sich selbst und über die Erlebnisse in ihrer Organisation denken und sprechen, beeinflusst maßgeblich deren Realität und Image. Das wiederum hat Auswirkungen auf Engagement, Kreativität und Produktivität. Appreciative Inquiry (AI) ist einer der fundamentalsten Ansätze, die ein Gespräch über eine Firma, eine Abteilung oder über Ereignisse und Vorgänge fundiert positiv wandeln können, zum Beispiel in folgenden Fällen:

- Ein Unternehmen möchte sich neu ausrichten, z. B. „Mehr Übergabe an Verantwortung an die Mitarbeiter".
- Manager wollen Appreciative Inquiry lernen, um selbst wertschätzend in ihrer Firma wirksam zu sein.
- Geschäftsführer suchen gute Wege, einen Konflikt beizulegen.
- Ein Unternehmen möchte die Nachfolge regeln, ein Startup sich kreieren.
- Ein weltweites Team sucht Impulse, besser zusammenzuarbeiten.
- Führungskräfte aus unterschiedlichen Unternehmen wollen gemeinsam über zwei Tage parallel an den eigenen Themen arbeiten.

- Eine Kleingruppe möchte ein Projekt aufsetzen, so dass der Erfolg schon greifbar wird[5].

All dies und mehr ist mit AI (Appreciative Inquiry) möglich. Gerade die Mischung aus wertschätzender Haltung und Methode sowie die Vielfalt der Einsatzmöglichkeiten für Themen jeder Art und in jedem Kontext ist extrem attraktiv. Die Möglichkeiten, AI im Kleinen und sogar für große Konferenzen zu nutzen, offline und online, per Telefon und in Person zu kombinieren, fügt der Vielfältigkeit und Reichweite dieses Ansatzes weitere Facetten hinzu.

Auch die wunderbare Flexibilität, im Prozess andere Elemente aus ergänzenden Methoden integrieren zu können, macht AI so wertvoll und wirkungsvoll.

Was auch immer der Anlass, was auch immer das Thema ist, Menschen sind davon berührt, miteinander auf die Suche nach dem schon vorhandenen Guten und Erfolgreichen zu gehen. Hier entstehen überraschend schnell tiefe Verbindungen und Freundschaften, selbst mit nicht (so) bekannten Personen oder Menschen, denen man eher aus dem Wege gegangen ist.

5.2.1 Was ist Appreciative Inquiry?

AI ist ein wunderbares Instrument, in einem Unternehmen die Wirklichkeit hinter all den im Alltag auftretenden Problemen zu erfassen. Dadurch wird der Blick wieder frei für das Wesentliche, für das, worum es eigentlich geht. Die Verbindung mit den vorhandenen Potenzialen bringt Klarheit, inspiriert und schafft neue Energie. Notwendige Handlungen werden unterstützt, um eine gewünschte Zukunft zu gestalten, in der wir wieder mehr von dem in unserem Berufsalltag erleben, was uns wichtig ist.

Appreciative Inquiry ist sowohl Philosophie als auch methodischer Ansatz in der Team- und Organisationsentwicklung. Diese beginnt mit der gemeinsamen Suche der Beteiligten nach dem Besten in Menschen, in Organisationen und in deren Umfeld. Es geht um das Entdecken und Ausbauen von Stärken und Erfolgen, Ressourcen und Potenzialen. Erfolgsgeschichten werden sichtbar gemacht, gewürdigt und genutzt.

Appreciative Inquiry ist ein „ehrlicher Beteiligungsprozess“. Er setzt voraus, dass die Spitze des jeweiligen Systems die Methode verstanden hat und offen ist für den Prozess. Es sollte immer ein repräsentativer Querschnitt des jeweiligen Systems beteiligt sein.

Die Methode wurde Mitte der 80er Jahre von Dr. David L. Cooperrider und Dr. Suresh Srivastava an der Case Western Reserve University in Ohio entwickelt.

Grundannahmen

- Menschen und soziale Systeme entwickeln sich immer in die Richtung, in die sie ihre Aufmerksamkeit lenken.

---

[5] Dies könnte diese Gruppe innerhalb der fogenden Veranstaltung tun: www.wertschaetzerevent.com, abgerufen am 04.01.17.

- Jeder Mensch, jede Beziehung und jedes System hat ungeahntes und ungenutztes, positives Potenzial, das gelegentlich zum Vorschein kommt.
- Menschen gehen mit mehr Vertrauen und Wohlbehagen in die Zukunft (das Unbekannte), wenn sie Vergangenes (Bekanntes) fortsetzen.
- Wenn wir Vergangenes fortsetzen, dann sollte es das Beste aus der Vergangenheit sein.

Der Prozessablauf

- Zur Vorbereitung: Identifizieren und definieren, wo Veränderung erwünscht ist.
- Erforschen, was gut funktioniert und wo die Potenziale liegen.
- Erfinden, wie es sein könnte, wenn alle Potenziale aktiviert sind.
- Entwerfen einer Brücke in die gewünschte Zukunft.
- Erarbeiten, wie die gewünschte Zukunft nachhaltig verwirklicht werden kann.

Die vier Phasen des Prozesses werden im Folgenden vertiefend beschrieben.

Die Einsatzmöglichkeiten

Appreciative Inquiry ist für Führungsthemen ebenso geeignet wie für Organisationsentwicklung und Veränderungsprozesse. Es wird für das Umsetzen von Projekten und bei firmeninternen Workshops – egal welcher Größenordnung – genutzt. Auch bei Coaching-Prozessen ist AI ein hervorragendes Instrument.

Jedes Anliegen eines Systems kann bei einem AI-Prozess in den Mittelpunkt gestellt werden. Eine Fluggesellschaft hat z. B. einen AI-Prozess dazu genutzt, um herauszufinden wie Koffer schneller und sorgsamer zum Flugzeug und wieder zurück zum Laufband gebracht werden können.

Häufig stehen folgende Themen im Fokus:

- Veränderungsprozesse,
- Innovationspotenziale fördern,
- Teamentwicklung,
- Führungskräfte-Entwicklung,
- mangelnde konstruktive Kommunikation,
- Umgang mit Konflikten,
- Kundengewinnung/Kundenbeziehungen.

Im Jahre 2000 ist Dorothee Bornath mit dieser Methode in Berührung kommen und hat uns damit infiziert. Hier die Erfolgsgeschichte mit verschiedenen Anwendungsmöglichkeiten aus dem Blickwinkel von Gertraud Wegst.

Die Kraft von Appreciative Inquiry nutzen[6]

Es ist das Jahr 2009, mein Peer Coach, Stephan Josef Dick, hatte mich eingeladen, bei ihm und Dorothee Bornath ein Appreciative Inquiry-Training zu besuchen. Nach diesem Workshop war nichts mehr wie vorher. Ich hatte in langen Jahren als Führungskraft, als Beraterin, Trainerin und Coach das Umgehen mit Problemen perfektioniert. Jetzt mithilfe des wertschätzenden Ansatzes AI die Aufmerksamkeit von den Problemen selbst abzuziehen und, nach Klärung der Sachlage, mich

---

[6] *Von Gertraud Wegst.*

dem zu widmen, was schon funktionierte, war nicht nur eine gute andere Idee, sondern ein kompletter Paradigmenwechsel. Tatsächlich war klar, ich wollte nicht mehr zurück zu meiner bewährten Weise und begann gleich damit, in meinem nächsten Krisencoaching mit zwei Geschäftsführern diese Methode anzuwenden.

Die Erfahrungen mit Coaching-Klienten und das Peercoaching, die alle am Telefon stattfanden, machten mich mutig. Stephan Josef und ich beschlossen, Dorothee und alle Trainingskollegen zu einem Appreciative Inquiry-Prozess via Telefonkonferenz einzuladen zu der Fragestellung: „Wie können wir Wertschätzung in Unternehmen bringen?" Dreizehn Kollegen folgten unserer Aufforderung und ich hatte die Ehre, diesen Prozess zu moderieren. Im Verlauf der nächsten sechs Monate trafen wir uns zu wöchentlichen Telefonkonferenzen à 90 Minuten und durchlebten und bearbeiteten alle Phasen eines Appreciative Inquiry-Prozesses, angefangen mit der Kernthemenfindung. Es folgten das Entwerfen und Durchführen der Interviews sowie das Sammeln der Erfolgsfaktoren, das Visionieren, das Designen mit der Kreation inspirierenden Zukunftsstatements bis hin zur konkreten Verwirklichung des Gewünschten. Als es um die Konkretisierung und Umsetzung ging, wurde klar, dass dieses Anliegen von sieben der Kollegen auch beruflich ernst genommen wurde – und heute noch wird. Als wir das Angebot bekamen, uns auf einer Messe zu präsentieren, sagten alle sieben ja. So trafen wir uns vierzehn Tage vor Messebeginn zum ersten Mal live. Wir hatten noch kein physisches Material und praktisch nichts außer der Idee und einem Namen: „Die Wertschätzer" mit dem Slogan: „Wo Wertschätzung ist, da geht's mir gut."

Einer unserer inspirierenden Sätze lautete: „Jeder trägt frei und gerne das Seine zum Ganzen bei und alles ist getan."

Jetzt war die Gelegenheit, diesen Satz in der Realität zu testen. Innerhalb der kurzen Frist von zwei Wochen schafften wir es, unsere Corporate Identity zu kreieren, ein Logo, ebenfalls eine Webseite, Texte für das Coaching, für Trainings, unsere erste Version der Wertschätzer-Blickwinkel (siehe Abschnitt 6.2.3) und eine Messebroschüre. Sogar Wertschätzer-Buttons waren pünktlich zum Messebeginn am 1. Februar 2011 vorhanden. Die Besucher nahmen uns selbstverständlich als gediegene Organisation wahr und konnten es kaum fassen, wenn sie auf Nachfragen erfuhren, dass wir uns über Telefonkonferenzen kreiert, gerade erst gegründet und all die Vorbereitungen erst in den letzten zwei Wochen geschafft hatten.

Dieser auf AI basierende Gründungsimpuls war so stark, dass noch heute alle sieben mit im Boot sind und wir weiterwachsen.

AI hat unser Leben verändert. Auch die kritischsten unter uns kamen nicht umhin, zu bemerken, um wie viel wirksamer, lebendiger und freudiger dies ist. Anstatt einander immer wieder vorzuhalten, was alles nicht funktioniert, richten wir den Fokus lieber auf die Stärken und das Funktionierende. Wir bekamen immer mehr Freude daran, auch verborgene Stärken zu entdecken, herauszuarbeiten und weiterzuentwickeln. Immer klarer sind wir darin, wertschätzende Prinzipien in unseren Arbeitsalltag einzubauen. Statt unserem evolutionär angelegten Fehlersuchblick zu folgen, zieht es uns mit viel Elan dahin, die gemachten Erfolge und deren Wirkfaktoren zu betrachten und beruflich zu nutzen. Eines können wir mit Sicherheit sagen: Durch AI verlieren wir nicht die tief in uns angelegten Mechanismen, auf das zu schauen, was fehlt. Diese verlieren jedoch zunehmend an Bedeutung!

5.2.2 Die Wurzeln

Appreciative Inquiry ist ein werteorientierter Prozess, der es Menschen, Teams und Organisationen erlaubt, über Probleme und Grenzen hinauszuwachsen.

Die Methode Appreciative Inquiry wurde Mitte der 1980er-Jahre von Dr. David L. Cooperrider und Dr. Suresh Srivastava an der Case Western Reserve University in Ohio entwickelt.

David L. Cooperrider[7] selbst beschreibt sie folgendermaßen:

„Appreciative Inquiry ist die kollektive Suche nach dem Besten in Menschen, in Organisationen und in ihrem Umfeld – die Suche nach Wirkfaktoren, die einem System Vitalität verleihen, wenn es humane, ökonomische und ökologische Bedürfnisse optimal in Einklang bringt. Appreciative Inquiry ist auch die Kunst, Fragen so zu stellen, dass die verborgenen Ressourcen eines Systems gestärkt und positive Potenziale aktiviert werden. Die bedingungslos positive, fragende Grundhaltung vermag es nicht selten, Hunderte oder sogar Tausende von Teilnehmenden zu aktivieren. Bei Appreciative Inquiry wird der Blick freigegeben für Visionen und Innovationen anstelle von Negation, Kritik oder Problemversessenheit."

Menschen engagieren sich dann für Entwicklung und Veränderung, wenn man sie einlädt, ihnen Mut macht und sie inspiriert. Und sie brauchen die Möglichkeit, selbst wirksam werden zu können. All das wird mit Appreciative Inquiry erfüllt!

5.2.3 Wirkmechanismen von AI

In der folgenden Tabelle erkennen Sie den Unterschied zwischen der wertschätzenden Haltung von Appreciative Inquiry und der Ausrichtung üblicher problemorientierter Ansätze.

Konventioneller Ansatz: Probleme lösen Ampelfarbe Gelb	**Appreciative Inquiry Ansatz: Vorhandenes Potenzial entfalten Ampelfarbe Grün**
Probleme identifizieren	Bereiche identifizieren, in denen Veränderung erwünscht ist. Dies können sowohl Schwächen wie Stärken sein
Ursachen analysieren	Das erkunden, verstehen und nutzbar machen, was an Stärken und Potenzialen schon da ist

[7] Aus einer Darstellung von Fritz Walter, http://www.fritzwalter.com/documents/AI_Mehr_von_dem_was_funktioniert.pdf, abgerufen am 22.11.2016.

Konventioneller Ansatz: Probleme lösen Ampelfarbe Gelb	**Appreciative Inquiry Ansatz: Vorhandenes Potenzial entfalten Ampelfarbe Grün**
Mögliche Lösungen erarbeiten	Entwerfen, was im besten Fall sein könnte. Gestalten und vereinbaren, was sein soll
Maßnahmen planen	Planen, wie mit vorhandenen Potenzialen und Möglichkeiten das Gewünschte erreicht werden kann
Grundannahme: Menschen und Organisationen haben Mängel, die beseitigt werden müssen. Dazu brauchen sie häufig Profis und Fachwissen von außen.	Grundannahme: Menschen und Organisationen haben alles benötigte Potenzial für die gewünschte Zukunft. Es muss nur erkundet und nutzbar gemacht werden. Die Beteiligten können lernen, dies selbst zu tun.

Wirkmechanismen im konventionellen Ansatz

Wir stellen nicht in Frage, dass es auch sinnvoll und nützlich sein kann, klar und entschieden auf Fehler und Schwächen hinzuweisen und diese zu verbessern. Das allein hat allerdings häufig unangenehme Begleiterscheinungen. Mit diesem Abschnitt wollen wir auf die Risiken und Nebenwirkungen des konventionellen Ansatzes hinweisen.

Die Beschäftigung mit Schwächen lässt nämlich häufig neue Schwächen auftauchen. Das kann dazu führen, dass viel Energie und Anstrengung darauf verwendet wird, sich mit Fehlern und Schwächen zu beschäftigen, um dann zu versuchen, diese zu überwinden. Dies lenkt den Fokus auf das, was man nicht (mehr) will, anstatt auf die Kraft für Wachstum und Entwicklung. Die Stimmung geht in den Keller und der Energielevel für kreative Lösungen sinkt.

Häufige unerwünschte Nebenwirkungen sind, dass Sündenböcke gesucht werden oder dass Menschen bloßgestellt werden und sich blamiert fühlen. Durch dieses bedrohliche Klima entsteht in der Folge die Tendenz, Fehler und Schwächen zu vertuschen oder auf andere abzuwälzen. Entsprechend neigen Beteiligte dann dazu, Verantwortung zu vermeiden.

Verbesserungen vor diesem Hintergrund benötigen eine hohe soziale Kompetenz. Meist werden solche Prozesse von den Beteiligten als anstrengend und langwierig erlebt. Häufig bilden sich Gruppierungen und Lager für verschiedene Meinungsbilder, die vom eigentlich Gewünschten ablenken.

Wirkmechanismen beim wertschätzenden Ansatz

Hier werden Fragen verfolgt, wie:

- Wie lernen und wachsen Menschen und Organisationen am effektivsten?
- Was gibt Vitalität?
- Welche Potenziale sind vorhanden?
- Was schafft Kraft?

Schwächen werden als Potenzialfelder gesehen, die zum Wachsen und Entwickeln einladen. Wir erkunden und erforschen die Kompetenz, die bereits vorhanden ist und machen diese für andere Bereiche verfügbar.

Die Folge sind positive Nebenwirkungen wie Stärke, Selbstsicherheit, Kompetenz, Inspiration, Engagement und deren Wirkung im gesamten System.

Der Fokus bleibt auf dem, was erreicht werden soll und gemeinsam entwickelt wurde.

Der Energielevel und die Voraussetzung für zielführende, kreative Schritte sind damit ungleich höher als beim konventionellen Ansatz.

Alle Beteiligten konzentrieren sich auf das, wofür sie sich einsetzen wollen – selbst in „stürmischen Zeiten" und wenn die Situation aktuell schwierig ist.

5.2.4 Voraussetzungen für den Erfolg von AI

Für eine gute Durchführung sollte immer ein repräsentativer Querschnitt des jeweiligen Systems beteiligt sein. Bei einer Firma könnten dies Mitarbeiter aller Ebenen und Bereiche, inklusive Vorstand, kooperierender Betriebe bis hin zu Lieferanten und Kunden usw. sein. Idealerweise sind möglichst alle Personen eines Systems vertreten, z. B. in einem Team alle Teammitglieder, incl. Teamleiter oder Vertreter aus jedem relevanten Bereich.

Ein gelungener AI Prozess braucht ausreichend Zeit, um in jeder der vier Phasen Ergebnisse zu erarbeiten, die von allen getragen werden.

In Situationen, die emotional hoch eskaliert sind oder wo sich Verletzungen, Groll und andere negativen Gefühle im Miteinander eingenistet haben, gehört es unbedingt zu einem wertschätzenden Vorgehen, diesen Gefühlen in einem wohlwollenden Setting Raum zu geben und sie anzuerkennen. AI kann hier erst wirksam werden, wenn die Menschen ausdrücken konnten, was sie stört, ärgert oder kränkt.

5.2.5 Die vier Phasen von Appreciative Inquiry

Der Prozess, in dem sich die Kraft und Energie von AI entfaltet, ist der sogenannte „4-D- bzw. 4-E-Zyklus". Er ist der Leitfaden der Veränderung:

- Discovery: Erforschen, was gut funktioniert und wo die Potenziale liegen.
- Dream: Erfinden, wie es sein könnte, wenn alle Potenziale aktiviert sind.
- Design: Entwerfen einer Brücke in die gewünschte Zukunft.
- Destiny: Erarbeiten, wie die gewünschte Zukunft nachhaltig verwirklicht werden kann.

Um diese vier Phasen optimal durchführen zu können, braucht es zuvor eine Definition dessen, was Thema und Fokus der Untersuchung sein soll.

Discovery: Erforschen und verstehen, was gut funktioniert

Ausgangspunkt für Veränderung ist auch hier das, was als Problem wahrgenommen wird. Allerdings wird gleich von Anfang an auf die dahinterliegenden Bedürfnisse, Wünsche und Ziele fokussiert. Schwächen werden als Entwicklungsfelder gesehen. Ausgerichtet auf attraktive Ziele erfolgt eine Forschungsreise zu den Ressourcen, den Erfolgen und Höhepunkten in der Vergangenheit, die in Bezug auf diesen (Problem)Bereich schon erlebt wurden.

Diese Phase dient dazu, die Stärken und Potenziale jedes Einzelnen und des ganzen Systems bewusst zu machen und für den Weg der Lösungen zu nutzen.

Dies geschieht mittels eines „wertschätzenden Interviews", das jeweils zwei Personen zu Beginn eines AI-Prozesses miteinander führen. Dies ist Basis und das Herzstück eines jeden AI-Prozesses – ein Beispiel dafür finden Sie am Endes dieses Kapitels.

Ziel der Interviews ist, positive Qualitäten der Menschen und des Unternehmens auszusprechen und über Erlebnisse und Ereignisse in den Entwicklungsfeldern Geschichten zu erzählen, die mit den besten Gefühlen, Ergebnissen und Erinnerungen verbunden sind. Diese Kraftgeschichten sind der Nährboden, auf dem das Zukünftige blüht und gedeiht.

Die Interviews sind in der Regel ein inspirierendes Erlebnis für beide Partner. Die beteiligten Personen kommen einander nicht nur näher, sondern die Mitteilungen berühren zuweilen gegenseitig auch sehr tief. Der Befragte selbst wird durch seine eigenen Antworten ermutigt und inspiriert und fühlt sich als ganze Person gesehen.

Sich der wunderbaren Erfolgs- und „Kraftgeschichten" im Unternehmen bewusst zu werden, ermöglicht allen, daraus zu schöpfen. So werden die bereits vorhandenen Fähigkeiten und Potenziale gesehen und gewürdigt.

Anschließend werden die Wirkfaktoren, die Vitalität und Kraft erzeugen, sowie die dahinterliegenden Werte herauskristallisiert und öffentlich formuliert. Damit werden diese für alle nutzbar.

Die Kraft dieser Geschichten und der Wirkfaktoren bilden das Fundament und die treibende Energie für alle weiteren Schritte. Die Vergangenheit wird zu einer Quelle, aus der positive Möglichkeiten für die Zukunft geschöpft werden können.

Dream: Erfinden, wie es sein könnte, wenn alle Potenziale aktiviert sind

Aus den Ergebnissen der Interviews wurden einige wenige Schwerpunktthemen ermittelt, welche die Basis für die weiteren Schritte bilden.

Im Mittelpunkt steht dabei die Frage: Wie sieht eine möglichst optimale Zukunft aus?

Jetzt werden Wünsche vertieft und Bilder und Visionen entworfen, was und wie es sein könnte. Die vorher entdeckten Kraftgeschichten und positiven

Erfahrungen sind die Ressourcen, „die Farben", mit denen die Bilder der Zukunft gemalt werden. Die Frage ist: „Welche Schätze und Stärken sollen in die Zukunft getragen werden?"

Es entsteht ein positives, herausforderndes, attraktives und gleichzeitig auch erreichbares Zukunftsbild. Die Zukunft, die hier entworfen wird, ist sowohl bodenständig und realistisch als auch visionär. Sie gründet auf Beispielen aus der Vergangenheit und weist gleichzeitig neue Wege.

Für diese Phase werden verschiedene kreative Elemente und Verfahren genutzt. Daraus wird dann das „Collective Verbal Picture" entwickelt. Dies ist ein Text, der den Traum für eine gewünschte Zukunft, der die Gruppe verbindet, anschaulich und inspirierend beschreibt.

Design: Entwerfen einer Brücke in die gewünschte Zukunft

In einem nächsten Schritt wird auf Basis der Visionen präzise formuliert, was entstehen soll – wie bei einem Architekten, der aus den Träumen und Vorstellungen des Bauherrn einen konkreten Entwurf für das Haus erstellt.

Für jedes Thema werden sogenannte „Zukunftsstatements" formuliert, welche die Kraft der Visionen – was sein soll – klar zum Ausdruck bringen. Diese Zukunftsstatements werden immer weiter präzisiert und konkretisiert, bis sie eine tragfähige Brücke bilden, von den vorhandenen Potenzialen zur gemeinsamen Zukunft, und echte Sogkraft haben.

Die einfache Frage „Was wird sein?" steht hier im Mittelpunkt.

Gute Zukunftsstatements sind:

- **provokativ** – herausfordernd und gehen deutlich über das bisher Erreichte hinaus,
- **geerdet** – nachvollziehbare Beispiele aus der Vergangenheit zeigen, es ist möglich,
- **bejahend formuliert** – sie beschreiben, was sein soll und nicht, was nicht sein soll,
- **ausdrucksstark** – sie haben Anziehungskraft,
- **motivierend** – sie stellen eine attraktive Zukunft dar,
- **in der Gegenwartsform formuliert** – das unterstützt in unserem Gehirn die Umsetzungskraft.

Zukunftsstatements beschreiben Idealvorstellungen, regen die Kreativität an und stellen bisherige Muster und Annahmen in Frage. Sie sind sozusagen die „Blaupause" für die gewünschte Zukunft.

Hier einige Beispiele für wirksame Zukunftsaussagen:

- Jeder übernimmt zu jeder Zeit die volle Verantwortung für das Gelingen.
- Fairness und Respekt in uns Potenziale weckt.

- Begeistert Ideen einbringen heißt Erfolg erringen.
- Getragen von der Freude am Wir durch alle Gezeiten, gestalten wir eine großartige Zukunft.
- Frei, inspiriert und fokussiert gelingt es einfach.
- Akzeptiere, wertschätze, vertraue, handle … und feiere!

Diese Sätze inspirieren häufig auch Außenstehende oder andere Teams des Unternehmens. Vor allem wer den Prozess miterlebt hat, bleibt verbunden mit der Energie der gewünschten Zukunft und dem entworfenen Plan für das gemeinsame „Haus". Diese kraftvollen Aussagen bringen immer wieder plakativ in Erinnerung, worum es geht und wofür alle einstehen.

Destiny: Erarbeiten, wie die gewünschte Zukunft nachhaltig verwirklicht werden kann

Auf den Schwingen der Inspiration aus den ersten drei Phasen wird nun geplant, wie Vision und Zukunftsstatements realisiert werden. Es werden nächste Schritte und Maßnahmen entwickelt. Doch die Umsetzung im Rahmen von AI ist viel mehr, als das übliche „Wer macht was mit wem bis wann?"

Destiny ist das englische Wort für Bestimmung. Es wird hier ein Rahmen geschaffen, in dem das Beste möglich wird, in dem das Unternehmen, die Teams und die Einzelpersonen ihr Potenzial entfalten, wenn sie sozusagen ihre Bestimmung zu erfüllen beginnen. Es geht um die Realisierung der Vision mit Beharrlichkeit in einem wertschätzenden Geist.

Die Umsetzung bzw. Verwirklichung im Sinne von AI bedeutet Kulturveränderung. Mit der Schubkraft der Zukunftsstatements werden konkrete Vereinbarungen, Pläne und operative Projektstrukturen entwickelt, die es ermöglichen, im Alltag aus der Inspiration „des Erfülltseins" heraus zu handeln. Das geht weit über das Erreichen und „Abhaken" von Zielen hinaus.

Bestenfalls ist Destiny ein fortlaufender adaptiver Prozess, der mit der Motivation des gemeinsam Erlebten fortgesetzt wird und sich immer weiter entfaltet.

Im ersten Schritt in der Destiny-Phase wird ergriffen, was es konkret bedeutet, die Zukunftsstatements zu leben und was es dafür braucht.

Hilfreiche Fragen:

- Wo wird der Traum bereits gelebt?
- Wodurch wird die Vision lebendig?
- Was erzeugt die wesentliche Energie dafür?
- Was bringt Freude und Begeisterung?

Des Weiteren werden aus den Zukunftsstatements gemeinsam operative Projektstrukturen entwickelt. Fragen, die dahin führen, sind:

- Was bedeutet das bisher Entwickelte für mein Verhalten?
- Was tun wir dann genau?
- Wo genau lässt sich etwas bewegen und mit welchen Maßnahmen?
- Welche Strukturen brauchen wir dafür?

- Welche strategischen Weichen gibt es dafür jetzt zu stellen?
- Welche Feedbackschleifen halten uns auf Kurs?
- Wie unterstützen und stärken wir uns gegenseitig?
- Welche neuen, positiv formulierten Messgrößen führen wir ein, um uns konsequent auf Erfolge und das Erreichte zu fokussieren?
- Wie würdigen und feiern wir unsere Erfolge?

Destiny beinhaltet auch, dass die Vorgehensweise und die errungenen Ergebnisse von den dafür engagierten Verantwortungsträgern in der Organisation transparent kommuniziert werden. Strukturen, die das Dranbleiben stärken, werden etabliert.

Hat eine Organisation die vier Phasen wirklich ergriffen und auf die beschriebene Art durchlaufen, wird sie wertschätzende Strukturen, Prozesse, Abläufe, Meeting-Formen, Feedbackschleifen etc. etabliert haben, die eine neue Kultur des Miteinanders nähren. Daher ist es wesentlich, dass in dieser Phase nicht Businessplanung „as usual" gemacht wird.

5.2.6 Fazit

Im besten Falle ist Appreciative Inquiry ein fortlaufender Prozess, bei dem für das Erreichen einer gewünschten Zukunft immer wieder Kraft aus den vorhandenen Ressourcen geschöpft wird. Das Ergebnis ist eine neue, nachhaltig wertschätzende Art des miteinander Seins und Arbeitens, ausgerichtet auf einen gemeinsamen sich mit der Zeit weiter entwickelnden Sinn mit wachsenden Strukturen zur Unterstützung von Selbstführung. Im folgenden Beispiel von Reichert Holztechnik in Pfalzgrafenweiler, einem Produktionsunternehmen für hochwertige Küchenfronten und Wandverkleidungen, können Sie nachlesen, wie sehr AI und die Kraft von Erfolgsgeschichten unsere Begleitung von Organisationen positiv prägt.

Eine Grüne Alternative zur Unternehmensnachfolge

Die Unternehmensübergabe des traditionell geführten Familienunternehmens Reichert Holztechnik war mangels Nachfolger aus der Familie Reichert nicht einfach gewesen. Trotzdem war es nach einigen schwierigen Jahren und vielen Turbulenzen dann Ende 2014 sozusagen „in letzter Minute" doch noch gut gelungen, die weitsichtige Führung des vorherigen Inhabers Ulrich Reichert in gute Hände zu legen. Die heutigen drei Geschäftsführer – zwei davon langjährige Mitarbeiter – hatten das Unternehmen gekauft und in den ersten beiden Jahren viele neue Akzente gesetzt. Doch eine Sache beunruhigte: In spätestens zehn Jahren stand der nächste Generationswechsel an. Unternehmerisch gesehen war das eine doch recht kurze Zeit.

Im Kontakt mit den Autoren wurde folgende favorisierte Lösung ausgesprochen: „Wenn es gelänge, die Prozesse und Strukturen im Unternehmen so zu verändern, dass die Mitarbeiter befähigt wären, das Unternehmen selbst zu führen – das wäre genial." Beispiele aus anderen Unternehmen (siehe Kapitel 3.7) zeigen, dass dies nicht nur möglich ist, sondern auch Engagement und die Übernahme von Selbstverantwortung durch die Mitarbeiter fördern kann.

In einer auf längere Sicht ausgelegten Zusammenarbeit starteten wir zunächst damit, weitere zehn Führungskräfte für diese Idee zu gewinnen. Wie in jedem AI-Prozess üblich, nutzten wir dafür ein Basisinterview (siehe unten), in dem nach vorhandenen Schwächen und Stärken gefragt wurde. Wir untersuchten gerade zu Beginn der Zusammenarbeit insbesondere die positiven Bereiche und vorhandenen Erfolgsfaktoren im Unternehmen, da Menschen sich einfacher auf Veränderungen einlassen können, wenn sie auf das aufbauen können, was sie schon an Potenzialen haben. Daher ist es einer der wesentlichen Prinzipien, den Mitarbeitern ihre besonderen Fähigkeiten und Qualitäten zurück zu spiegeln, bevor es an die Themen geht, die nach Veränderungen und Lösungen rufen. Aus dreizehn Einzelinterviews entstand eine so aussagekräftige dreißigseitige Dokumentation, dass sie alle Beteiligten überraschte und berührte. Denn wann erhält man schon einmal eine glaubhafte, mit vielen Zitaten untermauerte Rückmeldung über all das, worauf man als Führungskraft stolz sein kann?

Beispielsweise wurde deutlich, dass es innerhalb Reichert Holztechnik schon immer eine der wesentlichsten Stärken war, Verantwortung weiter zu geben und zur selbständigen Arbeit zu befähigen. Deshalb ermutigte und motivierte es die Beteiligten, dass es davon in Zukunft mehr geben solle. Doch auch die Schmerzpunkte wurden in der Auswertung der Interviews detailliert dargestellt und aus den verschiedenen Blickwinkeln der Interviewten beleuchtet. Damit war durch dreizehn Einzeltelefonate und die Erarbeitung einer Zusammenfassung eine wichtige Hürde geschafft. Das Vorhaben, Verantwortung zu übertragen, war zum Thema aller Beteiligten geworden und nicht länger ausschließlich ein Anliegen der Geschäftsleitung!

Reichert Holztechnik befindet sich durch die vielfältigen wertschätzenden und tiefenwirksamen Herangehensweisen in einem vielversprechenden Prozess in die gewünschte Richtung. Ein angestoßener AI benötigt dabei immer Raum und Zeit, um seine Wirkung nachhaltig zu entfalten. Dann wirken alle durchgeführten Teile positiv in die gesamte Organisation hinein und bringen eine vorher nicht verfügbare Orientierung und Klarheit ins zukünftige Handeln.

An dieser Stelle beispielhaft die Interviewfragen, mit denen wir gearbeitet hatten.

Basisinterview

Vorabinfo: Wir starten das Interview erst mit den Fragen nach den positiven Seiten von Reichert Holztechnik, danach kommen die Fragen nach den Bereichen, wo sich noch etwas zum Besseren verändern soll/ könnte:

A) Ihr Start bei Reichert Holztechnik

Meine erste Frage:

1. Wann kamen Sie zum Unternehmen?
2. Was waren Ihre ersten Eindrücke und was hat Sie bereits am Anfang begeistert, als Sie zur Reichert Holztechnik kamen?
3. Welche Position/Aufgabe halten Sie heute inne?

B) Wertschätzung Ihrer Arbeit und Ihrer Person

Lassen Sie uns jetzt über einige Dinge sprechen, die Sie in Bezug auf sich selbst und Ihre Organisation am meisten wertschätzen.

1. Ohne zu bescheiden zu sein, was schätzen Sie an sich selbst am meisten – als Mensch, als Freund, als Kollege? Was schätzen andere an Ihnen? *(sofern der oder die Interviewte zu bescheiden ist, sich selbst zu loben)*
2. Was schätzen Sie am meisten an Ihrer persönlichen Arbeit?
3. Was schätzen Sie bei Reichert Holztechnik besonders? (auch am Team, am Führungsteam)
4. Was gibt Reichert Holztechnik Stärke und Erfolg?

C) Ihre herausragend positive Erfahrung

Während Ihrer Zeit bei Reichert Holztechnik haben Sie höchstwahrscheinlich Höhen und Tiefen erlebt. Ich möchte Sie bitten, sich an einen Zeitraum oder eine Situation zu erinnern, der für Sie ein echter Höhepunkt war, eine Zeit, in der Sie besonders begeistert waren, sich außerordentlich wohl und lebendig fühlten und in der Sie sich einbringen und etwas bewirken konnten. Dabei spielt es keine Rolle, ob das schon länger her ist oder nicht. Wählen Sie bitte die Geschichte, die Ihnen als erstes in den Sinn kommt.

1. Was ist genau geschehen?
2. Wer war dabei wichtig? Und warum?
3. Was hat es zu einer herausragend positiven Erfahrung gemacht?
4. Wie haben Sie beigetragen, dass dies so möglich wurde? (Taten, Haltungen, Qualitäten)
5. Welche Faktoren bei der Organisation machten dieses Gipfelerlebnis bzw. diese großartige Phase möglich?
   Wenn unserem Partner nur wenig einfällt, prüfen wir einzelne Themen wie Führung, Teamqualität, Arbeitsklima, Einsatzbereitschaft, Kommunikation, Strukturen usw.

D) Entwicklungspotenziale

1. Was sind Ihrer Ansicht nach im Moment die wesentlichen Herausforderungen in Ihrem Unternehmen?
2. Was würde Ihnen/Ihren Kollegen/Ihren Mitarbeitern die Arbeit wirklich erleichtern und angenehmer/effizienter … machen?
3. Was könnte evtl. viel Zeit oder Geld sparen? (Was wird bisher zur Lösung unternommen?)
4. Welche drei konkreten Dinge würden Sie bei der Reichert Holztechnik ändern, wenn Sie die Möglichkeit hätten und Geld keine Rolle spielen würde?
5. Was wäre Ihrer Meinung nach nötig oder wichtig, damit Reichert Holztechnik gesund und leistungsfähig bleibt, wenn die jetzige Führungscrew in den Ruhestand geht?

E) Lernen Implementieren

Was war für Sie an diesem Gespräch wertvoll oder wichtig? Haben Sie etwas gelernt, wenn ja was?

Anleitung und Durchführung eines AI-Interviews

Einführung

Das Interview wird immer zwischen zwei Menschen geführt.

Nehmen Sie sich bitte 2 x 45 Minuten Zeit, um das Interview in beide Richtungen zu führen. Dies ist auch telefonisch möglich. Wenn Sie wollen, können Sie sich als Fragende/r Notizen machen, um die wesentlichen Aussagen festzuhalten.

Einige Tipps für Sie, wenn Sie das Interview führen:

Es geht im Hauptteil des Interviews insbesondere darum, konkrete Geschichten über besondere Erlebnisse zu erzählen. Helfen Sie dem Anderen, seine Geschichte auszubreiten und dabei möglichst anschaulich und konkret zu sein. Seien Sie wirklich neugierig auf die Erfahrung Ihres Interviewpartners, auf seine Gedanken und Gefühle. Behandeln Sie die Aussagen Ihres Gegenübers wie ein Geheimnis, das sich gerade lüftet.

Lassen Sie Ihren Gesprächspartner seine Geschichte erzählen. Bitte erzählen Sie nicht gleichzeitig Ihre Geschichte. Schenken Sie Ihrem Gegenüber Ihre volle Aufmerksamkeit.

Bitte bewerten Sie die Aussagen Ihres Interviewpartners nicht.

Manche Menschen brauchen länger, um über ihre Antwort nachzudenken. Lassen Sie Ihrem Gesprächspartner die Zeit, die er braucht. Es ist absolut in Ordnung, wenn Ihr Gegenüber auf eine Frage nicht antworten möchte oder kann.

Hier sind noch einige Fragen, die Sie im Interview zusätzlich stellen können:

- Erzählen Sie mir bitte mehr darüber!
- Was war daran so wichtig?
- Was haben Sie dabei empfunden?

Tipps für den Interviewten:

- Antworten Sie spontan und genau so, wie es gerade kommt.
- Legen Sie Ihren eigenen Interviewbogen auf Seite und lassen Sie sich voll auf die Fragen Ihres Gegenübers ein.

Interviewfragen

Unsere persönliche Motivation steigt mit der Fähigkeit, uns selbst, Situationen und Menschen um uns herum wertzuschätzen. Daher sind die folgenden Fragen eine gute Einstimmung für das Interview:

- Welche drei Eigenschaften schätzen Ihre nächsten Arbeitskollegen an Ihnen?
- Durch was bekommen Sie Kraft und Energie?
- Was schätzen Sie besonders an Reichert Holztechnik?
- Mit welchen besonderen Fähigkeiten tragen Sie zum Erfolg des Unternehmens bei?
- Was sind Ihre wertvollsten Anliegen, wofür lohnt es wirklich, sich Tag für Tag im Unternehmen einzusetzen?

Fragen zu besonderen Erlebnissen und Geschichten:

Teil 1: Eine Gruppe, ein Arbeitsteam oder eine Gemeinschaft ist umso kraftvoller, je klarer die Beteiligten wissen, warum sie zusammen sind und welchen besonderen Beitrag sie für andere leisten. Deshalb geht es jetzt um ein Erlebnis, bei dem eine gemeinsame Ausrichtung, eine Vision oder ein für alle wichtiges Anliegen entscheidend zu einem guten Ergebnis beigetragen hat.

Bitte erinnern Sie sich an ein solches Erlebnis in einem Team oder einer Gruppe, in der eine größere Herausforderung zu meistern war. Denken Sie bitte an an Ereignisse, bei denen die Beteiligten eine klare gemeinsame Ausrichtung hatten und dies für das Ergebnis wichtig war. Es spielt keine Rolle, ob dieses Erlebnis in Ihrem privaten oder beruflichen Leben stattgefunden hat.

Bitte erzählen Sie mir von dem Erlebnis, das Ihnen als erstes in den Sinn kommt.

Mögliche vertiefende Fragen:

1. Was machte diesen Erfolg für Sie so besonders?
2. Wie ist es Ihnen dabei ergangen? Was hat Sie besonders gestärkt?
3. Wie sind die Beteiligten miteinander umgegangen?
4. Mit welchen Qualitäten und Fähigkeiten haben Sie selbst oder die Gruppe dazu beigetragen?

Teil 2: Immer wieder dürfen wir die Erfahrung machen, dass wir als Team besonderes leisten. Deshalb geht es in der zweiten Frage um ein Erlebnis, bei dem Sie mit ihrem Team innerhalb Reichert Holztechnik einen besonderen Beitrag für das Unternehmen geleistet haben.

Bitte erinnern Sie sich an ein Erlebnis, bei dem Sie als Gruppe vor einer Herausforderung standen, bei der Sie sich nicht wirklich sicher waren, ob das Team das schaffen würde. Denken Sie bitte an solche Ereignisse, bei denen Sie von dem Engagement der Beteiligten überrascht waren und nicht mit so viel Teamgeist gerechnet hätten.

Bitte erzählen Sie mir von einem solchen besonderen Erlebnis.

Mögliche vertiefende Fragen:

1. Was machte diesen Erfolg für Sie so besonders?
2. Wie ist es Ihnen dabei ergangen? Was hat Sie besonders gestärkt?
3. Wie sind die Beteiligten miteinander umgegangen?
4. Mit welchen Team-Qualitäten und Fähigkeiten haben Sie selbst oder die Gruppe dazu beigetragen?

Abschlussfragen:

- Was, glauben Sie, ist der besondere Beitrag in der Branche, den Reichert Holztechnik für seine Kunden leistet?
- Was würde den Endkunden fehlen, wenn Reichert Holztechnik nicht da wäre?

Ein weiteres Projekt mag noch erwähnt werden, welches die besondere Kraft von Appreciative Inquiry einer ungewöhnlichen Mischung aus online und offline Elementen sichtbar macht.

Unity in Diversity – ein weltweiter AI Prozess

Es ist Januar 2016, die European Integral Conference in Ungarn steht für Mai auf dem Programm. Über das Projekt Reinventing Organizations Wiki[8] und die Plattform Teal for Startups[9] findet sich eine Gruppe von Menschen, die ein Experiment wagen wollen. Es sind Menschen rund um den Globus, Susan Basterfield aus Neuseeland, Hélène de Saint Front aus Frankreich, Jeff Aitken von der Westküste, Ben Roberts von der Ostküste der USA und Gertraud Wegst aus Deutschland.

Sie wollen einen Appreciative Inquiry Prozess über die Zeit der Konferenz hinaus, das heißt auch vor und nach der Konverenz, durchführen mit von Länderübergreifenen Online-Elementen. Um zu starten braucht es ein Kernthema, das mithilfe von Paar-Basis-Interviews gefunden wird, die die Gruppe miteinander führt. In einem Auswertungsprozess wird klar, es geht nicht darum, eine neue Gruppe zu

[8] Die Reinventing Organizations-Wiki-Gruppe hat das gleichnamige Buch von Frederic Laloux in eine Wiki-Form gebracht und erweitert es fortllaufend: http://www.wertschaetzer.com/reinventingorganizationswiki, abgerufen am 17.12.2016.

[9] Eine Gruppe, die die Erkenntnisse aus dem Buch Reinventing Organizations für Startups zur Verfügung stellen will. https://tealstartup.wordpress.com/, abgerufen am 17.12.2016.

starten, es geht um viel mehr: Ein Einflusssystem in die Welt zu bringen, das Arbeit unterstützt, die für die Menschen bedeutsam und belebend ist („Midwifing a system of influence that celebrates, nurtures, and energizes work that matters and enlivens"). Der Prozess erhält den Namen: Unity in Diversity[10] (Einheit in der Vielfalt). Ein Teilnehmer/innen Interview mit dem gefundenen Kernthema wird entwickelt und erfreut dabei schon die Autoren. Alle sind sehr inspiriert und laden all ihre Kontakte aus ihren Netzwerken ein, am ersten Teil des Prozesses teilzunehmen, dem Partnerinterview mit Auswertung – Online per aufteilbarer Videokonferenz. In drei Terminen z. T. mit mehr als 20 Teilnehmenden aus aller Welt entstehen auf diese Weise sehr berührende Räume, in denen sich die Interviewpartner gegenseitig berühren und inspirieren und dies zunächst in Kleingruppen, dann im Plenum mitteilen. Mit den Erfolgsfaktoren der erzählten Geschichten fährt Gertraud mit ihren zwei weiteren Kolleginnen Dorothee und Iris nach Ungarn. Dort finden in einem Workshop die zweite und dritte Phase des AI-Prozesses statt. Es stellt sich heraus, dass auf der Konferenz nur eine Person in der Interviewphase mit dabei war. So vertrauen sie dem Raum und der Kreation und geben den Teilnehmenden in Kurz-Interviews und einer Mitteilungsrunde den Raum, diese Kreation weiter mitzutragen. Eine kurze Visionsreise führt in die gewünschte Zukunft von Arbeit. In diesem Raum der Inspiration und Stille bleibend, malen alle 17 Teilnehmenden an einem großen Gemälde intuitiv zusammen. Ein kraftvolles Bild entsteht, das Grundlage für den weiteren Prozess ist.

In diesem Gruppenprozess wird jetzt ein Zukunftsstatement kreiert, das alle im Raum inspiriert. Das Bild und der Satz: „Embrace unity, be love now!" (Umarme Einheit, sei Liebe – Jetzt!) sind nun Grundlage für den weiteren Online-Prozess, der noch bis in den Juni weitergeht mit der Verfassung eines Gedichtes, der Visualisierung des Prozesses und dem Kreieren von mehreren neuen Initiativen im Rahmen von Unity in Diversity. Es entstehen Arbeitsgruppen und Initiativen zu Themen wie Neues Forschen mit Action Research, Kreation einer Visualisierungskarte der vorhandenen Next Generation Initiativen, eine Broadcast Serie mit mehreren Frauen, „Women Matters", um nur einige zu nennen. Dieser Prozess geht weltweit weiter.

5.3 Konsentorientierte Ansätze – ein Kurzüberblick

In vielen Unternehmen werden wichtige Entscheidungen, Ausrichtungen, Ziele und Jahrespläne mit viel Aufwand und häufig großer Anstrengung getroffen und erstellt. Diese umfassenden Vorgaben dienen dann als unveränderbare Vorgaben, die für eine möglichst lange Zeit stabile Eckpfeiler sein sollen.

Konsentorientierte Unternehmen lassen die Idee der Vorhersagbarkeit von Zukunft los und treffen auf einfache Weise und ohne großen Aufwand Entscheidungen und Zukunftsaussagen, die nur für den Moment und die nächste Zeit gelten und sicher genug sind, ausprobiert zu werden. Hier gilt das Prinzip „Lieber unperfekt starten, als perfekt zögern!" Als Orientierung dienen dabei keine messbaren Zahlen sondern attraktive Zukunftsbilder, die eine möglichst konkrete Richtung für alle vorgeben. Dadurch wird eine dynamische Steuerung möglich, die sich mit wenig Energie auf ständig verändernde Rahmenbedin-

[10] In einer aktiven Unity in Diversity-Facebook-Gruppe wurden viele der Interviews und Ergebnisse veröffentlicht, https://www.facebook.com/groups/558690927636800/, abgerufen am 17.12.2016.

gungen einstellt. Dies gibt allen Beteiligten ein gutes Gefühl, sich gemeinsam in einem stabilen, sicheren und flexiblen System zu bewegen.

5.3.1 Was genau ist Konsent?

Konsentorientierte Ansätze suchen die Einwilligung von möglichst vielen und das sozusagen „on the way", also im laufenden Prozess. Das Besondere daran, es gelingt ohne zermürbende Diskussionen und basiert auf einem erarbeiteten Vorschlag, der geprüft und gebilligt wird. Konsent ist eine Wortschöpfung der Übersetzerin Isabell Dierkes[11] bei dem Versuch, das holländische (und auch englische) Wort consent ins Deutsche zu übertragen. Der wesentliche Unterschied: Üblicherweise wird im Konsens (bisherige Übersetzung von consensus und consent gleichermaßen) die Zustimmung aller gewünscht und entweder so lange diskutiert, bis alle Ja sagen können oder alternativ, wie weit verbreitet, durch einen demokratischen Beschluss der Konsens einer Mehrheit als Grundlage für die Entscheidung genutzt.

Anders im Konsent. Hier ist der Fokus nicht auf der Frage: „Stimme ich zu?" sondern darauf: „Ist der gemachte Vorschlag besser als die aktuelle Situation oder wirft er uns in unserem Anliegen zurück?" Anders ausgedrückt: „Kann ich damit leben, zumindest aktuell?" Es geht also nicht um die beste Lösung, sondern um einen nächsten Schritt, eine bessere Lösung, die sicher genug ist, ausprobiert zu werden, da sie ja im Konsent jederzeit wieder verändert werden darf. Dynamisches Steuern heißt dies und ist nicht nur erlaubt, sondern erwünscht. Jeder ist eingeladen, die aktuelle Situation jederzeit weiter zu entwickeln.

Damit dies möglich wird, verzichtet man im Konsent, vereinfacht gesagt, auf langwierige Zustimmung und die bange Frage, ob bei dem neuen Vorschlag alle Eventualitäten berücksichtigt worden sind. Man ist damit zufrieden, keine Ablehnung zu bekommen. Sollte doch jemand mit einem Vorschlag nicht leben können oder klare Bedenken haben, kann das Anliegen schnell integriert werden. Die entsprechende Person ist dazu verpflichtet, eine Verbesserung einzubringen oder zumindest daran mitzuwirken, sodass die mögliche Weiterentwicklung noch präziser und noch stimmiger wird.

Diese lebenspraktische und zielführende Vorgehensweise wird in einem konsentorientierten Ansatz zur Lebenshaltung und gilt somit praktisch für alles:

- für die konkrete Arbeit,
- für die Verantwortlichkeiten,
- für den Status einer Person,
- für die gemeinsame Ausrichtung,
- für getroffene Entscheidungen,
- für strategische Prioritäten,
- für den Umgang mit Kunden und Lieferanten.

---

[11] http://intrinsify.me/Blog/items/verbunden-im-konsent-was-ist-soziokratie.html, abgerufen am 17.12.2016.

Alles kann und darf jederzeit verändert werden, wenn diese Veränderung eine Verbesserung darstellt. Wer jetzt glaubt, dass eine Gruppe durch die potenziellen jederzeit möglichen Veränderungen instabil und damit nicht mehr arbeitsfähig wird, der hat weit gefehlt.

Genau das Gegenteil ist der Fall. Da in bisherigen Systemen eine z.B. durch Mehrheit getroffene Entscheidung eine Art Absolutheitsanspruch hat, die nahezu unveränderbar im Raum steht, erzeugen solche Ergebnisse bei den Beteiligten häufig Spannungen und Probleme, welche die Organisation behindern und zu Frustration und Manipulationsmechanismen führen. Immerhin können bis zu 49,9 Prozent aller Beteiligten dagegen sein! Was für ein destruktives Potenzial.

Ganz anders im Konsent. Hier werden nicht irgendwelche taktischen Themen in langwierigen Gesprächen zu einem persönlichen Erfolg oder einer Niederlage gebracht, sondern es treten konkrete Spannungen, Probleme oder Herausforderungen auf. In einem einfachen Prozess, der ohne Diskussion auskommt, wird ein neuer Vorschlag erarbeitet oder eingebracht. Dieser wird auf Praktikabilität geprüft und unter Berücksichtigung anderer Belange konstruktiv verbessert. Nach einiger Übung geht das ungleich schneller und effektiver und ist gleichzeitig noch zielführender. Dass dabei auch für Einzelne unangenehme und schwerwiegende Veränderungen passieren können, das geschieht überall, nur hier geschieht dies in einem stimmigen Prozess aus der Kraft aller Beteiligten heraus oder zumindest aller für diese Sache Zuständigen.

Die Entstehung des Konsent geht zurück auf Kees Boeke [12], einen holländischen Reformpädagogen, der eine Privatschule bei Utrecht leitete. Er war der Meinung, dass die Demokratie eine Fehlentwicklung sei, weil sie die Gleichwertigkeit des Einzelnen nicht berücksichtige. In seiner Schule vermittelte Boeke diese Haltung der Mitbestimmung aller Beteiligten. Sein Schüler Gerald Endenburg, geb. 1934, war insbesondere von der Unselbständigkeit und Hierarchiegläubigkeit seiner Mitstudenten überrascht. Das kannte er aus seiner schulischen Bildung nicht. Als er später das Unternehmen seiner Familie übernahm, hatte er die Möglichkeit, seine Ideale von Gleichwertigkeit einzubringen. Im Jahre 1970 schaffte er die Macht des Einzelnen ab und verteilte die Verantwortung auf Kreise, deren Arbeit für alle im Unternehmen (ca. 100 Mitarbeiter) transparent gemacht wurde. Er nannte seinen Ansatz Soziokratie, was frei übersetzt etwa bedeutet: eine starke Gemeinschaft auf gleicher Augenhöhe. Das Wort Soziokratie ist eine lateinisch-griechische Wortschöpfung von gemeinsam, verbunden, (socius[13]) und stark, kraftvoll (kratein/κρατεῖν[14]). Damit war das erste konsentorientierte Organisationsmodell geboren. Heute gesellen sich zwei weitere Organisationsmodelle zur Soziokratie. Sie heißen Holacracy, entstanden 2006, und Soziokratie 3.0, entstanden 2015. Insbesondere durch den Impuls von

---

12 Zusammengetragen von Gerhard Waldherr, https://www.brandeins.de/archiv/2009/wirtschaft-neu/die-ideale-welt/, abgerufen am 17.012.2016.

13 http://de.pons.com/%C3%BCbersetzung/latein-deutsch/socius, abgerufen am 31.08.2016.

14 http://www.perseus.tufts.edu/hopper/morph?l=kratei%3Dn&la=greek&prior=n, abgerufen am 31.08.2016.

Holacracy[15] als amerikanisches Franchise-Modell bekommt die Soziokratie und ihre Verbreitung seit einigen Jahren Rückenwind in Europa[16].

5.3.2 Die Grundprinzipien von konsentorientierten Ansätzen:

- **Absicht, Zweck, Purpose:**
  Die Grundlage eines konsentorientierten Systems ist immer ein gemeinsamer Zweck, ein gemeinsames Anliegen, das optimalerweise den Menschen in der Welt, in unserem Land, in der Region … einen nachhaltigen und sinnvollen Beitrag erweist. Jeder Beschäftigte dient entweder diesem Purpose oder er sorgt dafür, dass sich dieser entsprechend der eigenen Vorstellung verändert. Beteiligte, die nicht hinter dieser gemeinsamen Ausrichtung stehen, sind fehl am Platz.
- **Organisation in Kreisen:**
  Nicht eine Person hat die Verantwortung für einen Bereich, sondern ein Kreis, z. B. Marketingkreis, Finanzkreis, Produktionskreis… In dieser überschaubaren Gemeinschaft von häufig 5 – 15 Personen sind alle gleichberechtigt und dem Anliegen des Kreises verpflichtet. Es können Parallel-, Ober-, oder Unterkreise sowie Mischformen gebildet werden.
- **Netzverbindungen statt Stellenbeschreibungen:**
  Eine Person ist nicht an einen Kreis oder eine bestimmte Position gebunden, sie kann an unterschiedlichen Stellen in verschiedenen Kreisen unterschiedliche Rollen und Zuständigkeiten übernehmen und auch wieder abgeben. So kann z. B. die Reinigungskraft auch im Finanzkreis mitwirken oder der Buchhalter in der Produktion mitarbeiten. Dies ist ein dynamischer Prozess, der sich nach den Fähigkeiten der Beteiligten und dem aktuellen Bedarf richtet. Damit dieser Bedarf optimal kommuniziert wird, gibt es immer eine Doppelverlinkung in den Ober- oder Unterkreis oder – wenn sinnvoll – Querverbindungen zu Parallelkreisen. Die Leitung des Kreises steht dabei als Träger für den Purpose des Kreises. Sie benötigt keine Weisungsbefugnis über die anderen Kreismitglieder und bringt ihre Anliegen, wie jeder andere auch, in den Konsentprozess ein. Die Rückverbindung in den nächsthöheren Kreis übernimmt ein Delegierter, der dafür sorgt, dass die Bedürfnisse des Systems auf der nächsten Ebene Gehör bekommen. Für die anstehenden Aufgaben werden innerhalb eines Kreises Rollen definiert und die Zuständigkeiten der Rollenhalter festgelegt. Wie genau jemand die eigenen Zuständigkeiten priorisiert und wie die Rolle konkret ausgefüllt wird, bleibt in der Eigenverantwortung des Rollenhalters.

---

[15] Mehr Informationen finden Sie im Buch von Brian Robertson: Holacracy: Ein revolutionäres Management-System für eine volative Welt.

[16] Ausführliche Informationen über die Verbreitung von konsentorientierten Ansätzen finden Sie in der PDF von Christian Rüther unter http://www.soziokratie.org/wp-content/uploads/2016/03/skript-soziokratie-holakratie-laloux-und-mehr-201603.pdf, abgerufen am 21.08.2016.

- **Konsent, dynamische Steuerung, der Spannung folgen:**
  Die Freiheit des Einzelnen führt zu mehr selbständigem Handeln und dem Einbringen der persönlichen Potenziale. Da Eigenständigkeit und selbstverantwortliches Handeln das Bild prägen, entstehen dadurch natürlicherweise Spannungen und Probleme. Im Unterschied zum alltäglichen Umgang mit Schwierigkeiten werden diese in einem konsentorientierten Unternehmen willkommen geheißen. Jedes Problem wird als positiver Aspekt zur Weiterentwicklung der Organisation betrachtet. Fehler und Pannen sollen also nicht, wie üblich, möglichst vermieden werden, vielmehr prägt das Motto „Lieber unperfekt starten, als perfekt zögern", die Praxis des Konsents. Um die willkommen geheißenen Herausforderungen zügig zum Nutzen des Unternehmens zu integrieren, erhält jeder Kreis einen Moderator, dessen Job es ist, kurzfristig und effektiv jedes Anliegen zu bearbeiten. Dieser wird in einer offenen Wahl gewählt. Mit einer Vielzahl von klaren Praktiken und Vorgehensweisen managt der Begleiter die anliegenden Prozesse, Probleme und Spannungen des Kreises und dessen Mitglieder.
- **Transparenz:**
  In einem konsentorientiertem Unternehmen ist grundsätzlich alles Wissen offen. Wegen der höheren Dynamik durch die vorhandene Selbstaktualisierung der Organisation und der Möglichkeit, in Details wie Richtlinien, Messdaten und mehr zu navigieren, ist der Einsatz einer softwareseitigen Unterstützung durch ein Intranet-System[17] hilfreich. Hier werden in Echtzeit:
  - die aktuelle Unternehmensstruktur,
  - alle Kreise mit der jeweiligen Absicht bzw. Purpose,
  - alle Rollenhalter mit den entsprechenden Zuständigkeiten,
  - die Ergebnisprotokolle aller Sitzungen,
  - der Stand aller Projekte sowie
  - alle unternehmensrelevanten Messdaten und Zahlen

  abgebildet. Jeder hat die Möglichkeit, alle unternehmensrelevanten Details einzusehen oder abzufragen.

5.3.3 Konsentorientierte Organisationsformen – ergänzende Gedanken

Zu glauben, die hier beschriebenen Prinzipien auf übliche Art und Weise einfach als neues Tool anzuwenden, sich selbst und den Mitarbeitern die dazu nötigen Praktiken und Formate anzutrainieren und dann gelingt das schon – weit gefehlt!

Alle Unternehmen, die konsentorientiert arbeiten, inkl. unseres eigenen, bemerken, dass es zwei bis drei Jahre benötigt, bis die hier verankerten Prinzipien und Kompetenzen verstanden, genutzt und sicher etabliert werden können. Die „Denke" im Konsent tickt einfach anders und konfrontiert immer wieder

[17] Neben Glasfrog, das speziell auf Holacracy ausgerichtet ist, entsteht aktuell ein flexibleres webbasiertes System, das sich an unterschiedlichste Unternehmensformen anpassen kann. Siehe www.consent.works.

unsere gängigen Gewohnheiten und Verhaltensmuster. Anders ausgedrückt, ist uns eine Unternehmnesumgebung, die Grünes Bewusstsein verkörpert, in der Regel nicht wirklich vertraut. Unsere jahrzehntelang einstudierten Verhaltensnormen sind einfach enorm fehlerorientiert. So wie wir Grün nicht einfach machen können, kann auch ein konsentorientiertes System nicht allein durch eine gut gemeinte Absicht erfolgreich installiert werden.

Das Gelingen der Umstellung bleibt abzuwarten

Ein bewegendes Beispiel ist das Unternehmen Zappos, ein Online-Schuhhändler mit etwa 15.000 Mitarbeitern, der 2013 Holacracy einführte. 2015 wurde den Mitarbeitern mitgeteilt, dass die Unternehmensführung trotz Widerstand an der Einführung festhalten möchte. Es wurde eine angemessene Abfindung für alle angeboten, die diesen Weg nicht mitgehen wollten. Ca. 15 Prozent der Belegschaft machte davon Gebrauch[18].

Ohne die Insiderinformationen zu kennen, erscheint die Umstellung sehr aus der Gelben Energie von „Irgendwas stimmt hier nicht" zu kommen. Die Attraktivität von Zappos als Arbeitgeber hat gelitten[19]. Ob die Einführung von Holacracy langfristig gelingen wird, bleibt abzuwarten.

Damit die Umsetzung eines konsentorientierten Systems Aussicht auf Erfolg hat, benötigt es unserer Meinung nach neben einer wertschätzenden Grundhaltung folgende Voraussetzungen:

- Schauen Sie sich die Sache vorher gut an, bevor Sie sich darauf einlassen. Sehr hilfreich ist, wenn Sie im Loslassen geübt sind, denn der Konsent fordert insbesondere die Unternehmensführung heraus.
  - Können Sie wirklich loslassen und beispielsweise die Erarbeitung der gemeinsamen Ausrichtung, den Sinn und Zweck Ihrer Organisation, einem Führungskreis oder gar allen Mitarbeitern überlassen?
  - Können Sie loslassen, sodass nicht mehr Ihr Wort das letzte Wort ist, sondern die Konsententscheidung des Kreises, die Sie noch nicht einmal gut finden müssen?
  - Können Sie loslassen, dass sich Ihre Mitarbeiter nicht mehr an Ihre Vorgaben halten werden, weil sie bessere Ideen haben oder Ihr Anliegen für nicht so wichtig erachten?
- Um all das herauszufinden, probieren Sie das System in einem kleinen überschaubaren Bereich aus, z. B. mit Ihrem engsten Führungsteam. Sie brauchen dazu nach Außen keine großen Wellen zu schlagen, sondern testen die Vorgehensweisen erst einmal intern und erleben damit die doch sehr wesentlichen Unterschiede. Die persönliche Erfahrung ist etwas völlig anderes als nur darüber zu theoretisieren.
- Entscheiden Sie dann, wie viel von den Praktiken und Strukturveränderungen Sie tatsächlich nutzen wollen. Manchen Unternehmen scheint es viel

---

[18] Diese Informationen stammen aus dem Skript von Chrisitan Rüther, Seite 103, http://www.soziokratie.org/wp-content/uploads/2016/03/skript-soziokratie-holakratie-laloux-und-mehr-201603.pdf, abgerufen am 01.09.2016.

[19] Aus einem Artikel von Andreas Zeuch, http://www.unternehmensdemokraten.de/holacracy-vom-scheitern-eines-betriebssystems/, abgerufen am 05.01.2017.

besser, nur Teile davon einzuführen. Gönnen Sie sich die Ihnen angemessene Zeit für Ihren Veränderungsprozess.

Verstehen Sie uns nicht falsch, wir sind begeisterte Nutzer dieser Kompetenzen, aber wir wissen aus eigener Erfahrung und trotz bester Kommunikations- und Moderationskompetenzen, dass:

- jedes neue System entweder Widerstand hervorruft oder plötzlich als das neue Allheilmittel angesehen wird. Es wird immer die Skeptiker und Dogmatiker geben, die entweder wissen, dass hier alles falsch läuft oder meinen, es geht nur dann, wenn alle endlich einsehen, wie es richtig gemacht wird. Diese beiden Seiten wohlwollend mitzunehmen, ist immer eine Herausforderung.
- ohne eine wertschätzende Haltung neue Kriegsschauplätze entstehen können, die dem gesamten Unternehmen nicht wirklich gut tun. Es ist auf jeden Fall von großem Vorteil, wenn Schlüsselpersonen des Unternehmens ihrer persönlichen Entwicklung Raum geben und eine hohe Selbstreflexionsfähigkeit besitzen.

Die andere Seite der Medaille: Unternehmen, die diesen Schritt gegangen sind und den Übergangsprozess gemeistert haben, wollen nicht mehr zurück. Der Geschmack von Eigenständigkeit und Selbstverantwortung und der daraus belebende Alltag sind einfach zu anziehend. Sowohl Holacracy als auch die Soziokratie verbreiten sich immer weiter. Auch wenn einige interessierte Firmen die konsequente Umsetzung scheuen, so finden doch immer mehr Teilaspekte Einzug in die deutschsprachigen Unternehmenswelten[20].

5.4 Wertschätzende Kommunikation

„Worte sind Fenster – oder auch Mauern."

Marshall B. Rosenberg[21]

In diesem Kapitel stellen wir Ihnen vier besondere Kommunikationsansätze vor, die wir unter dem Oberbegriff Wertschätzende Kommunikation zusammengefasst haben. Sie begleiten uns zum Teil schon seit über 30 Jahren und sind immer noch brandaktuell.

Zum Inhalt:

- Einführung in wertschätzende Kommunikation
- Die „Typischen Zwölf" nach Thomas Gordon
- Aktives Zuhören
- Kurzeinführung in die Gewaltfreie Kommunikation nach Marshall B. Rosenberg
- Kurzeinführung in „The Work" von Byron Katie

[20] Siehe dazu auch das Buch „Das kollegial geführte Unternehmen" von Bernd Oestereich und Claudia Schröder.

[21] https://www.amazon.de/Worte-sind-Fenster-oder-Mauern/dp/B000C76974, abgerufen am 27.11.2016.

5.4.1 Einführung in wertschätzende Kommunikation

„Man kann nicht nicht kommunizieren."
Paul Watzlawick[22]

Das Wort Kommunikation kommt vom lateinischen Wort „communicare" und bedeutet soviel wie „teilen, mitteilen, teilnehmen lassen, gemeinsam machen, vereinigen". Faktisch kommunizieren wir ununterbrochen. Dies geschieht verbal oder auch nonverbal mit unserer Körpersprache (Gestik, Mimik etc.).

Kommunikation ist zugleich eine der komplexesten und wichtigsten Fähigkeiten des Menschen und beschränkt sich eben nicht allein auf die Weitergabe sachbezogener Informationen. Vielmehr laufen mindestens zwei Drittel des Austausches in einem Gespräch über den visuellen oder akustischen Kanal in Form von Gesten, Körperhaltung, Mimik, Betonung oder Sprachmelodie.

Hilfreich ist es, sich an das „Eisbergmodell"[23] zu erinnern. Ein Bild dafür ist, dass der verbale, bewusste Anteil unserer Kommunikation mit etwa 20 % „Gewicht" nur einen geringen Anteil am gesamten Informationsgehalt einer persönlichen Aussage enthält. Der unbewusste (psychosoziale) Anteil beträgt rund 80 %. Dies entspricht der Redewendung: „Wer du bist, ist lauter als was du sagst!"

Die menschliche Kommunikation ist vergleichbar mit einem Sender, der eine Nachricht von sich gibt und einem Empfänger, der diese Nachricht erhält. Erfahrungsgemäß funktioniert die Verständigung nur unzulänglich, da der Empfänger anders „programmiert" ist, als der Sender.

In der Regel vermischen wir Fakten mit Geschichten oder bringen Wahrheiten mit Meinungen und Interpretationen zusammen. Schnell wird unser eigener Blickwinkel zur „Wahrheit".

Unter wertschätzender Kommunikation verstehen wir die lebenslange Aufmerksamkeit, eine achtsame Art von Verständigung zu erreichen, die von gegenseitiger Achtung, Ehrlichkeit und Empathie geprägt ist.

Wir laden zu einem Miteinander ein, das frei ist von Vorwürfen, Fehlersuche und Schuldzuweisungen. Zugang dazu sind in erster Linie wir selbst und unsere eigene Verhaltensänderung. Uns selbst zu ändern, ist immer am effektivsten.

Im Folgenden zeigen wir anhand des Blickwinkels der „Typischen Zwölf", dem aktiven Zuhören, der Gewaltfreien Kommunikation und dem Arbeitsansatz „The Work", wie wir gerade in angespannten Beziehungen zu Miteinander, Verständnis und gegenseitiger Wertschätzung kommen.

---

[22] http://gutezitate.com/autor/paul-watzlawick, abgerufen am 17.12.2016.
[23] Bei einem Eisberg ist der größte Teil unsichtbar und wie beim Untergang der Titanic, äußerst wirksam.

5.4.2 Die „Typischen Zwölf" nach Thomas Gordon

Thomas Gordon, der in den 1970er-Jahren mit seinem Buch „Familienkonferenz, die Lösung von Konflikten zwischen Eltern und Kindern" bekannt wurde, unterscheidet die sogenannten „Typischen Zwölf". Es sind gelernte, typisch menschliche Verhaltensweisen, mit denen wir versuchen, die vielen angespannten Situationen im Alltag zu meistern. Es ist konfrontierend zu erkennen, wie genau dieses übliche Verhalten zu Verletzungen und Konfliktverhärtung führt und damit genau das Gegenteil von dem bewirkt, was erreicht werden soll. In einer heute weit verbreiteten Gelben Umgebung führen diese Typischen Zwölf langfristig immer in den Roten Ampelbereich.

1. **Ungefragte Ratschläge geben, Lösungen vorgeben, Vorschläge machen.**
   Gerade in angespannten Situationen werden ungefragte Ratschläge wie echte Schläge erlebt. Menschen fühlen sich bevormundet und machen „dicht".
2. **Logische Argumente vorbringen, überzeugen oder überreden.**
   Besserwissen kommt nicht gut an, wenn wir gerade selbst irgendwo feststecken. Das, was der andere sieht oder glaubt, wird nicht akzeptiert, wird als falsch bewertet. Menschen fühlen sich in ihren Sichtweisen nicht verstanden.
3. **Befehlen, anleiten, kommandieren.**
   Obwohl die Anordnung vermutlich gut gemeint ist, signalisiert sie dem anderen, dass er keine Ahnung hat, uns seine Meinung unwichtig ist. Falls der Empfänger aufgrund des Status die Regel befolgt, führt dies häufig zu Resignation, innerer Kündigung oder gar zum versteckten dagegen arbeiten.
4. **Warnen, ermahnen, drohen.**
   Mit solchen Äußerungen wird Angst erzeugt. Verunsicherung ist die Folge. Dies führt sofort zur Einschränkung des Potenzials und innerem Widerstand.
5. **Kritisieren, widersprechen, beschuldigen.**
   Menschen fühlen sich minderwertig und schlecht, machen sich klein und kommen in eine Art Lähmung oder sie rebellieren und tun aus Trotz genau das Gegenteil.
6. **Loben, zustimmen.**
   Gerade wenn die Stimmung angespannt ist, wird Lob häufig als Manipulation empfunden. Dem Lobenden werden strategische Absichten unterstellt. „Das tut er nur, um sich beliebt zu machen". Zustimmung wird als Aufgeben wahrgenommen. Man fühlt sich als Gegenüber nicht mehr ernst genommen.
7. **Beschimpfen, lächerlich machen, beschämen.**
   Wer beschimpft wird, kehrt sich innerlich ab und verweigert die Zusammenarbeit. Beteiligte steigen, wenn möglich, aus, zumindest innerlich, und suchen Möglichkeiten, diesen Menschen aus dem Wege zu gehen.
8. **Interpretieren, analysieren, diagnostizieren.**
   Menschen fühlen sich entweder ertappt, was äußerst unangenehm ist und zur inneren Abwehr und Abwendung führt, oder sie fühlen sich missverstanden und nicht wahrgenommen.

9. **Beruhigen, Bemitleiden, Trösten.**
   Wo versucht wird, Emotionen durch Beruhigung möglichst schnell wieder abzustellen, fühlen sich die Betroffenen in ihrer Situation nicht ernst- oder wahrgenommen. Sie verstehen, dass man ihnen nicht zutraut, die Situation zu meistern oder dass der andere die unangenehme Sache nicht aushält und nur an einer schnellen Lösung interessiert ist, anstatt wirklich zu helfen.
10. **Auf den Grund gehen, fragen, verhören.**
    Diese subtile Art von Manipulation ist äußerst unangenehm und unwürdig. Sie führt anderen deren Unfähigkeit vor und lässt sie schlecht dastehen. Häufig werden derlei Techniken verwendet, um die eigene Meinung, die vorher schon da war, zu bestärken und zu beweisen. „Siehst du, ich habe es ja eh gewusst!" Menschen sind nicht wirklich an einer Untersuchung interessiert, sondern nur daran, die eigene Meinung durch Fragen zu bestätigen.
11. **Ablenken, aufheitern, zerstreuen.**
    „Ist doch nicht so schlimm, Schwamm drüber", führt dazu, dass Wesentliches nicht wirklich geklärt wird. Betroffene fühlen sich nicht wahrgenommen, geschweige denn verstanden. Auch wenn die Ablenkung funktioniert, das subtile Gefühl davon, dass man an Wesentlichem nicht interessiert ist, führt zu Frustration mit weiteren Folgen.
12. **Reglementieren, moralisieren, an die Pflicht erinnern.**
    An die Einhaltung von Regeln erinnern, die Mitwirkungspflicht zum Wohle aller ins Bewusstsein rufen … lässt Schuldgefühle und mangelndes Vertrauen zurück.

Beobachten Sie sich und Ihre Umgebung und bemerken Sie, wie weit diese Praktiken heute noch verbreitet sind. Im folgenden finden Sie Möglichekeiten dies zu ändern.

5.4.3 Aktives Zuhören

> „Die Natur hat uns nur einen Mund, aber zwei Ohren gegeben, was darauf hindeutet, dass wir weniger sprechen und mehr zuhören sollten."
>
> Zenon, griechischer Philosoph, um 490 – 430 v. Chr.

Wenn Sie aktiv zuhören, dann zeigen Sie Interesse an ihrem Gesprächspartner. Das erzeugt Vertrauen. Es entsteht eine lockere und freundliche Atmosphäre, in der es leichter ist, offen über sich selbst und die eigenen Vorhaben zu reden. Gerade in schwierigen oder emotional stark belasteten Situationen, erzeugt aktives Zuhören eine positive, lösungsorientierte Umgebung.

Es geht darum, sich in den Partner hineinzuversetzen, ihm volle Aufmerksamkeit zu schenken und dabei nicht nur auf den Inhalt, sondern auch auf Zwischentöne zu achten.

Aspekte aktiven Zuhörens sind:

- dem Gegenüber Aufmerksamkeit und Interesse entgegenzubringen,
- sich auf das Gegenüber einzulassen und zu konzentrieren,
- mit der eigenen Meinung oder Ergänzungen zurückhaltend umzugehen,

- bei Unklarheiten nachzufragen,
- Pausen auszuhalten, sie können ein Zeichen für Unklarheiten, Angst oder Ratlosigkeit sein,
- auf eigene Gefühle zu achten (Zuhören heißt nicht unbedingt gutheißen),
- die Gefühle des Partners zu erkennen und anzusprechen,
- Blickkontakt zu halten,
- sich innerlich in die Situation des Sprechers zu versetzen.

Das Wichtigste ist, so lange zuzuhören, bis eine Art Stille wahrnehmbar ist wie: „Genau, das ist es!" Erst dann können Sie Ihre Meinung, Ihren Teil dazustellen.

Folgende Handlungen kennzeichnen das Aktive Zuhören:

- Machen Sie dem Anderen die eigene Zugewandtheit deutlich, beispielsweise durch Kopfnicken, einen zugewandten freundlichen Blick oder Äußerungen, wie „Ja", „Aha" oder „Genau".
- Wesentlich ist, dass wir das Verstandene wiederholen. Die Wiederholungen haben einen grundlegend fragenden Charakter entweder, indem wir durch die Modulation der Stimmlage unserer Wiederholung diesen fragenden Charakter verdeutlichen oder, indem wir mit Sätzen einleiten wie „Verstehe ich richtig? Sie ...".
- Häufig können Sie als Zuhörer besser erfassen, was Ihr Gegenüber sagen möchte. Sie spüren, dass der andere nach Worten ringt. Sie sind Beobachter und unbefangen. In diesem Falle unterstützt es, wenn Sie Ihren Blickwinkel fragend ausdrücken. Dabei beschreiben Sie häufig die Gefühle des anderen, wie „Höre ich richtig, dass Sie das wütend/unsicher/ärgerlich/ängstlich macht?" Sie unterstützen damit Ihr Gegenüber, klarer zu werden. Er teilt Ihnen dann automatisch mehr und tiefere Dinge mit, die Sie sonst nicht gehört hätten.

5.4.4 Gewaltfreie Kommunikation nach Marshall Rosenberg

„Gewaltfreie Kommunikation" ist ein Modell, das von Dr. Marshall B. Rosenberg seit Beginn der 1970er Jahre entwickelt wurde. Mittlerweile ist Gewaltfreie Kommunikation weltweit eine der meistgenutzten Methoden zur Konfliktbearbeitung.

Ziel ist es, eine Verbindung zwischen Menschen zu ermöglichen, die frei von Vorwürfen und Schuldzuweisungen ist. Die Gewaltfreie Kommunikation forscht immer nach zugrunde liegenden Gefühlen und Bedürfnissen. Sie bemüht sich Lösungen zu finden, bei denen die Bedürfnisse aller Beteiligter Berücksichtigung finden.

Rosenberg geht von folgender Annahme aus: Menschen, die in einer Verbindung von Ehrlichkeit und Empathie stehen, haben das natürliche Bedürfnis, durch ihr Verhalten zum Wohl des anderen beizutragen.

Die Gewaltfreie Kommunikation ist eine Methode, die auf klaren Werten und Prinzipien basiert und die hilft, sich selbst und andere besser zu verstehen.

Sie versucht wichtige Bedürfnisse, wie die nach Frieden, Harmonie, Echtheit, Kooperation und Autonomie zu erfüllen.

Grundlage sind folgende Annahmen:

- Menschen hungern nach Einfühlung, Mitgefühl und Wertschätzung.
- Alle Menschen möchten ihre Bedürfnisse befriedigt bekommen.
- Bedürfnisse sind die Motivation für Handlungen. Hinter jeder (auch aggressiven) Handlung steckt ein Bedürfnis. Das Handeln eines jeden Menschen ist der derzeit beste Versuch, für sich zu sorgen.
- Jedes Bedürfnis dient dem Leben, insofern gibt es keine „negativen" Bedürfnisse!
- Nicht die Handlungen anderer lassen uns Gefühle erleben, sondern unsere erfüllten oder nicht erfüllten Bedürfnisse.
- Als soziale Wesen sind wir in vielen Bedürfnissen voneinander abhängig.
- Wir leben in guten Beziehungen, wenn wir diese Bedürfnisse durch Zusammenarbeit statt durch aggressives Verhalten erfüllen.

Mithilfe der Gewaltfreien Kommunikation entwickeln wir die Fähigkeit, mit uns selbst achtsam und wohlwollend umzugehen und unsere Bedürfnisse auszudrücken. Gleichzeitig lernen wir auch, anderen einfühlsam zuzuhören. Zentral ist, die eigenen Gefühle und Bedürfnisse wahrnehmen zu lernen. Denn nur wer weiß, was er braucht, kann es auch bekommen. Und nur wer versteht, was der andere braucht, kann mit ihm zusammen eine sinnvolle Lösung für einen Konflikt finden.

Motor ist der Wunsch nach einer Verbindung, einem „einander Verstehen". Ohne diese Grundhaltung wird aus dem Modell eine Technik, die eingesetzt wird, um bestimmte Ziele zu erreichen. Erst mit dieser Grundhaltung wird sie zu einer Form der wirklichen Begegnung und wertschätzenden Verbindung.

Als Haltung beinhaltet die Gewaltfreie Kommunikation den Wunsch nach Wertschätzung, Respekt, Freiwilligkeit, Selbstverantwortung, gegenseitiger Unterstützung und echter Begegnung.

Vier Schritte der Gewaltfreien Kommunikation

Die Technik bzw. das Werkzeug besteht im Wesentlichen aus vier Schritten. Sie sind eine Anleitung, die unterstützt, sich in einer kooperationsfördernden Art und Weise auszudrücken und andere zu verstehen. Diese Technik hat nichts mit Manipulation zu tun, kann aber dafür missbraucht werden. Die vier Schritte sind:

1. **Beobachtung**
   Konkrete Geschehnisse oder Handlungen, die wir beobachten können und die unser Wohlbefinden beeinflussen.
   >>> *Wenn ich beobachte, dass …,*
2. **Gefühl**
   Gefühle, die mit dem in Verbindung stehen, was wir beobachten bzw. erleben.
   >>> *dann fühle ich mich …,*

3. **Bedürfnis**
   Bedürfnisse, Werte und Wünsche, die hinter den Gefühlen stehen.
   >>> *weil ich … brauche.*
   >>> *weil mir … wichtig ist.*
4. **Bitte/Wunsch**
   Mit denen wir andere einladen, zu unserem Wohlbefinden beizutragen.
   >>> *Deshalb wünsche ich mir, …*
   >>> *Deshalb bitte ich dich, …*

Gefühlsliste

Die folgenden zwei Übersichten sind als Anregung gedacht und sollen dabei unterstützen, einen stimmigen Ausdruck für die momentane Gefühlslage zu finden.

Gefühle, wenn Bedürfnisse erfüllt sind

entspannt	aufgehoben, unabhängig, ruhig, beruhigt, geborgen, ausgeglichen, heil, sorglos, vertrauensvoll, eins mit sich, …
begeistert	angeregt, belebt, übermütig, inspiriert, locker, fasziniert, freudig, lustig, überschwänglich, überwältigt, mitteilsam, …
aufmerksam	konzentriert, lebendig, wach, angeregt, erregt, gebannt, erfrischt, …
zufrieden	behaglich, ruhig, gelassen, entspannt, wohlig, stolz, sicher, ausgeruht, dankbar, vertrauensvoll, …
gerührt	bewegt, ergriffen, entzückt, berührt, hingerissen, erfüllt, …
neugierig	gespannt, offen, interessiert, unbekümmert, erwartungsvoll, …
zuversichtlich	hoffnungsvoll, optimistisch, unternehmungslustig, frei, …
froh	munter, heiter, fröhlich, freudig, glücklich, vergnügt, optimistisch, voller Lebensfreude, ausgelassen, …
entschlossen	energiegeladen, kraftvoll, tatkräftig, motiviert, stark, schwungvoll, engagiert, stolz, …
überrascht	erstaunt, perplex, verwundert, …
erleichtert	gelöst, erlöst, …

Gefühle, wenn Bedürfnisse nicht erfüllt sind

ärgerlich	erbost, sauer, aufgebracht, empört, aggressiv, wütend, außer sich sein, genervt, zornig, widerstrebend, überrascht, unglücklich, bekümmert, verzweifelt, …

angespannt	geladen, gestresst, unter Druck, verspannt, überfordert, ruhelos, ungeduldig, …
ängstlich	erschrocken, erschüttert, zögerlich, zaghaft, aufgeregt, besorgt, scheu, nervös, verlegen, in Panik, …
traurig	elend, bedrückt, deprimiert, schuldig, neidisch, voller Eifersucht, voller Sehnsucht, voller Heimweh, …
unsicher	verwirrt, hin- und hergerissen, zerrissen, zögerlich, unruhig, enttäuscht, ohnmächtig, hilflos, betroffen, verzagt, besorgt, …
irritiert	durcheinander, unentschlossen, verwirrt, unruhig, …
müde	erschöpft, kaputt, ausgelaugt, schwach, schwunglos, träge, stumpf, schwer, wie leer, entmutigt, lustlos, passiv, desinteressiert, …
betroffen	erschüttert, geschockt, …
einsam	allein, abgeschnitten, verloren, weit weg, …
enttäuscht	perplex, schockiert, verletzt, pessimistisch, …
frustriert	unglücklich, widerwillig, missmutig, muffig, unzufrieden, unwohl, …
gelangweilt	lustlos, gleichgültig, unkonzentriert, abwesend, apathisch, …
hilflos	verzweifelt, mutlos, ohnmächtig, …

Bedürfnisliste

Diese vereinfachte Übersicht der neun Grundbedürfnisse nach Rosenberg soll Ihnen eine Hilfestellung dabei sein, den individuell passenden Ausdruck eigener Bedürfnisse in der täglichen Kommunikation zu finden.

Die neun Grundbedürfnisse nach Rosenberg

Grundbedürfnisse	Weitere Bedürfnisse für die tägliche Kommunikation
1. Lebenserhaltung	Essen, Trinken, Luft/Sauerstoff, Schlaf, Bewegung, Ruhe, Sexualität, körperliche Nähe, Gesundheit, Unterkunft, …
2. Sicherheit	Schutz, Klarheit, Struktur, Ordnung, Genauigkeit, Verständnis, Verlässlichkeit, Verbindlichkeit, Kontinuität, Beständigkeit, …
3. Liebe	Nähe, Intimität, emotionale Berührung, …
4. Empathie	Mitgefühl, Achtsamkeit, Verständnis, Wertschätzung, …

Grundbedürfnisse	Weitere Bedürfnisse für die tägliche Kommunikation
5. Kreativität	Gestaltungsmöglichkeit, Anregung, Inspiration, Lernen, ...
6. Geborgenheit	Zugehörigkeit, Kontakt, Verbindung, Gemeinschaft, Austausch, Authentizität, Offenheit, Ehrlichkeit, Vertrauen, Anerkennung, Wahrgenommen werden, Harmonie, Gleichwertigkeit, Respekt, Unterstützung, Rücksichtnahme, ...
7. Erholung & Spiel	Ruhe, Balance, Entspannung, Ausgeglichenheit, Spaß, Leichtigkeit, Abwechslung, Bewegung, Feiern, ...
8. Autonomie	Selbstbestimmung, Freiheit, Individualität, ...
9. Sinn	Bedeutung, Spiritualität, ...

Nicht Fehler und Schuldige, sondern gemeinsame Lösungen finden.

Wir alle sind in ein gesellschaftliches System hineingeboren, in dem es den Glauben an „richtig und falsch" gibt. Innerhalb dessen ist urteilendes, wertendes und kontrollierendes Verhalten normal. Eine Situation oder das Verhalten einer Person gefällt mir nicht. Handle ich wie gewohnt oder wähle ich eine Alternative? Verständnis für Handlungen zu entwickeln, die uns fremd und ungewohnt sind, erfordert eine klare Haltung und unser volles Engagement. Damit zu experimentieren, anstatt gewohnte Wege zu gehen, ist nicht selbstverständlich. Die folgende Gegenüberstellung soll dies verdeutlichen – der Versuch lohnt sich!

Konventionelle Konfliktlösung	Konfliktlösung durch die Gewaltfreie Kommunikation
Verhalten: Analyse Ursachenforschung Diagnose Bewertung entsprechend der Erziehung, der Normen und antrainierten Werten	Verhalten: innehalten Fakten analysieren Geschichten identifizieren Was fühle ich? Was brauche ich? Was fühlen andere? Was brauchen andere? Ins Gespräch kommen, ohne Zwang etwas erreichen zu müssen Nach Lösungen suchen, die möglichst allen Beteiligten helfen
Erkenntnis: Ich bin falsch oder du bist falsch. Ich bin das Problem oder du bist das Problem.	Erkenntnis: Ich fühle und brauche ... Mein Gegenüber fühlt und braucht ...

Konventionelle Konfliktlösung	Konfliktlösung durch die Gewaltfreie Kommunikation
Wirkung: Der Verlierer reagiert mit Rückzug, Unterwerfung oder Trotz, Verweigerung und Widerstand Der Gewinner reagiert mit Stolz und Arroganz oder mit Scham und innerer Ablehnung.	Wirkung: Verbindung mit mir selbst und mit allen Beteiligten.
Folgen: Keine Übernahme von Verantwortung.	Folgen: Verantwortungsübernahme von allen
Ergebnis: schlechte Stimmung, Unsicherheit, Kontrolle, Widerstand, Angst, …	Ergebnis: Verbindung, Verständnis, Gemeinschaft, Miteinander, Wachstum, Entwicklung, …

Der Prozess der Gewaltfreien Kommunikation

Um einen Konfliktfall, in dem man selbst betroffen ist, mit einem Beteiligten zu lösen, ist folgende Vorgehensweise sinnvoll:

Vorbereitungsphase

1. Selbsteinfühlung (über sich selbst klarwerden)
   a. Fakten analysieren
   b. Geschichten identifizieren
   c. Was fühle ich?
   d. Was brauche ich?
2. Fremdeinfühlung (eine Vorstellung davon entwickeln, wie es wohl für den anderen sein wird)
   a. Fakten analysieren
   b. Geschichten identifizieren
   c. Was fühlt er?
   d. Was braucht er?

Durchführungsphase

3. Das Gespräch mit dem Beteiligten suchen, ihm zuhören und ihn wahrnehmen
   a. Wie sieht er die Fakten?
   b. Welche Geschichte erzählt er?
   c. Welche Gefühle äußert er?
   d. Welche Bedürfnisse hat er?
4. Erst wenn sich ein Konfliktpartner vollständig gehört und verstanden fühlt, ist er offen, selbst zuzuhören. Daher erst jetzt:
   a. Mitteilen, wie ich die Fakten sehe
   b. Meine Geschichte transparent machen
   c. Meine Gefühle mitteilen

d. Meine Bedürfnisse aussprechen

Abschlussphase

5. Eine Bitte formulieren
   a. Was hätte ich gerne, damit das Problem für mich gelöst ist?

5.4.5 „The Work" nach Byron Katie[24]

„Wenn ich mich mit dem anlege, was ist, verliere ich, und zwar hundertprozentig."

Byron Katie

„The Work" wurde von der Amerikanerin Byron Katie in den 1990er-Jahren entwickelt und ist eine wirkungsvolle Methode, mit der wir Einsicht in die Funktions- und Wirkungsweise unseres Denkens erhalten können. Sie besteht lediglich aus einem Set von Fragen und der Anregung, unsere Gedanken umzukehren. Es sind Fragen, die im Umgang mit alltäglichen Schwierigkeiten hilfreich sind.

Anstatt Urteile, die wir über andere haben, zu unterdrücken, benutzen wir sie hier als Ausgangspunkte für Selbsterkenntnis. Indem wir unseren urteilenden Verstand auf dem Papier gewähren lassen, können wir das, was wir noch nicht über uns erkannt haben, wie in einem Spiegel bei unseren Mitmenschen entdecken. „The Work" konfrontiert uns also damit, dass jede Bewertung, die wir über jemanden haben, voraussichtlich mehr mit dem zu tun hat, was wir selbst tun. Mit jeder Anklage urteilen wir also über uns selbst.

„The Work" belehrt dabei nicht. Es geht um Selbsterkenntnis. Im Spüren der Umkehrungen und im Finden der eigenen konkreten Beispiele beginnen die Anwender zu ahnen, warum die Umkehrungen wahr oder wahrer sind.

Es ist eine Chance für den Verstand, sich selbst zu begegnen, sich selbst auf dem Papier anzuhalten und durch das Experimentieren mit „The Work" die Ursache und Wirkung des Widerspruchs gegen das, „was ist" zu erkennen.

Der (vereinfachte) Fragebogen zu „The Work"

Beurteile deinen Nächsten, schreibe es auf.

Verwende eine vergangene oder gegenwärtige Situation deines Lebens, die du als ungelöst erlebst. Schreibe in Form einer Feststellung auf, was dich ärgert. Schreibe nicht über dich selbst! Verurteile hemmungslos, zensiere nicht, sei bewusst unfreundlich. Versuche nicht höflich oder spirituell zu sein. Jahrelang hat man uns gelehrt, dass wir nicht über andere urteilen sollen, aber es ist immer noch das, was wir am besten beherrschen. Schreibe kurze, einfache Sätze.

- Wen oder was magst du nicht?
- Ich mag ________________ (Name einsetzen) nicht, weil ...
- Wie soll ________________ sich ändern?

[24] Die folgenden Inhalte sind in großen Teilen mit freundlicher Genehmigung aus Moritz Boerners Buch: „The Work – Der einfache Weg zum befreiten Leben" entnommen.

- Was soll ________________ deiner Meinung nach machen?
- Zähle auf, was du dir in dieser Situation wünschst.
- Ich will, dass ________________
- Was denkst du über ________________? Mache eine Liste.
- ________________ ist …

Der Schlüssel zu „The Work"

Benutze die von dir aufgeschriebenen Aussagen des Fragebogens, lies einen Satz nach dem anderen und stelle die folgenden vier Fragen. Lass den Verstand fragen und deinen Bauch antworten.

In „The Work" benutzen wir bei der Untersuchung mehrere hilfreiche Unterfragen. Du kannst diese frei verwenden oder dich an die vier Hauptfragen halten – was immer für dich am hilfreichsten ist.

Wir laden dich jetzt ein, deine niedergeschriebenen Aussagen nacheinander einzeln anzuschauen und die vier Fragen und die Umkehrungen zu jeder Aussage zu erfahren.

1. **Ist es wahr?**
   - Wie sieht die Realität aus?
   - Wo ist dein Beweis dafür?
2. **Kann ich wirklich wissen, dass es wahr ist?**
   - Kannst du mit absoluter Sicherheit wissen, dass das wahr ist?
   - Kannst du wissen, was für den Weg eines anderen Menschen das Beste ist?
3. **Wie reagiere ich, wenn ich an dieser Überzeugung festhalte?**
   - Wie fühlt sich das für dich innerlich an?
   - Wie behandelst du dann andere?
   - Wie behandelst du dich selbst?
   - Was genau sagst oder tust du?
   - Bringt dieser Gedanke Stress oder Frieden in dein Leben?
   - Kannst du einen wichtigen Grund sehen, diesen Gedanken beizubehalten?
   - Gibt es einen Grund, diese Überzeugung loszulassen? (Und du wirst nicht gebeten, sie loszulassen.)
4. **Wer wäre ich, wie ginge es mir ohne diese Überzeugung?**
   - Wie sähe dein Leben aus, wenn du diesen Gedanken nie wieder denken würdest?

Ich kehre meine Aussagen folgendermaßen um.

Ersetze in deiner Aussage den Namen des anderen mit deinem und setze an deine Stelle die andere Person.

Beispiel:

„Ich bin wütend auf Paul, weil er mich nicht versteht", wird umgekehrt zu: „Ich bin wütend auf mich, weil ich Paul nicht verstehe." Nochmals umgekehrt heißt es: „Ich bin wütend auf mich, weil ich mich (manchmal) nicht verstehe."

Ist das genauso wahr oder wahrer? Kannst du noch eine Umkehrung finden? Spiele mit den Umkehrungen.

Am einfachsten erproben Sie „The Work" mit einem erfahrenen Gegenüber. Viel Erfolg beim Experimentieren.

5.5 Open Space – eine Einführung[25]

Open Space ist ein Arbeitsansatz, der dem lebendigen Fluss folgt. Menschen und Gruppen haben das Bedürfnis und die Fähigkeit zu wachsen, zu lernen und sich selbst zu organisieren. Open Space gibt der Freiheit und Größe von Menschen diesen Handlungs- und Erlebensraum. Dadurch entstehen neue Umgangsformen mit den persönlichen Anliegen aller Beteiligten. Die Aufgabe eines jeden ist es, dem zu folgen, was ihm am Herzen liegt. Statt um Rückzug oder Beschwerde im Angesicht von Herausforderungen, geht es um rigorose Selbstverantwortung.

Entstanden ist dieser Ansatz in den 80ger Jahren durch Harrison Owen. Er plante über Jahre eine mehrtägige Gesundheitstagung mit weltbekannten Sprechern. Auf die Frage, was den Teilnehmern am meisten gefallen hat, bekam er übereinstimmend folgende Antwort: Das Beste waren die Pausen!

Diese Antwort frustrierte ihn zunächst – wofür diese viele Vorarbeit? Doch in der Frage, was denn die besondere Qualität von Pause ausmacht, entstand nach und nach diese neue Tagungsform des Freiraums, der Open Space bzw. das koordinierte Pausentreffen.

Ein Open Space Begleiter hält den Raum für das offen, was geschehen will. Jeder hat die Möglichkeit über Inhalte und Form der Veranstaltung mit zu entscheiden. Alle sind eingeladen, ganz dem eigenen Antrieb und Engagement zu folgen. Hier wird erlebt, wie beglückend es ist, mit Unterschieden wertschätzend und ressourcenorientiert umzugehen und Führung gemeinsam auszuüben.

Diese Form der Selbstorganisation verursacht Prozesse und Ergebnisse, die alles Geplante in der Regel weit übertreffen.

Mit Überraschungen ist zu rechnen!

5.5.1 Zur Methode

Open Space ist eine Tagungs- oder Konferenzmethode der besonderen Art. Sie wird mit 10 bis 1.000 Menschen über einen Zeitraum von ein bis drei Tagen durchgeführt. Niemand moderiert die Konferenz im herkömmlichen Sinn. Welche Workshops, Vorträge, Diskussionen, Gruppentreffen passieren und welchen Inhalt diese haben werden, entscheiden die Teilnehmenden vor Ort.

Der „Open Space“ findet innerhalb von vier Empfehlungen und einem „Gesetz“ statt. Das Wort „Gesetz“ steht dafür, dass dieser Aspekt den Teilnehmern besonders ans Herz gelegt wird.

[25] Verfasst und zwischenzeitlich ergänzt von Dorothee Bornath und Stephan Josef Dick (2008).

Die vier Empfehlungen

1. **„Die da sind, sind genau die Richtigen"**
   Die, die da sind, arbeiten, verhandeln und überlegen miteinander. Jeder Gedanke von: „Ich wünsche mir noch diesen" oder „mit dem kann ich nicht", wird losgelassen. Das bedeutet, sich den Menschen zuzuwenden und sich auf die einzulassen, die da sind.
2. **„Was auch immer geschieht: Es ist das Beste[26], was geschehen konnte"**
   Wie oft halten wir uns mit „hätte, könnte, wäre, sollte…" auf. Was passiert ist, ist passiert. Davon auszugehen, dass jeder sein Bestes gegeben hat, ganz egal wie gut das tatsächliche Ergebnis ist, gibt uns eine neue Sichtweise für den nächsten Schritt. Die Beteiligten genau dafür anzuerkennen, anstatt zu nörgeln und es besser zu wissen, schenkt uns Mitmacher und Mitgestalter, die gerne an unserer Seite stehen.
3. **„Es fängt an, wenn die Zeit reif ist"**
   Kreativität, Inspiration und Innovation, durch die Menschen und Gruppen zu Höchstleistungen befähigt werden, halten sich nicht an Zeitvorgaben, sie können nicht erzwungen werden. Geniale Einfälle oder die wirklich bahnbrechenden Ideen kommen nicht auf Bestellung. Sich auf den Rhythmus der Gruppe einzulassen und den richtigen Zeitpunkt gelassen zu erwarten, ist eine Kunst, die erlernt werden kann.
4. **„Vorbei ist vorbei, nicht vorbei ist nicht vorbei"**
   Jeder Beteiligte folgt seiner inneren Spannung – ist sie im Thema, wunderbar, ist die Zeit vorbei, verlässt er oder sie die Gruppe, anstatt sie mit dem eigenen Unwohlsein zu belasten. Auch eine Gruppe bemerkt, wenn das Thema „durch" ist, dann hören wir einfach auf – nicht vorher, jedoch auch keinen Moment später.

Das Gesetz

Der Wortlaut heißt: „Das Gesetz der zwei Füße". Es bedeutet radikale Freiheit und volle Selbstverantwortung zu jedem Zeitpunkt. Dem eigenen Antrieb zu folgen ist ein durchaus natürliches und nützliches Verhalten. Indem wir uns abseits jeglicher Forderungen von äußeren Faktoren bewegen und aufgefordert sind, den eigenen Impulsen zu folgen, erleben wir unsere Lebendigkeit, Freude und Wirksamkeit.

Alle begeben sich an den Ort, an dem sie entweder etwas lernen oder etwas beitragen können. Jeder ist frei, jederzeit den Ort zu wechseln. Allen wird eindrücklich klar, dass sie selbst verantwortlich für ihr Lernen, Arbeiten und Wohlbefinden sind.

5.5.2 Zum Ablauf

Der Start: Zu Beginn sitzen alle Teilnehmenden in einem großen Kreis. Nach einer kurzen Einführung wird die Tagesordnung von allen gemeinsam gestal-

[26] Im Original der Open Space Technologie heißt es „Einzige".

tet. Initiatoren für Themen treten in den Kreis und machen Angebote. Damit entsteht der Freiraum aller Teilnehmenden, sich mit dem zu beschäftigen und das zu bewegen, zu teilen, weiterzuentwickeln, was jetzt von Bedeutung ist. Menschen stehen auf, nennen ihre Anliegen und geben den Treffpunkt für alle Interessierten bekannt. Der Anzahl der Themen sind dabei keine Grenzen gesetzt.

Der Verlauf: Über den sogenannten „Marktplatz" werden die entstehenden Freiwilligengruppen und deren zeitliche Folge eigenverantwortlich arrangiert. Danach arbeiten in wechselnder Zusammensetzung zahlreiche Gruppen parallel, manchmal zu dritt, manchmal mit 30 Personen. Die Ergebnisse werden als Kurzprotokolle gesammelt und direkt veröffentlicht.

Der Output: Zum Ende der Veranstaltung wird das Geschehene reflektiert, gemeinsam gesichtet, priorisiert und Projekte über die Veranstaltung hinaus formuliert. Die Inspiration dient als Leitfaden, durch den die Beteiligten ihre Themen und Anliegen selbstorganisiert weiterverfolgen. Jeder, der möchte, kann sein Interesse an den vorgestellten Ideen, die im Anschluss weiter vorangebracht werden wollen, bekunden. Eine frei zugängliche Teilnehmerliste erleichtert die weitere Vernetzung.

Open Space ist folgenreich und verändert die Welt!

5.6 World Café

Folgende Entstehungsgeschichte des World Cafés, die wir mit dankbarer Genehmigung der World Café-Community veröffentlichen dürfen, gibt Ihnen einen wunderbaren Einblick in die Wirksamkeit und Lebendigkeit dieser Methode. Im Anschluss daran finden Sie nochmals konkrete Hinweise für die Durchführung.

5.6.1 Die Geburt von World Café[27]

von **Juanita Brown**

Es ist Freitag, der 27. Januar 1995 – ein sehr verregneter Morgen bei uns in Mill Valley, Kalifornien. Ich schaue aus unserem Fenster und sehe durch die massive Eiche in unserem Patio hindurch, dass dichter Nebel über dem Berg Tamalpais hängt. Ich bin beunruhigt. In einer halben Stunde sollen 20 Personen eintreffen, die bei uns den zweiten Tag eines strategischen Dialogs über „Intellektuelles Kapital" durchführen werden. Mein Partner David und ich leiten diesen Dialog in Zusammenarbeit mit Leiff Edwinsson, dem Direktor für „Intellektuelles Kapital" des Unternehmens Skandia aus Schweden. Dies ist die zweite aus einer Serie von Diskussionen über „Pioniere des Intellektuellen Kapitals" – Führungs-

[27] Das Copyright der Geburt von World Café liegt bei der World Café-Community (www.worldcafe.com); Übersetzung von Sabine Bredemeyer (www.bredemeyerandfriends.de).

persönlichkeiten, Marktforscher und Berater aus sieben Ländern, die auf diesem Gebiet führend sind, kommen hierher.

Der Bereich des „Intellektuellen Kapitals" steckt noch in den Kinderschuhen. Bisher wurde noch kein Buch darüber geschrieben, und wir sind noch dabei, das Territorium zu eruieren. Es existieren keine Landkarten. Wir entwerfen sie, während wir die Wege beschreiten. Gestern Abend befanden wir uns inmitten der Frage „Was ist die ausschlaggebende Beziehung zwischen Intellektuellem Kapital und Führung? Worin besteht die Rolle der Führung, wenn es um die Maximierung des Intellektuellen Kapitals geht?"

Während ich das Frühstück vorbereite und den Kaffee koche, frage ich mich, wie wir das Treffen managen sollen, wenn der strömende Regen anhält und niemand sich draußen im Patio aufhalten kann, während die Teilnehmer ankommen. David schlägt vor: „Warum stellen wir nicht unsere Fernseh-Tischchen ins Wohnzimmer und lassen die Leute dort Kaffee trinken, während wir auf die Ankommenden warten? Und dann können wir unseren formellen Beginn und das Check-in doch auch dort machen."

Das klingt großartig. Ich atme erleichtert auf. Als David die kleinen Tischchen und die weißen Vinyl-Stühle aufstellt, kommt Tomi Nagai Rothe an und sagt: „Hey, das sieht aus wie Café-Tischchen. Ich denke, sie brauchen Tischdecken." Sie legt weiße Flipchart-Papiere auf die doppelt aufgestellten TV-Tischchen. Nun wird es irgendwie spielerisch. Ich habe aufgehört, mich wegen des Regens zu beunruhigen, der jetzt wie aus Kübeln vom Himmel fällt. Ich entscheide, dass Blumen auf die Café-Tischchen gehören und hole die kleinen Vasen von unten. In der Zwischenzeit legt Tomi farbige Marker auf die Tischchen, genauso, wie in vielen Cafés in der Nähe. Sie malt ein hübsches Plakat für die Haustür: „Willkommen im Homestead Café." Ich finde das sehr lustig, da wir auf der Homestead Street wohnen, einer engen ungepflasterten Straße, die den Berg hinaufführt.

Gerade, als ich die Blumen auf den Tisch gestellt habe, kommen die ersten Teilnehmer an. Sie sind hocherfreut und amüsiert. Während sie ihren Kaffee trinken und ihre Croissants essen, versammeln sie sich in lockeren Gruppen um die Café-Tischchen. Sie sind wirklich engagiert. Sie beginnen, auf den Tischdecken zu scribbeln. David und ich stecken kurz die Köpfe zusammen und entscheiden, dass wir anstatt einer offiziellen Eröffnung die Leute ermuntern, einfach mitzuteilen, was aus der gestrigen Konversation „gerade hochgeblubbt kommt", von dem sie denken, dass es Licht auf die Essenz der Beziehung zwischen Führung und Intellektuellem Kapital werfen könnte.

Nach 45 Minuten ist die Konversation noch in vollem Gange. Jemand im Raum ruft: „Ich würde zu gern wissen, was gerade in den anderen Gesprächen hier im Raum vor sich geht. Warum lassen wir nicht an jedem Tisch einen „Gastgeber" zurück, die anderen wechseln an andere Tische, nehmen die Samenkörner ihrer Gespräche mit und verlinken und verweben sie mit den Gedankengängen, die an den anderen Tischen gesponnen wurden?" Diesen Vorschlag finden alle witzig. Nach ein paar Minuten hat man sich geeinigt, und die Leute beginnen, sich im Raum zu bewegen. Ein Gastgeber bleibt an jedem Tisch. Seine ehemaligen Tischmitglieder verteilen sich auf die anderen Tische, um das Gespräch weiter zu führen.

Diese Runde dauert wieder eine Stunde. Nun ist der Raum sehr lebendig!! Die Leute sind angeregt und engagiert, fast schon atemlos. Jemand anderes sagt: „Warum experimentieren wir nicht und lassen jetzt einen anderen Gastgeber am Tisch und die anderen reisen wieder herum und fahren fort, sich mitzuteilen und zu verlinken, was wir schon entdeckt haben."

Und so wird es gemacht. Der Regen fällt in Strömen. Die Leute drängen sich um die TV-Tischchen, lernen gemeinsam, testen Ideen und Annahmen aus, entwickeln neues Wissen, ergänzen die Diagramme und Bilder der anderen und notieren Schlüsselbegriffe und Ideen auf den Tischdecken.

Ich blicke auf und stelle fest, dass es schon bald Mittagszeit ist. Ich habe selbst in den Kaffee-Gesprächen mitgemacht und die Stunden sind vergangen, als sei es nur ein kurzer Moment gewesen. Das Energiefeld im Raum ist greifbar. Es scheint, als würde die Luft schimmern. Ich bitte die Gruppen, langsam die Gespräche zu beenden und sich um das lange Stück Flipchart-Tapete zu versammeln, das Tomi mitten im Wohnzimmer ausgebreitet hat.

Wir versammeln uns um den „Magischen Teppich" aus Papier auf dem Fußboden. David fragt: „Was haben wir gelernt?" Als ich unsere kollektiven Entdeckungen und Einsichten inmitten der Gruppe auf diesem magischen Teppich sich sichtbar vor mir entfalten sehe, weiß ich, dass an diesem Morgen etwas ganz Ungewöhnliches geschehen ist. Ich war Zeuge von etwas, wofür ich keine Worte habe. Ich weiß jedoch intuitiv, dass wir unbeabsichtigt in etwas sehr Grundlegendes hineingetappt waren, etwas, das sich zwar sehr vertraut anfühlte, das ich aber in dieser Form niemals erlebt hatte. Etwas sehr Einfaches aber sehr Kraftvolles.

Dies war nicht der Dialog von Bohm, den ich als Mitglied des Forschungsteams des MIT Dialogue-Projektes erforscht hatte. Es war auch nicht die Art der Organisation von Gemeinschaften nach Alinsky, wie ich sie in der Farm-Arbeiter Bewegung gelernt hatte, obwohl da etwas in unserem Wohnzimmer war, das mich an meine früheren Jahre und die Meetings zuhause mit Cesar Chavez erinnerte. Es war sicherlich auch keiner der interpersonellen Gruppenprozesse, die ich in 'zig unterschiedlichen Arten während meiner Zeit als Prozess-Beraterin und T-Gruppen-Trainer am NTL Insitute for Applied Behavioral Sciences gelernt hatte. Es war etwas anderes. Es war fast so, als hätte sich die Intelligenz eines größeren Selbst – größer als die individuellen Selbst im Raum – durch unsere Kaffeetisch-Gespräche gezeigt. Dieser Kaffee-Prozess hatte es uns irgendwie ermöglicht, uns unseres „kollektiven Wissens" auf höheren Ebenen bewusst zu werden.

5.6.2 World Café – Anwendungsleitfaden[28]

Die Methode besticht durch ihre Lockerheit, mit der sie die Anwesenden zum Mitmachen anregt. Sie unterstützt darin, dass Gruppen in wichtigen Fragen zu neuen Erkenntnissen und Einsichten gelangen. Sie eignet sich aber auch, in andere Formate oder Abläufe integriert zu werden. Beispielsweise wird sie häufig dafür verwendet, um vor oder nach einer Präsentation eine konkrete Verbindung zwischen der Thematik und den beteiligten Personen herzustellen. Es ist eine starke Botschaft, wenn die Meinung und das Know-how der Anwesenden gebraucht wird. Alternativ kann sie auch zum Einstieg oder Warmwerden von Gruppen dienen. Insbesondere wenn die Menschen sich noch nicht kennen oder wenig Berührungspunkte haben, entsteht hier schnell ein Gefühl von Verbundenheit und hebt damit die Gesamtenergie der Beteiligten in den Grünen Bereich.

World Café (aus Abschnitt 3.7.5)

Absicht: Zu einem wichtigen Anliegen oder Thema die Potenziale und Kompetenzen aller Beteiligten vernetzen und daraus neue Möglichkeiten und Perspektiven schöpfen.
Vertrauen und Miteinander fördern sowie Abgrenzungen und Vorbehalte verringern.

Voraussetzungen: Es benötigt einen großen Raum mit vielen Tischen – alternativ dazu Flipchart große Pappteller, welche sich die Teilnehmer der Gruppen auf die Knie legen.

Zeitaufwand: 45 Minuten bis vier Stunden – je nach Länge der Gruppenzeiten

Teilnehmerzahl: 15 bis 150 oder mehr

Materialien: Café-Tische (oder Pappe), Flipchart-Blätter, pro Person einen Marker, gegebenenfalls leichte Hintergrundmusik, Knabbereien, Getränke …

Durchführung: Die Anwesenden verteilen sich auf die Tische. Die Regeln des Vorgehens werden wie folgt erklärt:

1. Zuerst wird das Thema erläutert, das bewegt werden will.
2. Dazu wird es drei Gruppenzeiten beispielsweise à 20 Minuten mit unterschiedlicher Zusammensetzung geben.
3. Jede Gruppe bestimmt einen Gastgeber. Dieser hat die Aufgabe, die wesentlichsten Ergebnisse des Gesprächs zusammen zu fassen. Nach der Gruppenzeit stehen alle bis auf den Gastgeber auf und verteilen sich jeder einzeln an die weiteren Tische. Die zweite Zeit beginnt damit, dass der Gastgeber die Gruppe eröffnet, indem er die Anwesenden über den Stand des Gesprächs informiert. Danach gibt der Gastgeber seine Rolle an eine andere Person weiter und dieses Geschehen wiederholt sich für eine dritte Runde. Am Ende der dritten Runde bereitet die Gruppe eine Zusammenfassung vor, die sie im Plenum vorstellt.

[28] Eine ausführliche Beschreibung mit weiteren Hintergrundinformationen finden sie auf der Webseite der Konrad Adenauer Stiftung unter http://www.kas.de/upload/dokumente/pb/world_cafe.pdf, abgerufen am 17.12.2016.

4. Als Hilfe, wie die Gruppe arbeiten könnte, werden folgende Empfehlungen gegeben, die als Plakat an der Wand hängen oder als kleine Merkzettel auf den Tischen liegen:
   Café-Etikette
   a. Fokus auf das, was wichtig ist.
   b. Eigene Ansichten und Sichtweisen beitragen.
   c. Sprechen und Hören mit Herz und Verstand.
   d. Hinhören, um wirklich zu verstehen.
   e. Ideen verlinken und verbinden.
   f. Aufmerksamkeit auf die Entdeckung neuer Erkenntnisse und tiefergehender Fragen
   g. Spielen, kritzeln, malen – auf die Tischdecke schreiben ist erwünscht!
   Haben Sie Spaß dabei!
5. Das Thema nochmals wiederholen und den Startschuss geben

Nach den ersten drei Phasen stellen die Gruppen ihre Ergebnisse vor. Auf welche Art und Weise diese dann in einen weiteren Prozess münden, bleibt offen.

Kapitel 6
Toolbar

Übersicht

Die Absicht dieses Kapitels ist es, Ihnen alle bisher beschriebenen Tools in einer Weise zusammen zu stellen, dass Sie alle in einem Überblick haben und so für Ihre Situation einen eigenen Toolmix zusammenbauen können.

6.1 Gebrauchsanweisung für die Toolbar

Alle Werkzeuge sind in der Reihenfolge ihres Erscheinens im Buch aufgeführt. Das Kapitel, aus dem sie stammen, steht in Klammern hinter dem jeweiligen Titel. Jedes Tool wird, soweit sinnvoll, mit folgenden Kriterien beschrieben:

- **Titel:** Name des Tools
- **Absicht:** Was mit diesem Tool erreicht werden soll
- **Voraussetzungen:** Die gegeben sein sollten
- **Material:** Das benötigt wird
- **Zeitaufwand:** Den es voraussichtlich benötigt
- **Durchführung:** Anleitung wie es geht
- **Kommentar:** Ergänzende wichtige Informationen

Die Unterkapitel der Toolbar sind folgendermaßen aufgebaut:

In Kapitel 6.2 finden Sie all die Werkzeuge, die Ihnen helfen, Ihren Ampelmodus zu wechseln.

Im Kapitel 6.3. geht es darum, die Durchbrüche in der Realität umzusetzen und Flow zu erzeugen. Eine komplette Übersicht über alle Wertschätzer Perspektiven in den Durchbruchskapiteln leitet dieses Kapitel ein.

Tipp: Seien Sie geduldig und freundlich mit sich und Ihrem Umfeld, und brechen Sie nichts übers Knie. Nehmen Sie sich stimmige Schritte vor und bleiben Sie dran[1]. Wertschätzung ist eine konstante Übung, kein zu erreichendes Ziel. Es richtig oder perfekt machen zu wollen, schadet.[2]

6.2 Tools für die Ampel in Rot, Gelb und Grün

Wie Sie in Kapitel 2 erfahren haben, ist es für unser Befinden und die Zusammenarbeit sehr wichtig zu erkennen, in welchem Ampelmodus wir uns gerade befinden. Sind wir im Roten Bereich gelandet, nützen alle guten wertschät-

[1] Vor Jahren erzählte uns ein Seminarteilnehmer folgende Begebenheit: Er war mit seiner Frau auf einem Spaziergang, und da lag eine Bierdose auf dem Gehweg. In Gedanken ging er weiter, unterhielt sich mit seiner Frau und kickte die Dose immer vor sich her. Irgendwann stellt er fest, dass er dies schon seit mehr als einem Kilometer getan hatte, ohne Anstrengung und ohne sich dessen bewusst zu sein. So leicht war es gegangen. Seitdem lautet sein unterstützender Spruch für kleine Schritte und Dranbleiben: „Kick the can!“

[2] Der Selfmade-Milliardär T. Harv Eker, Autor vieler Büchern (u. a. „So denken Millionäre“) und Schöpfer transformativer Seminare, erinnert immer wieder daran: „Don't forget: Every master was once a desaster!“.

zenden Tools nichts. Wenn wir uns nicht in Lebensgefahr befinden, macht es Sinn Hilfsmittel zu kennen, die uns helfen, diesen Bereich schnell wieder zu verlassen. Befinden wir uns im Hamsterrad des Gelben Modus', ist es sinnvoll die Spur von Ich-Gelb zu verlassen und uns zu erinnern, dass wir soziale Wesen sind. Erst jetzt hat Wertschätzung eine Chance. Wertschätzung nach unserem Verständnis (siehe Kapitel 4.1), kann sich erst in Grün wirklich ausbreiten.

6.2.1 Hilfe, ich bin ein Reptil – Stopp, Rote Ampel!

Hier geht es um Regeln, die uns helfen, schnell aus dem Roten Ampelmodus rauszukommen. Egal in welchem Kontext Ihre Knöpfe gedrückt wurden oder Sie sich bedroht fühlen, Sie rutschen automatisch in den Roten Ampelmodus und der kennt nur drei Zustände: Angriff, Flucht oder Schockstarre. Daher ist es unerheblich, was der Grund war, befolgen Sie einfach die Regel, die sich für Sie als hilfreich erwiesen hat, und wenden Sie sie an. So werden Sie vom Reptil wieder zu einem denkenden Menschen. Die hier aufgeführten Tools können Sie ausprobieren, kombinieren, üben. Wichtig ist, dass Sie wenigstens eines davon automatisch zur Verfügung haben, wenn der Rote Alarm losgeht, so dass Sie wie ein Feuerwehrmann bei Feuer oder als Autofahrer an einer Roten Ampel sofort reagieren können (mehr dazu siehe Kapitel 2.1).

Regelvorschlag Nr. 1: Die biologischen Automatismen erkennen und sich davon unterscheiden

Sinnbildlich bedeutet das:

Bremsen, Anhalten, Unterbrechen, Pause machen!

Umschauen und die Illusion entlarven: Keine akute Lebensgefahr!

Oder nach Benjamin Zanders Regel Nr. 6:

„Nimm deine Sichtweise und die damit zusammenhängenden Gefühle, Emotionen und Handlungsimpulse nicht so verdammt wichtig!“

Erkennen Sie den Unterschied? Sie sind nicht Ihre Gefühle und Gedanken, Sie haben welche. Ihre subjektive Realität wird nur durch biologische Vorgänge erzeugt, mehr nicht!

Regelvorschlag Nr. 2: Zeit nehmen, Atmen, Lachen

Tun Sie etwas, was Sie entspannt und Ihnen Zeit gibt, Ihr bewusstes Denken wieder zu Wort kommen zu lassen. Diese drei Vorschläge helfen schnell und effektiv:

1. **Innehalten**
   Sie können z. B. einfach bis zehn zählen, bevor Sie reagieren und dabei etwas Beruhigendes denken wie etwa „Alles Gut!“. Das gibt physiologische „Entwarnung“ und entspannt.
   Wenn die Amygdala „feuert“, setzt das Denken aus, wir reagieren nur reflexartig. Das dient keiner Situation, in der es nicht ums Überleben geht.

Also macht es Sinn, dass Zeit verstreicht, bevor Sie reagieren. Dies gibt dem rationalen Denken Raum, sich wieder anzuschalten und den Mandelkern zu erreichen und das ganze System zu „entwarnen".

Übung: Geben Sie dem Angstzentrum Zeit, sich wieder zu entspannen. Das können Sie durch das Wort „Pause!" aktivieren. Unterbrechen Sie alles, und gönnen Sie sich ein Innehalten. Sollte dies wegen Ihres Umfelds nicht möglich sein, nutzt notfalls ein Gang auf die Toilette. Kurze Gedanken wie „Alles gut!" oder „Nichts ist gefährlich!" geben ein Zeichen zur Entwarnung. Machen Sie es sich zur Regel – egal was gerade ist – zu unterbrechen, sich zurückzuziehen und zu warten, bevor Sie im Konfliktfall reagieren. Oder führen Sie mindestens drei der im nächsten Punkt beschriebenen tiefen, langsamen Bauchatmungen durch.

2. **Bewusst atmen**
   Bauchatmen mit betontem und verlängertem Ausatmen hilft Körper und Geist. Vom durch Stress gesteuerten, meist kurzatmigen Zustand mit verstärktem Einatmen kommen Sie auf diese Weise in einen Entspannungsmodus und werden so wieder konstruktiv handlungsfähig. In einer Stress- bzw. Konfliktsituation wird durch das Ausschütten von Adrenalin die Atmung flach und findet vor allem in der Brust statt, der Bauch ist angespannt. Die Betonung liegt auf dem Einatmen, oft ist die Atmung forciert. Wenn Sie dies bemerken, ist folgende Übung immer hilfreich.
   Übung: Atmen Sie zunächst einmal aus, soweit Sie können. Automatisch atmen Sie danach tief ein. Achten Sie darauf, dass der Atem sanft in den Bauch strömt, ohne ihn zu forcieren. Lassen Sie den Atem wieder langsam und lange gehen. Hier liegt die Betonung auf der Ausatmung. Ein und aus, wie die Wellen bei Ebbe am Strand. Sie können diese sanfte, tiefe Bauchatmung (wenn Sie allein sind) auch noch dadurch unterstützen, dass Sie das Ausatmen mit einem Laut unterstützen, der sich wie ein langgezogenes HHHaaaaaaaaaaaa anhört. Wenn es Ihnen möglich ist, dann ziehen Sie die Mundwinkel dazu noch hoch. Lächeln und Adrenalin schließen sich gegenseitig aus. Das mag sich am Anfang noch etwas angestrengt anfühlen, wird aber mit der Zeit immer einfacher. All dies unterstützt den Prozess, dem Adrenalin direkt entgegenzuwirken.
3. **Lachen**
   ist nicht nur die beste Medizin. Bewusstes Betätigen der Lachmuskeln, auch ohne im Moment echt zu lachen, ist das effektivste Mittel, das die Gehirnwissenschaft kennt, um das Angstzentrum und die damit verbundenen Hormonausschüttungen sofort abzuschalten.
   Es mag vielleicht nicht hilfreich sein, sich in der Gegenwart von Menschen, mit denen ein Konflikt schwelt, vor Lachen zu krümmen. Doch wenn Sie sich selbst den Luxus gönnen, allein oder, noch viel effektiver, mit jemandem zusammen, dem Sie vertrauen, über das Ganze zu lachen, dann entspannt sich das Angstzentrum, denn die dort verstandene Botschaft lautet: „Wenn du lachen kannst, dann kann es nicht lebensbedrohlich sein." Die Adrenalinausschüttung wird gestoppt. Tatsächlich ist schon ein vorgetäuschtes Lachen nahezu gleich effektiv wie ein auf natürliche Weise entstandenes.

Übung: Suchen Sie Menschen auf, in deren Gesellschaft viel gelacht wird und überwinden Sie sich, einfach dabei zu sein und sich vom Lachen der anderen anstecken zu lassen. Falls Sie dazu keine Gelegenheit haben, können Sie folgende Alternative anwenden: Stellen Sie sich vor den Spiegel oder eine Person Ihres Vertrauens und ziehen Sie mit möglichst geschlossenen Lippen die Mundwinkel soweit es irgend geht in Richtung der Ohren. Meist dauert es nicht lange und Sie und Ihr Gegenüber – live oder im Spiegel – kann nicht anders als loszuplatzen. Genießen Sie die Entspannung durch das befreiende Lachen. Jetzt können Sie sich in Ruhe wieder Ihrer Arbeit oder dem nächsten Schritt in diesem Prozess widmen.

Regelvorschlag Nr. 3: Um Hilfe bitten

Bitten Sie jemanden Ihres Vertrauens um Hilfe. Zeigen Sie sich in Ihrer Situation und erkennen Sie an, dass Sie gerade „abgeschossen" sind. Stellen Sie sicher, dass Ihr Zuhörer Sie zuallererst bei der Entspannung unterstützt, um wieder „auf den Teppich" zu kommen. Diese Form von Unterstützung kann besonders gut übers Telefon stattfinden, da die gewünschte Vertrauensperson sofort kontaktiert werden kann und zeitnah zur Verfügung steht. Zusätzlich ist es für den Zuhörer durch den geschützten Raum ganz einfach, gelassen zu bleiben und somit leichter zur Beruhigung der Situation beizutragen.

Was tun bei hohem Dauerstress?

Schon bei hoher Stressneigung, erst recht, wenn Sie das Gefühl haben, ständig „getriggert" zu werden, empfiehlt es sich, die hier vorgeschlagenen Übungen regelmäßig durchzuführen – gut wäre drei- bis viermal täglich.

Alternativ zu den hier beschriebenen Möglichkeiten können Sie natürlich auch anderes tun. Ob dreimal um den Block laufen oder ein Notizheft[3] zur Hand nehmen, in dem Sie einfach Ihre Gedanken ungefiltert notieren und damit „Dampf ablassen" – Sie finden etwas, das zu Ihnen passt. Und das Wichtigste, trainieren Sie sich das als Regel an und verankern Sie diese damit in Ihren Gewohnheiten – genauso, wie Sie trotz heftiger Emotionen vor einer roten Ampel stehen bleiben.

„Die Typischen Zwölf" Kommunikationssperren nach Thomas Gordon[4]

Diese schon in Kapitel 5.4.2 näher ausgeführten Kommunikationssperren nach Thomas Gordon können bei uns und anderen die „Knöpfe drücken" und uns umgehend in den Roten Ampelmodus katapultieren. Wenn Menschen sich im Gespräch angegriffen fühlen, ist vermutlich eine oder mehrere dieser Sperren am Werk. Es ist gut, sie zu kennen und wenn möglich zu vermeiden bzw. anderen zu sagen, wie eine solche Ansprache auf Sie wirkt. Auch wenn Sie eine verunglückte Kommunikation im Nachhinein betrachten, um zu sehen, was

---

[3] Julia Cameron gibt in ihrem Buch: Der Weg des Künstlers, Knaur 2009 ein Anleitung.

[4] Thomas Gordon: „Das Gordon-Modell" und „Die Familienkonferenz", https://de.wikipedia.org/wiki/Kommunikationssperre_(Psychologie).

schiefgelaufen sein könnte, lohnt es sich, diese Liste zur Hand zu haben. So können Sie häufig erkennen, warum sich zu einem bestimmten Zeitpunkt das Gespräch ohne Absicht negativ entwickelt hat. Es ist sehr wahrscheinlich, dass zu diesem Zeitpunkt eine der aufgelisteten Kommunikationssperren wirkte. Wenn Sie sich diese Liste genauer anschauen, werden Sie sich wahrscheinlich nicht mehr wundern, warum so viele Gespräche bei bester Absicht misslingen.

Nehmen Sie sich nicht alle Kommunikationssperren auf einmal vor, sondern beginnen Sie mit einer. Beobachten Sie Ihre Art zu kommunizieren und beginnen Sie, etwas Neues zu praktizieren (siehe auch Abschnitt 3.3.2).

Die zwölf Arten von Kommunikationssperren nach Thomas Gordon:

1. Befehlen, anordnen, auffordern
2. Warnen, mahnen, drohen
3. Moralisieren, predigen, beschwören
4. Beraten, Vorschläge machen, Lösungen liefern
5. (Ver)Urteilen, kritisieren, widersprechen, Vorwürfe machen, beschuldigen
6. Belehren, durch Logik begründen
7. Loben, zustimmen, schmeicheln
8. Beschämen, beschimpfen, lächerlich machen
9. Interpretieren, analysieren, diagnostizieren
10. Beruhigen, Sympathie äußern, trösten, aufrichten
11. Nachforschen, fragen, verhören
12. Ablenken, ausweichen, aufziehen

Wenn Sie wissen, was welche „Knöpfe" drückt, dann sind Sie schon einen großen Schritt weiter. Fühlen Sie sich richtig „abgeschossen", dann finden Sie hier ein paar Empfehlungen, was Sie in dieser Situation sofort tun könnten:

Bei Roter Ampel und akutem Stress – schon eine Minute hilft!

- Machen Sie eine einminütige Pause – einfach innehalten, nichts tun!
- Aufstehen, strecken und kurze Dehnungsübung vornehmen.
- Mit den Fingerkuppen leicht den Kopf abklopfen.
- Kurz aus dem Raum gehen/den Raum wechseln.
- Bewusst dreimal tief ein- und ausatmen.
- Bewusst 60 Sekunden künstlich lächeln.
- Und all die oben angeführten Regeln (und aus Kapitel 2.1.)

6.2.2 Von Adrenalin zu Oxytocin – vom Ich zum Wir in Gelb

Sie können mit folgenden Vorschlägen experimentieren, um Ihr gegebenenfalls noch vorherrschendes Einzelkämpferdasein aufzugeben und zu einem guten Miteinander zu kommen (siehe Kapitel 2.2).

Regelmäßige Oxytocin-Atmung

Um den auf Dauer erhöhten Adrenalinspiegel zu senken und einem permanent erhöhten Stresslevel entgegen zu wirken, hilft am besten eine Oxytocin-Atmung, wie wir sie in den Abschnitten 6.2.1 (Regelvorschlag Nr. 2) und 2.1.5 beschrieben haben.

Im Gelben Ampelmodus sind sowohl Adrenalin als auch Oxytocin aktiv. Folgende Vorschläge helfen, den Oxytocin-Anteil zu erhöhen. Verwenden Sie dazu bitte einen der folgenden Vorschläge, am besten alle drei.

Entscheidungsvorschlag Nr. 1: Verbindgen Sie sich mit anderen, anstatt die Sache allein durchzuziehen

Oxytocin macht uns sozial. Nutzen Sie gerade in Stresszeiten das Oxytocin, das Sie im Gelben Ampelmodus unterstützt, in Verbindung mit Ihnen vertrauten Personen zu gehen. Sich gegenseitig unterstützen, um Hilfe bitten stärkt die Gemeinschaft auch für (große) Herausforderungen.

Entscheidungsvorschlag Nr. 2: Sehen Sie Stress als hilfreich an, nicht als Ihren Feind

Ihr Körper stellt Ihnen alles zur Verfügung, damit Sie mit Stress umgehen können: Adrenalin für die sofortige Einsatzfähigkeit und Oxytocin zur Festigung und Unterstützung in der Gruppe aber auch zur Gesunderhaltung des Herzens.

Dies zu wählen mag nicht ganz einfach sein, doch in Untersuchungen[5] konnte gezeigt werden, dass die Art und Weise, wie wir mit unserem Stress im Widerstand sind, weit mehr darüber bestimmt, ob unser Körper durch Stress krank wird, als der tatsächliche Stresslevel selbst.

Entscheidungsvorschlag Nr. 3 Wählen Sie die Bereitschaft zum Scheitern

Sie sollten damit Schluss machen, immer besser sein zu müssen als die anderen, immer im Konkurrenzkampf mit hoch gesteckten Zielen zu stehen, die um jeden Preis[6] erreicht werden müssen, selbst wenn es absehbar ist, dass Sie dabei Ihre eigene Belastungsgrenze überschreiten.

Schauen Sie auf die Dinge, die Menschen, die Arbeit, das Leben genau so, wie sie sind und wie sie nicht sind[7], und erlauben Sie sich und anderen zu scheitern. Wenn Sie dieser Empfehlung folgen, könnte es sein, dass Sie ähnliche Erfahrungen machen wie wir: Durch die Fähigkeit des Loslassens wird die Erfolgsbilanz schlussendlich größer und nicht kleiner.

---

5 Kelly McGonigal: How to Make Stress Your Friend (TED Vortrag). Negative Glaubenssätze über Stress, nicht der Stress selbst, belegen Rang 15 der Todesstatistik in den USA. https://www.ted.com/talks/kelly_mcgonigal_how_to_make_stress_your_friend?language=de#t-18246, mit deutschem Untertitel, abgerufen am 21.12.2016

6 75 % der Betrugsfälle, die von der US Behörde Securities and Exchange Commission untersucht wurden, waren das Resultat von unrealistischen, zu optimistischen Gewinnerwartungen, die aber nicht korrigiert wurden. Aus Kelly McGonigal: The Willpower Instinct, https://www.youtube.com/watch?v=V5BXuZL1HAg, abgerufen am 26.01.2012.

7 Der frühere Bundeskanzler Konrad Adenauer soll einmal einen verzweifelten Assistenten gefragt haben: „Wollen Sie den Rat von einem alten Mann hören?" „Aber natürlich, Herr Bundeskanzler!" Worauf dieser sagte: „Nehmen Sie die Menschen, wie sie sind, es gibt keine anderen."

> **Aktives Zuhören**
> Kernpunkt dieses Ansatzes ist es, unseren eingebauten Wahrnehmungsfilter für das, was andere sagen, auszuhebeln. Dies tun wir, indem wir aktiv das, was wir verstanden haben, mit eigenen Worten zurückgeben, so dass der Sprecher ein Feedback darüber bekommt, ob bzw. wie seine Botschaft angekommen ist. Ausführlichere Darstellungen dieses methodischen Ansatzes finden Sie in Kapitel 5.4 zur wertschätzenden Kommunikation.

Konsens und systemisches Konsensieren

Firmen und Organisationen, die vorwiegend im Wir-Gelben Ampelmodus arbeiten, suchen bei Entscheidungen möglichst den Konsens. Da dies häufig ein zähes und langwieriges Ringen um ein gutes Ergebnis ist, wird dann als Kompromiss doch ein einfaches Abstimmungsverfahren gewählt. Daher haben sich inzwischen zwei Modelle entwickelt, die versuchen, diese Kluft zwischen Anspruch und Wirklichkeit zu verringern. Während beim systemischen Konsensieren[8] ein demokratisches Abstimmungsverfahren im Vordergrund steht, innerhalb dessen bei jeder Stimme ein Widerstandswert zwischen eins und zehn berücksichtigt wird, sucht das Konsensverfahren eine Lösung, die ohne Veto, also ohne Gegenstimme auskommt. Bei beiden Verfahren werden die Bedenken gehört und bei der späteren Durchführung der Entscheidung optimaler Weise mitberücksichtigt. Diese Methoden sind aufwändig und brauchen Zeit, beziehen aber dafür alle Personen mit ein und unterstützen damit das Wir-Gefühl (siehe auch Kapitel 2.2.3 und 2.2.4).

> **Entscheidungsmöglichkeiten eines Konsensverfahren:**
> **Stufe eins bis fünf tragen die vorgeschlagene Entscheidung mit. Stufe sechs blockiert das Vorhaben. Im Konsensverfahren benötigt es nur eine Person, die ein Veto einlegt, um das gewünschte Anliegen zu verhindern.**
> 1. **Volle Zustimmung**
>   „Ich stimme dem Lösungsvorschlag zu."
> 2. **Leichte Bedenken**
>   „Ich stimme zu, habe aber leichte Bedenken."
> 3. **Enthaltung**
>   „Ich überlasse euch die Entscheidung, bin bei der Umsetzung aber dabei."
> 4. **Beiseite stehen**
>   „Ich kann den Vorschlag nicht vertreten, lasse ihn trotzdem passieren (beteilige mich aber nicht)."
> 5. **Schwere Bedenken**
>   „Ich habe schwere Bedenken und wünsche mir eine andere Entscheidung."
> 6. **Veto**
>   „Der Vorschlag widerspricht grundsätzlich meinen Vorstellungen. Er darf nicht beschlossen bzw. ausgeführt werden."

[8] Siehe auch das Buch „Systemisches konsensieren: Der Schlüssel zum gemeinsamen Erfolg" von Georg Paulus, Siegfried Schrotta und Erich Visotschnig.

Grüne Inseln in Gelber Umgebung

Jede (Arbeits-)Beziehung, jede Gruppe kann in den Grünen Bereich hineinwachsen und sich weiterentwickeln, auch wenn die Umgebung noch anders tickt.

Sie werden es dort besonders einfach und leicht haben, wo die Beteiligten, insbesondere die Führung als Persönlichkeit, eine Haltung von Wertschätzung (vor)lebt.

Folgendes können Sie ausprobieren:

Wertschätzungsinseln

Absicht: Wertschätzung ist im Alltag integriert.

Vorbedingungen: Die Bereitschaft, Wertschätzung ohne viel Aufheben im Alltag zu integrieren. Zusammenkunft von drei oder mehr Personen, sei es am Telefon oder persönlich.

Zeitaufwand: Etwa zehn Minuten, in einem großen Kreis natürlich mehr.

Durchführung: Wählen Sie, wann Ihnen eine Zusammenkunft von drei oder mehr Personen angemessen erscheint. Bevor Sie das eigentliche Thema der Zusammenkunft, beispielsweise eines Meetings, besprechen, bitten Sie die Personen reihum:

1. je eine Person aus dem Kreis offen und ehrlich anzuerkennen. Hilfreiche Fragen sind „Was ich an dir schätze, ist …" oder „Wofür ich dir dankbar bin, ist …".
2. anzuerkennen, was seit dem letzten Treffen gut gelaufen ist.
3. sich selbst anzuerkennen. Eine hilfreiche Frage ist: „Wofür möchte ich mich heute selbst anerkennen?"

Kommentar: Derartige kleine Wertschätzungsinseln können Sie jederzeit in Ihrem Umfeld einführen. Und sei es nur an einem Geburtstag oder Jubiläum, an dem Sie die Anwesenden bitten, eine schöne Episode aus ihrem Leben mit dem Jubilar zu erzählen. Solche kleinen Inseln können Sie in nahezu jedem Kontext einbauen. Nach möglichem anfänglichem „Fremdeln" saugen Menschen diese wertschätzenden Momente begierig auf und fangen an, selbst kleine Wertschätzungsinseln zu kreieren.

Unsere Empfehlung: Fangen Sie selbst damit an und warten Sie nicht darauf, dass jemand anderes dies tut! Jeder kleine Versuch hat beste Aussichten auf gewinnbringende Auswirkungen!

Sinnvolle Maßnahmen, wenn die eigene Psyche im Gelben Ampelmodus ist

Diese Anleitung hilft insbesondere, wenn Ihr Gelber Ampelmodus chronisch, d. h. zu Ihrem Normalzustand geworden ist. Hier ist der Sympathikus bzw. Adrenalin/Cortisol-Modus Ihr üblicher Stoffwechselzustand geworden. Ständig sind Sie auf Habachtstellung, selbst wenn weit und breit keine Gefahr droht. Das ist ungesund und unproduktiv! Deshalb ist es wichtig, regelmäßig etwas zu tun, was Sie von diesem physiologischen Zustand befreien kann:

Basis-Menü bei Gelber Ampel

- Regelmäßig hinaus in die Natur gehen.
- Jede Art von regelmäßigem Sport wie Joggen, Radfahren oder Schwimmen.
- Regelmäßig einen der im Rahmen des betrieblichen Gesundheitsmanagements empfohlenen Ansätze nachgehen wie beispielsweise Autogenes Training, progressive Muskelrelaxation, Yoga oder basische Salzbäder
- Regelmäßig den „Geist entspannen", beispielsweise durch Meditation oder Mindfulness (z. B. pro Stunde eine Minute Stille).
- Akut etwas ganz Anderes tun oder die Tätigkeit wechseln.
- Vom Problemlösungsmodus zum ressourcen- und potenzialorientierten Modus eines wertschätzenden Ansatzes voranschreiten,
- Den Stressgedanken identifizieren und kontern.
- Sich selbst eine wertschätzende Frage stellen.
- Nährstoffreiche und ausgewogene Ernährung, damit der Stoffwechsel optimal funktionieren kann sowie zur Vorbeugung von Herzkreislaufproblemen, Diabetes und anderen stressbedingten Erkrankungen.

Gut ist es, die Maßnahmen der betrieblichen Gesundheitsförderung und des betrieblichen Gesundheitsmanagements einzuführen, die auf den Prinzipien der Salutogenese – der Entstehung von Gesundheit – nach Aaron Antonovsky[9] basieren und auf unterschiedlichste Weise die Gesundheit der Mitarbeiter im Betrieb fördern. Die betriebliche Gesundheitsförderung[10] geht vom Gelben Ampelmodus aus und hat viele hilfreiche Methoden und Maßnahmen entwickelt.

Nach Antonovsky ist das **Kohärenzgefühl** zentral für die Salutogenese und hat drei Aspekte:

- Die Fähigkeit, dass man die Zusammenhänge des Lebens versteht. Das Gefühl der Verstehbarkeit.
- Die Überzeugung, dass man das eigene Leben gestalten kann. Das Gefühl der Handhabbarkeit.
- Der Glaube, dass das Leben einen Sinn hat. Das Gefühl der Sinnhaftigkeit.

Nach seinen Erfahrungen mit Holocaustüberlebenden waren diejenigen langfristig gesund geblieben, die trotz ihrer schrecklichen Erlebnisse alle drei Aspekte des Kohärenzgefühls entwickelt hatten.

6.2.3 Ausflüge ins Grüne

Hier zeigen wir Ihnen Wege auf, wie Sie immer ausgedehntere Ausflüge ins Grüne unternehmen können. Wenn Sie es geschafft haben, aus dem Überlebensmodus mithilfe von eingeübten Regeln auszusteigen, dann braucht es auch den zweiten Schritt, den Oxytocinlevel bzw. die Wirksamkeit von Oxytocin zu erhöhen und gleichzeitig den Adrenalinspiegel zu erniedrigen. Die hier

9 https://de.wikipedia.org/wiki/Aaron_Antonovsky, abgerufen am 13.12.2016.

10 Wegen der weit verbreiteten Information und der Vielzahl an Quellen zu diesem Thema beschränken wir uns auf die Angabe der Seite in Wikipedia zum Gesundheitsmanagement https://de.wikipedia.org/wiki/Betriebliches_Gesundheitsmanagement, abgerufen am 21.12.2016

vorgeschlagenen Perspektivwechsel sind noch wirksamer, wenn Sie zuvor Ihr Stresslevel mithilfe der obenstehenden Tools reduziert haben.

Stellen Sie sich eines der Karussells auf einem Kinderspielplatz vor. Wenn es steht, nichts mehr geht, braucht es viel Kraft, um es überhaupt anzuschieben. Um es dann in Schwung zu bekommen, müssen Sie einiges an Energie aufwenden, aber es geht schon leichter. Ist es aber so richtig in Schwung, dann braucht es nur noch ein Antippen, um die Fahrt aufrecht zu erhalten. So ähnlich geht es uns mit den Ampelfarben. Sind Sie aus dem Stress von Rot und Gelb tatsächlich in den Grünen Schwung gekommen, dann braucht es meist nur kleine Impulse und wenige Praktiken, um den Flow aufrechtzuerhalten.

Wir empfehlen! Gönnen Sie sich regelmäßig:

- Coaching – jeder hat einen Coach verdient!
- Entspannungsübungen jeglicher Art
- Mindfulness- und Achtsamkeitsübungen
- Meditation in einer für Sie stimmigen Form
- Kreative Tätigkeiten – möglichst ohne Worte
- Sport oder Spaziergänge in der Natur
- Immer wieder stille Momente und Zeiten für sich

Hier finden Sie eine kleine Übung, wie Sie mithilfe von Gedanken ins „Nicht-Denken“ gelangen können. Wenige Minuten am Tag sind schon hilfreich:

Gelbes Denken überlisten (aus Kapitel 2.3)

Absicht: Schnell Bedingungen für Grün schaffen

Voraussetzungen: Nur Aufmerksamkeit z. B. beim Zähneputzen, beim Spazierengehen, in der U-Bahn …

Zeitaufwand: Wenige Minuten, beliebig oft wiederholbar

Durchführung: Stellen Sie sich, wenn Sie ein kleines Zeitfenster haben, Fragen wie:

- Was ist mein nächster Gedanke?
- Wie sieht mein nächster Gedanke aus?

Diese Fragen kann man sich mehrmals hintereinander stellen.

Sie können sich die Übung zur Regel machen, z. B. beim Zähneputzen.

Kommentar: Diese Fragen kann der Verstand nicht beantworten bzw. die Antwort kann der Denker nicht denken – also herrscht kurzzeitig Funkstille.

Wertschätzer Blickwinkel – eine gute Basis

Die Wertschätzer Blickwinkel wurden aus dem Anliegen geboren, Menschen im Alltag oder innerhalb ihrer Berufstätigkeit eine Inspiration und eine Experimentierhilfe an die Hand zu geben. Sie sind so gestaltet, dass sie die Kraft haben, Wertschätzung zu vertiefen, auszubreiten und zu erzeugen. Gleichzeitig repräsentieren sie die Werte und Ausrichtung der Wertschätzer. Wir wünschen Ihnen viel Freude beim Ausprobieren. Die folgenden Vorschläge haben sich für uns selbst und für unsere Teilnehmer als wirksam erwiesen. Natürlich sind Sie frei, die Wertschätzer Blickwinkel nach Ihrer Wahl zu nutzen.

Wertschätzer Blickwinkel: Motto für den Tag

Pro Tag ein Motto – in Reihenfolge oder wie eine Spielkarte gezogen

Nehmen Sie sich pro Woche einen Blickwinkel vor und ordnen Sie jedem Wochentag einen Satz des jeweiligen Blickwinkels zu. Dieser Satz ist sozusagen Ihr Motto für den Tag, den Sie in einer Ihnen entsprechenden Form präsent halten.

Unser Vorschlag: Verbinden Sie diesen Satz mit einer Tätigkeit, die Sie häufig tun, z.B. Trinken. Sie könnten ihn an Ihr Wasserglas oder an die Kaffeetasse .. heften. Oder Sie nutzen dieses Experiment für die Gelegenheit, sich in jeder Stunde eine Minute Auszeit zu gönnen. In dieser Minute lesen Sie einfach den Satz, lassen ihn wirken und schauen zu, was dazu auftaucht.

Das 7-Wochen-Spiel

Gönnen Sie sich ein sieben Wochen langes Spiel. Beginnen Sie am Sonntag mit dem ganzen Blickwinkel. Am Montag nehmen Sie sich dann den Leitsatz des jeweiligen Blickwinkels und Dienstag bis Freitag jeweils die einzelnen Punkte nacheinander. Am Samstag wiederholen Sie den gesamten Block oder Sie fokussieren sich auf die Sätze, die Sie am meisten angesprochen haben.

- Was lösen die Sätze in Ihnen aus?
- Welchen neuen Zugang finden Sie zu herausfordernden Themen?
- Wie gestalten sich Ihre Begegnungen?
- Welche Gespräche werden angestoßen, wenn Sie den Satz mit jemandem teilen?
- Was verändert sich in Ihren Einstellungen?

Tipp: Ziehen Sie in Erwägung, dass genau die Sätze, die Ihnen zunächst nichts sagen oder Sie vielleicht sogar in den Widerstand bringen, die besten Einsichten und Erkenntnisse schenken.

Sie können es sich auch einfacher machen, morgens einen dieser Sätze heraussuchen und diesen das Motto für den Tag sein lassen. Die Kunst ist, dies regelmäßig zu tun, denn dann wird es zur Gewohnheit und Sie erinnern sich daran. Sie wissen ja, ohne wertschätzende Praxis fallen wir in unseren normalen Gelb-Modus zurück.

Wertschätzer Blickwinkel: Lesen und aufnehmen

Das tägliche Lesen der Blickwinkel hatte in einer kleinen Blindstudie unter Coaching-Ausbildungskollegen einen unerwartet klaren Effekt erzielt. Ohne zu wissen, wofür es gut war, hatten sich zwei Gruppen bereit erklärt, jeden Morgen und Abend jeweils einen Block von Weisheitssätzen zweimal zu lesen. Sie bekamen per E-Mail sieben Wochen lang zu Beginn jeder Woche einen der Blickwinkel-Blöcke mit jeweils 5 Sätzen zugeschickt mit der Bitte, diese zweimal am Tag jeweils zweimal zu lesen. In der achten Wochen wurden sie gebeten, jeden Tag einen anderen Blickwinkel auf die gleiche Art zu lesen. Zu Beginn und nach Abschluss wurde ihnen ein anonymer Fragebogen zugeschickt.

Die Ergebnisse waren erstaunlich. Die Hälfte der Menschen, die in der Vergleichsgruppe „nur" allgemeine Weisheiten zugeschickt bekamen und gelesen hatten, hatte aufgehört. Auch konnten die Menschen dieser Gruppe keinen großen Unterschied in ihrem Leben feststellen. Die Studiengruppe, die die Wertschätzer Blickwinkel gelesen hatte hingegen, hatte nahezu vollständig durchgehalten und gab an, dass allein das tägliche Lesen der Blickwinkel für sie, ihr Leben und ihre Beziehungen einen Unterschied gemacht habe.

Einen der 7 Blickwinkel – 2x am Tag 2x lesen

Wenn Sie sich also nicht viel Mühe machen und trotzdem einen Unterschied spüren wollen, dann machen Sie es ihnen doch nach. Lesen Sie die untenstehenden Blickwinkel Block für Block, pro Woche einen, jeweils 2mal am Tag 2mal. Und Sie werden erstaunt sein, was allein dies für einen Unterschied machen wird.

Auf eine Herausforderung anwenden

Nehmen Sie sich eine persönliche oder berufliche Herausforderung einmal näher vor. Schauen Sie sie sich genau an und geben ihr einen Titel.

Dann wählen Sie einen der Sätze der Wertschätzer Blickwinkel auf diese Situation hin aus und fragen sich:

Wenn ich diese Aussage auf meine Situation hier anwende, was entdecke ich? Wie hilft mir die Aussage in dieser Angelegenheit? Welche neuen Möglichkeiten tauchen auf?

Wertschätzer Blickwinkel: In der Teamarbeit verwenden

Diese Wertschätzer Blickwinkel eignen sich hervorragend als wertschätzende Einstimmung in ein Meeting. Auch wenn ein Thema stockt oder sich im Kreis dreht, kann ein wertschätzender Satz aus dieser Sammlung oder ein ganzer Blickwinkel eine neue Perspektive bringen, indem er vorgelesen wird und auf das Thema angewandt. Auch gerade der 4. Wertschätzer Blickwinkel: „Konflikte erzeugen Reibungsgewinne", leistet hervorragende Dienste, wenn ein Konflikt im Raum schwebt.

Um diesen zu lösen, nehmen Sie sich den Konflikt genauer vor, benennen ihn in einer Runde, geben ihm vielleicht einen Titel. Dann lassen Sie alle im Team das Thema oder den Konflikt sozusagen auf den Schoß nehmen und lesen Sie die Sätze vor. Es empfiehlt sich, jeden Satz zweimal hintereinander zu lesen. Geben Sie sich danach jeweils ein bis zwei Minuten Pause, in der die Gedanken im Lichte des gehörten Satzes auftauchen können. Wenn Sie alle Sätze gelesen und nochmal ein wenig Zeit gegeben haben, bitten Sie das Team, sich einer nach dem anderen in einer Runde ohne Diskussionen mitzuteilen. Sie werden erstaunt sein, was diese Übung bewirkt und wie sie das Team unterstützt.

Hier also der aktuelle Stand der sieben Wertschätzer Blickwinkel 3.0. Viel Spaß beim Ausprobieren!

Wertschätzer Blickwinkel 3.0:

„Wo Wertschätzung ist, da geht's mir gut!"
Maren Kaiser

1. **Wertschätzung schließt alles ein!**
   - Ich nehme wahr, was ist, genau so wie es ist.
   - Jenseits der lauten Stimmen in mir lausche ich auch den leiseren.
   - Ich bin in jedem Moment frei, meinen Blickwinkel zu wählen.
   - Wie wär's mit Wertschätzung? Jetzt!
2. **Selbstwertschätzung ist die Basis**
   - Wertschätzung beginnt in mir selbst.
   - Bist du selbst dein größter Kritiker? Wechsle die Seite – werde dein größter Fan!

- Mein Beitrag ist wichtig.
- Wer bin ich wirklich und wovon will ich mehr?

3. **Wertschätzung aktiviert Potenziale**
   - Worauf ich meine Aufmerksamkeit richte, das wächst.
   - Potenziale und Größe in Menschen zu erkennen und auszusprechen lässt sie aufblühen.
   - Ich decke Stärken und Erfolgsfaktoren auf und übertrage diese auf weniger kraftvolle Bereiche.
   - Was ist mein – vielleicht heimlicher – Lebenstraum?
4. **Konflikte erzeugen „Reibungsgewinne“**
   - Widerstand gegen das, was ist, ist immer eine Einladung, den Blickwinkel zu ändern.
   - Starke Gefühle und Konflikte bergen wertvolle Bedürfnisse und Motive.
   - Probleme, Schwächen und Fehler zeigen Gelegenheiten für Wachstum.
   - Loslassen Recht zu haben, selbst wenn ich Recht habe, öffnet Türen.
5. **Vom Team zur Einheit**
   - Das Anderssein des Anderen ist willkommen.
   - Was ruft uns? Wofür sind wir zusammen?
   - Eine gemeinsame Absicht und wesentliche Entscheidungen gemeinsam erarbeiten, stärkt.
   - Jeder trägt frei und gerne das Seine zum Ganzen bei und alles ist getan.
6. **Das Andere ist auch „wahr“**
   - Ein Widerspruch darf ungelöst bleiben – er kann sogar wertvoll sein.
   - Was ist die Stärke in der Schwäche, das Leise im Lauten, das Geschenk der Situation?
   - Es ist nicht wie es scheint – ich halte inne… und finde Möglichkeiten.
   - Wie handle ich jenseits von richtig und falsch?
7. **Das Wesentliche geschieht im Dazwischen**
   - Pause machen ist gut, vor allem wenn's anstrengend oder schwer wird.
   - Es ist schon alles da, ich kann daraus schöpfen.
   - Entspanne … und sei das Wunder!
   - Akzeptiere, wertschätze, vertraue, handle … und feiere!

Akzeptiere, wertschätze, vertraue, handle und feiere!

Jetzt haben wir noch einen Vorschlag für Sie, der sozusagen einen Kurzdurchlauf durch die Wertschätzer Blickwinkel darstellt und nicht ohne Absicht ganz am Schluss, man könnte sagen als Zusammenfassung steht. Er wurde im Rahmen unserer internationalen Arbeit in einem intensiven Prozess destilliert. Es geht darum, die Kraft der Arbeit zu bündeln und Menschen und Teams sehr kraftvoll zu unterstützen, bei schwierigen, gar festgefahrenen Themen wieder mit Kraft und Freude handlungsfähig zu werden und zu bleiben. Die Reihenfolge stellte sich als wichtig heraus.

Die 5 Worte-Übung zum Umgang mit Herausforderungen

Denken Sie an eine Ihrer aktuellen Herausforderungen. Schreiben Sie dazu ein paar Fakten auf!

Schätzen Sie zunächst die Schwere Ihrer Herausforderung ein:

0______________________**5**______________________**10**

(0 = gar kein Problem/10 = sehr große Herausforderung)

Notieren Sie sich diese Zahl.

1. **Schritt: Akzeptiere**
   - Was kann ich daran akzeptieren?
   - Und wenn ich die ganze Situation so akzeptieren könnte, wie sie ist oder wie sie nicht ist, einfach, weil sie eh so ist, was wäre dann?
   - Was verändert sich dann? Was fühlen Sie dann?

Schreiben Sie bitte Ihre Antworten auf!

2. **Schritt: Wertschätze**
   - Wenn ich mich auf die Suche begebe, was könnte ich an der Situation wertschätzen?
   - Welches Geschenk könnte sie bereithalten?
   - Wie fühlt sich das an, wenn ich es aus diesem Blickwinkel sehe?

Schreiben Sie bitte Ihre Antworten auf!

3. **Schritt: Vertraue**
   - Worauf kann ich vertrauen – bei mir selbst, den anderen?
   - Worauf könnte ich bauen?
   - Was fühle ich jetzt?

Schreiben Sie bitte Ihre Antworten auf!

4. **Schritt: Handle**
   - Was würde ich jetzt gerne tun?
   - Welche neuen Handlungsmöglichkeiten, die tatsächlich zu einer guten Lösung beitragen würden, fallen mir ein?
   - Wie geht's mir, wenn ich mir vorstelle, dass ich diese Handlung ausgeführt habe?

Schreiben Sie jetzt ein bis drei Handlungen auf, die Sie innerhalb der nächsten 72 Stunden angehen möchten. Geben Sie sich das feste Versprechen, dies auch zu tun.

5. **Schritt: Feiere!**
   - Was und wie kann ich jetzt feiern?
   - Wie fühle ich mich, wenn ich mir immer wieder erlaube zu feiern?

Schreiben Sie auch das bitte auf!

Feiern ist wichtig! Es schließt Arbeitsschritte, Meilensteine oder Projekte ab, unterbricht den Stress, wertschätzt was war, gibt neuen Schwung für die nächste Etappe, tut allen Beteiligten gut und erhöht Wirksamkeit! (Ausführlicher unter 6.3.3 Tool „Feiern")

Schauen Sie sich nun erneut die Herausforderungen an.

Schätzen Sie den „Schweregrad" Ihrer Herausforderung ein.

0______________________**5**______________________**10**

(0 = gar kein Problem/10 = sehr große Herausforderung)

Notieren Sie sich die Zahl und die Differenz zur ersten.

Was ist Ihnen aufgefallen? Was hat sich verändert?

Wenn Sie diese Übung mehrmals mit sich selbst gemacht haben, können Sie diese mit der gleichen Anleitung auch mit einer Person oder mit einer Gruppe machen. In der Gruppe lassen Sie nach jedem Schritt die Teilnehmenden sich in Paaren austauschen. Am Schluss ist immer eine kurze Abschlussrunde sinnvoll, sie bringt die Ernte der gesamten Gruppe ein.

6.2.4 Ein Blick aufs Ganze

Das Vier-Quadranten-Modell des Philosophen Ken Wilber[11] bringt uns die Wichtigkeit einer Gesamtschau auf die Dinge nahe. Mithilfe dieses Modells wollen wir anschaulich darstellen, wie wesentlich es ist, den eigenen Standpunkt und die tradierte Prioritätensetzung zu verlassen und die Dinge nicht allein von einer Seite her, sondern vielmehr ganzheitlich, Wilber spricht von integral, zu betrachten.

Mit einem solchen Blick können wir die Dimension einer Organisation oder eines Projekts anschauen. Meist fällt es uns leicht, uns mit dem objektivierbaren Teil von Organisation zu beschäftigen, hier Aussagen zu machen und Pläne darauf abzustimmen. Und da „liegt der Hund begraben“. Denn es wird meist angenommen, dass nur die mess- und objektivierbaren Teile eines Unternehmens Wert erzeugen. Damit schließen wir einen Großteil der Faktoren, die Wertschöpfung hervorbringen, von unseren Überlegungen und unserer Aufmerksamkeit aus, nämlich den Teil, in dem es „menschelt“.

Hier eine bildliche Darstellung der vier Quadranten[12] nach Ken Wilber:

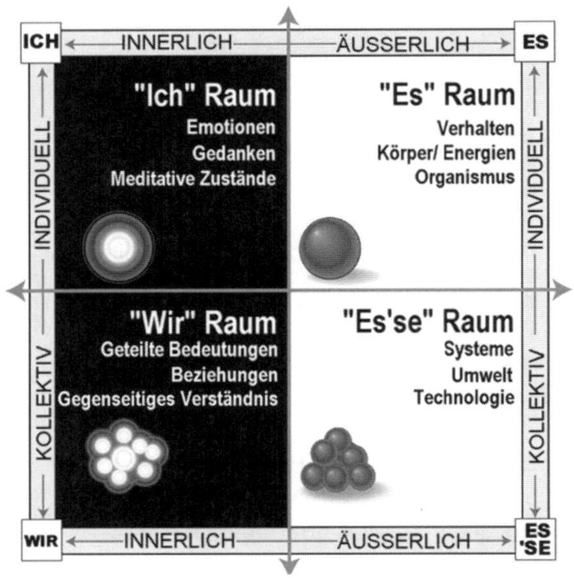

[11] Ken Wilber, Autor und Philosoph, Gründer des Integralen Instituts, https://de.wikipedia.org/wiki/Ken_Wilber, abgerufen am 21.12.2016.

[12] Die Abbildung wurde uns freundlicherweise vom Integralen Forum überlassen: http://integralesleben.org/home/il-integrales-leben/grundlagen-des-integralen-quadranten/, abgerufen am 21.12.2016.

Es geht dabei um die:

- **innerlich individuelle Dimension**, die man als die intentionale beschreiben könnte.
  Ken Wilber nennt sie den **„Ich"-Raum** (oberer linker Quadrant), in dem es um die individuellen persönlichen bzw. innerlichen Belange geht, um Emotionen, Gedanken, meditativen Zustände.
  Menschenbild: Der Mensch ist ein bewusstes und empfindendes Wesen.
- **äußerlich individuelle Dimension**, die man als verhaltensmäßig beschreiben könnte. Ken Wilber nennt sie den **„Es"-Raum** (oberer rechter Quadrant), in dem es um die individuellen äußerlichen bzw. objektivierbaren Belange geht, um Verhalten, Körper, Energien und den Organismus.
  Menschenbild: Der Mensch ist ein biologisches Verhaltensobjekt.
- **innerlich kollektive Dimension**, die man als die kulturelle bezeichnen könnte. Ken Wilber nennt sie den **„Wir"-Raum** (unterer linker Quadrant), in dem es um die kollektiven innerlichen bzw. interpersonellen Belange geht, geteilte Bedeutungen, Beziehungen, gegenseitiges Verständnis.
  Menschenbild: Der Mensch ist ein soziales Beziehungswesen.
- **äußerlich kollektive Dimension,** die man auch als systemisch bezeichnen könnte.
  Ken Wilber nennt sie den **„Es'se"-Raum** (unterer rechter Quadrant), in dem es um die kollektiven äußerlichen bzw. strukturellen Belange geht, um System, Umwelt, Technologie.
  Menschenbild: Der Mensch ist ein Teil von Systemen (Umwelt, Ökologie, Wirtschaft, Politik).

In Ich-Rot gibt es kein Bewusstsein für das Vorhandensein dieser ganz unterschiedlichen Dimensionen, denn Handlungen werden impulsiv bzw. nach Erfahrung ausgeführt.

Im Wir-Rot rückt langsam der rechte untere Quadrant mit festen Regeln und Strukturen ins Bewusstsein.

Im Ich-Gelb wird der untere rechte Quadrant mit ausgefeilten Prozessen, Strukturen und Instrumenten immer weiter entwickelt und der obere rechte Quadrant bekommt Bedeutung und Aufmerksamkeit, da er die Zahlen, Daten und Fakten liefert, die Basis für moderne Unternehmen sind.

Im Wir-Gelb wird zusätzlich viel Wert auf den unteren linken Quadranten mit seinem Wir-Raum gelegt. Im Übergang zu Grün kommt der obere linke Quadrant maßgeblich hinzu.

Erst in Grün werden alle 4 Quadranten als gleichermaßen wesentlich angesehen. Erst jetzt wird eine Gesamtschau möglich, in der der Mensch als Individuum und im Gruppenkontext, Zahlen, Daten, Fakten und Strukturen, alle als Teil eines Ganzen gesehen werden. Hier geht es nicht mehr um entweder oder, um mehr Wert oder weniger Wert, um Silodenken. Wenn alle Aspekte und ihre Interaktionen betrachtet und bedacht werden, kann das volle Potenzial gehoben, können alle Ressourcen genutzt, alle Möglichkeiten für einen transformativen Schritt ausgeschöpft werden. Eine Organisation, schon eine kleine Unternehmung, die nur auf die rechte Seite des Quadranten, die objektivierbaren Seiten schaut, hat mindestens die Hälfte dessen, was es zum Gelingen braucht, im toten Winkel.

Es braucht auf die jeweiligen Quadranten abgestimmte Praktiken, Prozesse, Strukturen, die ein Zusammenschwingen auf allen Ebenen bewirken.

Menschen wollen in ihrer Gesamtheit wahrgenommen werden, als Individuen mit ihren inneren und äußeren Dimensionen und als gesellschaftliche Wesen in ihrer Beziehung zu anderen sowie den sozialen und strukturellen Verflechtungen, innerhalb derer sie sich bewegen.

Die von uns vorgeschlagenen Methoden und Tools, Perspektiven und Praktiken sprechen jeweils unterschiedliche aber in ihrer Gesamtheit alle Bereiche an. Sie sollen Ihnen Unterstützung geben, Ihr volles Potenzial zu erkennen und zu nutzen. Unser Zugang sind vor allem die beiden linken für den Geschäftserfolg wesentlichen aber meist übersehenen Quadranten.

6.3 Tools zur Unterstützung von Durchbrüchen

Im Folgenden finden Sie die Tools, die Sie dabei unterstützen Durchbrüche für sich selbst und in Ihrer Zusammenarbeit zu bewirken.

Die Tools sind dem Kapitel 3 entnommen und werden in der Reihenfolge des vorgeschlagenen Vorgehens aufgeführt. Zunächst finden Sie die Werkzeuge für das Arbeiten mit sich selbst (Abschnitt 6.3.1). Danach sind diejenigen aufgeführt, die im Umgang mit einer anderen Personen hilfreich sind (Abschnitt 6.3.2). In einem dritten Schritt können Sie all die Maßnahmen, Übungen etc. nutzen, die wir für die Arbeit mit Gruppen vorschlagen (Abschnitt 6.3.3). Es ist sinnvoll, zunächst mit dem Übungsteil für sich selbst zu beginnen und die Sie ansprechenden Tools auszuprobieren. Aus der dann entstehenden oder vertiefenden Grünen Qualität werden die Experimente mit Ihren Teammitgliedern oder Mitarbeitern um ein Vielfaches einfacher gelingen. Damit Sie bei Bedarf mehr über die Hintergründe des jeweiligen Tools nachlesen können, finden Sie dort einen Hinweis mit genauer Kapitelangabe.

Grundlage und Kontext der Durchbrüche sind die transformativen Perspektiven, die jedes Kapitel durchziehen und denen die Tools auch zugeordnet sind. Daher stellen wir sie diesem Kapitel voran als Orientierung aber auch als Möglichkeit, mit den Sätzen selbst zu arbeiten. Nutzen Sie die Vorschläge, die Ihnen aktuell am attraktivsten erscheinen. Experimentieren Sie mit den hier vorgestellten Strukturen und Praktiken. Werfen Sie jedoch nicht gleich alles Bisherige über den Haufen, sondern fangen Sie zunächst mit kleineren Schritten an.

Wichtig: Bauen Sie auf Ihrer eigenen, schon vorhandenen Exzellenz auf. Vertrauen Sie sich selbst, auch wenn erste Versuche noch ein bisschen holprig ausfallen. Erkennen Sie Ihren Mut an, sich durch die hier vorgestellten Möglichkeiten auf Unvertrautes einzulassen. Bleiben Sie dran und erleben Sie den Durchbruch in eine neue Qualität, deren Wert Sie für kein Geld der Welt wieder hergeben wollen.

Die Wertschätzer Perspektiven – Das zentrales Werkzeug für alle sieben Durchbrüche

Absicht: Zügiger Wechsel von Ampelfarbe **Gelb** zu **Grün.**

Voraussetzungen: Bereitschaft und Wille, Rechthaben, Emotionen und Probleme loszulassen und hinter die Dinge zu schauen

Durchführung: Diese Perspektiven können Sie individuell oder auch mit anderen anwenden, vergleichbar dem in Abschnitt 6.2.3 beschriebenen Vorgehen mit den Wertschätzer Blickwinkeln:

- als Motto für den Tag
  - Pro Tag ein Motto – in Reihenfolge oder wie eine Spielkarte gezogen
  - Das 7-Wochen-Spiel
- durch Lesen und Aufnehmen
- Sie schlagen sie Ihrem Team zur Anwendung vor oder wenden sie für sich selbst an, indem Sie ein besonderes oder heißes Thema aus dieser Perspektive betrachten.

Kommentar: So können Sie allein mit den Perspektiven experimentieren und die Sätze auf sich wirken lassen. Sie finden Sie im Anschluss kompakt aufgeführt. Viel Freude beim Ausprobieren!

Die Wertschätzer Perspektiven

1. **Durchbruch in Erfolg – gelebte Potenziale erhöhen die Wirksamkeit**
   - Worauf wir unsere Aufmerksamkeit richten, das wächst.
   - Unsere verborgenen Qualitäten und Fähigkeiten aufzudecken stärkt.
   - Erzähle Geschichten: Wo waren wir schon wirksam und wie ist das gelungen?
   - Potenziale und Größe im Gegenüber zu erkennen und anzusprechen lässt Menschen aufblühen.
   - Das Entfalten der eigenen Persönlichkeit findet seinen Platz und dient allem.
2. **Durchbruch in Stille – wertschätzende Reflexion entspannt und öffnet Perspektiven**
   - Innehalten ist gut, vor allem wenn's anstrengend oder schwer wird.
   - Unvertrautes ist willkommen.
   - Die Wahrheit beginnt zu dritt.
   - Es ist schon alles da. Ich kann daraus schöpfen.
   - Das Wesentliche geschieht im Dazwischen.
3. **Durchbruch in Identität – in der gemeinsamen Ausrichtung ist mein Wert präsent**
   - Mich selbst wertschätzen ist die Basis.
   - Meine Einzigartigkeit wird gebraucht.
   - Wer bin ich wirklich und wofür sind wir zusammen?
   - Was haben wir der Welt zu geben?
   - Welcher Kreation geben wir Kraft?
4. **Durchbruch in Frieden – achtsames Hinhören dient der Konfliktlösung**
   - Konflikte erzeugen Reibungsgewinne
   - Loslassen Recht zu haben – selbst wenn ich Recht habe – öffnet Türen.
   - Starke Gefühle und Emotionen bergen wertvolle Bedürfnisse und Motive.
   - Wozu dient diese Spannung? Was ist ein hilfreicher nächster Schritt?
   - Mit fein abgestimmten Prozessen gute Lösungen für alle finden.

5. **Durchbruch in Freude – echt sein dürfen ist ein Glück**
   - Ich nehme wahr, was ist, genauso, wie es ist.
   - Neben den vorlauten Stimmen in mir lausche ich auch den feineren.
   - Wo es mich tief berührt, liegt ein Schlüssel.
   - „Weg von“ oder „hin zu“? Ich habe eine Wahl!
   - Ich traue mich und folge mir.
6. **Durchbruch in Einheit – selbstverantwortliche Eigenständigkeit beflügelt das Miteinander**
   - Die da sind, sind die Richtigen.
   - Das Anderssein des Anderen ist willkommen.
   - Jeder trägt frei und gerne das Seine zum Ganzen bei – und alles ist getan.
   - Neue Wege für glingendes Miteinander wagen?
   - Ich vertraue uns.
7. **Durchbruch in Freiheit – vertrauensvorschuss lässt Verantwortung ergreifen**
   - Wie handle ich jenseits von richtig und falsch?
   - Ich lasse los und es gelingt.
   - Transparenz und Vertrauen kommen vor Kontrolle.
   - Innere Stimmigkeit und Intuition leiten, Expertenwissen dient.
   - Bei den besten Leitern erleben die Beteiligten: Wir haben es selbst gemacht.

6.3.1 Wie komme und bleibe ich selbst in Grün?

Beginnen Sie mit sich selbst!

Bei sich selbst zu beginnen, trifft gleichermaßen auf Führungskräfte, Trainer, Eltern und andere Personen, die mit Menschen arbeiten, zu. Denn wenn wir selbst im Roten Modus unterwegs sind, erscheinen uns alle anderen als Feinde – keine gute Grundlage für die Zusammenarbeit.

Im Gelben Modus mag es besser ausschauen, denn wir sind in der Lage, logisch zu denken und Dinge zu bedenken. Aber auch hier tauchen Situationen oder Menschen, mit denen wir es zu tun haben, als Problem auf. Anstrengung, Beschwerde und harte Arbeit gegen jemand oder etwas ist Programm.

Daher ist es sinnvoll, die hier angeführten Tools zunächst für sich selbst anzuwenden und auszuprobieren.

Das birgt viele Vorteile:

1. Sie werden selbst im Umgang mit den Tools sicherer und haben deren positive Wirkung schon gespürt.
2. Sie haben schon eine gewisse Routine entwickelt, nicht mehr sofort zu reagieren, wenn Ihre Knöpfe gedrückt werden.
3. Sie verwickeln sich nicht mehr in das „Überlebensdrama“ von anderen und können den Adlerblick behalten.
4. Sie können aus einem Grünen (zumindest Wir-Gelben) Modus heraus anderen eine viel bessere Unterstützung sein.

5. Durch Ihr Beispiel und Ihre gewonnene Erfahrung inspirieren Sie andere, diesen Weg auch zu gehen.

Gemeinsam ist es dann leichter, Flow zu erzeugen und wirksam die Anliegen zu verwirklichen, sogar Durchbrüche zu bewirken.

Klein beginnen (aus dem Beginn von Kapitel 3)

Absicht: Sich üben, in unangenehmen Situationen entspannt zu bleiben und ihnen einen positiven Aspekt abzugewinnen.

Voraussetzungen: Die Bereitschaft, die Aufmerksamkeit auf Positives zu richten.

Durchführung: Sie nutzen eine passende Gelegenheit, Ihre Aufmerksamkeit auf das Positive, das Geschenk der Situation zu richten, z. B.:

- Im Stau stehen ist eine Gelegenheit für Innehalten, ein inneres Lächeln zu trainieren oder einfach ein paar Atemübungen durchzuführen.
- Das verletzte Knie kann zum langsamer machen und sich auf das Wesentliche konzentrieren dienen.
- Ein Konflikt mit einem Kollegen kann genutzt werden, um als erster auf diesen zuzugehen. Ihn für seine Kollegialität und Unterstützung anerkennen und dafür, dass er so klar und authentisch reagiert hat, kann helfen, die Situation zu entspannen.

Kommentar: Wenn wir uns auf die Suche nach dem Positiven, dem guten Anteil, dem Geschenk, das wir in jeder Situation vermuten und mit etwas Übung auch finden können, begeben, macht es Sinn, zunächst mit kleinen Dingen anzufangen.

In herausfordernden und komplexen Situationen hilft es häufig, diese als Trainings- oder Lernraum zu betrachten, in denen wir uns für größere Aufgaben in unserem Leben vorbereiten. Wie wir aus den schwierigsten Zeiten unserer Vergangenheit wissen, haben sie uns gestärkt und uns häufig für das vorbereitet, was wir ohne sie nicht gemeistert hätten.

Stille mit mir selbst (aus Abschnitt 3.2.1)

Absicht: Regelmäßig Bedingungen herstellen, in denen Stille und Begegnung mit sich selbst geschehen kann und so die Gehirnwellen[13] verlangsamen (von Beta- zu Gamma-Wellen, siehe dazu auch Abschnitt 2.3.1) – leichter Beginn, Vertiefung kommt mit dem Praktizieren.

Voraussetzungen: Die Bereitschaft immer wieder der Stille und sich selbst zu begegnen und dies als Wert zu sehen.

Durchführung: Sie praktizieren regelmäßig etwas, das die Gehirnwellen verlangsamt. Sie wählen die Art nach Ihrer Freude und Inspiration aus, so dass Ihnen der Wunsch, es häufiger zu tun, erhalten bleibt. Dies könnte beispielsweise sein:

[13] Gehirnwellen und ihr Einfluss auf unser Bewusstsein

Beta-Level	13–38 Hz	Wachzustand, aktiv
Alpha-Level	8–12 Hz	Flow, innerlich ausgeglichen
Theta-Level	4–7 Hz	tiefe Meditation, Traum
Delta-Level	< 4 Hz	Tiefschlaf
Gelb = hohes Beta		Grün = niedriges Beta und hohes Alpha

- Tätigkeiten wie Yoga, Joggen, Schwimmen, der Gang ins Fitness- oder Sonnenstudio, Spazieren gehen, Musik hören, der Massagesessel, ein gutes Buch lesen, Malen …
- Meditieren auf unterschiedliche Weise für sich selbst oder in einer Gruppe:
  - Stille Meditation mit der Aufmerksamkeit auf z. B. den Atem wie bei Zen
  - Geführte Meditation zu verschiedenen Themen – es gibt viele CDs
  - Mit kleinen Sätzen, die von Ihnen rezitiert werden wie bei Mantras oder die von Ihnen gedacht werden, um den Gedankenstrom zu unterbrechen wie bei Ishayas' Ascension

Kommentar: Viele Menschen (und zwei Drittel der Manager) nutzen solche Praktiken. Ob das gewünschte Ergebnis eintritt, hat mit der Art zu tun, wie die Beteiligten während der Durchführung in das direkte Erleben des Körpers (z. B. Yoga oder Joggen) oder der Natur eintauchen können. Dadurch entsteht eine erfüllende innere Begegnung mit sich selbst, so dass diese besondere Qualität von Stille geschieht. Wenn wir mehr und mehr persönliche Erfahrungen damit machen, dann entdecken wir, dass wir mit einfachen Techniken diese Erlebnisse vervielfachen oder zumindest sehr nahe an diese schönen Zustände herankommen können. Tatsächlich gelingt es einigen Menschen, sich innerhalb von einer oder zwei Minuten mit der bekannten inneren Erfahrung zu verbinden und sie beispielsweise durch stündliches Wiederholen dieser Konzentrationsübung in hohem Maße im Alltag verfügbar zu haben.

Auf zwei sehr einfache, auch im Selbststudium erlernbare Ansätze mit Tiefenwirksamkeit möchten wir an dieser Stelle hinweisen. Diese sind grundlegend stärkenorientiert und fördern die Verbindung mit sich selbst und die Schärfung der eigenen inneren Stimmigkeit.

Das innere Team nach Schulz von Thun[14] (aus Abschnitt 3.2.3)

Absicht: Mit inneren Widersprüchen umgehen lernen und neue Erkenntnisse zu einer Frage erhalten.

Voraussetzungen: Ungestörte Zeit, Stift und Papier, falls Sie etwas aufschreiben möchten.

Zeitaufwand: 30 Minuten

Durchführung: Benennen Sie für sich ein Thema oder eine Herausforderung, an der Sie arbeiten wollen. Setzen Sie sich entspannt hin, Arme und Beine möglichst nicht verschränkt, schließen Sie die Augen und atmen Sie einige Male ruhig und tief ein und aus.

Hören Sie jetzt Ihrer inneren Stimmen zu und identifizieren Sie die unterschiedlichen Akteure. Dies könnten sein: Ihre Mutter, Ihr Vater, das kleine Kind, Ihr Chef oder eine Freundin. Jetzt hören Sie speziell einer Rolle aus diesem inneren Team zu und erkennen die Botschaft, vielleicht wollen Sie sich etwas aufschreiben.

Wechseln Sie nun zur nächsten Rolle und hören ihre Botschaft und so weiter, bis Sie alle gehört haben.

[14] Friedemann Schulz von Thun, berühmter Psychologe und Kommunikationswissenschaftler, beschreibt dieses innere Team im 3. Band seiner Trilogie: Miteinander reden. Mehr zu ihm: https://de.wikipedia.org/wiki/Friedemann_Schulz_von_Thun, abgerufen am 21.12.2016.

Es geht nicht darum, einer Rolle Recht zu geben, vielmehr zu erkennen, dass es eine Vielzahl an inneren Stimmen gibt, die sich z. T. komplett widersprechen oder zumindest unterscheiden.

Fragen Sie sich, was für neuen Einsichten und Ideen aufgetaucht sind und welche Stimmen hilfreich waren.

Fragen Sie sich, was in dieser Sache ein guter nächster Schritt wäre.

Kommentar: Kern dieses Ansatzes ist die Erkenntnis, dass es zu einer Sache häufig mehrere Stimmen, man könnte auch „Wahrheiten" sagen, in uns gibt. Die vielen Anteile in uns selbst zu differenzieren und sogar gegensätzliche Sichtweisen in uns zuzulassen, unterstützt uns zu ganz neuen Einsichten. Hier lernen wir uns selbst auch mit unseren ungeliebten oder versteckten Anteilen zu erkennen und wertzuschätzen. Besonders wirksam ist die Übung, wenn Sie sie mit einem Coach durchführen.

Focusing – Der Körper kennt die Antwort von Eugene T. Gendlin[15] (aus Abschnitt 3.2.3)

Absicht: Die Weisheit des Körpers nutzen.

Voraussetzungen: Ungestörte Zeit und die Bereitschaft, sich auf den Prozess einzulassen.

Zeitaufwand: 30 Minuten

Durchführung: Benennen Sie für sich ein unangenehmes Gefühl oder Thema, eine unangenehme Empfindung oder Herausforderung, die Sie bearbeiten wollen. Setzen Sie sich entspannt hin, Arme und Beine möglichst nicht verschränkt, schließen Sie die Augen und atmen Sie einige Male ruhig und tief ein und aus. Scannen Sie Ihren Körper und lokalisieren Sie das stärkste Empfinden. Spüren Sie dort genauer hin, ohne es verändern zu wollen. Fühlen Sie die Intensität, die Ausdehnung und die genaue Art der Empfindung. Bleiben Sie mit Ihrer Aufmerksamkeit dort und lauschen auf die darin enthaltene Botschaft für Ihr Thema.

Kommentar: „Der Körper kennt die Antwort", so Eugene T. Gendlin, der uns darauf hinweist, dass es sich lohnt, unangenehmen Empfindungen und Gefühlen nachzuspüren und die innere, meist unbewusste Abwehr von Körperwahrnehmungen durch Interesse und Aufmerksamkeit zu ersetzen. Sein Schwerpunkt liegt zunächst auf einer ganz sachlichen Analyse der Körperempfindungen. Wo genau drückt, zieht oder schmerzt es und mit welcher Intensität? Allein das wohlwollende in sich Hineinspüren ist laut Gendlin immer ein guter Schritt zu einer besseren Verbindung mit sich selbst. Besonders wirksam ist die Übung, wenn Sie sie mit einem Coach durchführen.

[15] Eugene T. Gendlin machte als Schüler von Carl Rogers in einer wissenschaftlichen Auswertung von Therapieprozessen eine überraschende Entdeckung. Nicht der Therapeut oder die Methode entscheidet über den Erfolg, sondern die Fähigkeit des Klienten, während der Settings mit dem eigenen Körper verbunden zu sein. Gendlin entwickelte aus dieser Beobachtung seinen eigenen Ansatz und nannte in Focusing: https://de.wikipedia.org/wiki/Eugene_T._Gendlin, abgerufen am 18.09.2016.

Den inneren Kritiker entthronen (aus Abschnitt 3.3.2)

Absicht: Den inneren Kritiker als Teil des menschlichen Überlebensmechanismus begreifen und ihm einen angemessenen Platz zuweisen – leichter Beginn in einer stressfreien Situation.

Voraussetzungen: Die Bereitschaft und Fähigkeit, den inneren Kritiker getrennt von sich selbst wahrzunehmen.

Zeitaufwand: Es braucht nur wenige Minuten Aufmerksamkeit im Alltag. Und es ist sinnvoll, sich regelmäßig 30 bis 60 Minuten Zeit zu nehmen, um näher hinzuschauen, eventuell im Coaching, um dem dahinterliegenden Wert zu lauschen.

Durchführung: Sobald Ihr innerer Kritiker laut wird, erinnern Sie sich, dass er nicht Sie ist und bitten Sie ihn, bildlich gesprochen, im Wartezimmer Platz zu nehmen, bis Sie Zeit für ihn haben. Lassen Sie sich nicht von seinen lauter werdenden Kommentaren vereinnahmen. Ein oft geübter Satz kann helfen: „Das bin nicht ich!"

Wenn Sie sich Zeit für ihn nehmen, stellen Sie ihm die Frage, wie er auf diese Kommentare kommt und wann sie entstanden sind. So haben Sie Zugang zur Quelle. Hören Sie voll Mitgefühl zu. Danken Sie ihm für seine Besorgtheit und bitten ihn, jetzt wieder zu gehen. Taucht er wieder auf – und das wird er –, lassen Sie sich nicht die Zeit diktieren, wann er das Wort hat, sondern bitten ihn, wieder Platz zu nehmen, bis Sie sich die Zeit nehmen.

Kommentar: Unterscheiden Sie sich von Ihrem inneren Kritiker. Geben Sie ihm Mitgefühl dafür, dass er einiges durchgemacht hat und eine wichtige Botschaft für Sie hat, auch wenn die Art und Weise wie er spricht, etwas Übersetzungsarbeit benötigt. Nehmen Sie ihn also mit Mitgefühl wahr. Ihn nur als kleinen Teil von uns anzuerkennen, macht uns frei, auf uns als Ganzes zu schauen und uns selbst mit allem – Fehlern und Schwächen, Gutem und Wunderbarem – sozusagen als Gesamtkunstwerk zu erkennen und wertzuschätzen.

Bitten Sie grundsätzlich Ihren inneren Kritiker, sich bildlich gesprochen ins Wartezimmer zu setzen. Das bedeutet, wann immer er Sie kritisieren will, verbieten Sie ihm bitte das Wort und schicken Sie ihn wieder zurück in den Vorraum. Reservieren Sie sich jedoch Zeit, in der Sie ihn in Ihre Sprechstunde lassen, zu Beginn am besten zusammen mit Ihrem Coach. Halten Sie inne und erforschen Sie, aus welchem Anlass seine Beschwerden entstanden sind. Entwickeln Sie ein neues Verständnis für die damit verbundenen Mechanismen. Wertschätzen Sie auch Ihr Lernen und all Ihre Fähigkeiten, die aus dieser häufig lebenslangen Kritik entstanden sind. Bedanken Sie sich für die Botschaft und empfehlen Sie ihm, Ihr Haus zu verlassen. Sollte etwas noch nicht gesagt sein und er wieder zurückkommen, dann beordern Sie ihn noch einmal ins Wartezimmer, bis Sie sich erneut für ihn Zeit nehmen können.

Feedback einholen (aus Abschnitt 3.3.2)

Absicht: Die Lücke zwischen Eigen- und Fremdwahrnehmung schließen, Zugang zu den eigenen Ressourcen erhalten.

Voraussetzungen: Menschen, denen Sie vertrauen, sowie Ihre Bereitschaft, über sich selbst auch viel Positives zu erfahren, und ein wenig Zeit für ein ruhiges Gespräch.

Durchführung: Fragen Sie eine Person Ihres Vertrauens (oder wenn Sie mutig sind, eine Gruppe), ob sie sich für Sie Zeit nehmen kann. Dann bitten Sie die Person um den Gefallen, Ihnen eine (oder mehrere je nach Zeit) der folgenden Fragen zu beantworten.

- Was sind Ihrer Meinung nach meine größten Stärken?
- Was war Ihr wertvollstes Erlebnis (in Verbindung mit mir) und was genau war daran für Sie so wichtig?
- Was können Sie/andere sich vorstellen über eine mögliche positive Zukunft von mir, wohin ich mich entwickeln werde?

Eine ergänzende und mutige Frage ist beispielsweise auch:

- Was trauen Sie sich nicht, mir zu sagen?

Wichtige Regel: Nicht unterbrechen oder gar abwehren!

Kommentar: Gönnen Sie sich das Feedback Ihrer Umgebung, fragen Sie nach, was genau die Menschen in Ihrer Umgebung in Ihnen erkennen. Erforschen Sie deren Sichtweisen und nutzen Sie das Feedback einer Gruppe, die bereit ist, Ihnen mit dem, was Ihre Besonderheiten sein könnten, auf die Sprünge zu helfen.

Jahrbuch meiner Fähigkeiten (aus Abschnitt 3.3.2)

Absicht: Ihr Leben, ein offenes Buch. Erkennen, was wirklich geschah.

Voraussetzungen: Die Bereitschaft, sich mit den Fakten und wichtigen Momenten Ihres Lebens auseinanderzusetzen.

Durchführung: Nehmen Sie ein großes leeres Buch zur Hand, das Ihnen gefällt, mit festen Seiten (z. B. ein Fotoalbum) und mit mindestens so vielen Blättern wie Ihr Lebensalter (je nach Alter könnten es auch 2 Bücher werden). Verwenden Sie jeweils eine Doppelseite für ein Lebensjahr:

- Auf die linke Seite kleben Sie wichtige Bilder (Fotos, Postkarten etc.) aus dem entsprechenden Jahr.
- Auf der rechten Seite schreiben Sie alles auf, was für Sie in diesem Jahr wichtig war, z. B. was Sie erreicht haben, was Sie gelernt haben, mit wem Sie befreundet waren und an welchen Gruppen Sie regelmäßig teilgenommen haben und was auch immer ihnen wichtig erscheint.
- Sie können dieses Buch beispielsweise mit Zeichnungen verzieren – machen Sie ein schönes Buch daraus.

Kommentar: Gehen Sie auf Entdeckungsreise, was Sie alles schon in Ihrem Leben gemacht, gelernt, erreicht und Wesentliches erkundet haben. Dieses Buch dient ebenfalls dazu, Ihrem inneren Kritiker selbstbewusst zu begegnen.

Konflikte lösen – Die Fünf Schritte-Übung, eine Reflexionsanleitung (aus den Abschnitten 3.4.4 und 3.4.5)

Absicht: Einem Konflikt wirklich auf den Grund gehen und ihn wandeln.

Voraussetzungen: Einige Blatt Papier, ein wenig ungestörte Zeit und die Bereitschaft, genau hinzuschauen.

Zeitaufwand: Mindestens 45 Minuten

Warnung: Diese Reflexionsanleitung ist unbequem, radikal und ehrlich. Sie übertrifft jedes selbstgestrickte Denkmuster. Die hier verfügbare logische Folgerichtigkeit überzeugt jeden, sogar den Besserwisser und die Rechthaberin

Durchführung: Wählen Sie nur ein Thema aus, das Sie bearbeiten möchten, und zwar die Geschichte mit der größten emotionalen Energie.

Schritt 1: Einen Titel finden

Absicht: Den Konflikt benennen

Geben Sie einem selbstgewählten Thema einen konkreten Namen (vergleichbar mit einem Arbeitstitel). Sie können sich auch vorstellen, Ihre Geschichte würde verfilmt werden, und Sie sehen jetzt das Plakat dieses Films.

Schritt 2: Gedanken, Emotionen und innere Bilder konkret benennen

Absicht: Das limbische System entlasten und den „Horrorfilm" auf Papier bringen

Bennen Sie jetzt all Ihre Gedanken zu einer Beschwerde, Ihre Urteile oder Bewertungen ungefiltert genauso, wie es aktuell in Ihnen lebt, zu Papier. Wichtig: Achten Sie dabei darauf, dass die Notizen nur für Ihre Augen bestimmt sind.

Experimentieren Sie damit, Ihre Schuldzuweisungen, Anklagen oder Ähnliches zu übertreiben. Dabei geht es nicht um Wahrheit, sondern darum, dass Ihre Emotionen, Gedanken und Beschwerden bewusst, laut und deutlich werden und Ausdruck auf dem Papier bekommen. Sollte Ihnen vor Ihren Worten „grausen", dann sind Sie auf dem richtigen Weg. Rosenberg spricht von einem „Horrorfilm", den wir in uns tragen.

All dies auf Papier zu bringen, entzieht diesen subtilen Anteilen in uns ihre Wirkungskraft. Im Ampelmodell gesprochen ist das limbische System befriedigt, weil seine emotionalen Gefahrenmeldungen aus Rot und seine Warnungen aus dem Gelben Blinklicht wahrgenommen und gehört worden sind. Tun wir das nicht und verdrängen diese urteilenden inneren Dialoge, wirken diese im Untergrund weiter und brechen beim nächsten Roten Knopfdruck ohne unseren Zugriff durch. Anstatt also Teller oder Tassen an die Wand oder auf andere Personen zu werfen, gehört dieser innere „Krieg" auf Papier, wie Byron Katie[16], die Erfinderin von „The Work" sagt, oder in einen sicheren Reflexionsraum, ein Coaching oder eine Supervision. Wir beschreiben „The Work" als sehr hilfreiches Werkzeug im 5. Kapitel im Abschnitt zur wertschätzender Kommunikation.

Schritt 3: Die konkreten Fakten formulieren

Absicht: Klarheit über das, was ist, erhalten und den Wissenschaftler in uns arbeiten lassen.

[16] The Work, Byron Katie, siehe Kernmethoden Wertschätzende Kommunikation (Abschnitt 5.4.5). Sehr zu empfehlen ist ihr Buch „Lieben was ist".

Werfen Sie nun einen sachlichen Blick auf das Geschehen. Benennen Sie die Fakten ohne Interpretationen, Meinungen, Bewertungen und Beurteilungen. Ganz nüchtern. Schreiben Sie diese auf. Wenn in Ihnen dabei die Ahnung auftauchen sollte, warum Sie so viel Wind um diesen Vorfall machen, dann haben Sie gut gearbeitet.

Wichtig! Die Fakten von unseren Interpretationen zu trennen, lässt Sie ganz neu auf Ihr Thema schauen. Doch wir sind das nicht gewohnt und mischen gerne unseren subjektiven Blick in die Fakten. Seien Sie ehrlich, prüfen Sie Ihre Fakten und nehmen Sie alle Bedeutung, die Sie dazu getan haben, wieder raus. Stellen Sie sich eine Kamera und ein Mikrofon vor. Was genau nimmt die Kamera auf? Welche Bilder, Laute und Töne übermittelt die Technik?

Hier geht es weder darum zu beschönigen, noch zu interpretieren, Meinungen dazu zu stellen oder es gut oder nicht gut zu finden. Wir üben uns darin, die Situation, wie sie eben ist, klar zu haben.

Schritt 4: Die eigenen Gefühle wahrnehmen und unsere Bedürfnisse entdecken

Absicht: Hinter das Drama und die Fakten schauen und unseren menschlichen Anteil erkennen

Fragen Sie sich, wie Sie sich mit dem Konflikt fühlen. Spüren Sie hin und schreiben Sie auf, was auftaucht.

Fragen Sie sich, welche Ihrer Bedürfnisse hinter diesen Gefühlen stehen? Spüren Sie hin und schreiben Sie auf, was auftaucht.
Wichtig! Der Weg aus einem Konflikt wird immer dann einfacher, wenn wir den Gedanken zulassen, dass eine bestehende Problematik immer etwas mit uns selbst zu tun hat. Der besondere Wert oder Reibungsgewinn liegt darin, dass wir mittels des aktuellen Konflikts auf grundlegendere Themen von uns selbst hingewiesen werden, die wir noch nicht gelöst haben. Die mit dem Problem zusammenhängenden Gefühle geben uns näheren Aufschluss über unsere dahinterliegenden Bedürfnisse.

Die eigenen Gefühle zuzulassen, anzuerkennen und bestenfalls sogar gegenüber der Konfliktpartei auszusprechen, stellt Beziehung her. Wir betrachten unsere Menschlichkeit – wir erkennen (öffentlich) an, was die Menschen um uns herum sowieso schon lange wissen – nur der entscheidende Unterschied: Wir nehmen mit dem An-Erkennen unserer Gefühle und Bedürfnisse unseren Anteil zu uns. Trauen wir uns, uns damit zu zeigen, wird unserem Gegenüber dadurch deutlicher, wie wir ticken und was uns treibt und führt häufig auch dazu, dass er sich ebenso mit seinen Unzulänglichkeiten offenbaren kann.

Schritt 5: Das Geschenk annehmen

Absicht: Den Lernschritt erkennen und den Konflikt für Weiterentwicklung nutzen

Überlegen Sie, welches Geschenk, welchen Lernschritt dieser Konflikt für Sie bereithält.
Schreiben Sie diesen Lernschritt auf. Überlegen Sie, was Sie benötigen, um Ihre zugrundeliegenden Bedürfnisse zu erfüllen. Seien Sie offen für ungewöhnliche Ideen und Lösungswege. Machen Sie sich auch dazu Notizen.

Fragen Sie sich, ob Sie bereit sind, dieses Geschenk anzunehmen. Lautet Ihre Antwort ja, können Sie noch einen Schritt weitergehen und sich über Ihre Erkenntnisse mitteilen. Das verankert das Erlebte. Das können Sie gegenüber einem Freund oder einer Freundin tun oder, wenn Sie mutig sind, auch gegenüber dem Konfliktpartner.

Wichtig! Das Geschenk annehmen und sich darüber mitteilen, öffnet Türen, wo vorher keine gesehen wurden. In Grün öffnen wir eine neue Tür. Die grüne Phase beginnt an der Stelle, an der wir die Bereitschaft mitbringen, unseren Widerstand und damit unser Rechthaben und Besserwissen loszulassen. Wir sind dafür offen, einen Konflikt als Spiegel zu verwenden und bedanken uns für diesen Hinweis, uns aufzumachen und Räume zu finden, in denen unsere Bedürfnisse erfüllt werden.

Kommentar: Diese Übung können Sie für jeden Konflikt anwenden, um sich zunächst selbst darüber klarzuwerden. Meist ist er ein Konglomerat aus Gefühlen, Meinungen, Fakten und Bedürfnissen. Ihn mithilfe der vorgeschlagenen fünf Schritte „aufzudröseln", ist eine wunderbare Unterstützung und nimmt die Hilflosigkeit. Wenn Sie der Anleitung folgen, können Sie sich von Rot über Gelb hin zu Grün bewegen.

Gefühle und zugrunde liegende Bedürfnisse

Folgende Tabelle zeigt die häufigsten Gefühle sowie die damit zusammenhängenden Bedürfnisse. Sie dient zur Unterstützung des 4. Schrittes der obigen Fünf Schritte-Übung aus den Abschnitten 3.4.4 und 3.4.5.

Gefühle, die wir in uns spüren		Mögliche dahinterliegende, unerfüllte Bedürfnisse
Unsicherheit, Ängstlichkeit, Nervosität, Verlegenheit	hätte gerne	Sicherheit, Wertschätzung, Anerkennung, Vertrauen, Schutz
Ohnmacht, Lähmung, Hilflosigkeit, Verzweiflung	hätte gerne	Autorität, Unterstützung, Zuversicht, Mut, Sicherheit, Handlungsfreiheit, Verständnis, Ideen
Ärger, Wut, Empörung	hätte gerne	Beachtung, Anerkennung, Würdigung, Schutz, Annahme, Verständnis, Sicherheit, Wirksamkeit
Stress, Druck, genervt Sein, Überforderung	hätte gerne	Entspannung, Relaxen, Geborgenheit, Ruhe, Freiraum, Freiheit, Unterstützung, Verständnis
Trauer, Schuld, Depressivität	hätte gerne	Miteinander, Freude, Versöhnung, Sinn, Selbstvertrauen, liebevoller Blick, Selbstwert, Selbstbewusstsein
Verwirrung, Irritation, Durcheinander	hätte gerne	Klarheit, Ordnung, Struktur, Distanz, Reflexionsraum, Freiheit
Erschöpfung, Müdigkeit, Trägheit, ausgelaugt Sein	hätte gerne	Frische, Kraft, Energie, Power, Freude, Sinn Zuversicht
Einsamkeit, Alleinsein, Isoliertheit	hätte gerne	Gemeinschaft, Miteinander, Beitragen, Zusammenarbeit, liebevolle Zuwendung
Frustration, Verletztheit, Schock	hätte gerne	Sicherheit, Geborgenheit, Beachtung, Gesehen werden

Gefühle, die wir in uns spüren		Mögliche dahinterliegende, unerfüllte Bedürfnisse
Unzufriedenheit, Unwohlsein	hätte gerne	Zufriedenheit, Wohlwollen, gute Atmosphäre, Schokolade
Lustlosigkeit, Gleichgültigkeit, Langeweile	hätte gerne	Lebendigkeit, Abenteuer, Verantwortung, Spannung, Sinn, innere Erfüllung, Ideen

Lebensfreude zurückgewinnen (aus Abschnitt 3.5.1)

Absicht: Bedenken, Sorgen und Ängste in Freude wandeln.

Voraussetzungen: Ein wenig ungestörte Zeit. Vielleicht Papier und Stift, falls Sie sich etwas notieren möchten. Die Erwartung, dass sich hinter unseren tiefsten Schwächen unsere größten Stärken befinden.

Durchführung: Nehmen Sie Ihre tiefste Angst, Ihren schlimmsten Fehler oder die größte Schwäche auf den Schoß und stellen Sie sich diesen Sätzen:

- Ich nehme wahr, was ist, genauso wie es ist.
- Neben den vorlauten Stimmen in mir lausche ich auch den feineren.
- Wo es mich tief berührt, liegt ein Schlüssel.
- „Weg von" oder „Hin zu"? Ich habe eine Wahl.
- Ich traue mich und folge mir.

Schauen Sie einfach, was in Ihnen zu jedem Satz auftaucht und experimentieren Sie mit den daraus entstehenden Impulsen. Wenn die eine oder andere Perspektive noch unverständlich für Sie ist, dann lassen Sie sich von den vertiefenden Ausführungen in Kapitel 3.5 inspirieren.

Kommentar: Ziehen Sie in Betracht, dass jede Schwäche der Spiegel einer Stärke ist und umgekehrt, jede Stärke eine große Schwäche in sich trägt. Beispielsweise ist ein Coach jemand, der supergute Einfühlung in einen anderen Menschen hat, dabei aber meist die Verbindung zu sich selbst vergisst. Diese Sätze helfen, den jeweils anderen Teil herauszuschälen. Außerdem sind sie eine geniale Unterstützung dabei, den in Gelb ständig nach Antworten suchenden Verstand ausreichend zu befriedigen, um somit eine gute Voraussetzung für das Loslassen in Grün zu schaffen. Die darin enthaltene Wahlmöglichkeit öffnet uns eine neue Tür. Wenn unsere tiefsten Ängste und Schwierigkeiten sich zum wertvollen Potenzial verwandeln, dann offenbart sich die meist lange verschüttete kindliche Lebensfreude wieder.

Der eigenen Stimmigkeit folgen (aus Abschnitt 3.5.3)

Absicht: Die eigene Stimmigkeit finden und ihr Ausdruck verleihen.

Voraussetzungen: Ungestörtheit, Papier und Stift.

Zeitaufwand: 30 bis 45 Minuten zu Beginn, wenn Sie geübt sind, auch kürzer.

Durchführung: Mit diesem Vorgehen haben Sie auf einfache Art eine Möglichkeit, verschiedene Blickwinkel zu Ihrem Thema einzunehmen. Nehmen Sie dazu Papier und Stift zur Hand und suchen sich die Punkte aus der Liste, die Sie bzgl. Ihres Themas ansprechen. Was meint ihr/e innere/r...

- Mut
- Kämpfer

- Gegenspieler
- Partner
- Eifersucht
- Verbundenheit
- Verzweiflung
- Angst
- Vater
- Mutter
- Kind
- ...

Ergänzen Sie die Aufzählung mit weiteren Möglichkeiten, wenn Ihnen etwas Wesentliches fehlt.

Stellen Sie sich zu Ihrer Auswahlliste folgende Frage:

- Was hat mir dieser innere Aspekt zu meinem Thema zu sagen? Und schreiben Sie dies hinter dem entsprechenden Punkt auf.

Geben Sie nun jeder Ihrer Ausführungen Punkte auf einer Skala von 1 (wenig Energie) bis 10 (höchste Energie). Was hat eine große Bedeutung für Sie, was davon ist weniger wichtig?

Kommentar: Die unterschiedlichen Stimmen zu einem für uns wichtigen Thema auseinander zu halten, ist nicht so ohne weiteres möglich. Wenn Sie in einer bestimmten Entspannungstechnik erfahren sind, dann können Sie sich einfach dort hineinbegeben. Sollte Ihre Physiologie den Grünen Ruhezustand erreicht haben, besteht die Möglichkeit, sich das Thema sinnbildlich auf den Schoß zu legen und aus der Stille leisere bzw. weisere Stimmen auftauchen zu lassen. Diese bringen dann meist Klarheit und eröffnen gute nächste Handlungsschritte.

Eine Wahl treffen – „Weg von" oder „hin zu"? (aus Abschnitt 3.5.6)

Absicht: Jenseits von Gründen zu wissen, was Sie wollen.

Voraussetzungen: Papier und Stift und die Bereitschaft, nach dem Sammeln von Gründen und dem Für und Wider weiterzugehen.

Zeitaufwand: Zunächst etwa 30 Minuten aber vielleicht braucht es noch ein Gespräch oder ein paar Stunden Schlaf. Je wesentlicher Ihnen das Thema ist, desto mehr Zeit gönnen Sie sich. Und manchmal geht es ganz schnell.

Durchführung: Wenn Sie zu einem wichtigen Thema eine Entscheidung treffen müssen, können Sie folgendes Vorgehen dafür nutzen:

1. Das gewählte Thema in einem Satz konkret formulieren.
2. Den Verstand befriedigen und dazu alle logischen Gründe festhalten. Die einfachste Variante dazu ist, dass Sie sich dazu fogende Bereiche beispielsweise auf einem Blatt Papier einrichten und sich ausreichend Zeit nehmen, zu notieren:
   - Was spricht für Lösung A?
   - Was spricht für Lösung B?
   - Was spricht für beide oder keine?

   Schreiben Sie ungefiltert einfach alles auf, was Ihnen in den Sinn kommt.
3. Bewerten Sie alle Gründe mit: Wichtig, weniger wichtig, unwichtig und sortieren Sie diese neu.
4. Hier bitten wir Sie, zu einer inneren, Grünen, freilassenden Haltung zu kommen. Dies geht umso einfacher, je vollständiger wir die guten Gründe zu Papier gebracht haben.
   - Entspannen Sie sich jetzt und verlagern Sie Ihre Aufmerksamkeit weg von den Gründen, Mustern, Vorlieben, hin zu einer gewünschten, attraktiven Zukunft.

- Was genau sind die Qualitäten, die Ihnen in diesem Bereich wichtig sind? Machen Sie sich ein inneres Bild. Falls es Ihnen hilft, zur Entspannung etwas Aktives zu tun, dann malen Sie ein Bild oder kleben eine Collage, gehen zu Ihrem Fitnessgerät oder unter die Dusche, was auch immer für Sie passt.

5. Wenn Sie Ihre gewünschte Zukunft klar haben, dann stellen Sie sich der Frage: Welcher aktuelle Wachstumsschritt steht in meinem Leben dafür an?

Sollte nicht sofort eine Antwort kommen, dann geben Sie sich Zeit, schlafen Sie eine Nacht darüber, sprechen Sie mit Freunden oder Ihrem Coach. Folgen Sie Ihrer inneren Stimmigkeit!

Kommentar: Wenn Sie schon geübt sind, in Grün zu kommen, können Sie gleich zu Punkt 4 gehen und von dort fortfahren.

Vom Missing Link zum Gelingen (aus Abschnitt 3.5.6)

Absicht: Aus Misslingen und Gelingen gleicherweise Wert ziehen und nächste Handlungsschritte ableiten.

Voraussetzungen: Papier und Stift, störungsfreie Zeit.

Zeitaufwand: 15 Minuten

Durchführung: Wählen Sie ein Ereignis aus, das Ihnen gerade passiert ist, entweder eines, das misslang, oder etwas, das wirklich gut gelungen war.

1. *Beim Misslingen:* Hier haben wir in Grün die Haltung von „interessant, spannend, abenteuerlich". Wir haben etwas getan, was nicht den gewünschten Erfolg gebracht hat. Wir schätzen unseren Mut und unseren Willen, uns weiter zu entwickeln. Die zentralen zwei Fragen lauten:
   a. Wofür können Sie sich selbst und andere bei diesem Scheitern anerkennen?
   b. Was lernen Sie?
2. *Beim Gelingen:* Wir erkennen das Gelingen als nicht selbstverständlich an. Wir registrieren es und anerkennen den Erfolg, indem wir darüber sprechen. Wir erforschen die Faktoren, die zum Gelingen geführt haben. Dadurch werden die vorhandenen Kompetenzen deutlich und für weitere Vorhaben verfügbar. Die zwei Fragen, die Sie sich stellen können, lauten:
   a. Wofür können Sie sich selbst und andere bei diesem Erfolg anerkennen?
   b. Was waren die Erfolgsfaktoren, die dies möglich gemacht haben?

Kommentar: Beide Richtungen feiern damit das, was passiert ist, anstatt es zu be- oder verurteilen. Jedes Misslingen wird zum wertvollen Hinweis und ist ein neues Lernstück auf dem Weg zum Gelingen.

Hören für Gold (aus Abschnitt 3.6.3)

Absicht: Gold in jeder Situation oder in jeder Person vermuten und finden.

Voraussetzungen: Die innere Bereitschaft, sich auf die Suche nach Gold zu begeben, auch entgegen allem Anschein.

Durchführung: Sie sitzen in einem Meeting oder bei einem Vortrag und bemerken, wie durch die Äußerungen des Redners Ihr innerer Kritiker anspringt. Folgende Fragen unterstützen Sie bei Ihrer inneren Arbeit, den Widerstand loszulassen:

- Wie kann ich meine Vorurteile und schnellen Bewertungen auf die Seite stellen und mich für etwas Wertvolles öffnen?
- Was sind die Stärken und Potenziale, die ich gegebenenfalls trotz der offensichtlichen Schwächen sehen kann?
- Was kann ich an seiner/ihrer Art anerkennen und wertschätzen?
- Was hätte ich ohne ihn/sie nicht gesehen? Was wird mir für mich selbst bewusst?
- Wenn mir das Zuhören schwerfällt, was an dem Gesagten konfrontiert mich so sehr? Was daran könnte gerade für mich ein Geschenk oder ein guter Lernschritt sein?

Kommentar: Es ist wesentlich, auch die eigene Haltung anzuschauen. Von woher höre ich? Aus dem kritischen Fehlersuchblick des Gelben Modus oder kann ich frei von Beurteilung sogar mit wertschätzendem Ohr zuhören?

6.3.2 Wie gehe ich mit anderen um, wenn diese in Gelb oder Rot sind?

Experimentieren Sie zunächst mit einem vertrauten Gegenüber!

Die Wirksamkeit des Wertschätzer Ampelmodells besteht in seiner Einfachheit mit dennoch großer Treffsicherheit. Es gibt nur drei Ampelfarben mit jeweils zwei Betriebsarten. Dadurch wird es immer selbstverständlicher für Sie, zunächst für die eigene Entspannung zu sorgen, bevor Sie mit anderen agieren. Erst in Grün haben Sie eine gute Treffsicherheit in Ihrer Einschätzung anderer.

Marc Galal, einer der führenden Vertriebstrainer in Europa, schreibt den Vertrieblern ins Stammbuch: „Bringen Sie sich zuerst selbst in einen guten Zustand, bevor Sie zum Kunden gehen." Das ist keine Wohlfühlempfehlung, sondern Grundlage für den Erfolg! Wenn Sie sich im Roten oder Gelben Ampelmodus befinden, sind Ihre (Kommunikations-) Möglichkeiten eingeschränkt und damit auch Ihr möglicher (Vertriebs-)Erfolg.

Es gibt einige wichtige Dinge für den Umgang mit anderen zu beachten:

1. Bringen Sie sich selbst in einen Grünen Ampelmodus bevor Sie mit anderen interagieren. Wenn Ihre Knöpfe gedrückt wurden, müssen Sie zuerst mit Ihrem Roten Ampelmodus (Abschnitt 6.2.1) umgehen. Sind Sie in der Beschwerde oder im Problemmodus von Gelb, lassen Sie sie los (Abschnitt 6.2.2). Sie können sich dies als grundlegende Regel merken!
2. Unterbrechen Sie jedes Miteinander, wenn Ihr Gegenüber Rot sieht und Sie nicht fest in Grün verankert sind.
3. Es macht nur dann Sinn, auf Rot mit Rot zu reagieren, wenn Ihr Leben bedroht ist. Ansonsten führt das Verhalten zu unnötigen Verletzungen und dient niemandem.
4. Versuchen Sie auch nicht Rot mit Gelben Argumenten zu begegnen. Die stoßen bei Rot nur auf taube Ohren und machen die Sache im Zweifel nur schlimmer.
5. Sich in Gelb unter Gelben zu bewegen, ist uns sehr vertraut. Auch wenn hier brauchbare Ergebnisse erreicht werden, führt diese Haltung für einen

Teil der Beteiligten immer zu Abgrenzung. Es entstehen Mechanismen, die häufig viel Aufmerksamkeit und Engagement verlangen und nicht selten zu Roten Eskalationen führen.

6. Erst aus Grün heraus können Sie grundlegend wirkungsvoll handeln und gut mit allen Ampelmodi Ihrer Gegenüber umgehen. Dazu gehört auch herauszufinden, in welchem Ampelmodus sich eine andere Person befindet, und entsprechend sinnvoll zu reagieren.
7. Grün mit Grün fühlt sich willkommen, sicher und wohl, auch bei unterschiedlichen Ansichten. Es ist inspirierend, das gemeinsame Vorhaben zusammen wirksam anzugehen, im Flow zu sein.

Wenn Sie es geschafft haben, Ihren Ampelmodus auf Grün zu bringen, könnten Sie gleichwohl Menschen in allen Ampelfarben adäquat begegnen. Folgendes hat sich bewährt:

Ist Ihr Gegenüber im Roten Ampelmodus:

1. Akutes Rot:
   a. Unterbrechen Sie ruhig und sagen Sie, wie es bei Ihnen ankommt mit der Bitte um Fortsetzung des Gesprächs zu einem späteren Zeitpunkt.
   b. Wenn Sie sich stark genug fühlen, mit allem, was kommt umzugehen, können Sie zunächst einfach zuzuhören. Stellen Sie sich vor, Ihr Gegenüber habe einige, manchmal einen ganzen Haufen Bälle vor sich und werfe mit ihnen: Beleidigungen, Wuttiraden, Anschuldigungen ... Wenn Sie wirklich zuhören, wird sein Vorrat irgendwann aufgebraucht sein, die Wut verschwindet. Das geht aber nur, wenn Sie keinen „Ball" zurückwerfen. Das braucht Mut, Geduld, das Wissen, es geht hier nicht um Sie, und eine Haltung von Wertschätzung, die Ihrem Gegenüber helfen, sich wieder in einen denkenden Mensch zu verwandeln. Hilfreich ist auch Aktives Zuhören, in dem Sie Ihrem Gegenüber beispielsweise wohlwollend mitteilen: „Ich verstehe, wie zornig, verärgert, wütend... Sie sind."
2. Häufige Rot-Episoden:
   a. Erarbeiten Sie mit Ihrem Gegenüber eine Regel für den Akutfall mit der Erlaubnis, im Akutfall daran erinnern zu dürfen.
   b. Empfehlen Sie regelmäßige Stressreduktionsmaßnahmen, z. B. Mindfulness, leichten Sport, Yoga und vor allem die Atmung (siehe Kapitel 2.1).

Ist Ihr Gegenüber im Gelben Ampelmodus:

1. Wenn Ihr Gegenüber im Gelben Ampelmodus unterwegs ist, dann können Sie jede seiner Interaktionen den Typischen Zwölf von Thomas Gordon zuordnen. Sie finden diese in 5.4.2 mit der entsprechenden Auswirkung auf die Umgebung. Folgender Umgang mit Gelb hat sich bewährt:
   a. Nutzen Sie Aktives Zuhören, in dem Sie das Gesagte mit eigenen Worten wiederholen und somit Ihr Verstehen in Worte bringen. Siehe dazu auch 5.4.3
   b. Nutzen Sie die Prinzipien der gewaltfreien Kommunikation, indem Sie zunächst sich selbst und Ihren Gefühlen und Bedürfnissen Aufmerksamkeit geben, bevor Sie Ihrem Gegenüber einen entsprechenden Vorschlag machen. Dieser könnte beispielshaft lauten: „Bei mir kommt an, Sie sind

ganz schön wütend (Gefühl), weil Sie sich übergangen (Bedürfnis nach Zusammenarbeit und Miteinander) fühlen." Ihre Treffsicherheit wandelt sofort jedes Gespräch.

c. Ändern Sie den Gesprächsverlauf, indem Sie heraushören, worum es wirklich geht. Sprechen Sie über die gewünschte, attraktive Zukunft, die Sie beim Gegenüber vermuten. Durch diesen Blickwinkelwechsel von Problemorientierung hin zu dem, was gewünscht ist, entstehen völlig andere Möglichkeiten zum Handeln. Die Wertschätzer Blickwinkel und transformativen Perspektiven im Kapitel 6.3 liefern eine gute Unterstützungsstruktur.
d. Durchbrechen Sie das Redemuster, und verlagern Sie mit wertschätzenden Fragen den Fokus auf das Positive (siehe 6.4).
e. Machen Sie auf die Stärken Ihres Gegenübers aufmerksam, die anhand dieses Problems sichtbar werden. Ändern Sie dadurch den Gesprächsverlauf, indem Sie ausschließlich über die gute Motivation und die besonderen Fähigkeiten sprechen, die durch diese Herausforderung sichtbar werden.
f. Kombinieren Sie all die hier gemachten Vorschläge, und folgen Sie dabei Ihrer Intuition.

Sie können diese Vorschläge natürlich auch dann anwenden, wenn Sie sich selbst noch in Gelb befinden. Beschränken Sie sich dann bitte auf a und b, da Ihnen bei allen anderen Vorgehensweisen schnell Inauthentizität oder Manipulation vorgeworfen wird, und Sie dadurch die Spirale von Gelb nach Rot fördern.

Ist Ihr Gegenüber ebenfalls im Grünen Ampelmodus:

Jetzt fängt die Arbeit an, Spaß zu machen. Gemeinsam ausgerichtet, sind Sie kaum davon abzuhalten, das was Ihnen wirklich am Herzen liegt, zu erreichen.

Wertschätzende Werkzeuge im Umgang mit Anderen

Ein Dankeschön vertiefen (aus Abschnitt 3.1.4)

Absicht: Durch Nachfragen Erfolgsfaktoren der eigenen Arbeit hören.

Voraussetzungen: Wenige Minuten und den Mut, nachzufragen.

Durchführung: Schalten Sie einen inneren Sensor für jedes Lob ein. Verknüpfen Sie eine Anerkennung oder ein Dankeschön mit folgender Frage:

„Es freut mich, dass Ihnen das so gut gefallen hat.

- Was genau war so wertvoll und lobens- oder dankenswert?
- Welche Aspekte waren wesentlich?"

Kommentar: Auf diese Weise machen Sie viele der kleinen Alltagsereignisse zu einem stärkenden Ereignis für sich selbst und fast nebenbei werden schöne Erlebnisse auf einfache Art analysiert und die darin liegenden Stärken noch bewusster und verfügbarer gemacht. Damit wird es allen Beteiligten sozusagen „on the Job" möglich, zu erkennen, welches besondere Potenzial in ihnen steckt.

Wichtige Ereignisse zu Erfolgsgeschichten machen (aus Kapitel 3.1.4)

Absicht: Den Wert in jedem Gespräch und jeder Begegnung erkennen.

Voraussetzungen: Die Bereitschaft, überall Wert zu erkennen, danach zu fragen und ihn zu benennen.

Zeitaufwand: Es ist mehr eine Haltung als eine Übung. Daher braucht es seltener Zeit, als vielmehr Aufmerksamkeit.

Durchführung: Sie können alles, sei es ein Meeting, ein Kundengespräch oder ein herausfordernder Arbeitsvorgang zu einer Erfolgsgeschichte machen, indem Sie diese als solche behandeln. Folgende Fragen können Sie für sich beantworten, mit einer anderen Person oder im Team miteinander teilen:

- Was war gut und warum?
- Was haben wir gelernt?
- Wie könnte es weitergehen?

Kommentar: Hier bekommen die Erfolge den ersten Platz und die Pannen werden aus einem Blickwinkel des gemeinsamen daran Wachsens betrachtet. Dies zu tun, übertrifft eine Fehleranalyse bei weitem und bringt oft Überraschendes zutage.

Stille durch ein gutes Gespräch (aus Abschnitt 3.2.2)

Absicht: Stille und die Anwesenheit von „Berührt sein“ und Verbundenheit auftauchen lassen.

Voraussetzungen: Das Setting für eine Grüne Atmosphäre z.B. einen ungestörten Platz, ungeteilte Aufmerksamkeit; Stille entsteht nicht im Roten oder Gelben Ampelmodus

Durchführung: Bitten Sie an geeigneten Stellen um einen Augenblick des Innehaltens und der Stille. Wir können Stille nicht machen, wir können nur Bedingungen herstellen, in denen sie entstehen kann. Haben wir eine innere Antenne dafür, nutzen wir die entsprechende Situation, um den vorhandenen Raum der Stille ein Stück auszudehnen.

Kommentar: Es gibt eine bestimmte Art von Begegnung, durch die ein besonderes Verständnis und wesentliche neue Einsichten passieren. Dies hat damit zu tun, dass in diesem Miteinander Augenblicke der Stille vorhanden sind. Die Art dieser innerer Berührung, die dabei geschieht ist so erfüllend, dass andere, sonst laute Gedanken, in den Hintergrund treten. Häufig tauchen gerade in diesem stillen Zwischenraum wertvolle Erkenntnisse auf. Das Vertrauen zu sich selbst wächst.

Durch Fehler anerkennen, Beziehungen vertiefen (aus Abschnitt 3.2.5)

Absicht: Freiheit im Denken und Handeln.

Voraussetzungen: Mut sich selbst und anderen gegenüber.

Zeitaufwand: Wenige Minuten.

Durchführung: Wenn Sie feststellen, dass Sie einen Fehler gemacht, dann geben Sie dies umgehend vor sich selbst zu. Bringen Sie sich selbst wieder in einen Grünen Zustand, bevor Sie mit anderen darüber sprechen.

Schauen Sie jetzt, wer davon betroffen ist und kommunizieren Sie den Fehler mit den allen Betroffenen. Sollten das viele Personen sein, ist es wesentlich, das nicht anderen zu überlassen. Anerkennen Sie die Panne ohne eine Begründung dafür zu liefern. Gute Gründe schwächen Ihre Mitteilung, da sie automatisch eine Unverlässlichkeit erzeugen – bei ähnlichen Ereignissen, mit gegebenenfalls anderen guten Gründen, wird es wieder passieren. Teilen Sie stattdessen mit, wie Sie mit der Panne umgehen werden. Häufig genügt es mitzuteilen, dass Sie eine erhöhte Aufmerksamkeit in diesem Bereich haben werden und Ihr Gegenüber damit rechnen kann, dass so etwas nicht wieder vorkommt. Falls Sie keine eindeutige Klarheit darüber haben, wie Sie die Sache in Ordnung bringen können, fragen Sie: „Was benötigt es für Sie, dass die Sache wieder in Ordnung kommt?" Und seien Sie bereit, den Ärger oder die Verstimmung entgegenzunehmen.

Kommentar: Anerkennen Sie ab heute jeden Fehler. Üben Sie sich darin, alles was schief gegangen ist, in Ruhe und Entspannung anzuerkennen. Von Vorteil ist, dies so schnell wie möglich zu tun, um die Auswirkungen so gering wie möglich zu halten und selbst schnell wieder innerlich frei zu sein. Sollte Sie eine Sache nach Jahren immer noch beschäftigen, nutzen Sie bitte diese Übung. Auch wenn Ihr Gegenüber dies längst vergessen haben sollte, erleben Sie nach dieser Anerkennung Ihrer Schwäche, augenblicklich einen Zuwachs an Kraft und innerer Freiheit.

Von Gegnerschaft zur Partnerschaft (aus Abschnitt 3.5.1)

Absicht: Ihren Anteil in einer schwierigen Beziehung sehen und aus dem Weg räumen.

Voraussetzungen: Die Bereitschaft, den eigenen Groll loszulassen und eine schwierige Beziehung zu wandeln. Geschenke auch in schwierigen Beziehungen vermuten und entdecken. Mut, auf mir unangenehme Menschen zuzugehen. Authentisch bleiben.

Zeitaufwand: Meist nur wenig.

Durchführung: Nehmen Sie sich eine Person vor, mit der es immer wieder schwierig ist.

Nutzen Sie zuerst unsere Ausführungen aus der Übung „Klein beginnen" bzw. „Geschenke lauern überall" aus dem Abschnitt 6.3.1 und finden das Geschenk in dieser mit Schwierigkeiten behafteten Beziehung.

Schauen Sie sich Ihren Anteil am Misslingen dieser Beziehung ehrlich an und spüren Sie, wie Sie dazu beigetragen haben. Erkennen Sie die darin liegende Einladung zu Ihrem persönlichen Wachstum.

Fassen Sie Mut und gehen Sie auf einen unangenehmen Kollegen, den schwierigen Chef oder problematische Mitarbeiter zu und drehen den Spieß um. Anstatt Ihrem üblichen Verhalten beginnen Sie damit, sich für Ihren Anteil an der Sache ehrlich und authentisch zu entschuldigen.

Bitten Sie um Verzeihung, dass Sie die Beziehung so lange mit Ihren negativen Emotionen belastet haben und das, obwohl Sie jetzt erkannt haben, wie wertvoll die Situation für Sie ist.

Sagen Sie der betreffenden Person, wie Sie in Zukunft mit ihr umgehen werden, um die Beziehung positiv zu gestalten. Sobald Sie Ihre Ausführungen ausgesprochen haben, verweilen Sie bitte in Stille. Wenn keine Reaktion kommt, lassen Sie die Sache einfach stehen, häufig arbeitet es im Anderen und eine Rückmeldung kommt erst Tage später oder zeigt sich in einem veränderten Verhalten.

Kommentar: Dieser Vorschlag hat umso größere Wirkung, je mehr Sie die Auswirkungen Ihres Anteils an der Sache verstehen und die Betroffenheit davon auch spüren. Ziehen Sie in Erwägung, dass Ihre Art der Verstimmung es dem Anderen gar nicht möglich gemacht hat, sein Verhalten zu ändern.

Einen Menschen gewinnen (aus Abschnitt 3.7.3)

Absicht: Die Inspiration in einem Menschen für eine Idee oder ein gemeinsames Vorhaben wecken und seine Unterstützung bzw. Mitarbeit erwirken.

Voraussetzungen: Mich selbst in einen Grünen Zustand bringen, selbst inspiriert sein und eine Klarheit für mich gewonnen haben.

Zeitaufwand: Wenn die Voraussetzungen erfüllt sind, kann es in Minuten geschehen; wenn nicht, dann helfen auch keine langen Erklärungen.

Durchführung: Wenn wir einen Menschen für etwas gewinnen möchten, dann hat sich folgendes Vorgehen bewährt:

1. Klären Sie in welchem Ampelmodus Sie sich befinden und ob Sie innerlich frei sind und jede Entscheidung des oder der anderen akzeptieren können. Jemanden gewinnen können Sie nur in Grün.
2. Spüren Sie in sich hinein und klären Sie, ob Sie selbst offen für eine Veränderung Ihrer eigenen Sichtweise sind. Es geht darum gemeinsam der Stimmigkeit zu folgen, nicht um das Durchsetzen der eigenen Vorstellungen.
3. Schaffen Sie einen sicheren Vertrauensraum, in dem sich alle Beteiligten entspannen können. Seien Sie offen und teilen Sie mit, warum Sie den (oder die) Menschen eingeladen haben. Geben Sie dem Gegenüber Raum für ein gemeinsames Ankommen. Sollten noch Themen aus der gemeinsamen Vergangenheit auftauchen, welche einem Miteinander im Wege stehen, geben Sie, bevor Sie fortfahren, Raum, diese zu klären und auszuräumen (siehe dazu Kapitel 3.4 bzw. die beiden vorangegangenen Tools).
4. Beschreiben Sie jetzt das Anliegen und erzeugen dabei das Bild bzw. die Geschichte einer möglichen, attraktiven Zukunft. Wichtig ist zu begründen, was die eigene Inspiration dabei ist.
5. Jetzt kommt der wichtigste Schritt: Erweitern Sie das Gespräch und fragen:
   - Wo springt der Funke über, wo gibt es eine Resonanz beim Gegenüber?
   - Gibt es ein ähnliches Anliegen für ihn?
   - Wovon träumt unser Gesprächspartner?
   - Was könnte für das Gegenüber in dem Vorhaben attraktiv sein?
   - Worin könnte ein wesentlicher Wachstumsschritt für ihn bestehen?
6. Bevor eine Entscheidung getroffen wird, ist es ratsam, freilassend zu prüfen, ob die Anziehungskraft für diesen Schritt so groß ist, dass die Zeit für ein gemeinsames Handeln reif ist. Gegebenenfalls kann die gewünschte Zukunft in Bezug auf die Wünsche des anderen angepasst oder erweitert werden.
7. Zum Abschluss ist es wichtig, dem Gesprächspartner zu danken dafür, dass er sich auf dieses Gespräch eingelassen hat, unabhängig davon, ob das Ergebnis den gewünschten Erfolg hatte oder nicht.

Kommentar: Menschen wollen nicht überzeugt, überredet, überstimmt werden. Sie wollen gewonnen werden. Dies geschieht, wenn die Inspiration überspringt. Aktiv werden sie jedoch erst, wenn sie auch Resonanz spüren und sehen, wie das Vorgeschlagene mit ihren Wünschen in Einklang ist. Gehen Sie dabei mit absichtsloser Absichtlichkeit vor. Das bedeutet, bringen Sie Ihre Inspiration rüber und verzichten Sie dabei, jemanden zu etwas zu drängen, zu überzeugen oder zu überreden. Bleiben Sie freilassend, nur dadurch gewinnen Sie wirklich langfristige Partnerschaften für Ihre (dann) gemeinsamen Anliegen.

6.3.3 Wie unterstütze ich Flow in Teams und Unternehmen?

Hier finden Sie Tools, die sich vor allem mit Teams gut bewährt haben. Immer geht es darum, einen Vertrauensraum zu öffnen und so Verbundenheit und Flow im Team und darüber hinaus im Unternehmen zu unterstützen. Sie werden feststellen, es lohnt sich und braucht weit weniger, als Sie vielleicht annehmen.

Geschichten müssen erforscht werden

Damit eine Geschichte ihr volles Wirkpotenzial in die Welt bringt, genügt es nicht, sie einfach nur zu erzählen. Wir üben uns, die darin liegenden Erfolgsfaktoren herauszuarbeiten! Wirksamkeit entsteht jeden Tag an vielen Stellen, nur reden wir nicht oder nur selten darüber. Erst durch die Frage, was zum Gelingen geführt hat, werden wir uns des tatsächlichen Wertes von guten Rahmenbedingungen, Kompetenzträgern, Besonderheiten oder ungeahnter Fähigkeiten bewusst. So werden diese für uns selbst und für andere auf vielfältige Weise besser verfügbar! Es sind somit die vielen Ereignisse im Alltag, die uns aktuell berühren und bewegen, die eine wichtige Botschaft in sich tragen und unsere Beachtung verdienen. Sie geben uns erstaunlicherweise einen direkten Zugriff zu den meist verborgenen Potenzialen.

Gehen Sie auf Geschichtenfang (aus Abschnitt 3.1.4)

Absicht: Die Chance auf Inspiration im Alltag durch Geschichten nutzen.

Voraussetzungen: Aufmerksamkeit im Gespräch, Neugier auf das Potenzial von Menschen sowie die Bereitschaft, diese in Geschichten zu erkennen.

Zeitaufwand: Oft nur wenige Minuten

Durchführung: Nehmen Sie die Gelegenheit wahr, die sich in Gesprächen ergibt. Jede der hier aufgeführten Fragen kann ein Gespräch vertiefen oder eine Geschichte entstehen lassen:

- Was war ein besonderes Erlebnis beispielsweise in der vergangenen Woche?
- Welche herausragenden Ergebnisse haben wir oder Sie (in einer Sache oder einem Bereich) bereits erreicht?
- Welches Ereignis drückt am besten die Qualität z. B. Ihrer Tätigkeit aus?

Stellen Sie unbedingt noch folgende Frage:

- Was genau hat den Erfolg bewirkt und wer war daran beteiligt?

Schließen Sie das Gespräch mit einer wertschätzenden Bemerkung über die Person und die Bedeutung für Sie ab. Achten Sie dabei darauf, aufrichtig gegenüber sich selbst zu bleiben. Hier zwei mögliche Beispiele:

- Vielen Dank für deine Offenheit. Du bringst mich auf die Idee, es jetzt auch einmal auszuprobieren.
- Ich hatte wirklich Freude an Ihrem Humor, mit dem Sie diesem Erlebnis begegnet sind. Daran sollte ich mich erinnern, wenn sich mein Humor mal wieder verabschiedet.

Kommentar: Ob in der Mittagspause, zu Beginn oder am Ende einer Sitzung oder im Aufzug, wo Menschen zusammensitzen oder -stehen, haben Sie eine Chance auf Erfolg. Um Menschen zu ermutigen, eine Geschichte zu erzählen, sind besondere Fragen hilfreich, die die Aufmerksamkeit in eine bestimmte Richtung lenken. Gute Aufhänger sind einfache wertschätzende Fragen, mit denen das Interesse am Forschen wächst. Ein wertschätzender Abschluss vertieft das Erleben für alle.

Dabei geht es nicht so sehr um die großen Geschichten

Besonders wirksam sind regelmäßige Freiräume für das Erzählen und Auswerten von Geschichten. Der Zeitaufwand dafür mag hoch erscheinen, ist aber in Bezug auf die Ergebnisse lohnend.

Frying Pan (aus Abschnitt 3.1.4)

Absicht: In jeder Herausforderung das Potenzial erkennen.

Voraussetzungen: Eine Gruppe von 5 bis 7 Personen im Kreis, auch am Telefon möglich.

Zeitaufwand: Mindestens 30 Minuten, doch in der Regel eine Stunde, vor allem, wenn es ein schwieriges Thema ist.

Durchführung: Eine Person erzählt in einer Gruppe von Zuhörern von einem Ereignis, das sie beschäftigt. Die Zuhörer geben reihum ein wertschätzendes Feedback. Dabei empfehlen wir:

- Die Geschichte beispielsweise durch einige Minuten Stille wirken lassen.
- Unterbrechungen vermeiden.
- Mit der Aufmerksamkeit ganz beim anderen sein und auf seine Potenziale fokussieren.
- Sich selbst mit den eigenen Themen und Spannungen zurückstellen.
- In Fehlern, Pannen oder scheinbarem Versagen den Lerneffekt oder das vielversprechende Trainingsfeld herausschälen und ggfs. die Person für Ihre Lernbereitschaft anerkennen.
- Die von den anderen Zuhörern geäußerten Inspirationen weiterspinnen.
- Einen Zusammenhang mit einer möglichen attraktiven Zukunft herstellen und eine Prognose wagen, für welche besonderen Kompetenzen, Zuständigkeiten und Aufgaben der Erzähler vorbereitet werden könnte.

Kommentar: Diese Übung eignet sich auch für scheinbar verfahrene Situationen. Die Gruppe spricht im Kreis, einschließlich des Erzählers, der immer mehr Klarheit über sein Thema erhält. Mit unerwarteten Wendungen und Lösungen ist zu rechnen.

Drei bzw. acht Minuten, die alles verändern! (aus Abschnitt 3.1.5)

Absicht: Das Gegenüber wertschätzend wahrnehmen und das Wahrgenommene aussprechen.

Voraussetzungen: Aus Gruppen finden sich jeweils zwei Personen zusammen, die miteinander arbeiten. Eine Uhr mit Sekundenzeiger für die Moderation. Möglichst für alle Teilnehmer eine Sitzgelegenheit. Die Übung kann aber auch im Stehen oder auf dem Boden sitzend durchgeführt werden. Eine Moderation ist sinnvoll, insbesondere bei größeren Gruppen.

Zeitaufwand: Insgesamt 8 bis 10 Minuten pro Paar. Wenn eine große Gruppe zusammenkommt, dann sollte zusätzliche Zeit für das Mitteilen im Plenum eingeplant werden. Ist die Gruppe sehr groß, dann ist es sinnvoll, sich zunächst in Kleingruppen von 4 bis 6 Personen aufzuteilen und später nur einigen Mitteilungen Raum im Plenum zu geben.

Durchführung: Die Moderation bittet die Teilnehmenden, sich jeweils einen Partner oder eine Partnerin zu suchen. Je nach Hintergrund kann die Empfehlung gegeben werden, Paare zu bilden, die sich untereinander noch nicht so gut kennen.

Kurzform – drei Minuten:

Je zwei Teilnehmende sitzen einander gegenüber und schauen sich erst eine Minute lang schweigend in die Augen. Danach beginnen sie jeweils im Abstand von einer Minute – erst der eine, dann der andere – sich all das an Positivem und Wertschätzendem zu sagen, was ihnen beim Anschauen des Übungspartners in den Sinn kam. Der jeweils andere hört nur zu.

Langversion mit Moderationsanleitung – 8 bis 10 Minuten:

Die Moderation gibt nun folgende Anweisungen und hält die Zeit im Blick:

1. Bitte setzen Sie sich jetzt Ihrem Partner direkt gegenüber, sodass sich die Knie fast berühren.
2. Bestimmen Sie (pro Paar), wer die Person A und die Person B ist. Schließen Sie jetzt bitte die Augen, atmen Sie einige Male tief ein und aus. Lassen Sie den Alltag los und kommen ganz bei sich an.
3. Öffnen Sie die Augen und schauen Ihrem Gegenüber für eine Minute in die Augen. Dabei sprechen Sie nicht und benutzen auch keine anderen Gesten. Schauen Sie sich einfach ruhig an.
4. Im Abstand von jeweils einer Minute:
   a. Person A spricht wertschätzend, was sie im anderen sieht. Beide Personen schauen sich weiter an. Person B hört nur zu.
   b. Person B bedankt sich bei Person A mit einer kleinen Geste, aber ohne Worte. Danach schließen wieder beide Personen die Augen, atmen tief ein und aus und kommen wieder bei sich selbst an.
   c. Beide öffnen ihre Augen und schauen sich gegenseitig an, ohne zu sprechen.
   d. Person B spricht wertschätzend, was sie in der anderen Person gesehen hat. Person A hört nur zu.
   e. Person A bedankt sich bei Person B mit einer kleinen Geste, aber ohne Worte. Danach schließen wieder beide Personen die Augen, atmen tief ein und aus und kommen wieder bei sich selbst an.
5. Jetzt tauschen Sie sich innerhalb von zwei Minuten gemeinsam über Ihre Erfahrung kurz aus.

Kommentar: Diese Übung macht immer einen Unterschied für die Teilnehmenden. Sogar mit völlig fremden Menschen auf öffentlichen Plätzen wie ein weltweites Experiment[17] hervorragend zeigte.

[17] http://www.eyecontactexperiment.com/, abgerufen am 21.12.2016.

Qualitäten einer Person sammeln (aus Abschnitt 3.1.5)

Absicht: Die Person fühlt sich gesehen und wertgeschätzt.

Voraussetzungen: Eine Gruppe von 4 bis 7 Personen im Kreis oder in einer Telefonkonferenz.

Zeitaufwand: 30 Minuten. Kann auch spontan durchgeführt werden. Wenn Sie tiefer gehen und zwei oder mehr Runden durchlaufen möchten, kann es auch länger dauern.

Durchführung: Eine Person einer Gruppe sitzt in der Mitte des Kreises. Folgende zwei Sätze vervollständigen die Gruppenmitglieder über die Person im Kreis:

- Was ich an dir/Ihnen wertschätze, ist ...
- Wofür ich dir/Ihnen dankbar bin, ist ...

Wenn genügend Zeit ist, machen Sie eine zweite Runde mit der gleichen Person oder nehmen eine andere Person in die Mitte. Diese Runde geht in beiden Fällen erfahrungsgemäß noch tiefer.

Kommentar: Zum Geburtstag oder zu einer anderen Feierlichkeit ist dieses Vorgehen immer das mit Abstand größte Geschenk des Tages! Diese Übung funktioniert auch mit einer größeren Gruppe, wobei es hilfreich ist, dann nur einen Satz zu verwenden und nur eine Runde durchzuführen. Hier ist die Herausforderung, die Inspiration über die Zeit zu halten.

Miteinander durch Stille – ein guter Start eines Meetings (aus Abschnitt 3.2.1)

Absicht: Den gemeinsamen Raum, der alle verbindet, spüren – Stille wird „hörbar“. Innere Berührung erzeugen. Ein Treffen mit der Qualität von Stille impulsieren.

Voraussetzungen: Entschleunigung und Berührung durch gemeinsam Erlebtes. Offenheit der Anwesenden, sich zu zeigen. Die Bereitschaft, Momente der Berührung und Stille zuzulassen.

Durchführung: Stille in einer Gruppe von Menschen findet immer nur dann statt, wenn etwas sehr wesentliches in Sprache gebracht wird. Beginnen Sie beispielsweise mit dem Vorlesen eines inspirierenden Textes, mit einer Minute Stille oder mit einer Ankommensrunde, in der alle sich kurz mitteilen können, was gerade ihre Aufmerksamkeit hat und so „laut“ ist, dass sie gar nicht ganz hier sein können. Mit einer knackigen Runde, in der jeder seine Situation transparent macht, ist schon sehr viel dafür getan, dass die grüne Qualität der Stille den weiteren Verlauf der Sitzung impulsiert und positiv beeinflusst. Hilfreich sind auch Gegenstände oder Bilder, die Sie vor einer ersten Gesprächsrunde zur Auswahl zur Verfügung stellen. Eine kurze Mitteilung, was dieses Bild mit z. B. der aktuell größten Herausforderung oder einfach nur mit der Person selbst zu tun hat, schafft einen völlig neuen gegenseitigen Zugang und ermöglicht dadurch einen Moment der Stille.

Kommentar: Nahezu jede der vorgeschlagenen Tools in dieser Toolbar erzeugt diese innere Berührung, die einen Raum von Stille ermöglicht. Es ist eine beglückende Erfahrung, wenn ein Trainer oder ein Moderator es versteht, auch in Teamsitzungen Themen und Übungen in einer Gruppe einzubringen, so dass dieser oben beschriebene Erfahrungsraum stattfindet. Immer hat es damit zu tun, dass die Beteiligten über Wesentliches sprechen. Die Ruhequalität und Authentizität des Begleiters hat dabei immense Auswirkungen. Das wirklich Schöne daran ist, dass die besondere Erfahrung dieses inneren Berührtseins sich vervielfältigt. Auch hier gilt, je erfahrener eine Gruppe, ein Team oder eine Abteilung mit diesen Phänomenen ist, desto einfacher gelingt es, diese Stille zu erleben.

Im Kreis sprechen (aus Abschnitt 3.2.3)

Absicht: Wertvolle Potenziale heben und auf einfache Weise zu einer gemeinsamen Lösung kommen, auch wenn dies vorher unvereinbar scheint

Voraussetzungen: Es empfiehlt sich eine Kreisanordnung der Stühle, auch ein virtueller runder Tisch am Telefon. Hier ist die Einhaltung der Grundregeln besonders wichtig.

Zeitaufwand: 15 Minuten und mehr pro Thema. Es ist sinnvoll, ein Limit zu setzen, beispielsweise von 30 oder 40 Minuten. Es gibt aber auch sehr kraftvolle Runden, die so lange gehen, bis kein Teilnehmer mehr spricht.

Durchführung: Zu Beginn werden die Grundregeln bestimmt:

1. Es wird eine Rundenanzahl oder eine bestimmte Zeit ausgemacht, nach der mit einer kurzen Abschlussrunde das Kreisgespräch beendet wird.
2. Eine Thema dauert solange, bis eine Runde lang kein Teilnehmer mehr spricht oder die gewünschte Rundenzahl bzw. die vereinbarte Zeit vorbei ist.

Einer beginnt, spricht so lange, wie es für ihn stimmt. Erst wenn er oder sie weitergibt, ist das nächste Gruppenmitglied dran. Es gibt keine Diskussionen, keine Quergespräche, keine direkt gestellten Fragen.

Kommentar: Dies ist eine der einfachsten und wirkungsvollsten Techniken, um unterschiedlichste Blickwinkel und Wahrheiten zusammen zu bringen. Es findet eine gegenseitige Ermutigung statt. Diesen Ansatz zu nutzen, ist insbesondere dann empfehlenswert, wenn die Meinungen der Beteiligten nicht mehr zusammen zu bringen sind und keine Lösung in Sicht scheint. Das Kreissprechen verlangsamt den vielleicht vorher noch hitzigen Austausch. Zwischenfragen und -bemerkungen sind hier nicht erwünscht. Stattdessen spricht eine Person so lange, bis sie zum Ausdruck bringt, dass sie fertig ist. Dies ermöglicht die wichtige Eigenschaft, im Sprechen auch mal inne zu halten, um etwas Wesentlichem nachspüren zu können, ohne dass gleich jemand unterbricht oder ein neuer Impuls dazu kommt. Fragen werden erst dann gestellt, wenn die Person an der Reihe ist und die besten Antworten werden häufig von Menschen gegeben, die gar nicht gefragt wurden. Jeder kann sich in das Gespräch hinein entspannen, weil die Reihenfolge geklärt ist. Häufig bemerken die Beteiligten, dass dann während des Sprechens plötzlich ganz andere Dinge wichtig sind, als beim Zuhören noch gedacht. Erstaunlich dabei ist, dass dieses uralte Prinzip so effektiv ist, keine Moderation benötigt und auch dann funktioniert, wenn scheinbar alles andere fehlgeschlagen ist.

Vertrauen herstellen (aus Abschnitt 3.2.4)

Absicht: Offenheit und Vertrauen herstellen und den Fokus auf die Stärke in der vermeintlichen Schwäche richten.

Voraussetzungen: Pro Teilnehmer ein Flipchart-Blatt unabhängig von der Gruppengröße
Diese Übung ist in der Regel Bestandteil eines größeren Workshops. Es wird sich immer wieder darauf bezogen.

Zeitbedarf: Etwa 10 Minuten zu Beginn plus spätere Ergänzungen.

Durchführung: Jeder Teilnehmer erhält ein Flipchart-Blatt, das in vier Quadranten unterteilt ist.

- Oben links: Meine Schwächen
- Oben rechts: Meine Stärken

- Unten links: Was könnte ich dafür tun, dass meine Schwächen zu Stärken werden?
- Unten rechts: Wen könnte ich um Hilfe bitten?

Jeder Teilnehmer füllt diese Quadranten zu Beginn eines Workshops oder Trainings, so gut er vermag, aus und ergänzt sie im Verlauf des Workshops.

Kommentar: Die Transparenz, mit der die Teilnehmer über die Dauer des Workshops immer wieder auf die Charts schauen und das ständige, auch gegenseitige Erweitern der Inhalte, erzeugt eine neue Qualität von Miteinander und Offenheit. Das Geben und Nehmen beflügelt und verändert die Qualität der Zusammenarbeit.

Vom Ich zum Wir (aus Abschnitt 3.3.4)

Absicht: Das Hören füreinander und die Selbstwahrnehmung stärken.

Voraussetzungen: Dreiergruppen unabhängig von der Gesamtgruppengröße.

Zeitbedarf: 15 Minuten

Durchführung: Teilen Sie Ihr Team in Dreiergruppen ein und lassen Sie Person A, B und C bestimmen. A fängt an und hat drei Minuten, um folgende Fragen zu beantworten:
„Wer bin ich wirklich, und wofür sind wir zusammen?"

Danach erhält er je eine Minute wertschätzendes Feedback von den beiden Zuhörern. Danach wechseln zu B und im Anschluss zu C.

Kommentar: In nur 15 Minuten haben Sie eine völlig andere Energie in Ihrer Gruppe. Wenn Teams diese Übung regelmäßig wiederholen, schärft sich automatisch die Selbstwahrnehmung für das Wesentliche. Die Anregung für diese Praktik haben wir dem Satz von Patrick D. Cowden[18] entnommen und weiterentwickelt.

Sinn und Zweck finden (aus Abschnitt 3.3.6)

Absicht: Wozu dient das Ganze (die Abteilung, das Team, der Arbeitsbereich, ja sogar jedes Projekt)? Der Sinn ist so inspirierend, dass alle damit verbunden bleiben und arbeiten wollen.

Voraussetzungen: Die Bereitschaft, sich Zeit zu nehmen, bei der Planung nicht nur das Was und Wie zu erfassen, sondern zunächst nach dem Warum zu fragen und aus dieser Inspiration heraus in die Planung und Umsetzung zu gehen.

Zeitaufwand: Variiert je nach Umfang der Tätigkeiten und Projekte bzw. der Erfahrung mit dieser zunächst ungewohnten Vorgehensweise. Wenn Sie geübt sind, wird dies integrierter Bestandteil von Planung und braucht keine zusätzliche Zeit.

Durchführung: Teilen Sie dazu all ihre Tätigkeiten in eigenständige Einheiten ein.

[18] Die Fragen „Who am I and why am I here?" stammen von Patrick D. Cowden. Sie sind ein zentrales Element seiner Begleitung von Unternehmen zu einer lebendigen gemeinsamen Zukunft, https://www.youtube.com/watch?v=Xq-JRaIWo3w&feature=youtu.be, abgerufen am 12.06.2016.

Treffen Sie eine Unterscheidung:

- Wo betrifft es nur mich selbst?
- Wo will ich es mit Kollegen erarbeiten?

Fragen Sie sich selbst jeweils:

- Was genau ist die Absicht für diese Arbeitseinheit, dieses Projekt?"

Denken Sie an vergleichbare Situationen, Projekte, in denen Ihre Arbeit optimal gelaufen ist und schauen Sie, was Sie dort alles bewirken konnten. Projizieren Sie dies auf das gewünschte Ergebnis in diesem konkreten Fall.

- Wie würde es sich anfühlen?

Formulieren Sie von dort her jeweils einen möglichst knackigen Satz, in der Gegenwart formuliert, oder Worte, die lebendig sind und die Sie inspirieren, als wäre Ihre Absicht schon erfüllt.

Wenn Sie mögen, gehen Sie anschließend zu den Personen, mit denen Sie in diesen Aufgaben häufig zusammenarbeiten und holen Sie sich ein Feedback.

- Springt die Inspiration über?

Innerhalb eines Teams können Sie ähnlich vorgehen, nur gemeinsam.

Das einfachste Vorgehen lässt die Beteiligten zunächst einen eigenen Satz aufschreiben. Diese werden sichtbar gemacht. In einer anschließenden Runde wählt jeder seinen Favoriten und begründet seine Wahl. Aus dieser gegenseitigen Wahrnehmung wird eine neue Vorschlagsrunde auf ein neues Blatt geschrieben. Auch diese neuen Sätze werden wieder begründet. Dies wiederholt sich solange, bis der eine Satz feststeht.

Kommentar: Da das Finden eines Satzes, der den Sinn und die Absicht repräsentiert, nur dann wirkungsvoll ist, wenn er alle inspiriert, bekommt dieser Findungsprozess eine besondere Aufmerksamkeit.

Wichtig: Nie einen der Sätze durchstreichen, denn jeder Satz ist wertvoll für den Prozess! Immer neu anfangen evtl. auf einem neuen Papier für die nächste Runde. Erst wenn der gemeinsame Satz gefunden ist, sind die anderen nicht mehr wichtig.

Als weiteres Hilfsmittel empfehlen wir Ihnen, allen Projekten, die Sie federführend leiten, einen neuen Namen zu geben. Finden Sie dazu einen knackigen Satz der beschreibt, wie das Projekt aussieht, wenn es abgeschlossen ist. Machen Sie diesen Satz, der in der Gegenwart formuliert ist, zur neuen Bezeichnung und sprechen Sie diese immer dann aus, wenn Sie darüber sprechen.

ToDo, InWork, Done (aus Abschnitt 3.6.4)

Absicht: Alles, was zu tun ist, wird ohne großen Planungsaufwand und Absprachen mit Freude zeitgerecht erledigt.

Voraussetzungen: Drei Papiere in Flipchart-Größe oder drei leere Wände, ausreichend (Moderations-)Karten oder Post-its, Krepppapier, Marker.

Zeitaufwand: 10 Minuten zur Vorbereitung, 10 Minuten zum Einsammeln der ToDos (5 Minuten, um Kärtchen zu beschriften und an der Wand zu befestigen). Danach sind die ToDos Teil des gesamten Prozesses und benötigen keine Extrazeit. Mindestens eine Minute zum Feiern des Ergebnisses.

10 Minuten zum Einfahren der Ernte – Sie sammeln die Erfolgsfaktoren des Ergebnisses ein: Eine gute Vorbereitung für das nächste Projekt!

Durchführung: Es werden drei Wände oder Flipcharts mit je einer Überschrift gekennzeichnet: ToDo, InWork und Done.

- Jeder, dem eine noch zu erledigende Aufgabe einfällt, schreibt sie auf eine Karte und hängt sie an den Platz für ToDo. Es dürfen jederzeit neue Karten geschrieben werden, wenn weitere Aufgaben auftauchen. Nun sucht sich jeder die Tätigkeit heraus, die ihn am meisten anspricht.
- Die Karte mit der Aufgabe hängt die Person mit ihrem Namen versehen nun in den Bereich InWork. Damit hat jeder den Überblick, was gerade passiert und kann sich bei Bedarf an die Durchführenden wenden.
- Ist der Job erledigt, wird der Platzhalter auf Done gesetzt. So wandern alle Aufgaben über die Zeit in diesen Bereich und es wird für alle sichtbar, was bereits geschafft wurde.
- Wer gerade nicht ansprechbar ist, schreibt eine entsprechende Nachricht auf eine Vorlage und hängt diese auf InWork. Somit werden Parallelaktionen ausreichend gewürdigt und damit Teil des gemeinsamen Spiels.

Idealerweise setzen sich alle Beteiligten vorab und nach Erledigung eines Jobs in einer kurzen Wahrnehmungsrunde zusammen, bei der jeder ungestört ein kurzes Statement zur Situation abgeben kann. Natürlich sind in der Abschlussrunde immer die Wertschätzung und das gemeinsame Feiern integriert. Mit der Mitteilung, was für jeden Teilnehmer das schönste Erlebnis war, entsteht eine gemeinsame Wahrnehmung für all das vorhandene Gute und Schöne, zu dem eine Gemeinschaft fähig ist.

Kommentar: Hintergrund dieses Ansatzes ist, dass eine Gruppe von Menschen ein gemeinsames Anliegen hat. Jetzt geht es darum, die vielen kleineren oder größeren noch offenstehenden Aufgaben zu erledigen. Besonders wirksam ist dieses Werkzeug dann, wenn Anliegen in kurzer Zeit erledigt werden müssen und in der Gruppe Freiraum verfügbar ist, um parallel die verschiedenen Vorhaben abarbeiten zu können. Ohne großen Planungsaufwand und Absprachen werden die Aufgaben rechtzeitig erledigt sein. Und dabei haben die Beteiligten noch Spaß!

Intuitive Wahl (aus Abschnitt 3.6.5)

Absicht: Die Intelligenz einer Gruppe nutzen, die stimmigste Person zu wählen.

Voraussetzungen: Optimal für Gruppen von 5 bis 12 Personen, ein ruhiger Raum. Es sind nur Menschen im (Telefon)Raum wählbar.

Zeitaufwand: Zu Beginn pro zu Wählenden ca. 15 bis 20 Minuten.

Durchführung:

1. Klarheit darüber schaffen, was bzw. welche Rolle genau gewählt wird.
   - Name des „Amtes" bzw. der Rolle
   - Welches Anliegen ist durch das „Amt"/die Rolle erfüllt? Möglichst in einem Satz formulieren (siehe auch das Tool „Sinn und Zweck finden" oben oder in Abschnitt 3.3.6.).
   - Ergänzend: Beschreiben oder Zusammentragen der Aufgaben und Zuständigkeiten, die mit der Wahl verbunden sind.
2. Vorschlagen eines Wahlleiters
3. Erster Durchgang der Wahl: Jede Person schreibt Ihren Wahlvorschlag auf einen Zettel und macht sich als Absender auf dem Wahlzettel erkennbar.

4. Der Wahlleiter sammelt die Wahlzettel ein und liest jeden Vorschlag vor. Dabei fragt er den Absender, warum die von ihm vorgeschlagene/n Person/en seiner Ansicht nach die optimale Besetzung für die vorgeschlagenen Aufgaben ist/sind?
5. Zweiter Durchgang der Wahl: Nachdem alle Ihre Wahl begründet haben, fragt der Wahlleiter jeden Anwesenden in der gleichen Reihenfolge nacheinander: „Bleiben Sie aufgrund der gehörten Informationen bei Ihrer Wahl oder möchten Sie eine Änderung vornehmen?“ Sollte jemand seine Wahl ändern, bittet der Wahlleiter um eine kurze Begründung. Dieser Vorgang wird so lange im Kreis fortgesetzt, bis eine Runde ohne weitere Änderung stattgefunden hat.
6. Der dann vorliegende Stand der Wahl wird vom Wahlleiter ausgezählt und die so ermittelte Reihenfolge bekanntgegeben.
7. Der Wahlleiter wählt die Person/en mit den meisten Stimmen und gibt diesen Wahlvorschlag bekannt.

Kommentar: Es handelt sich hier um eine demokratische Wahl mit offen sichtbarer Stimmabgabe. Die Teilnehmenden nominieren für die zu besetzende Position je eine Persönlichkeit und begründen, warum sie die gewünschte Person für die geeignetste Besetzung halten. Dies ist eine gute Gelegenheit, die ausgesuchte Person umfassend anzuerkennen und wertzuschätzen. Zwei Besonderheiten prägen dieses Wahlverfahren.

1. Wenn alle gehört wurden, darf jeder seine Meinung aufgrund der jetzt kompletten Informationen ändern. Sollte jemand seine Nominierung wechseln, wird um eine weitere Begründung gebeten. Dies geschieht so lange, bis alle zu einer letzten Entscheidung gekommen sind.
2. Die gewählte Person kann die Wahl zumindest im Augenblick nicht abschlagen. Da das Ergebnis die Weisheit der Gruppe unter Berücksichtigung aller geäußerten Informationen widerspiegelt, bleibt es bei dieser Wahl, unabhängig davon, ob die betreffende Person diesem Ergebnis zustimmt. Diese kann zu einem anderen Zeitpunkt jederzeit eine neue Wahl veranlassen, lässt das Ergebnis aber erst einmal auf sich wirken. Es spiegelt immerhin die jetzige Klarheit einer ganzen Gruppe und nicht die persönliche Meinung eines Einzelnen wider. Der große Vorteil dieser Wahlmethode ist, dass der Gewählte sich der Rückendeckung seiner Wähler sicher sein kann.

Menschen gewinnen (aus Abschnitt 3.7.3)

Absicht: Die Inspiration in Menschen bzw. einer Gruppe für eine Idee oder ein gemeinsames Vorhaben wecken und ihre Unterstützung bzw. Mitarbeit bewirken,

Voraussetzungen: Mich selbst in einen Grünen Zustand bringen, inspiriert sein und eine Klarheit für mich gewonnen haben, vielleicht auch schon mit Einzelnen über das Anliegen gesprochen.

Zeitaufwand: Wenn die Voraussetzungen erfüllt sind, kann es in kurzer Zeit geschehen, wenn nicht, helfen auch keine langen Erklärungen.

Durchführung: Wenn wir Menschen für etwas gewinnen wollen, dann hat sich folgendes Vorgehen bewährt:

1. Klären Sie in welchem Ampelmodus Sie sich befinden und ob Sie innerlich frei sind und jede Entscheidung des oder der anderen akzeptieren können. Vielleicht haben Sie schon Verbündete im Raum, die Sie bitten, auch für einen Grünen Zustand zu sorgen.

2. Spüren Sie in sich hinein und klären Sie, ob Sie selbst offen für eine Veränderung Ihrer eigenen Sichtweise sind. Es geht darum gemeinsam der Stimmigkeit zu folgen, nicht um das Durchsetzen der eigenen Vorstellungen.
3. Schaffen Sie einen sicheren Vertrauensraum, in dem sich alle Beteiligten entspannen können. Seien Sie offen und teilen Sie mit, warum Sie die Menschen eingeladen haben. Geben Sie Raum für eine gemeinsame Ankommensrunde. Häufig ist es sinnvoll, von allen Beteiligten die Erwartungen bzw. Befürchtungen zu hören.
4. Beschreiben Sie jetzt das Anliegen und erzeugen Sie dabei das Bild bzw. die Geschichte einer möglichen Zukunft. Wichtig ist zu begründen, was die eigene Inspiration dabei ist.
5. Jetzt kommt der wichtigste Schritt: Erweitern Sie das Gespräch und fragen:
   - Wo springt der Funke über, wo gibt es eine Resonanz in der Gruppe?
   - Gibt es ein ähnliches Anliegen in der Gruppe?
   - Wovon träumen die Menschen im Raum?
   - Was könnte für die Einzelnen in dem Vorhaben attraktiv sein?
   - Wo vermuten sie einen Wachstumsschritt für sich selbst bzw. die Gruppe?

   Initiieren Sie dazu zwei Runden nach den Regeln des Kreissprechens (siehe oben). In der ersten wird der Augenmerk auf alle Informationen gelegt, in der zweiten auf Lösungsvorschläge.
6. Bevor eine Entscheidung getroffen wird, ist es ratsam, freilassend zu prüfen, ob die Anziehungskraft für diesen Schritt so groß ist, dass die Zeit für ein gemeinsames Handeln reif ist. Gegebenenfalls kann die gewünschte Zukunft in Bezug auf die Wünsche der anderen angepasst oder erweitert werden. Dazu im Kreis sprechen, macht Sinn und entspannt evtl. hitzige Gemüter.
7. Zum Abschluss ist es wichtig, den Gesprächspartnern dafür zu danken, dass sie sich auf dieses Gespräch eingelassen haben – unabhängig davon, ob das Ergebnis den gewünschten Erfolg hatte oder nicht.

Kommentar: Menschen wollen nicht überzeugt, überredet, überstimmt werden. Sie wollen gewonnen werden. Dies geschieht, wenn die Inspiration überspringt. Aktiv werden Sie jedoch erst, wenn sie auch Resonanz spüren und sehen, wie das Vorgeschlagene mit Ihren Wünschen in Einklang ist. Wenn dies in einer Gruppe geschieht, können gemeinsam Dinge in einer Weise und Dimension geschehen, wie sie in der ursprünglichen Idee vielleicht nicht einmal enthalten waren und gemeinsam erreicht werden.

Kleine Maßnahmen mit großer Wirkung

Absicht: Ein wertschätzendes Zusammenarbeiten initiieren. Sofortige Freude am Tun haben.

Voraussetzungen: Die Bereitschaft, mit kleinen Maßnahmen einfach zu beginnen.

Kommentar: In einem Workshop auf dem Wertschätzer-Event am 1. Oktober 2016 hatte eine Gruppe von Führungskräften die folgende Liste zusammengetragen dazu, was denn schon im Kleinen gemacht werden kann, um einen wertschätzenden Raum zu kreieren und Wertschätzung mehr in den Alltag zu integrieren. Alle waren erstaunt über die Fülle an Möglichkeiten, die sich schon in Minutenschnelle auf dem Flipchart sammelten und mit denen sofort begonnen werden kann – ohne Budget, ohne Umstrukturierung oder einem Placet von Oben. Jeder pickte sich etwas aus der Liste heraus, mit dem er anfangen wollte. Man war sich einig: Es fängt im Kleinen an und braucht nicht viel!

Beispiele von kleinen Maßnahmen mit großer Wirkung:

Bei Meetings

- Freiwillige Teilnahme an Meetings
- Kein Meeting ohne Moderation. Leitungsfunktion und Moderation schließen sich gegenseitig aus. Nutzen Sie das Intuitive Wahlverfahren – siehe oben.
- Protokolle auf „Nächste Schritte" reduzieren
- Meetings
  - mit einer Minute Stille und Check-in (z. B. Was musst du sagen, um ganz hier zu sein?) beginnen und
  - mit einem Check-out (Was war gut? Was könnte noch besser sein?) schließen
- Im Kreis ohne Tisch sitzen
- Meetings durch Geschichten stärken
- Meetings außerhalb der Büros der Führungskräfte
- Kein Meeting dauert länger als 30 Minuten
- Meetings im Stehen
- Meetings in Bewegung (beispielsweise bei einem Spaziergang)
- „Hüter" der Grünen Energie in Meetings: Bei Rot oder Gelb alle innehalten!
- Kein Thema ohne konkreten nächsten Schritt
- Jeder darf ausreden
- Entscheidungen immer mit denen, die es angeht: Don't do anything about me without me!
- Aufgabenverteilung nur an die, die da sind
- Redestab: Nur die Person spricht, die ihn in der Hand hält
- Maximal eine Minute am Stück reden
- Sitzordnung auslosen, immer wieder verändern

Emails

- „cc-E-Mails" vermeiden
- Mailverbot bei Konflikten!
- Persönlichen Austausch (auch per Telefon) dem per E-Mai vorziehen

Umgang mit sich selbst

- 2 bis 3 Mal am Tag innehalten
- Zeit für Meditation
- Wertschätzungsräume und –zeiten für sich selbst nutzen

Umgang mit anderen

- Regelmäßige und wertschätzende Mitarbeitergespräche
- Vor jedem Gespräch Anliegen klären
- Jeden Tag Positives ansprechen, selbst das Offensichtliche

Sonstiges

- Führungskräfte nur noch auf Zeit und idealerweise wählen
- Danke-Box im Intranet oder per E-Mail
- „Dankstelle"[19]
- Kein PowerPoint
- Controlling ersetzen durch World Cafés (siehe Kapitel 5.6)
- Aufgaben und Aufträge mit „Bitte" begleiten
- Einer Person mindestens eine Minute am Tag schweigend in die Augen sehen

[19] Nach dem Vorbild www.dankstelle.com, der Plattform für Dankbarkeit.

- Wertschätzungsbeauftragte
- „Killerphrasen" sammeln und öffentlich machen
- Kein „aber", „nicht" und „nein", stattdessen „UND"
- Sammlung wertschätzender, lösungsorientierter Fragen
- Verantwortung übertragen
- Jeden Tag eine neue Sache erledigen

Mitarbeiterorientierung erzeugt Qualität

Absicht: Mitarbeiterorientierung, Wertschätzung, Freude am Tun.

Voraussetzungen: Die Bereitschaft, mit kleinen Maßnahmen zu beginnen.

Kommentar: In einer Arbeitsgruppe auf dem Wertschätzer-Event am 1. Oktober 2016 trugen Führungskräfte zusammen, was sie unter Mitarbeiterorientierung verstehen und was dazu beiträgt, einen Grünen Modus zu etablieren und die Qualität der Arbeit zu erhöhen:

- Es bedeutet nicht, dass sich alle wohlfühlen
- Haltung: Mitarbeiter als Experten anerkennen, sie befähigen und verantwortlich machen
- Eigene Offenheit und Verlässlichkeit
- Kritik der Mitarbeiter annehmen
- Das Wissen der Mitarbeiter beispielsweise durch Fragen nutzen
- Mitarbeiter in Zukunftsgestaltung einbeziehen
- Keine von außen aufgesetzten „Programme"
- Orientierung geben, Erklären des Wohin und des Warum
- Hierarchien aufbrechen
- Selbstorganisation durch Mitarbeiter (Führungskraft gibt Rahmen)
- Mitarbeiter wahrnehmen als Individuum und (an-)erkennen, was er/sie braucht
- Auf die Sprache achten (Aus welchem Ampelmodus kommt sie?)
- Boni sind schädlich, gerechte Entlohnung ist wichtig
- Umgang auf Augenhöhe

Feiern

Absicht: Die gemeinsamen Ergebnisse würdigen und den Wert des Erreichten, eines Projekts oder einer Gruppe erlebbar machen.

Voraussetzungen: Die Bereitschaft, sich auf Experimente einzulassen und eine neue Qualität von Miteinander erwarten.

Zeitaufwand: 5 bis 150 Minuten

Durchführung: Eine Gruppe von Menschen sitzt in einer Runde oder einer Telefonkonferenz zusammen. Die Moderation lädt zu kurzen Statements ein:

- Ich feiere …
- Ich anerkenne …

Das Wort „Feiern" steht für Anerkennung, Wertschätzung oder Würdigung. Es spielt dabei keine Rolle, ob es sich um positive oder schwierige Ereignisse handelt. Das Feiern legt den Fokus auf das Positive oder das Gelernte. Gefeiert werden darf hier alles! Es gibt keine Reihenfolge. Jeder spricht aus dem Impuls, jetzt an der Reihe zu sein. In einer Abschlussrunde spricht jede/r aus, was für ihn oder sie das größte Geschenk dieser gemeinsamen Feier war. Dadurch endet die Feier mit den Highlights und hinterlässt alle mit einem neuen Gefühl von Verbundenheit und Miteinander.

Varianten: Statt des freien Sprechens kann auch ein Gegenstand genutzt werden, der an einer Stelle liegt und den jeder, der etwas sagen will, ergreifen muss. Dies erzeugt eine kleine Pause zwischen den Statements und lässt sie dadurch intensiver nachwirken.

Wenn jede/r gehört werden möchte, kann auch in fester Reihenfolge im Kreis gesprochen werden. Auch hier eignet sich ein Gegenstand, der von Person zu Person weitergegeben wird.

Es kann bei einer Feier auch eine Person herausgegriffen und besonders geehrt werden. Bewährt hat sich hier folgende Frage:

Welches wertvolle, lustige oder intensive Erlebnis hattest du mit dieser Person?

Kommentar: Etwas auf eine angemessene Art zu feiern, ist für viele eine Herausforderung. Das Wichtigste dabei ist: Der Wert einer Feier besteht nicht in gutem Essen und geselligem Beisammensein. Es geht vielmehr darum, die Teammitglieder, eine Person (etwa bei einem Geburtstag oder Jubiläum) oder eine gemeinsame Zusammenarbeit (innerhalb eines Projektes, einer Abteilung oder einer ganzen Firma) zu würdigen und die darin enthaltenen besonderen Erlebnisse nochmals sichtbar zu machen. Nur wenn wir die Ergebnisse einer Sache anerkennen und feiern, dann haben wir die darin errungenen Wachstumsschritte vollständig für unseren weiteren Weg zur Verfügung! Erst die hier vorgeschlagene Art von Feiern macht richtig bewusst, was eine Person oder eine Gruppe geleistet hat und ermöglicht dadurch eine völlig neue Beziehung und Vertrauen zu den vorhandenen Fähigkeiten und Potenzialen.

Dieses Feiern ist außergewöhnlich intensiv und erzeugt in hohem Maße gegenseitige Wertschätzung. Es kann zu jeder Gelegenheit genutzt werden. Ob zu Beginn, in der Mitte oder am Ende eines Treffens, ob nur 5 Minuten oder beispielsweise nach dem Abschluss von größeren Projekten über mehrere Stunden. Es ist so wesentlich, die wertvollen Beiträge aller zum Gelingen wahrzunehmen. Regelmäßiges Feiern sollte ein fester Bestandteil eines jeden Systems sein.

Wichtig: Feiern schließt Arbeitsschritte, Meilensteine, Projekte ab, unterbricht den Stress, wertschätzt, was war, gibt neuen Schwung für die nächste Etappe, tut allen Beteiligten gut und erhöht die Wirksamkeit.

6.4 Wertschätzende Fragen – ein einfaches Werkzeug mit großer Wirkung

Wertschätzende Fragen unterstützen Sie in vielen Situationen, in denen die Kommunikation tiefergehen gehen soll. Sie können Ihren Gesprächspartner ein Team oder ein Meeting schnell und mit wenig Aufwand aus einem Gelben in ein Grünes Klima führen. Denn wenn Sie wertschätzende Fragen stellen, gehen Sie automatisch aus einer interessierten, engagierten Haltung auf die Anderen zu, schaffen eine konstruktive, wache Atmosphäre und überraschen zusätzlich mit etwas unerwartet Positivem. Dies führt gewöhnlich zu Entgegenkommen.

Falls dennoch jemand fürchtet, dass es sich um Zeitverschwendung handeln könne, stellen Sie in Aussicht, dass danach die Arbeit viel leichter, freudiger und effektiver von der Hand gehen wird. Wenn Sie wertschätzende Fragen nach dem Wesentlichen oder zu einem konfliktbehafteten Thema stellen, ist es darüber hinaus gut möglich, dass dieses evtl. bereits durch das Beantworten Ihrer Frage in einigen wesentlichen Punkten klarer und handhabbarer wird.

Auf jeden Fall profitieren alle Beteiligten von den Momenten des Innehaltens, Bewusstwerdens und Fokussierens. Denn Wertschätzung bringt Wert hervor!

Anwendungstipps

- Sammeln Sie zunächst Erfahrungen in Ihrem Bekanntenkreis, um Sicherheit zu gewinnen.
- Kündigen Sie Ihre Frage bevorzugt spielerisch und freilassend an: „Ich lade euch ein, unser Treffen heute mit einer guten Frage zu beginnen. Ich stelle einfach einmal eine Frage und freue mich, wenn jeder reihum zwei, drei Sätze dazu sagt – Ihr müsst aber nicht."
- Hören Sie Antwortenden auf eine Weise zu, als ob sich ein Geschenk mit unbekanntem Inhalt öffnen würde.
- Bitten Sie darum, dass immer nur einer redet, die anderen aber aufmerksam zuhören.
- Bitten Sie die Sprechenden, nicht die Vorredner zu kommentieren, sondern sich lediglich auf ihre eigene Aussage zu fokussieren.
- Bei einer größeren Gruppe empfiehlt es sich, die wertschätzende Frage ab und an zu wiederholen.
- Die auf den folgenden Seiten aufgeführten wertschätzenden Fragen sind den in Kapitel 3 vorgestellten Durchbrüchen und den ihnen verbundenen Perspektivwechseln zugeordnet.

6.4.1 Erfolgsentdecker-Fragen für mehr gelebte Potenziale und Wirksamkeit

Worauf wir unsere Aufmerksamkeit richten, das wächst.

Unsere verborgenen Qualitäten und Fähigkeiten aufzudecken stärkt.

Das Entfalten der eigenen Persönlichkeit findet seinen Platz und dient allem.

- Was könnten Sie heute schon an sich anerkennen?
- Wobei sind Sie (heute) entspannt und gelassen geblieben und wie ist Ihnen das gelungen?
- Was war das Gute daran, wie Sie durch eine angespannte, herausfordernde oder schwierige Situation gegangen sind. Wie haben Sie das geschafft?
- Wo konnten Sie für eine Wendung zum Positiven sorgen, und was haben Sie dazu getan?
- Was konnten Sie mit Humor nehmen?
- Wenn Sie einmal nicht bescheiden sind, worauf könnten Sie stolz sein?
- Was schätzen andere (vermutlich) an Ihnen?
- Was ist das Schöne daran, mit Ihnen zusammenarbeiten?
- Welche Qualität würde Ihr Team vermutlich vermissen, wenn Sie nicht da wären?
- Welche Werte sind Ihnen wichtig? Was ist Ihnen genau an den Werten so wichtig und warum?

Erzähle die Geschichte eines besonderen Moments:

Wo waren wir wirksam und wie ist uns das gelungen?

- Was ist passiert? Wer war beteiligt?
- Was war das Besondere daran?
- Was waren positive Resultate und Auswirkungen davon?
- Welche Ihrer Qualitäten haben dazu beigetragen und welche Erfolgsfaktoren haben das begünstigt?
- Was haben Sie gelernt?

Potenziale und Größe im Gegenüber zu erkennen und anzusprechen,

lässt Menschen aufblühen.

- Wenn Zeit, Ressourcen oder eingegangene Verpflichtungen keine Rollen spielen würden, was würden Sie verändern?
- Wofür würde es sich richtig lohnen, sich voll einzusetzen?
- Was schätzen Sie an dem, was sich bei uns/bei Ihnen Gutes getan hat?
- Welche Herausforderungen haben wir gemeistert und was war Ihre Rolle dabei?
- Was, glauben Sie, steckt in Kollege A, wozu ist er fähig, wenn er gelassen wird? Was kann er besonders gut?
- Wofür ist Ihre Kollegin B unverzichtbar?
- Worauf können Sie sich bei Mitarbeiter C verlassen?
- Was schätzen Sie an Ihrem Teampartner D wirklich?
- Was macht Sie fröhlich?
- Wie gewinnen Sie Kraft und Energie?
- Welchen Tipp haben Sie zum Thema …?

6.4.2 Stille fördernde Fragen für mehr wertschätzende Reflexion, Entspannung und Flow

Diese Fragen stellen Sie möglichst nur sich selbst.

Innehalten ist gut, vor allem wenn es anstrengend oder schwer wird.

- Ist mein Zustand und mein Stressniveau laut Ampelmodell gerade Rot, Gelb oder Grün?
- Bin ich es wert, mir ein Innehalten zu gönnen?
- Was, wenn rechtzeitiges Innehalten ein Zeichen von Professionalität und Effektivität ist?
- Habe ich in den vergangenen Tagen im Miteinander mit anderen Entspannung erlebt? Wie fühlte sie sich an und was denke ich in solchen Situationen?“
- Wie gehe ich mit mir selbst und anderen um, wenn ich entspannt und sicher bin?

Unvertrautes ist willkommen.

- Was interessiert mich am Unvertrauten?
- Was fordert mich an dem Unvertrauten? Was zeigt es mir auf? Welche neuen Perspektiven öffnen sich, wenn ich mich darauf einlasse?

- Was kostet es, wenn ich Unvertrautes ablehne?
- Was gewinne ich (oder wir), wenn wir uns darauf einlassen und es erforschen?
- Was daran macht wach, lebendig und frisch?

Die Wahrheit beginnt zu dritt.

Es ist schon alles da. Ich kann daraus schöpfen.

Das Wesentliche geschieht im Dazwischen.

- Was ist das Gute, das uns nur gemeinsam gelingen kann bzw. gelungen ist?
- Was wäre sicher genug für mich als erprobten Einzelkämpfer, andere tolle Persönlichkeiten anzuhören und einzubeziehen?
- Was sagt die Weisheit in meinem Innern?
- Wenn alles schon da ist, was es braucht, was nütze ich dann?
- Wenn ich mir und den anderen vertraue kann, was kann ich dann tun?
- Was, wenn ich bereits gut genug bin?

6.4.3 Identitätsklärende Fragen für mehr Selbstwert und Ausrichtung

Mich selbst wertschätzen ist die Basis.

Meine Einzigartigkeit wird gebraucht.

- Wer bin ich und wofür bin ich da?
- Gibt es etwas, was Sie gerne von mir wissen möchten?
- Gibt es etwas, was Sie möchten, dass ich es von Ihnen weiß?
- Was ist mir/Ihnen wirklich wichtig?
- Wofür brenne ich? Wofür brennen Sie?
- Was ist mein heimlicher Lebenstraum?
- Von welcher Qualität will ich mehr? Wovon weniger?
- Was ist eine besondere schöne Qualität, die ich um mich verbreite, die fehlen würde, wenn ich nicht da wäre oder mich nicht einbringen würde?
- Was würde ich für alles Geld in der Welt nicht verkaufen?
- Was möchte ich, dass man bestenfalls von mir sagt, wenn ich einmal nicht mehr da bin?

In der gemeinsamen Ausrichtung ist mein Wert präsent.

- Wer bin ich wirklich und wofür sind wir zusammen?
- Was haben wir der Welt zu geben?
- Welcher Kreation geben wir Kraft?

6.4.4 Friedensstiftende Fragen für mehr Hinhören und Konfliktfähigkeit

Achtsames Hinhören dient der Konfliktlösung.

Konflikte erzeugen Reibungsgewinne.

Loslassen recht zu haben, selbst wenn ich recht habe, öffnet Türen.

Starke Gefühle und Emotionen bergen wertvolle Bedürfnisse und Motive.

Wozu dient diese Spannung? Was ist ein hilfreicher nächster Schritt?

Mit fein abgestimmten Prozessen gute Lösungen für alle finden.

Fragen an alle zum Eröffnen eines Meetings, einer Telefonkonferenz oder eines Klärungsgesprächs:

- Was ist neu? Was ist gut? Was braucht Mut?

Fragen, um Konflikte sachlich in den Griff zu bekommen:

- Was sind die Fakten, die ein unabhängiger Beobachter hätte filmen können?
- Was sind Ihre Gefühle, Gedanken und Interpretationen dazu?
- Welche Bedürfnisse und Anliegen sind nicht berücksichtigt oder dahinter verborgen?
- Welches Ersuchen könnten Sie stellen?
- Was brauchen Sie, um weiterzukommen? Was könnte für Sie einen Unterschied machen?

Fragen, um den Wert aus Konflikten herauszukristallisieren, sodass ein Konflikt Sinn macht:

- Worum geht es eigentlich? Was ist der Kernpunkt des Themas?
- Was ist Ihnen so wichtig oder wertvoll, dass Sie so stark reagieren?
- Was sind Ihre Werte in diesem Thema?
- Was wollten Sie damit erreichen, dass Sie gerade so gehandelt haben?
- Was ist das Beste, was jetzt geschehen könnte?

Zum Ende eines konfliktbehafteten Gesprächs sind folgende Fragen hilfreich:

- Was ist Ihnen besonders wertvoll gewesen?
- Was haben Sie erkannt, verstanden oder gelernt?
- Welche Spannungen bestehen fort, und wie wollen Sie konstruktiv mit ihnen umgehen?
- Was möchte noch gesagt werden, um jetzt dieses Gespräch loslassen zu können und um gut weiterzugehen?
- Wem oder wofür möchten Sie danken?
- Was möchten Sie mir mitgeben für den weiteren Weg? Vielleicht einen Tipp?

Um die Reibungsgewinne nach einem spannenden Gespräch abzuschöpfen, fragen Sie:

- Was können Sie jetzt anders sehen?
- Woran sind Sie jetzt am meisten gewachsen?
- Wo hat sich Ihnen ein Weg aufgetan?
- Was war das Geschenk in dieser Situation?

6.4.5 Freudevolle Fragen für mehr Klarheit und Authentizität

Echt sein dürfen ist ein Glück.

- Worüber haben Sie sich heute schon gefreut?
- Was ist das Schönste, das Sie in letzter Zeit erlebt haben?
- Was macht Ihnen denn besonders Spaß an Ihrer Arbeit?

- Wofür können Sie sich in dieser Sache wirklich begeistern, und was ist es, was Ihnen daran so gefällt?
- Erinnern Sie sich an eine besondere Situation oder eine Zeit in Ihrem Arbeitsleben, in der Sie ganz Sie selbst waren, sich voll eingebracht haben und höchst lebendig und erfolgreich waren? Welche Ihrer besonderen Eigenheiten und Qualitäten haben dies ermöglicht? Was waren die Erfolgsfaktoren dafür? Wenn Ihnen diese Eigenheiten und Erfolgsfaktoren auch in dem jetzigen Problemfeld zur Verfügung stehen, wie können Sie dann damit umgehen?
- Wann mussten Sie einmal viel Mut aufbringen, der sich dann gelohnt hat? Und wie ist Ihnen das gelungen?

Ich nehme wahr, was ist, genauso wie es ist.

- Was gewinnen Sie, wenn Sie erlauben, dass es so ist, wie es ist?
- Was sehen Sie, wenn Sie klar hinschauen?
- Was könnte eine Fliege an der Wand berichten?

Neben den vorlauten Stimmen in mir lausche ich auch den feineren.

- Was ist, wenn Tatsachen neutral, also nicht gut oder böse sind?
- Was ist, wenn meine Lebensqualität davon abhängt, ob ich eher den abwertenden oder aber den ermutigenden Gedanken Raum gebe?
- Was sagt der wohlwollende Gönner in mir zu meinem inneren Kritiker, wenn der zu laut wird?
- Was sagt die Zuversicht zu mir, wenn sie sprechen könnte?
- Was spricht der Humor, was sagt meine innere Weisheit?

Wo es mich tief berührt, liegt ein Schlüssel.

- In welchen Lebensbereichen forsche ich am intensivsten nach Glück?
  Tipp: Es sind meistens die Lebensbereiche, in denen Sie sich am meisten engagieren, in denen es Ihnen am wichtigsten ist, dass es Fortschritte gibt oder wo eine Stagnation oder ein Misserfolg Sie besonders trifft.
- Gibt es eine Freude, eine Zuversicht in mir, die nicht von den Umständen abhängig ist?
- Was berührt mich besonders stark und was könnte das mir verraten?

„Weg von" oder „Hin zu"? Ich habe eine Wahl!

- Ich bin frei, jederzeit eine erfrischende Perspektive einzunehmen. Welche wähle ich?
- Was zieht mich? Was ruft mich? Wofür bin ich auf der Welt?
- Wovon will ich mehr?

Ich traue mich und folge mir.

- Erkläre ich mich für wert, glücklich zu sein bzw. zu werden?
- Worin kann ich mir selbst voll vertrauen?
- Was gewinne ich, wenn ich zu dem stehe, was ich für stimmig und förderlich halte?
- Was möchte ich zum Wohle des Ganzen nicht länger verschweigen?
- Wofür ist es jetzt Zeit, dass wir uns trauen, dafür einzustehen?

6.4.6 Einheitsvertiefende Fragen für mehr Eigenständigkeit und Miteinander

Die da sind, sind die Richtigen.

Das Anderssein des Anderen ist willkommen.

- Wenn die Anderen und ich bereits richtig sind, wie verändert sich dann die Situation?
- Was ist, wenn es genau Ihr Verschiedensein braucht, damit etwas gelingen kann?
- Wozu dient diese Unterschiedlichkeit bestenfalls?
- Was ahne ich, was (gerade) wir zwei gut miteinander können?
- Wenn Sie diese Regel brechen, was ist das, was Ihnen stattdessen so ungeheuer wichtig ist, dass Sie das wagen?

Selbstverantwortliche Eigenständigkeit beflügelt das Miteinander.

Jeder trägt frei und gerne das Seine zum Ganzen bei – und alles ist getan.

Was ist mein Beitrag zum Miteinander?

- Was möchten Sie am liebsten dazu beitragen?
- Was geht Ihnen leicht von der Hand?
- Welches Spiel können wir erfinden, damit die Aufgabe Spaß macht?
- Was ist Ihr Traumteam für diese Herausforderung?

Ich vertraue uns.

- Was sind drei gute Gründe, unserem Team zu vertrauen?
- Welches gute Ergebnis sagen wir uns selbst voraus?

6.4.7 Freiheitsschaffende Fragen für mehr Vertrauen und Verantwortung

Vertrauensvorschuss lässt Verantwortung ergreifen.

Transparenz und Vertrauen kommen vor Kontrolle.

- Was sollte wer für eine optimale Zusammenarbeit wissen?
- Ehre ich mich selbst als Fachmann/-frau in meinem Bereich? Strahle ich es aus, dass ich des Vertrauens würdig bin?
- Wem möchte ich mein Vertrauen aussprechen, wen möchten wir bevollmächtigen, wem sprechen wir unsere ganze Rückendeckung und die nötigen Ressourcen für diesen Arbeitsauftrag zu?

Ich lasse los und es gelingt.

- Welche nicht-konstruktive Haltung oder Einstellung, welches Vorurteil oder welche Erwartungen und Wünsche könnte ich loslassen, damit mein Gegenüber frei handeln und arbeiten kann, statt sich dauernd vor mir in Acht nehmen zu müssen?
- Kann ich erlauben, dass es auf andere Weise gelingen darf, als ich mir das gedacht habe?
- Darf es auch ohne mich gelingen?

Wie handle ich jenseits von richtig und falsch?

- Was, wenn ich frei bin, wenn ich weder einem Menschen, noch einer Aufgabe gehöre, sondern nur mir selbst und dem Leben: Wie handle ich dann?
- Was, wenn alles, was ich tue bzw. wir tun, sowieso zum Guten ausschlägt?
- Wie sieht diese Sache aus, wenn wir sie bereits gemeistert haben? Welche Qualitäten sind präsent, welche Durchbrüche sind gelungen? Was ist Gutes passiert? Und welche Schritte sind wir dafür gegangen?

Empfohlene Literatur

Bauer, Joachim (2015): Arbeit: Warum sie uns glücklich oder krank macht. 2. Auflage, Heyne Verlag, München.

Boerner, Moritz (1999): Byron Katies The Work – Der einfache Weg zum befreiten Leben. 9. Auflage, Verlag Goldmann, München.

Bonsen, Matthias zur; Maleh, Carole (2012): Appreciative Inquiry (AI): Der Weg zu Spitzenleistungen: Eine Einführung für Anwender, Entscheider und Berater. 2. Auflage, Verlag Beltz Weinheim.

Borlinghaus, Ralf (Hrsg.) (2010): Coaching 2.0 – Handbuch TeleCoaching. Lulu.

Bornath, Dorothee (2014): Der Weg der Wertschätzung[1].

Burnett, Ken (2014): Storytelling Can Change the World. The White Lion Press, London.

Childre, Doc; Martin, Howard (2016): Die Herzintelligenz®-Methode: Gesundheit stärken, Probleme meistern – mit der Kraft des Herzens (HeartMath – Herzintelligenz),. VAK Verlag, Kirchzarten.

Cooperrider, David L.; Whitney, Diana Kaplin; Stavros, Jacqueline M. (2008): The Appreciative Inquiry Handbook – For Leaders of Change. 2. Auflage, Berrett-Koehler Publishers, San Francisco, CA.

Csikszentmihalyi, Mihaly (2014): Flow im Beruf: Das Geheimnis des Glücks am Arbeitsplatz. Klett-Cotta Verlag, Stuttgart.

Csikszentmihalyi, Mihaly (2015): Flow: Das Geheimnis des Glücks. Klett-Cotta Verlag, Stuttgart.

Frederickson, Barbara (2011): Die Macht der guten Gefühle: Wie ein positive Haltung Ihr Leben dauerhaft verändert. Campus Verlag, Frankfurt.

Fry, Ronald E.; Barrett, Frank; Seiling, Jane; Whitney, Diana (2002): Appreciative inquiry and organizational transformation – Reports from the field. Quorum Books, Westport, Conn.

Ganescu, Nora (2017): The CEO`s Playbook: Turning the Employees You Have into the Dream Team You Always Wanted. Difference Press.

Gordon, Thomas (1988): Familienkonferenz – Die Lösung von Konflikten zwischen Eltern und Kind. Verlag Heyne, Hamburg.

Grün, Anselm (2012): Wertschöpfung durch Wertschätzung (DVD). managerSeminare Verlags GmbH Bonn.

Holler, Ingrid (2016): Trainingsbuch Gewaltfreie Kommunikation – Abwechslungsreiche Übungen für Selbststudium und Seminare. 8. Auflage. Verlag Junfermann, Paderborn.

Hoogendijk, Cess (2015): Appreciative Inquiries of the 3.0 Kind: How do we connect, share and co-create for tomorrow's human wholeness. Publishing partner Ronald van den Hoff – Society 3.0 Foundation.

Johnson, Barry (2014): Polarity Management – Identifying and Managing Unsolvable Problems. HRD Press, Amherst, Mass.

Katie, Byron; Mitchell, Stephen; Kretzschmar, Gisela (2015): Lieben was ist – Wie vier Fragen Ihr Leben verändern können. 17. Auflage, Verlag Arkana, München.

Keltner, Dacher (2016): Das Macht-Paradox: Wie wir Einfluss gewinnen – oder verlieren. Campus Verlag, Frankfurt.

Kofman, Fred (2014): Conscious Business: How to Built Value Through Value. 3. Auflage, Sounds True, Boulder CO.

Küstenmacher, Werner Tiki (2016): Limbi – Der Weg zum Glück führt durchs Gehirn. Verlag Knaur, München.

---

[1] Dieses E-Book können Sie unter http://www.bornath.de/wertschaetzung/ebook-der-weg-der-wertschaetzung/ beziehen (abgerufen am 21.12.2016).

Laloux, Frederic (2015): Reinventing Organizations – Ein Leitfaden zur Gestaltung sinnstiftender Formen der Zusammenarbeit. Verlag Vahlen, München.
Laloux, Frederic (2017): Reinventing Organizations – Ein illustrierter Leitfaden zur Gestaltung sinnstiftender Formen der Zusammenarbeit. Verlag Vahlen, München.
Lencioni, Patrick (2014): Die 5 Dysfunktionen eines Teams. Wiley-VHC Verlag, Weinheim.
Lowe, Brent; Marsh, Travis; Basterfield, Susan (2017): Reinventing Startups: A Practical Toolkit For Founders and Leaders. Sara Carney Design.
Marx, Susanne (2015): Herzintelligenz® kompakt – Gesund und gelassen, klar und kreativ. Verlag *VAK* kompakt, Kirchzarten.
Matyssek, Anne Katrin (2011): Wertschätzung im Betrieb. Impulse für eine gesündere Unternehmenskultur. Norderstedt: Books on Demand.
Meenzen, Marco (2016): Glückssprache[2]: Mit den richtigen Wörtern zu mehr Selbstvertrauen, Erfolg und Zufriedenheit.
Mettler-von Meibom, Barbara (2007): Gelebte Wertschätzung – Eine Haltung wird lebendig. 3. Auflage, Verlag Kösel, München.
Oestereich, Bernd; Schröder, Claudia (2016): Das kollegial geführte Unternehmen: Ideen und Praktiken für die agile Organisation von morgen. Verlag Vahlen, München
Owen, Harrison (2011): Open Space Technology: Ein Leitfaden für die Praxis. 2. Auflage, Verlag Schäfer Poeschel, Stuttgart.
Palmer, Wendy; Crawford, Janet (2013): Leadership embodiment – How the way we sit and stand can change the way we think and speak. CreateSpace Independent Publishing Platform, San Rafael, CA, Charleston, SC.
Pásztor, Susann; Gens, Klaus-Dieter (2005): Mach doch, was du willst – Gewaltfreie Kommunikation am Arbeitsplatz. Verlag Junfermann, Paderborn.
Pásztor, Susann; Gens, Klaus-Dieter (2011): Ich höre was, das du nicht sagst – Gewaltfreie Kommunikation in Beziehungen. 4. Auflage, Verlag Junfermann, Paderborn.
Paulus, Georg; Sönning, Christine (2009): Traumfirmen – und ihr Geheimnis. Unternehmen der neuen Zeit. Danke Verlag, Holzkirchen
Reijmer, Annewiek; Strauch, Barbara (2017): Soziokratie – Kreisstrukturen als Organisationsprinzip zur Stärkung der Mitverantwortung des Einzelnen. Verlag Vahlen, München.
Robertson, Brian J. (2016): Holacracy – Ein revolutionäres Management-System für eine volatile Welt. Verlag Vahlen, München.
Rosenberg, Marshall B. (2016): Gewaltfreie Kommunikation – Eine Sprache des Lebens. 12. Auflage, Verlag Junfermann, Paderborn.
Rosenberg, Marshall B.; Dillo, Michael (2004): Das Herz gesellschaftlicher Veränderung – Wie Sie Ihre Welt entscheidend umgestalten können. Verlag Junfermann, Paderborn.
Rosenberg, Marshall B.; Seils, Gabriele (2011): Konflikte lösen durch gewaltfreie Kommunikation – Ein Gespräch mit Gabriele Seils. 13. Auflage, Verlag Herder, Freiburg im Breisgau/Wien.
Rust, Serena; Stutz, Stefan (2013): Wenn die Giraffe mit dem Wolf tanzt – Vier Schritte zu einer einfühlsamen Kommunikation. 10. Auflage, Verlag Koha, Burgrain.
Stenger, Christiane (2016): Lassen Sie Ihr Hirn nicht unbeaufsichtigt! Gebrauchsanweisung für Ihren Kopf. Verlag Goldmann, München.
Tepperwein, Kurt (2013): Die Heilkraft der Wertschätzung – 10 Wege zu einem erfüllteren Leben. Verlag Goldmann, München.
Whitney, Diana Kaplin; Trosten-Bloom, Amanda (2010): The power of appreciative inquiry – A practical guide to positive change. 2. Auflage, Berrett-Koehler Publishers, San Francisco, CA.

[2] Sie können diese Buch unter https://www.amazon.de (abgerufen am 31.12.2016).

Stichwortverzeichnis